网络视频技术与应用实践

（第2版）

苏 洵 高 硕 编著

電子工業出版社
Publishing House of Electronics Industry
北京 • BEIJING

内 容 简 介

本书从理论和应用两个层面系统介绍了网络视频技术。全书共分为 9 章，以概述网络视频基础知识为起点，详细阐述网络视频的体系标准、编解码技术、流媒体技术、组网模式、传输手段、安全保密、组织运用和发展趋势等内容。本书在第 1 版基础上进行了结构调整和内容删减优化，增加了视频基础知识，以及基于云视频、5G 超高清视频应用等方面的内容。

本书可作为计算机网络、网络工程等相关专业本科生的教材，也适合从事网络视频科研、管理、维护等专业的技术人员，作为全面系统学习网络视频技术和系统应用的专业书籍。

图书在版编目（CIP）数据

网络视频技术与应用实践 / 苏洵，高硕编著. —2 版. —北京：电子工业出版社，2023.1
ISBN 978-7-121- 44698- 6

Ⅰ. ①网… Ⅱ. ①苏… ②高… Ⅲ. ①计算机网络－视频系统－研究 Ⅳ. ①TN94②TN919.8

中国版本图书馆 CIP 数据核字（2022）第 239958 号

责任编辑：窦　昊
印　　刷：大厂回族自治县聚鑫印刷有限责任公司
装　　订：大厂回族自治县聚鑫印刷有限责任公司
出版发行：电子工业出版社
　　　　　北京市海淀区万寿路 173 信箱　邮编 100036
开　　本：787×1 092　1/16　印张：17.5　字数：448 千字
版　　次：2011 年 5 月第 1 版
　　　　　2023 年 1 月第 2 版
印　　次：2023 年 8 月第 2 次印刷
定　　价：69.00 元

凡所购买电子工业出版社图书有缺损问题，请向购买书店调换。若书店售缺，请与本社发行部联系，联系及邮购电话：（010）88254888，88258888。

质量投诉请发邮件至 zlts@phei.com.cn，盗版侵权举报请发邮件至 dbqq@phei.com.cn。

本书咨询联系方式：（010）88254466，douhao@phei.com.cn。

前　言

面对视频技术飞速发展，我们深切感到信息时代带给我们的巨大冲击。国际标准化组织不断出台的相关标准、通信网络宽带能力的不断提升，以及智能化媒体终端和高清化信息呈现技术，都为网络视频提供了无限广阔的应用前景。

网络视频的广泛应用，极大降低了人们沟通的时间和空间成本，方便了异地间真实、直观的交流及信息的共享处理，改变了人们的工作方式、学习方式和生活方式，提升了指挥调度、场景监视、信息共享、信息交流、协同工作等方面的能力，提高了人们的信息获取率和沟通成功率。

本书自 2011 年出版发行以来，得到业界同行高度关注，纷纷致函提出宝贵意见，希望新版能够丰富音视频基础知识，以及基于云视频、5G 超高清视频应用等章节的内容。为此，我们 2014 年开始着手收集整理相关内容，通过实践应用和调研跟踪视频技术发展，对原第 1、2、3、8、9 章等的内容进行梳理完善。

全书共分为 9 章，从理论与应用两个层面系统介绍网络视频技术。

第 1 章网络视频概述，简要回顾网络视频发展历程，概要介绍网络视频的基本概念、发展进程、系统构成、通信模型、主要特点、传送方式和关键技术等内容，使读者整体了解网络视频的背景知识及相关技术，为理解后续章节内容奠定基础。

第 2 章体系标准，重点介绍 H.320、H.323、H.324M 和 SIP 等视频系统技术体系框架和标准组成，以及标准框架中 H.200 系列、G 系列、T.120 系列等信令和媒体协议，使读者系统了解网络视频标准体系、标准框架、组成特点及差异。

第 3 章媒体编解码技术，简要介绍音频与视频编解码技术的组成、分类和性能指标，重点介绍视音频采集、编解码及应用。

第 4 章流媒体技术，介绍流媒体的主要特点、基本原理、系统组成和解决方案等内容，使读者理解流媒体应用定位、系统组成和实现过程。

第 5 章组网模式，简要介绍承载网络视频的网络技术及其接口类型和传输速率，重点描述 H.320、H.323、SIP 和 H.324M 等系统组网模式，使读者掌握构建不同类型视频系统的方法。

第 6 章传输手段，简要介绍网络视频通信特征，重点分析光纤、电缆、卫星、移动、微波等传输手段通信能力，使读者掌握网络视频对传输带宽和传输性能要求。

第 7 章安全保密，简要介绍网络安全威胁与保密技术，重点使读者了解网络系统安全与保密、视频系统安全与保密技术。

第 8 章组织运用，重点介绍视频会议、视频指挥、视频监控、视频点播、视频直播等应用技术的特点和实现方式。

第 9 章发展趋势，重点阐述未来基于云计算、5G+超高清视频为发展趋势的视频应用技术。

本书在编写过程中立足实际需求，力求实现以下目标：

（1）内容新颖。本书的理论部分借鉴和吸收了大量国内外最新标准和研究成果，力争体现网络视频最新的发展状态和趋势。

（2）立足应用。本书的应用部分着眼于实际应用需求，深入浅出地对网络视频系统常见应用进行详细的归纳与总结。

（3）体系完整。本书在系统结构和内容筛选基础上，力求通过体系标准、编解码技术、组网模式、传输手段、安全保密、组织运用、发展趋势等内容编排，使读者对网络视频技术有整体理解。

（4）通俗易懂。撰写过程中力求语言精练、条理清晰、图文并茂、由浅入深，不求大全空泛，只求通俗实用。

由于作者的经验和水平有限，加之网络视频技术日新月异，书中难免存在错误或疏漏之处，恳请各位专家和读者提出宝贵意见。

感谢周磊、吴琼、卢玲给予的技术帮助，感谢陈克斌对全文内容精心的校对及宝贵意见，感谢相欣的插图美工设计。

编著者

2022 年 1 月

目 录

第 1 章　网络视频概述

本章导读

网络视频作为多媒体计算机技术、通信网络技术和视听技术相结合的产物，正在改变人们的工作方式、生活方式和学习方式。本章概要介绍网络视频的基本概念、发展进程、系统构成、通信模型、主要特点、传送方式和关键技术等内容。

1.1　网络视频基本概念

“视频”这个术语来源于拉丁语的“我能看见”，泛指将一系列的静态图像以电信号方式加以捕捉、记录、处理、存储、传输与呈现的各种技术。

目前，各行各业都在大力推进数字化和信息化建设，现代信息沟通的方式发生了质的飞跃，要将交流信息的时间缩短到最低限度，信息交互的方式也不再局限于文字、声音，而是要求更加丰富灵活的形式。在这种大背景下，视频通信由于其传输内容丰富生动、应用广泛，已成为新一代通信业务的重要内容。

提到网络视频，首先我们要了解什么是视频信号，它与电视信号有什么区别。视频信号分为模拟视频信号和数字视频信号。模拟视频经过数字化，便得到数字视频或者数字序列图像，因此，数字化是视频压缩编码的基础。在生活中，电视信号是典型的模拟视频信号，通过视频播放器、DVD 影碟机播放的视频信号则是典型的数字视频信号。

网络视频是指基于传输网络，将不同格式的模拟或数字视频进行处理，转换成适合网络传输的数字视频格式的一种媒体方式。通过网络传输动态图像，获得的信息比单一文字或图片信息更生动、更形象，更具有身临其境的现场感。网络视频与电视信息相比，具有应用范围广、交互性强、内容丰富等特点。

1.1.1　网络视频分类

从业务类型来看，网络视频可分为会话或会议型、检索型业务。其中，视频指挥、视频会议、可视电话、远程教学、远程医疗、网真、即时通信等属于会话或会议型业务，通常是人与人的交互通信，对时延比较敏感，对实时性要求比较高，属于实时业务；视频监控、视频新闻、视频广告、视频点播、视频录播等属于检索型业务，通常是人与计算机的交互通信，对时延要求不高，而对时延抖动比较敏感，通常采用流媒体技术以确保视频播放的连续性，属于非实时业务。

从制作方式来看，网络视频可分为直播视频和录播视频。网络直播视频是指利用摄像机直接获取现场状况，摄取信息经实时压缩编码后通过网络直接播放，视频呈现与现场发生的事件几乎是同步的，具有很强的实时性。网络录播视频是指把现场发生的事件用摄像机拍摄下来，用视频编辑软件进行编辑加工后期制作再发布的视频。相对于网络直播视频，网络录播视频在信息传递时间上具有一定的滞后性。

从播放方式来看，网络视频可分为实时播放视频和非实时播放视频。实时播放是指采用直播方式即时呈现视频信息，非实时播放可分为下载播放和流式播放两种类型。下载播放必须将文件全部下载到本地计算机后才能进行播放，需长时间占用网络带宽和本地存储资源，但播放效果比较流畅。流式播放是指将大约几秒或十几秒的内容先下载并存放到缓冲器中，在下载剩余内容的同时开始播放已下载内容，保证播放的实时性，对缓冲器容量需求不高，但视频质量无法与下载播放的视频相比，且视频分辨率和帧率较低，在某些情况下不能直接下载保存。

从使用范围来看，网络视频可分为个人桌面型、小型群组型和大型团体型。个人桌面型是指以单台计算机方式呈现的视频信息，通常终端采用软件方式实现音频、视频编解码，操作简单方便、移动性好。小型群组型是指小型会议室以集中显示方式呈现的视频信息，通常终端采用硬件方式实现音频、视频编解码，视频质量高于个人桌面型，适合多人同时观看。大型团体型是指中大型会议场所以显控方式呈现的视频信息，通常终端采用硬件方式实现音频、视频编解码，实现机制较为复杂，视频质量要求较高，适合众人同时观看。

从实现方式来看，网络视频可分为硬件系统、软件系统和软硬结合系统三种形态。硬件系统形态是指采用专用硬件设备，实现从服务端到用户端的音视频采集、编解码、信令与媒体交换服务等功能，具有较高的处理性能和稳定性、可靠性；软件系统形态是指依托通用设备安装系统软件，实现从服务端到用户端的音视频采集、编解码、信令与媒体交换服务等功能，部署实现简单，其稳定性、可靠性依赖于通用设备的性能和软件硬件的匹配程度；软硬结合系统形态介于两者之间，这里不再赘述。

1.1.2 网络视频基础

光度、色度和响度是构成视频的基础，在介绍网络视频技术之前，我们首先了解一下光和声的基础知识。

1. 光学知识

1）可见光

可见光是一种以电磁波形式存在的物质，它的波长约在 380～780nm 之间。由于电磁波的辐射能被人眼所看见，故称为可见光。人眼对不同波长的光感颜色不同，导致在可见光范围内，波长由大到小依次呈现为红、橙、黄、绿、青、蓝、紫七种颜色，把七色光混合在一起形成白色。

图 1-1 给出了电磁波谱和可见光波长范围。

2）色温

色温用于表示光源的光谱质量通用标准，当光源辐射在可见光谱区内与绝对黑体辐射的光谱完全相同时，则该绝对黑体的温度称为该光源的色温，通常用 T_c 表示，单位为开尔文（K）。

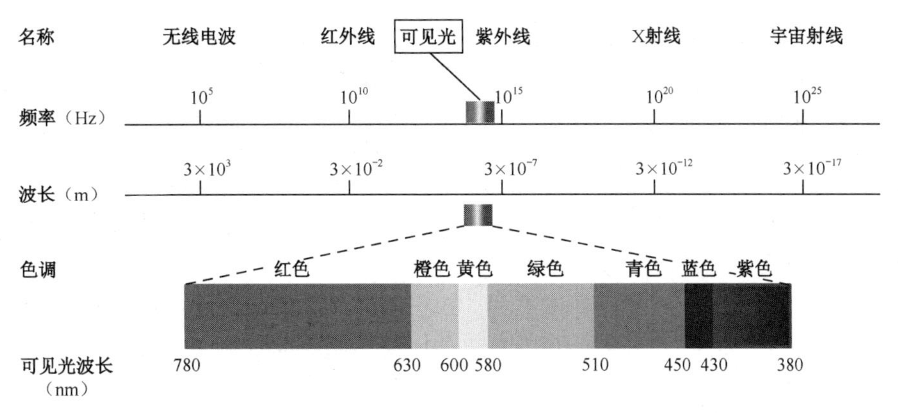

图 1-1　电磁波谱和可见光波长范围

国际照明委员会（简称 CIE）依此规定了一些标准光源，主要应用于人们对光谱呈现的颜色感知度量，可作为显示设备优劣的衡量指标，优质高档的显示设备具备调节色温功能，使显示的色彩满足高标准工作要求。

需要注意的是，色温与光源的物理温度没有关系，只是表示光源波谱特性的参量。前面提到的绝对黑体（理想状态化参考模型）是指在任何温度下，对于任何波长的电磁辐射的吸收系数恒等于 1 的物体。

3）色调

色调是指颜色类别。不同颜色的物体具有同一色彩倾向，这种色彩现象称为色调，如红色、蓝色、绿色。光源的色调由光谱决定，物体的色调由照射光源的光谱和物体特性或投射特性决定。为准确对颜色进行计算，CIE 规定红、绿、蓝三基色波长分别为 700nm、546.1nm、435.8nm，分别用 R、G、B 表示。三基色混合后形成白色。

4）色饱和度

色饱和度是指光的颜色的深浅度或鲜艳度，取决于色彩中的灰度，灰度越高，色饱和度越低。通常用百分比表示，数值介于 0～100%之间。纯白色、灰色、纯黑色的色饱和度为 0，纯彩色的色饱和度为 100%。其中，色调和色饱和度合称为色度。

5）色域

人眼可见的色彩包含数百万种颜色，但扫描仪、显示器和彩色打印机等显色设备只能产生（重现）其中的一部分颜色（色彩子集），这个“子集”称为色域。

Rec.709 是由国际电信联盟（ITU）在 1990 年发布的高清数字视频标准，是被绝大多数视频设备厂商接受的一种标准，是 SDR（Standard Dynamic Range，标准动态范围）使用的标准。

BT.2020 全称为 ITU-R Recommendation BT.2020，是由 ITU 发布的标准。它规定了更宽广的色彩空间，是 HDR（High Dynamic Range，高动态范围）使用的标准。

6）位深

计算机在记录数字图像的颜色时，每种颜色需要用一定的位（bit）数来表示。“位”数越多，图像的色彩显示越丰富。目前，使用的图片绝大部分都是 8 位深的真彩图，甚至可达到 12 位深，由于有 R、G、B 三个颜色通道，256^3= 16777216，每个像素可以表示出约 1677 万种颜色。

自然界呈现的颜色是连续的，计算机呈现的颜色点是离散的。所以设备显示的图片颜色是在一定的波长段内，寻找有限个点进行近似的颜色表示。位数越多，层次越多，切割越细，色彩过渡就越均匀流畅。反之，图像中将存在比较明显的色块和色彩跳跃现象。

7）光通量

光通量是指人眼感觉到的辐射能量，它等于单位时间内某一波段的辐射能量和该波段的相对视见率的乘积，通常用 φ 表示，单位为流明（lm）。

人眼对不同波长光的相对视见率不同，即不同波长光的辐射功率相等时，其光通量并不相等。在各色光中，黄、绿色光能让人眼获得最大明亮感觉。

8）发光强度

发光强度简称光强，是指光源在指定方向的单位立体角内发出的光通量，通常用 I 表示，单位为坎德拉（cd）。

9）光亮度

光亮度简称亮度，是指发光体表面在指定方向的光强与垂直于视线方向的发光面积之比，表示发光面明亮程度，通常用 L 表示，单位为坎德拉/平方米（cd/m^2），或尼特（nit）。

SDR 亮度范围在 0.117～100nit 之间。HDR 峰值亮度可变，范围在 500～10000nit 之间。其中，物体或图像的亮度、色调和色饱和度称为彩色三要素。

10）光照度

光照度是指被照物体表面单位面积上受到的光通量，是用于衡量拍摄环境的重要指标。通常用 E 表示，单位为勒克斯（lx）。光亮度是用于测量主动发光体的物理量，光照度则是用于测量被照射物体的物理量。

2．声学知识

声音是空气中分子振动在人耳中所产生的感觉，是关于时间的连续模拟信号，是人们最熟悉、最方便的传递信息的重要媒体。声音种类繁多，如人的语音、乐器声、动物发出的声音、机器产生的声音，以及自然界的雷声、风声、雨声、闪电声等，也包括各种人工合成的声音。

声波的频率范围很宽——10^{-4}～10^{12}Hz，人耳可以识别的声音，频率范围大约在 20Hz～20kHz 之间，称为音频（Audio）信号。低于 20Hz 的信号称为次声波，高于 20kHz 的信号称为超声波，次声波和超声波人耳都无法听到。

人的发音器官发出的声音称为语音信号，频率范围大约为 80～3400Hz，但人说话的信号频率通常为 300～3400Hz。图 1-2 给出了声音的频率范围。计算机处理这些声音时，既要考虑它们的共性，又要考虑各自的特性。本节主要从声音的基础知识出发，介绍音频数字化的基本概念。

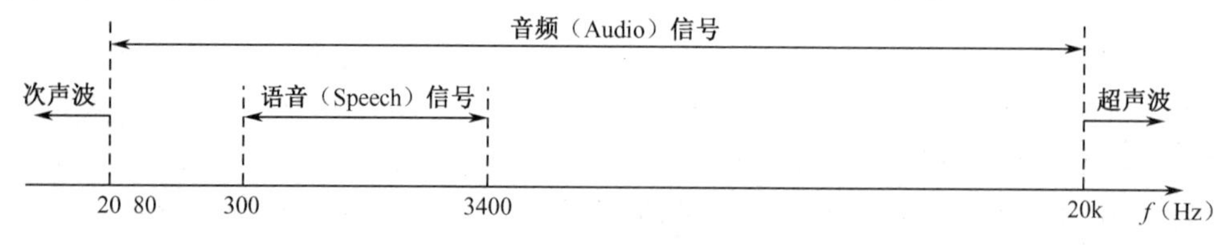

图 1-2　声音的频率范围

音频信号可以携带精细、准确的大量信息，以一个汉字为例，不同的表示方法占据的数据量及携带的信息大不相同，如表 1-1 所示。

表 1-1 一个汉字的信息量

表示方法	数据量	信息
国标码	2 字节	汉字名称
16×16 点阵	32 字节	汉字名称，字形，字体
立体声音	约 4000 字节	汉字名称，音高，音长，音强

按照声音的质量要求和使用频带的宽窄，音频信号通常分为四类：

- 窄带语音，又称为电话频带语音，信号频带为 300～3400Hz，用于各类电话通信。数字化时采样频率常用 8kHz，每个样值 8bit 量化，数据速率为 64kbps。
- 宽带语音，信号频带为 50～7000Hz，它提供了比窄带语音更好的音质和说话人特征，常用于电话会议、视频会议等。数字化时采样频率常用 16kHz。
- 数字音频广播（Digital Audio Broadcasting，DAB），信号频带为 20～15000Hz。数字化时采样频率常用 32kHz。
- 高保真立体声，信号频带为 20～20000Hz，用于 VCD（Video Compact Disk，视频高密度光盘）、DVD（Digital Versatile Disk，数字通用光盘）、CD（Compact Disk，数字激光唱盘）、HDTV（High Definition TeleVision，高清晰度电视）伴音等。数字化时采样频率常用 44.1kHz 或 48kHz。每个样值为 16bit 量化，单声道最高数据速率为 768kbps。

另外，声音是由物体在介质中振动产生的，有规律的声音称为乐音，无规律的声音称为噪声。声音的度量分为主观物理量和客观物理量两大类。主观物理量是以人的感受为基准的度量，包括响度、音调、音色等；客观物理量包括声压、声压级、声强、声能等，人们经常将主观物理量与客观物理量相混淆。本书的主题是网络视频，主要关注人的感受，我们讨论的重点是主观物理量。

1）响度

响度是指声音的强弱程度，表示人耳能感受到的声音的强弱，是主观物理量，它取决于发音体振动幅度和频率。响度的计量单位为宋，定义频率为 1kHz、声压级为 40dB 纯音的响度为 1 宋。

众所周知，声音是纵波，在介质中传输时，由于振动引起介质压强改变，这个改变量即为声压。声压不同于响度，是客观物理量，通常用 P 表示，计量单位为帕（Pa）。

为了更有效地度量声压的量级，人们又提出了声压级概念，它以对数衡量有效声压与基准声压值之比，通常用 SPL 表示，计量单位为 dB。通常选择 20μPa 作为基准声压值，这是因为在 1kHz 时 20μPa 是人的听觉阈值（产生听觉的最低声压）。

2）音调

音调是指声音的高低程度，它取决于发音体振动的快慢，频率越高音调越高。仅当声音足够稳固和清晰时，才能确保准确辨别出声音的音调。

3）音色

音色反映声音的品质和特色，是指发音体振动产生的不同频率声音，形成声音的特色。它取决于声音频谱对人的刺激，也取决于声音波形、声压，以及频谱中的频率分布和频谱对人以时间性度量的刺激。

4）音长

音长是指某一音调的声音持续时间，它取决于发音体振动时间的长短。振动持续时间越长，音长越长。

此外，在特殊应用场景下，对声音的主观感受还需关注视听一致性（音唇同步）、声音清晰度等相关指标。

1.2 网络视频发展进程

网络视频的发展经历了从模拟到数字，从单纯音频、视频到多媒体视频的过程。在如图 1-3 所示的技术发展过程中，相继出现了电视会议、可视电话、桌面视频会议、多媒体视频、移动端视频等多种视频系统。

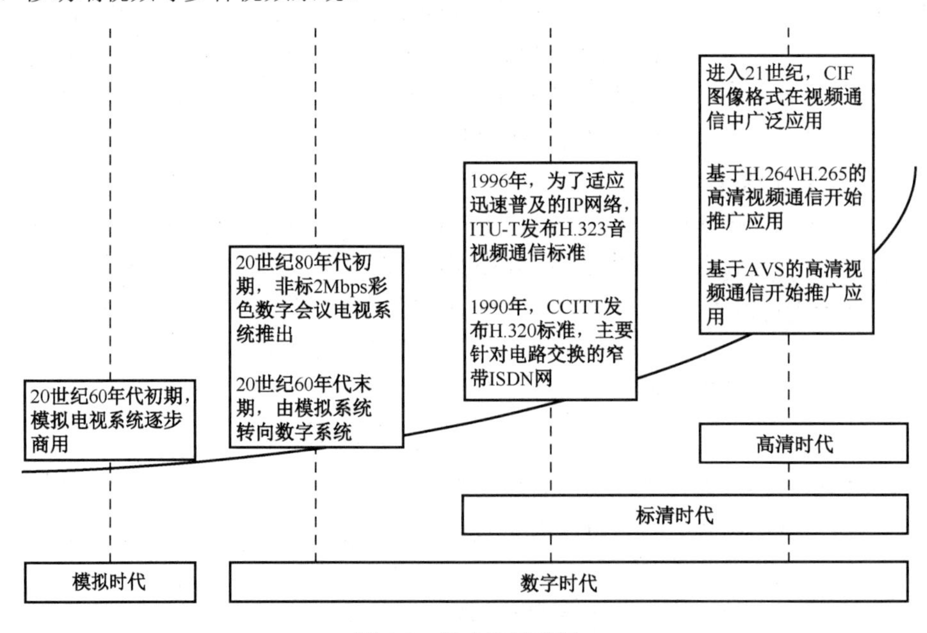

图 1-3 技术发展过程

1．模拟时代

20 世纪 60 年代初期，美国贝尔实验室推出模拟视频会议系统，标志着视频技术模拟时代的开始。它以模拟方式传输可视电话和黑白视频会议系统，就当时的技术水平和视频质量而言，所需传输带宽约为 1Mbps。但是，由于当时传输信道带宽无法满足模拟视频信息的传输要求，其视频信号只能通过极其昂贵的卫星信号传输，这使得系统实现的成本较高，加之市场需求不强，技术不够成熟，限制了产品的进一步推广。

2. 数字时代

20世纪60年代末期，视频会议系统开始由模拟系统转向数字系统。70年代后期，随着相关技术领域的发展和数字传输技术的出现，视频会议系统模拟信号采样或变换方法得到了极大改善，数字信号处理技术开始走向成熟。这一时期数字信号存储与传输、模拟信号数字表示形式、数据压缩等方面的技术突破，成为最终把视频会议技术推向市场的关键。80年代初期推出了非标2Mbps彩色数字会议电视系统。80年代中期，大规模集成电路技术得到了飞速发展，图像编解码技术取得突破，数字传输信道费用降低，为视频会议走向实用提供了良好条件。

3. 标清时代

1990年，第一套视频会议国际标准H.320获得CCITT（Consultative Committee for International Telephone and Telegraph，国际电报电话咨询委员会）通过，标志着视频技术标清时代的开始。随后为了适应迅速普及的IP网络，1996年，ITU-T（International Telecommunications Union for Telecommunication Standardization Sector，国际电信联盟远程通信标准化部门）发布了H.323音视频通信标准。

1）基于电路交换网络的视频会议标准

20世纪90年代初期，随着微电子、计算机、数字信号处理及图像处理技术的发展，视频会议在理论研究和实用系统研制等方面取得了突破性的进展。ITU-T（原CCITT）在1984年就制定了H.120及H.130等标准，统一了数据压缩编码的算法；1990年11月通过了新的H.261及H.200系列标准，破解了H.120及H.130等标准未解决的TV制式、PCM标准等问题，它们与用于传送静止图像的T.120等标准最终都成为H.320系列标准中的重要组成部分。五年之后，该研究组又提出更低比特率的视频编解码方案——H.263标准，将视频图像传输速度要求最少压缩到约20kbps，可在普通电话线上通过28.8kbps的V.34 Modem传送音频、视频信号。音频编码标准则从早先的G.711、G.722标准发展到G.723.1、G.728、G.729等标准。

20世纪90年代末期，移动通信开始飞速发展，提出了H.324M标准，它是H.324的“移动部分”扩展标准。H.324标准定义了如何用同步V.34进行基于POTS（Plain Old Telephone Systems）的多媒体通信。为了在无线或移动产业扩展这种标准，移动扩展部分（H.324M）在H.324标准附件C和H.223标准附件A、B、C中都分别做了定义。3GPP采纳H.324M标准作为3G网络传统视频电话标准，命名为3G-324M，并针对语音、视频和多路复用操作提出了一些要求：AMR成为音频编码的可选编码标准之一；强制规定ITU H.263为视频编码标准；添加H.223附件B用来保护复用数据。

2）基于IP网络的视频会议标准

随着分组交换技术的发展，ATM技术在一个阶段内得到了很大推进。自1995年以来，ITU-T陆续推出了用于ATM网络的H.310和H.321系列标准。但随着时间的推移，ATM到桌面应用的可能性越来越小，导致H.310或H.321系列标准应用推广很难。1996年，ITU-T推出了用于计算机网络的H.322及其系列标准。2000年推出了H.323标准，很快得到大部分视频会议厂家的支持。它是关于IP网络环境中实时多媒体应用的系列标准，它对呼叫的建立、管理及所传输媒体格式等方面进行完善且严格的规定，它是一种兼顾传统PSTN呼叫流程和IP网络特点而发展的开放标准体制，代表着电信多媒体业务的潮流。它的成功之处是吸取了许多组网、互联和运营经验，能与PSTN网、窄带视频业务、数据业务和应用网络互联互通，在提供相同性能和更多功能的同时，大大降低了用户终端的成本及用户线路使用费用，具有很高的性价比。

1999年，IETF（Internet Engineering Task Force，国际互联网工程任务组）提出IP电话信令协议SIP（Session Initiation Protocol，会话发起协议），用于发起会话，能控制多个参与者的多媒体会话建立和终结，并能动态调整和修改会话属性，如会话带宽要求、传输的媒体类型（语音、视频和数据等）、媒体的编解码格式、网络组播或单播的支持等。

4. 高清时代

随着计算机和通信技术的发展，视频系统在推进实用化和改善性能的同时，图像编码技术得到飞速发展，基于CIF（Common Intermediate Format）图像格式（352像素×288像素）、4CIF（704像素×576像素）的视频图像在视频通信中得到广泛的应用，基于720p（1280像素×720像素，逐行扫描）、1080i（1920像素×1080像素，隔行扫描）、1080p（1920像素×1080像素，逐行扫描）的视频图像在高清视频通信中得到普通应用，基于4K、8K的超高清视频通信正在得到推广应用。

H.264、H.265及AVS编码技术的出现，提高了编码效率和图像质量，加强了对误码和去色的处理机制，增强了解码差错恢复能力，以及对移动网和IP网的适应性。

4G/5G移动通信技术飞速发展，视频系统正向小型化、移动化、桌面化视频系统方向发展。视频系统作为面向各类群体的远程视频通信工具，以其较好的性价比、高带宽利用率、灵活的接入方式、良好的互操作性和易于升级扩容等特点，得到了广泛应用。

随着多媒体技术的发展，视频系统在视频会议基本功能的基础上，增加了多媒体相关特性，逐渐向视频指挥、视频直播、视频广播、视频点播、视频监控、可视电话、远程教学、IPTV、网真、移动视频等不同应用延伸，趋于高清化、宽带化、多样化。

1.3 网络视频系统构成

网络视频系统基于网络传输，主要包括媒体应用、系统服务、信令控制、媒体处理、采集显示等五个功能层，以及传输网络、安全防护、运维管理三个支撑子系统，系统组成如图1-4所示。

1. 媒体应用

媒体应用层为用户提供系统的操作界面，是网络视频发挥效能的窗口单元。面向网络有权用户提供视频指挥、视频会议、视频监控、视频点播等通用性较强的媒体应用，以及远程教育、远程医疗、网真、电子商务、电子图书馆、虚拟实验室等业务性较强的媒体应用。其主要包括业务操作、内容编排、系统配置等应用软件功能。这部分内容需要根据用户使用要求进行个性化定制，本书不作为重点描述。

2. 系统服务

系统服务层为系统提供统一的业务支撑能力，是网络视频信息生成的基础。其主要包括鉴权授权、数据同步和导播控制等功能，采用标准化接口调用信令控制层所提供的功能。其中，媒体服务是面向网络有权用户提供视频呼叫、视频调阅、视频点播、目录服务、流媒体服务、权限服务、注册服务、资源服务和数据库等媒体服务（详见第 8 章的描述）。此外，其他服务需要根据用户使用要求进行个性化定制，本书不作为重点描述。

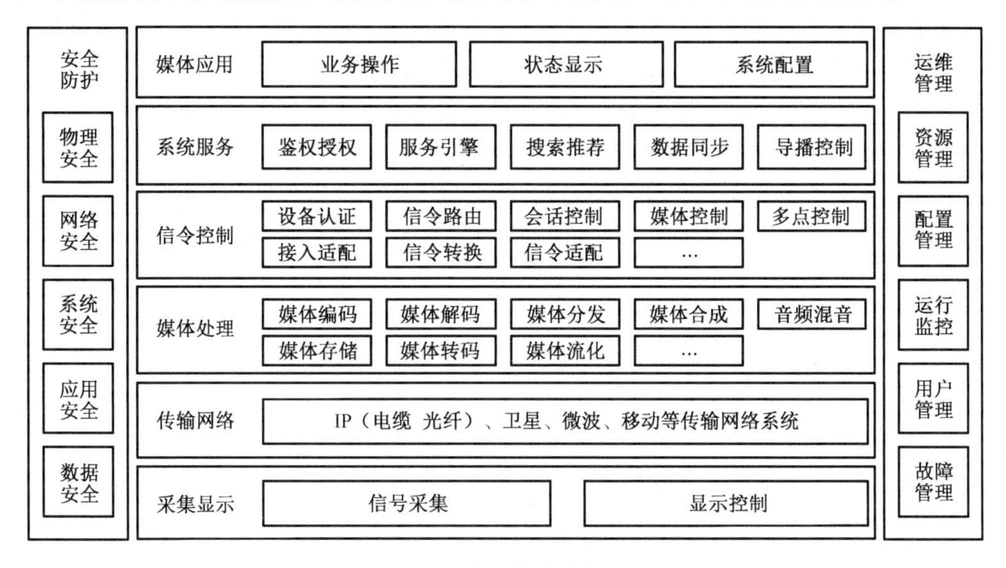

图 1-4　网络视频的系统组成

3. 信令控制

信令控制层为系统提供统一的控制支撑能力，是网络视频系统的核心中枢，其标准框架主要以 H.320、H.323、SIP 为主（详见第 2 章的描述），主要包括设备认证、信令路由、会话控制、媒体控制、多点控制、接入适配和信令转换等功能，采用标准化接口调用媒体处理层所提供的功能，对文字、图形、动画、音频、视频等不同媒体信息完成信令与媒体控制交换，对媒体合成分解、输入/输出转换等媒体处理和通信提供支持，为各种媒体应用提供支持。

4. 媒体处理

媒体处理层为系统提供统一的媒体支撑能力，是媒体高效、快捷、可靠传输的保障，将媒体数字转换成适合网络传输、终端呈现所需的格式，主要包括媒体编解码、媒体分发、音频混音、存储流化和媒体转码等功能（详见第 3 章描述）。

5. 采集显示

采集显示层为系统提供前端媒体采集、终端媒体呈现和屏幕呈现控制等功能，是媒体可靠来源和最终各类终端呈现效果的保障，主要包括对媒体信号源的采集、媒体资源信息管理、多通道媒体控制、多画面媒体显控调度、多模式显示控制等功能（详见第 3 章的描述）。

6. 传输网络

传输网络子系统是网络视频系统的基础传输平台，为视频传送提供高速透明传输通道。主要包括信道传输和网络交换两部分（详见第 6 章的描述）。

信道传输部分是视频信息传递的物理基础，为视频通信的实现提供最基本的连接环境，主要分为有线传输和无线传输方式。有线传输方式主要以电缆和光纤通信为主，采用 IP 等网络技术；无线传输方式主要以卫星、移动和数字微波等为主。

网络交换部分是网络视频系统高效传输的基础平台，可依托 ISDN、ATM、IP 等网络技术，实现语音、数据、图像和视频等多媒体业务快速传递。目前主流系统多采用 IP 交换技术，它具有较高的通信资源利用率，且通信费用较低，是网络普遍采用的技术。

7. 安全防护

安全防护子系统是网络视频系统安全可靠运行的保障，实现对网络视频系统的安全防护、加密解密，由各类安全防护设备（系统）、保密设备（系统）组成，是保障网络视频信息安全的关键。

安全防护部分为网络视频系统提供物理安全、网络安全、系统安全、应用安全和数据安全等功能。加密解密部分为网络视频系统提供信源加密、信道加密等相应保密等级要求的加解密措施，为网络视频系统提供安全保密运行技术支撑（详见第 7 章的描述）。

8. 运维管理

运维管理子系统是网络视频系统稳定高效运行的保障，具备拓扑管理、配置管理、性能管理、告警管理、统计管理等功能，对网络视频系统进行拓扑发现、参数配置、设备状态、系统运行、资源状态、统计告警等管理，为网络视频运行维护和宏观管理提供技术支撑手段。

1.4 网络视频的通信模型

典型的网络视频系统通信模型与传统通信模型大体类似，分为视频源/视频宿、媒体传输、媒体交换三个主要部分。网络视频通信系统模型如图 1-5 所示。

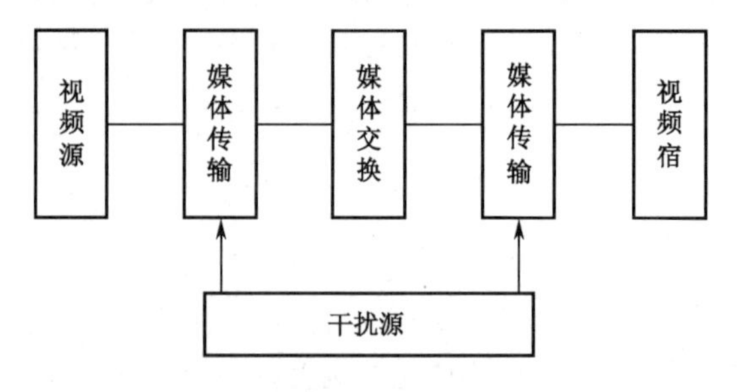

图 1-5 网络视频通信系统模型

（1）视频终端（源/宿）：主要完成媒体前端信息采集、媒体信息的编码/解码、媒体后端信息呈现、媒体之间的同步等工作。

（2）媒体传输：主要完成媒体信息快捷连接与高效传送等工作，为视频系统服务提供优质服务保障的网络传输平台。目前主要分为有线和无线两种传输方式。有线传输方式主要以电缆和光纤通信为主，采用 IP 等网络技术；无线传输方式主要以卫星、移动和数字微波等为主。

（3）媒体交换：主要完成系统信令与媒体控制、媒体信息交换、资源分配与管理等任务，为有权用户提供统一媒体服务交换平台。

此外，干扰源是所有通信系统客观存在的物理现象，主要包括线路和通信设备本身的热噪声或脉冲干扰，以及外界可能存在的复杂电磁环境干扰。

1.5 网络视频的主要特点

与传统的数据形式相比，网络视频具有数据量巨大、数据类型繁多且差异大、媒体信息输入/输出复杂、时空约束等特点。

1. 数据量巨大

传统的数值、文本类数据一般采用编码方式表示，数据量并不很大。但对于网络视频，其数据量是惊人的。例如，一幅分辨率为 640 像素×480 像素、256 种颜色的彩色照片，存储容量为 0.3MB；CD 质量双声道的声音，达到每秒 1.4MB；动态视频就更大了，我国的传统电视图像一帧有 625 行，去掉场扫描逆程中的 50 行，出现在一幅画面上有效的扫描行数是 575 行左右，电视画面的宽与高之比是 4 : 3。要保证图像在水平方向上的单位距离内可分辨的像素数与垂直方向上相等，那么在图像水平方向上的像素数应为 575×4/3≈767。将这一幅单色的电视图像数字化，其取样点数应为 767 像素×575 像素左右。根据三基色原理，一幅彩色图像是由红、绿、蓝 3 幅单色图像组成的，每秒要传送 25 幅彩色图像才能保证电视图像的连续性，如果每一个像素采用 8bps 量化，1 秒内需要传送的数据量则为：767×575×3×25×8≈265Mbit，数据量就是 33MB。一部 2 小时的电影的总数据量为：33×60×60×2=238GB。如此大的数据量，压缩后仍然很大，这对于动态视频数据的处理、存储、传输都是个难题。

2. 数据类型繁多且差异大

从媒体种类来说，有图像、图形、声音、动态影像视频、文本等多种形式，即使同属于一类图像，也还分为黑白与彩色、高分辨率与低分辨率等多种格式。这样，无论在媒体输入/输出方面，还是在媒体表现形式或多媒体综合方面，都会带来一系列问题。媒体种类还在不断发展且继续增多，也是视频系统面临的问题。表 1-2 所示为网络视频通信与传统数据通信的比较。

表 1-2 网络视频通信与传统数据通信的比较

项　目	网络视频通信	传统数据通信
传送的数据类型	多媒体信息	传统的、简单的数据
数据率	高	低
信息传送方式	具有面向数据流的高度突发性	突发性

续表

项　目	网络视频通信	传统数据通信
可靠性	需要采取有效服务质量策略，提高可靠性	可靠性高
时延性要求	交互类视频要求低时延，检索类视频要求低时延抖动	不要求
通信模式	点对点、点对多点、多点对多点	点对点
同步性	同步性	不要求

首先，数据类型差异体现在容量上，有的媒体存储量或传输量很小，而有的媒体存储量或传输量惊人。其次，差异体现在内容上，不同类型的媒体由于格式、内容不同，相应的类型管理、处理方法及内容解释方法等也不同，很难用某一种方法来统一处理这种差异。再次，差异体现在时间上，声音、动态影像视频等时基类媒体的引入，其信息组织方法发生质的变化，不同类型媒体对传输网络也提出差异化要求，详见第5章。

3. 媒体信息输入/输出复杂

在媒体信息输入/输出过程中，不仅数据类型多，而且涉及的处理设备种类繁多，主要包括媒体信息采集、输入、存储、合成、分解、呈现等众多环节，涵盖音频、视频、数据等多种媒体形式。通常，我们把媒体信息输入单元统称为媒体前端系统，主要包括固定摄像机、云台摄像机、麦克风、键盘、鼠标、扫描仪、影碟机、录像机等设备；媒体信息输出单元统称为媒体后端系统，主要包括调音台、音响、音视频矩阵、显控系统、显示屏幕等设备。

4. 时空约束

在多媒体通信系统中，同一对象的同一媒体以及媒体与媒体之间是相互约束、相互关联的，它包括空间与时间上的关联和约束。多媒体通信网络必须正确反映它们之间的这种关系。对于同一媒体，必须保持连续性，否则会失去整个媒体的自然特征；同一对象的不同媒体之间必须保持同步，若音频、视频不同步，传送到用户端就毫无意义。为此，往往采取适当时延同步再合成的方法来实现时间与空间上的合成，从而达到多种媒体时空一致的目的。目前，在音频与视频系统中，主要的约束还是时间上的同步。

1.6　网络视频传送方式

网络视频传送方式分为四种：单播、广播、组播和点播。

1. 单播

单播属于点对点的传送方式，是指在每个发送端与接收端之间建立一个单独的数据通道，发送端和接收端是一一对应关系，即视频媒体从一个源发出信息后，只能到达一个目的地。如果一个发送端（服务端）要与多个接收端通信，需要复制发送相同的数据包（也称为分组）给每个接收端，如图1-6所示。

单播可以有效避免将数据包发送给不需要的用户，但每份副本信息都要经过网络传输，当接收端数量较多时，需占用大量网络带宽资源，同时加重发送端负担，造成视频服务响应时间长，严重时出现视频卡顿现象。因此，对服务器性能和网络带宽要求较高。

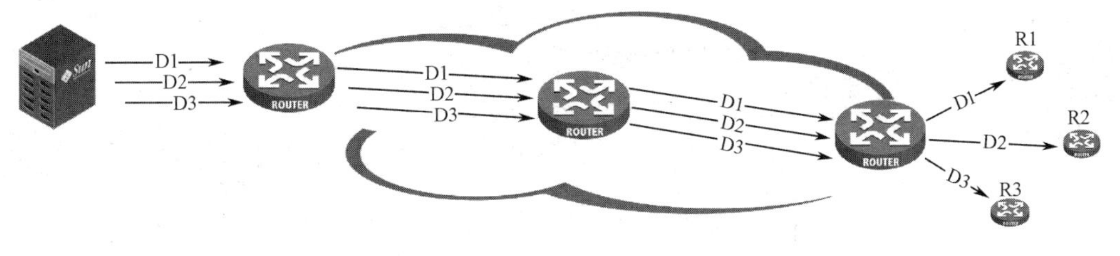

图 1-6 单播传送方式

2. 广播

广播属于一对所有的传送方式，是指服务端将数据包复制发送到网络上所有客户端，用户被动地接收视频流，而不管用户是否需要，且不能对视频流播放进行控制，广播方式能够将一个数据包传送到整个网络，很容易引发广播风暴，大量无用信息淹没整个网络，从而消耗网络带宽和资源。因此，要限制广播消息的发送，通过设置路由器来阻止广播的传播，将广播限制在一个物理或逻辑网段内。

3. 组播

组播是一种基于“组”的广播，是指在发送端与组内每一个接收端之间实现点对多点网络连接，又称多址广播或多播。组播源和目的地是一对多的关系，并且这种一对多的关系只能在同一个组内建立。如图 1-7 所示，视频媒体从一个源（服务端）发送出去后，任何一个与视频源同一组号的目的地（客户端）均可以接收到视频信息，而该组以外的其他目的地均不能接收到。

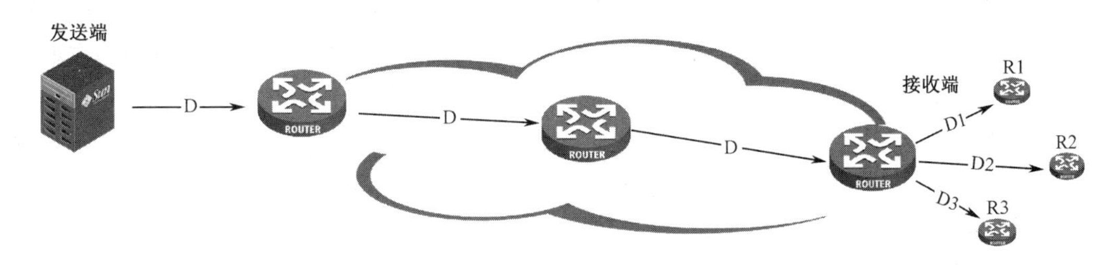

图 1-7 组播传送方式

网络设备采用组播方式，允许目的路由器一次将数据包复制到多个通道，服务端只需发送一个数据包，即可让所有发出请求的客户端共享该数据包，因此，单个服务端可对多台客户端同时发送连续数据流而无时延。组播信息可以发送到组内任意地址的客户端，减少了网络传输的信息总量，提高了网络利用率。

4. 点播

网络视频点播是一种基于用户需求的播放方式，是单播或组播的特殊应用。如图 1-8 所示，在点播过程中，网络用户在客户端发出播放请求，传送给视频服务器。请求经过验证后，服务器从存储系统中提取生成可访问的节目单，使用户可以浏览到节目单；用户选择节目后，服务器从存储系统中取出节目内容，并传送到指定客户端播放。在点播播放过程中，根据网络状况和全网点播内容情况，可以采用单播或组播方式进行播放。

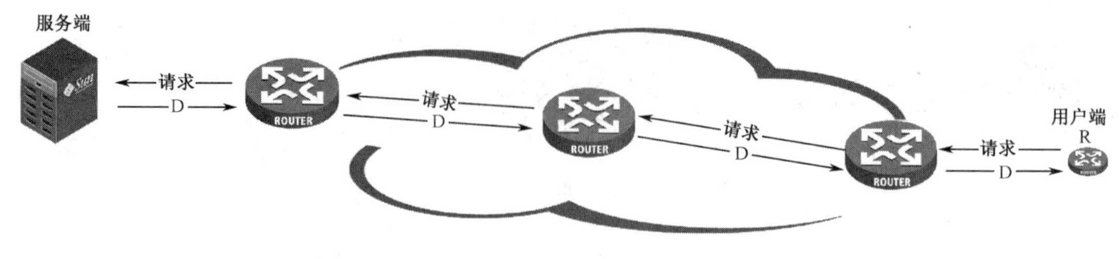

图 1-8　点播传送方式

相对于其他方式，点播用户自主性较强，可根据喜好选择播放内容并能自主控制视频信息的播放，而不是被动接收视频信息。视频点播分为互动点播和预约点播两种。互动点播即用户通过申请，服务器自动安排其所需节目。预约点播即用户申请播放内容和时间，管理人员进行相关配置，按其要求定时播出节目。

1.7　网络视频关键技术

网络视频是多媒体计算机技术、通信网络技术和视听技术结合的产物，是一个综合的、多学科的交叉技术，它的研究涉及计算机软件和硬件、图像处理、语音处理、数字信号处理、网络通信等领域。其中，高速视频通信网络及媒体传输协议、音视频压缩编码技术、视频分层编码与传输技术、组播通信、同步机制、差错控制和流量控制技术等，是当前网络视频发展的关键技术。

1．高速视频通信网络及媒体传输协议

计算机网络与通信技术是网络视频的基础，高性能视频系统首先需要高速的视频通信网络，同时配以新型的实时媒体传输协议。传输协议应提供全套服务质量（QoS）参数，包括吞吐量、端对端时延、时延抖动、误码率（BER）等。目前的主流采用 IP 计算机网络传输视频，这需要对实时传输、资源预留、QoS 控制、组播等关键技术，以及 RTP、RSVP、IPv6 等媒体通信协议进行研究。

2．音视频压缩编码技术

网络视频应用走向实用化的一个前提是具备高效率的压缩编码方法。迄今为止，产生了预测编码、变换编码、子带编码、小波编码、分形编码、模型基编码、矢量量化、运动估计等编码技术，最新推出了 H.265 和 AVS 等编码标准；在音频压缩方面，产生了自适应差分脉码调制（ADPCM）、线性预测编码（LPC）、子带编码、熵编码、矢量量化等编码技术。

评价编码技术优劣的三个主要指标分别是压缩比、重现精度和压缩速度，此外还有抗干扰能力、同步能力、可伸缩性等。其中，压缩速度在视频应用中显得尤为重要。

3．视频分层编码与传输技术

网络视频是面向组播的应用，由于组播中各成员的终端条件和接入速率不完全相同，

它们对媒体信号（尤其是视频信号）的分辨率要求也不尽相同。另外，在网络视频应用中，网络带宽的动态变化要求网络视频系统采取相应的措施以适应这种变化，于是出现了视频分层编码与传输技术。视频分层技术通常有时间分层、空间分层、信噪比分层三种。

- 时间分层：即时间域采样，通过调整视频流的时间分辨率（帧率）来适应信道的变化。
- 空间分层：即空间域采样，将各单帧图像分成不同空间分辨率的层次信息进行传输，通过调整图像空间分辨率来适应信道的变化。
- 信噪比分层：将各单帧图像分成不同信噪比的层次信息进行传输，通过调整图像信噪比来适应信道的变化。信噪比分层通常是通过频域变换、引入各类量化噪声和截断误差来实现的，分层后的信息具有相同的时间分辨率和空间分辨率。

4．组播通信

组播通信也称为多点传输或点对多点、多点对多点通信，是指组播源将数据传送到组播组中的所有成员。在不同类型的网络环境中，组播通信的实现方式是不同的。在 IP 等分组交换网中，组播通信主要是通过网络中路由器独立选路与转发来完成的。为了支持组播通信，需要对参与组播通信的主机和路由器进行功能扩展，以便有效地建立从发送方到接收组播组各成员的多目标分组传送路径，其中主机扩展的目的是使主机具有收发多目标分组的功能，内容包括组播地址管理、组播成员管理及多目标分组的发送和接收。路由器扩展的目的是使路由器具备转发多目标分组的能力，主要内容是多目标分发树的建立和维护。在主机与路由器扩展中，路由器的扩展是一个难点，因为建立多目标路由算法将给路由器带来相当大的负担。在 ISDN 等电路交换网中，组播通信是通过多点控制单元（MCU）的多点交换功能来实现的，因而组播通信问题就转化为 MCU 内部的交换网络结构和控制的算法问题。

5．同步机制

在网络视频中，媒体信息通常是由音频、视频、文本等多个媒体流组成的，各媒体流之间往往具有一定的时间关系，因此在接收端应实现同步回放，我们称这种同步为媒体同步（也称为唇同步）。另一方面，由于网络视频是面向多个用户的，为了公平起见，一个用户发送的媒体信息应当在所有接收的用户中同时进行回放，使每个用户有平等的反应机会，这种同步称为群同步。实现同步的方法很多，如时间戳法、多路复用技术、同步信号通道技术等。

6．差错控制和流量控制技术

由于网络视频具有高速、大容量的特性，而目前的计算机通信网还不能完全满足视频通信的要求，因而需要在传输协议中加入流量控制算法。流量控制技术主要可分为预防式和反馈式两大类，预防式控制技术包括漏桶、广义漏桶、峰值计数器、虚时钟等，信源根据监控参数调整发送速率；反馈式控制技术大多以窗口控制机制为基础，信源根据反馈的网络情况调整速率。反馈式控制技术会引入较大的时延，因而预防式控制技术更适合于视频通信，但是监控参数的确定是一个十分复杂的问题。网络视频的差错控制技术可以分为有选择地重发和前向纠错编码（FEC）两种，前者根据丢失（或出错）分组的重要性进行有选择的重发；后者则在发送（重要）分组时加入一定的冗余信息，以便在出错时能得到一定程度的恢复。

7．网络视频性能评价

目前，网络视频的研究与应用有了长足的发展，但视频系统功能的完备性、视频图像质量的优劣、最终用户感官的舒适度、系统设备软硬件性能、承载网络的稳定性、音视频同步等因素都会直接影响使用者的实际感知体验。

针对视频图像质量，通常采用主观评价和客观评价两大类指标描述。针对视频显示性能，通常采用亮度、色调、色饱和度、对比度等指标描述；针对视频系统性能，通常采用图像格式、帧率、码率等指标描述；针对音频质量性能，通常采用声音响度、音调、音色、音长、音唇同步等指标描述；针对系统的网络适应性，通常采用时延、时延抖动、丢包率等指标描述。

8．其他

在开发网络视频系统时，媒体数据库、共享分发、安全保密、大屏控制、人机接口等难点技术也是决定系统成功与否的重要因素，这里不再赘述。

总之，计算机技术层出不穷，软硬件技术的生存周期逐渐缩短，与视频系统相关的技术正在以多元化向其他领域渗透发展，各种技术相互关联、相互融合成为趋势。

思考题

1．什么是网络视频？它有哪些分类方式？
2．简述网络视频的系统构成。
3．简述网络视频的主要特点。
4．简述网络视频的传送方式。
5．简述网络视频的关键技术。
6．描述光和声的主要术语有哪些？它们与音视频有哪些关系？
7．如何评价音视频质量？有哪些主要指标？

第2章 体系标准

本章导读

在网络视频系统中，无论是系统服务端还是系统用户端，其应用都建立在H.32x或SIP协议框架之上，目前以H.320、H.323、SIP和H.324M应用最为广泛。本章重点介绍H.320、H.323、SIP和H.324M体系框架的标准组成及相关协议。

2.1 网络视频标准体系

据统计，人与人的交流约40%是通过语音、约60%是通过视觉来实现的，但现实生活中，人们能够低成本获得面对面视觉交流的机会很少。随着通信网络技术的发展，尤其是图像压缩、编码算法和计算机技术的进步，利用视频实现异地面对面信息交流成为可能，加快了人们信息沟通的速度，降低了沟通成本。

网络视频标准主要分为通信标准、媒体标准和数据会议标准。

2.1.1 通信标准

网络视频通信标准是规范视频通信的信令控制系列标准，包括设备认证、信令路由、会话控制、媒体控制、多点控制、接入适配和信令转换等标准。

从网络视频技术发展来看，视频体系框架分为电信行业ITU-T和计算机行业IETF两条技术路线。目前，支持网络视频的主要标准分别为ITU-T的H.320、H.323、H.324M标准和IETF的SIP标准，网络视频系统建设可以依据4种不同标准框架制定建设方案。

1. ITU-T标准

ITU-T标准推崇保证服务质量、计费服务和集中控制；技术上主要利用传统的电视电话通信方式，通过多种信息综合化、通信信号数字化，增加交互和自动管理功能，达到近似多媒体通信的服务效果；发展目标是提高服务质量、完善服务内容、简化操作方法等。例如，语音数字化的数字电话、语音与视频结合的可视电话和视频会议等应用，虽然这些技术较好地解决了音频与视频综合传输，但实现交互和统一管理等功能却十分困难。

H.320、H.321、H.322是ITU-T网络视频的第一代H系列标准。H.320标准于1990年7月由ITU-T提出，是有关视频会议的第一套完整标准，称为“窄带可视电话系统和终端设备的标准”，从总体上规定了以视频会议终端为主的系统框架。H.321、H.322标准以H.320为基础，分别描述了H.320终端如何与ATM网络和以太网适配。H.321标准称为“适应B-ISDN环境的可视电话系统和通信终端的标准”，H.322标准称为“有QoS保证的局域网环境中可视电话系统和通信终端的标准”。

H.323 和 H.324 是 ITU-T 网络视频的第二代 H 系列标准。两项标准总结了 H.320 经验，使用 H.245 作为新的控制协议，并且与很多音频与视频编解码协议兼容。H.323 标准于 1996 年 11 月由 ITU-T 出台，称为“无 QoS 保证的分组交换网络上多媒体通信终端的标准”，建立在通用、开放的计算机网络通信技术基础之上，使网络视频在技术和市场上发生了革命性的变化。越来越多的用户采用 H.323 技术和产品构建网络视频系统，H.323 标准成为目前应用最广泛、最通用的协议标准。

H.324 标准称为“基于分组低比特率多媒体通信终端的标准”，它利用了 H.233/H.234 的加密和 H.224/H.281 的远端摄像控制等 H.320 扩展协议。H.324M 是 H.324 标准的“移动部分”扩展，是专用于移动视频通信业务的协议簇，适用于无线网络的视频通信。3GPP 采纳 H.324M 标准作为 3G 网络视频电话标准，被命名为 3G-324M 标准，针对话音、视频和多路复用操作提出了要求。

目前，ITU-T 网络视频的主要标准为 H.320 和 H.323。

2．IETF 标准

IETF 标准推崇尽力而为、免费服务和分散控制；技术上主要利用计算机及计算机网络通信方式，通过信息传输的实时化、传输信息的多媒体化及对多媒体的信息管理综合化，实现交互式多媒体通信；发展目标是实现高质量视频服务、多样化服务内容，提供快捷的交互能力和综合管理能力。

SIP 标准由 IETF 的多方多媒体会晤控制（MMUSIC）工作组在 1995 年研究并提出，1999 年 3 月由 IETF 提议成为多媒体通信标准，称为“基于 IP 网络的应用层信令控制协议”，它是在 IP 网络中实现实时通信应用的一种信令标准，2002 年 6 月发布了更新版的 SIP 基本框架和 RFC 3261 建议。SIP 标准以其可读性、灵活性、良好的可扩展性和强健性，在网络应用中得到了越来越多的关注与重视。

2.1.2 媒体标准

网络视频媒体标准用于规范视频和音频媒体应用，对媒体编码、媒体解码、媒体分发、视频合成、音频混音、存储流化和媒体转码等功能进行约定。

1．视频标准

国际上主要有 ITU-T 与 ISO/IEC 两大组织。ITU-T 制定了 H.26x 系列视频编码标准，如 H.261、H.263 标准。ISO/IEC 制定了 MPEG 系列标准，如 MPEG-1、MPEG-2、MPEG-4 等标准。两个组织共同制定了 MPEG-2（H.262）、H.264（MPEG-4 Part10）、H.265、H.266 视频编码标准。我国从 1996 年开始参加国际视频标准制定工作，2006 年相继颁布 AVS 和 AVS+视频编码标准，2016 年颁布 AVS2 标准，2019 年推出 AVS3 标准。

2．音频标准

ITU-T 制定了 G 系列音频编码标准，如 G .711、G .722、G .728、G .723.1、G .729 等。ISO/IEC 制定了 MPEG-1 音频部分，成为第一个高保真立体声音频编码标准；制定 MPEG-2

音频部分，提出 Layer1、Layer2、Layer3 音频编码和压缩结构标准；制定 MPEG-4 音频部分，提出对相互分离的语音、音乐等自然声音对象以及具有回响、空间方位感的合成声音对象进行合成编码的标准。

2.1.3 数据会议标准

T.120 由 ITU 制定，针对多点发送和多媒体视频系统数据发送的应用开发，提出了一系列通信和应用协议，支持实时多点数据通信，成为桌面数据会议、多用户程序、多人游戏等应用的基础，解决了不同厂家设备的业务互联互通。该标准既可包含在 H.32X 框架之中，对现有的视频系统功能进行补充和增强，也可独立支持音视频会议，传送语音、静止图像、文本等多媒体实时会议，使视频系统的业务应用更广泛。

2.1.4 标准之间的关系

网络视频系统构建在 H.32x 或 SIP 标准框架之上，目前 H.320、H.323、SIP 和 H.324M 应用最为广泛，本章重点围绕这 4 个标准框架展开介绍。相关标准如表 2-1 所示。

表 2-1　网络视频系统相关标准

标准框架	H.320	H.321	H.322	H.323	H.324M	SIP
首次发布时间	1990.12	1996.3	1996.3	1996.11	1996.3	1999.3
最新发布时间	2004.3	1998.2	1996.3	2009.12	2009.4	2002.6
适用传输网络	ISDN、ATM 等电路交换网络	B-ISDN、ATM 等电路交换网络	有服务质量保证的局域网	IP 分组网	GSM WCDMA CDMA 无线网络	IP 分组网
比特率	≤2Mbps	≤600Mbps	≤6/16Mbps	≤10/100Mbps	≤2Mbps	≤10/100Mbps
视频标准	H.261 H.263	H.261 H.263	H.261 H.263	H.261 H.263 H.264 H.265 H.266	H.261 H.263	H.261 H.263 H.264 H.265 H.266
音频标准	G.711 G.722 G.728	G.711 G.722 G.728	G.711 G.722 G.728	G.711 G.722 G.728 G.723.1 G.729	G.723.1	G.711 G.722 G.728 G.723.1 G.729
数据会议标准	T.120	T.120	T.120	T.120	T.120	T.120
复用协议	H.221	H.221	H.221	H.225.0	H.223	
控制协议	H.230，H.242	H.242	H.230，H.242	H.245	H.245	SDP
多点协议	H.231，H.243	H.231，H.243	H.231，H.243	H.323		

表 2-1 概述了 ITU-T 的 H 系列标准和 IETF 的 SIP 标准所适用的传输网络以及相应视

频、音频、复用和控制协议。ITU-T 的 H 系列标准支持双向实时音频和视频会话，同时为 T.120 数据/图像会议提供可选择的数据信道。这些标准可支持多点会议、加密、远端摄像机的远程控制和广播应用。每个标准指定一个基本模式，确保相互间的互操作性，同时也允许通过控制协议来协商使用标准或非标准模式。

如图 2-1 所示，不同协议视频会议终端通过相应媒体网关实现互联互操作。

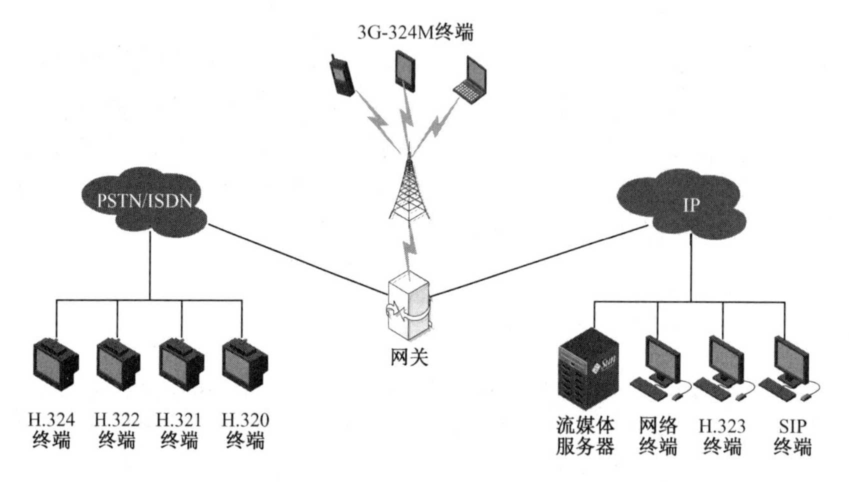

图 2-1　不同协议视频会议终端的互通

2.2　H.320 标准框架

H.320 标准发展于 20 世纪 80 年代后期，1990 年 12 月由 CCITT（现 ITU-T）通过，称为“窄带可视电话系统和终端设备的标准”。它是第一个低速率视频通信标准，成为目前广泛接受的视频会议标准。它从总体上规定了视频会议系统体系框架，是一个“系统标准”，包括许多应用于系统各部分的 ITU-T 标准。2004 年 3 月通过最新的第 6 版本。

H.320 是适用于窄带 ISDN、ATM 等电路交换数字网开展点到点及多点视频会议的标准。其带宽以 64kbps 为基本增加量，称为 p×64（p=1, 2, 3, ⋯, 30），其应用包括 ISDN 和 56kbps 交换网（速率从 56kbps 到 2Mbps）上的视频会议和电视电话。H.320 支持双向实时音频和视频会话，同时提供可选择的数据接口。此外，还支持多点会议、加密、远端摄像机的远程控制和广播应用。

2.2.1　标准组成

1. H.320 框架简介

从整体上看，H.320 标准框架由 H.200 系列视频标准、G 系列音频标准和 T.120 系列数据会议标准组成，主要包括通用体系、音视频、多点会议、数据/远端控制、加密、数据会议等部分。

（1）H.200 系列标准：H.320 框架最核心的部分，是关于视频业务的系列标准。

（2）G 系列标准：针对音频编解码制定的系列标准。

（3）T.120 系列标准：针对多点数据会议制定的系列数据通信标准。

为了对 H.320 标准框架的层次结构了解得更清晰，图 2-2 给出了 H.320 标准框架的层次结构。

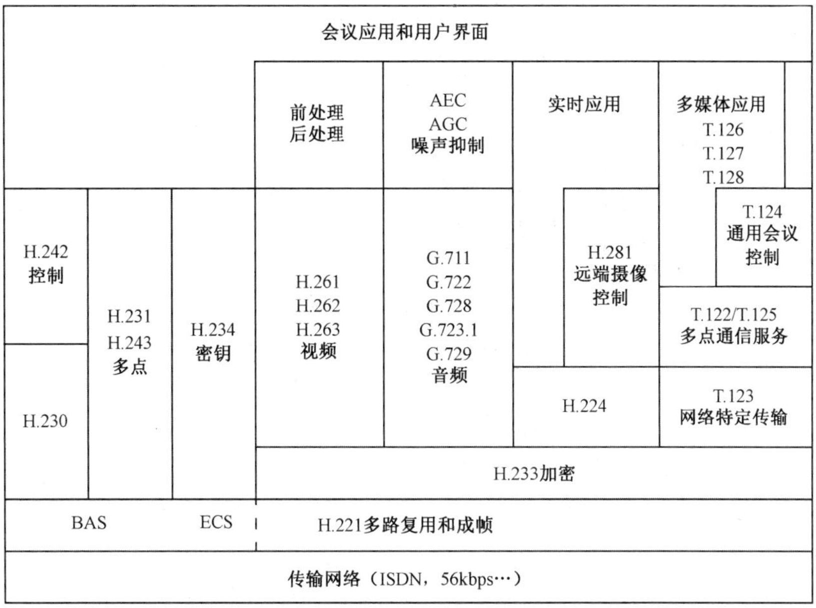

图 2-2　H.320 标准框架的层次结构

H.320 标准框架各部分主要协议如表 2-2 所示。

表 2-2　H.320 标准框架协议列表

组成部分	标　准　号	标准名称
帧结构	ITU-T H.221	视听电信业务中 64～1920kbps 信道的帧结构
系统控制	ITU-T H.230	视听系统的帧同步控制和指示信号
	ITU-T H.242	使用 2Mbps 以上数字信道在视听终端之间建立通信的系统
视频	ITU-T H.261	使用 p×64kbps 速率通信的视听业务的视频编解码器
	ITU-T H.263	低速率通信的视频通信业务的视频编码
多点会议	ITU-T H.231	使用 2Mbps 以上数字信道的视听系统的多点控制单元
	ITU-T H.243	使用 2Mbps 以上数字信道在 3 个或更多视听终端之间建立通信的过程
远端控制	ITU-T H.224	使用 H.221 的 LSD/HSD/MLP 信道的单工应用实时控制规程
	ITU-T H.281	电视会议系统基于 H.224 的远端摄像控制规程
加密	ITU-T H.233	视听业务的加密系统
	ITU-T H.234	视听业务的加密密钥管理和认证系统
广播	ITU-T H.331	广播类型的视听多点系统和终端设备
音频	ITU-T G.711	音频的脉冲编码调制
	ITU-T G.722	自适应差分脉冲编码调制（ADPCM）的宽带语音编码
	ITU-T G.728	低时延码的自激励线性预测（LD-CELP）的 16kbps 语音编码
	ITU-T G.723	5.3kbps 和 6.3kbps 双速率多媒体通信的语音编码
	ITU-T G.729	使用共轭结构的算术码激励线性预测（CS-ACELP）的 8kbps 语音编码
应用	ITU-T T.120	多媒体会议的数据规程

2. H.320 视频系统结构

从功能上看，视频系统应具有会议管理、媒体协作、媒体处理、通信服务和多点控制等功能模块，其逻辑结构如图 2-3 所示。

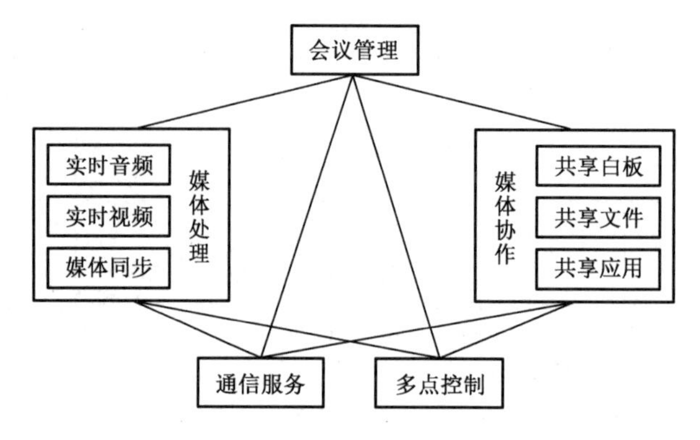

图 2-3　H.320 视频系统逻辑结构

（1）会议管理：会议准备阶段，完成会议通知，初始化会议环境，组织召开会议；会议进行中，管理参会者的身份和权限，监测系统运行状态；设置和调整系统各项性能参数。

（2）媒体协作：主要提供共享白板、共享文件、共享应用等形式的协作方式。其中，共享白板的作用是实现参会人员的公共显示和修改窗口，实时传送修改信息；实现文件等数据的传送功能，完成文件传阅任务；具有面向对象链接与嵌入（OLE）功能。

（3）媒体处理：完成视频/音频信息的采集、转化，实时压缩本地媒体产生的数据，实时解压缩和播放由远程媒体产生并经过网络传送过来的数据。

（4）通信服务和多点控制：具有网络管理的功能，各种媒体产生的信息流进行统一调度、传输，实现点对点、组播、广播等通信方式；完成相应进程的数据链接；保证网络传输效率和系统维护性能。

下面分别简要介绍 H.320 标准的协议栈中的 H.200 系列、G 系列和 T.120 系列。

2.2.2　通信标准

H.320 标准协议栈中通信标准主要包括帧结构 H.221 标准，系统控制 H.230 和 H.242 标准，多点会议 H.231 和 H.243 标准，实时远端摄像控制 H.224 和 H.281 标准，加密 H.233 和 H.234 标准，多点广播 H.331 标准。

1. H.221——帧结构

视频会议信号是通过数字信道以时分复用方式进行传输的，它的视频、音频、数据、控制信号必须按照一定的顺序、一定的结构在收发两端同步进行传送，这种按照一定顺序组成的结构称为帧结构。

H.221 是 ITU-T 于 1988 年 11 月通过的标准，是关于视频会议系统中 64～1920kbps 信道传输音频、视频、数据、控制信令等复接成帧的传输格式。信道由单个 64kbps（称为 B 信道）或多个 64kbps 组成，如 H0（384kbps）信道由 6 个 64kbps 组成，H11（1536kbps）信道由 24 个 64kbps 组成，H12（1920kbps）信道由 30 个 64kbps 组成。H.221 支持 8 个独立信道，但不是每次呼叫都占用所有信道。2004 年 8 月通过最新的第 8 版本。

单路 B 信道（64kbps）帧结构如图 2-4 所示。它由速率为 8000Hz 的 8 比特组构成，从上至下为 1 个 8 比特组，从左至右共有 80 个 8 比特组。每 1 比特从左至右构成 1 个子信道，前 7 个信道可视为传送视频、音频和数据的信道，第 8 信道作为服务信道（SC），用于传输端到端信令，包括比特率分配信号（BAS）和帧定位信号（FAS），以及必要时所需的加密控制信号（ECS）。具有 SC 信道的 64kbps 时隙称为 I 信道。

比特编码	1 … 8	9 … 16	17 … 24	25 … 80
1	1#子信道			
2	2#子信道			
3	3#子信道			
4	4#子信道			
5	5#子信道			
6	6#子信道			
7	7#子信道			
（SC）8	FAS	BAS	ECS	8#子信道

字节编号 1 … 8 9 … 16 17 … 24 25 … 80

FAS：帧定位信号　BAS：比特率分配信号　ECS：加密控制信号

图 2-4　单路 B 信道（64kbps）帧结构

H0（384kbps）、H11（1536kbps）、H12（1920kbps）信道帧结构如图 2-5 所示。n=1 时为单路 H0（384kbps）信道，它由 6 个 64kbps 信道组成，BAS、FAS、ECS 信号只在 TS1 时隙发送。对于多个 H0 连接，每个 H0 的 TS1 含有 SC 信道，其他 TS 不含 SC 信道。$n = 4$ 时为单路 H11（1536kbps）信道，它由 24 个 64kbps 信道组成，仅 TS1 含有 SC 信道。$n = 5$ 时为单路 H12（1920kbps）信道，它由 30 个 64kbps 信道组成，仅 TS1 含有 SC 信道。

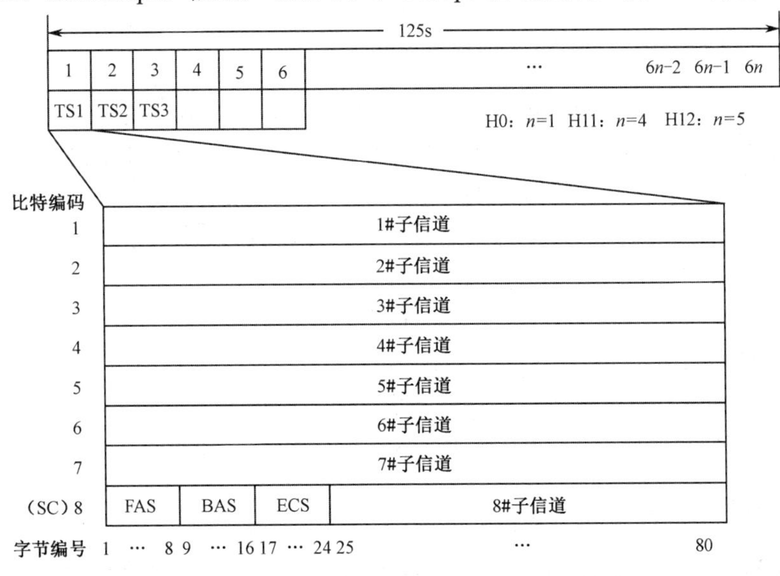

图 2-5　H0（384kbps）、H11（1536kbps）、H12（1920kbps）信道帧结构

2．H.230 和 H.242——系统控制

H.230 是 ITU-T 于 1990 年 12 月通过的标准，是关于视听系统的帧同步控制和指示信号的标准，用于处理基于 H.320 的编解码器（CODEC）之间传送的控制信息。它定义了一系列命令和指示信号，即帧同步控制信号（C）和指示信号（I）。命令用来控制远端行为，指示信号用来提示远端事件的有用信息。该标准规定了多点相关消息由多点控制单元（MCU）强制操作模式，支持多种多点特性。H.230 消息分为视频类、音频类、诊断类、多点控制类、字符和数字类等。2009 年 3 月通过最新的第 7 版本。

H.242 是 ITU-T 于 1990 年 12 月通过的标准，是视听系统中使用 2Mbps 以上数字信道视频终端之间的通信标准。它定义了视频会议系统点到点的通信规程，是不包括多点控制单元（MCU）参与的通信规程。该标准包含了 H.320 呼叫建立和操作的基本过程，包括能力交换、模式初始化与转换、启动多个类型信道及通用 H.320 终端的过程。2009 年 3 月通过最新的第 7 版本。

3．H.231 和 H.243——多点会议

H.231 是 ITU-T 于 1993 年 3 月通过的标准，是关于视听系统中使用 2Mbps 以上数字信道的多点控制单元（MCU）通信标准，它规定了多点会议中 MCU 的视频、音频、信道接口、数据时钟及最大端口数等接口标准。1997 年 7 月通过最新的第 3 版本。

H.243 是 ITU-T 于 1993 年 3 月通过的标准，是视听系统中使用 2Mbps 以上数字信道的 3 个以上视听终端与 MCU 之间通信过程的规程，是 H.231 的一个补充标准。它规定了 3 个以上视听终端参与一个会议的多点操作标准，主要包括终端与 MCU 之间建立通信的初始化过程、终端与 MCU 编号、多个 MCU 互连、视频切换、数据广播、主席控制和音视频模式等内容；主要适用于多点会议系统通信和星形网络结构中多个 MCU 建立呼叫连接，是多点通信中较为重要的一个通信协议规程。2005 年 10 月通过最新的第 5 版本。

4．H.224 和 H.281——实时远端摄像控制

H.224 是 ITU-T 于 1994 年 11 月通过的标准，是视听系统中运行在 H.221 的 LSD/HSD/MLP 信道上的单工应用实时控制规程，也称为 H.DLL。它规定了在帧结构中的低速数据（LSD）信道、高速数据（HSD）信道、多层协议（MLP）信道的能力，以及通过上述 3 种不同信道实现对远端摄像机的实时控制，是 H.320 标准提供的可选实时远端设备控制规程。2005 年 1 月通过最新的第 3 版本。

H.281 是 ITU-T 于 1994 年 11 月通过的标准，是电视会议系统基于 H.224 的远端摄像机控制规程，也称为 H.FECC，主要包括规程的各要素及字段格式，通过 H.224 发送高优先级消息，对远端多个摄像机选择、位置预置，以及摄像头的摇动、倾斜、推拉等操作进行远程控制。H.281 是 H.224 的应用标准，两个标准必须配合使用。

5．H.233 和 H.234——加密

H.233 是 ITU-T 于 1993 年 3 月通过的标准，是关于视听业务的保密系统标准，包括加密过程和算法选择，可以使用快速数据加密算法（FEAL）、英国加密算法（B-CRYPT）和数据加密标准（DES）等国际标准化组织（ISO）认可的加密算法。密钥长度依赖于使用

的算法，可以是无限制的。2002 年 11 月通过最新的第 3 版本。

H.234 是 ITU-T 于 1994 年 11 月通过的标准，是关于视听业务的加密密钥管理和认证系统的标准，包括使用 ISO 8732 密钥管理标准、扩展 Diffie-Hellman 密钥交换协议和公钥加密算法（RSA）的密钥交换与认证。2002 年 11 月通过最新的第 3 版本。

6．H.331——广播

H.331 是 ITU-T 于 1993 年 3 月通过的标准，是关于广播类型的视听多点系统和终端设备的标准，可以利用 ISDN 数字交换的分布功能，将视听信号通过传输信道（B、H0、H11/H12）广播到多个接收端。该标准独立于 H.320，但作为 H.320 的广播多点系统，与 H.320 有着密切的关系。该标准的特点是信息提供者与信息接收者之间经过交换设备进行信息转发，通信过程不需协商，且信息为单向传输。

2.2.3 媒体标准

1．视频编解码标准

H.261 是 ITU-T 于 1988 年 11 月通过的标准，是关于 $p\times64$kbps（p=1, 2, 3, …, 30）速率下的视频会议视频编码的标准。它是 ITU-T 最早制定的关于视频编码的国际标准，广泛用于 H.320、H.323 视频会议系统。它提供 QCIF 和 CIF 两种图像格式。1993 年 3 月通过最新的第 3 版本。

H.263 是 ITU-T 于 1996 年 3 月通过的标准，是关于低码率视频会议视频编码的标准。这个标准在 H.261 的基础上加以改进，在低速率下获得更好的图像质量，主要用于 384kbps 以下速率的应用场合，在低速的 H.320、H.323、H.324 等视频会议系统中广泛应用。它提供 SQCIF、QCIF、CIF、4CIF、16CIF 这 5 种图像格式。

H.263+是 ITU-T 于 1998 年 2 月修订发布的 H.263 标准的第 2 版本，非正式地称为 H.263+标准。它在保留原 H.263 标准的核心句法和语义的基础上，增加了 12 个选项以提高编码压缩效率，增强了异构网络环境的适应性，提高了可扩展性。

H.263++是 ITU-T 于 2000 年 11 月修订发布的 H.263 标准的第 3 版本，在 H.263+的基础上，补充了增强型的参考帧选择（ERPS）、数据分片的模式（DPS）、保证增强型反向兼容性的附加信息 3 个选项，提高码流在恶劣信道上的抗误码性能和编码压缩效率。2005 年 1 月通过最新版本。

H.263 最初设计为基于 H.324 的系统进行传输，后来逐步成功应用于H.320、H.323、SIP和流媒体等系统。

有关视频编解码技术的详细介绍，参见第 3 章。

2．基本音频编码模式

G.711 是 ITU-T 于 1972 年 12 月通过的标准，是 H.320 基本音频编码模式，采用 8kHz 采样频率的对数脉码调制（log-PCM）的语音编解码标准。该标准规定了 PCM 的 A 律或 μ 律两种不同的语音编解码标准，音频传送带宽为 64kbps，自动唇音同步，图像相对于语音时延小于 40ms，但它的带宽使用效率较低。1998 年 11 月通过最新的第 5 版本。

G.722 是 ITU-T 于 1987 年 2 月通过的标准，是宽带音频编码模式。它采用自适应差分脉冲编码调制（ADPCM）的语音编解码标准，音频传送带宽为 48kbps、56kbps 或 64kbps。1998 年 11 月通过最新的第 2 版本。ITU-T 正在研究制定一个称为 G.16K 的 16kbps 宽带音频编码的新标准，拟替代 G.722。2012 年 9 月通过最新版本。

G.728 是 ITU-T 于 1992 年 9 月通过的标准，是窄带音频编码模式。它采用低时延码激励线性预测（LD-CELP）语音编解码标准，音频传送带宽是 16kbps，总时延约为 1.875ms，具有很好的语音音质。2012 年 6 月通过最新版本。

3. 可选音频编码模式

G.723.1 是 ITU-T 于 1996 年 3 月通过的标准，是窄带音频编码模式，采用代数码激励线性预测（ACELP）和多脉冲最大似能量化（MP-MLQ）的双速率语音编解码标准，音频传送带宽可为 5.3kbps 或 6.3kbps，时延为 67.5ms。在 H.320 系统中是可选编码标准。2006 年 5 月通过最新的第 2 版本。

G.729 是 ITU-T 于 1996 年 3 月通过的标准，是窄带音频编码模式，采用共轭结构的代数码激励线性预测（CS-ACELP）的语音编解码标准，音频传送带宽可为 8kbps，时延为 35ms。在 H.320 系统中是可选编码标准。2012 年 6 月通过最新版本。

有关音频编解码技术的详细介绍，参见第 3 章。

2.2.4 数据会议标准

T.120 系列标准由 ITU-T 制定，作为多点和多媒体视频系统数据发送的应用规程，是为应用开发提供的标准规范，用于实现不同厂家设备和业务的互联互通。该系列标准既可包含在 H.32X 框架之中，对现有的视频系统功能进行补充和增强，也可独立支持音视频会议，传送语音、静止图像、文本等多媒体实时会议，使视频系统的业务应用更广泛。

该系列标准包括 T.121、T.122、T.123、T.124、T.125、T.126、T.127、T.128 等协议标准，其中 T.126 和 T.127 为高层协议标准。

- T.121：定义了常规应用模板，是对声像会议系列标准中所有应用规程和细节方面涉及的通用程序要素的说明，1996 年成为 ITU-T 标准。
- T.122：定义了声像和视听会议业务的多点通信服务，确定声像和视听会议业务中多点通信的数据传输、令牌管理的机制及原理，1993 年成为 ITU-T 标准。T.122 业务定义和 T.125 规程共同提供多点通信服务（Multipoint Communication Service，MCS），主要提供面向连接的业务，与 T.123 传输协议栈操作无关。
- T.123：定义了声像和视听会议应用的网络特定传输规程，确定终端相应网络所对应的协议，包括 OSI 七层系列规程，规定了不同网络之间的连接，包括使用 V 系列标准的公共交换网、使用 X.25 规程的分组交换数字网、ISDN 和电路交换数字网，明确网络音视频和 T.120 数据根据 H.32X 等标准进行复用，1993 年成为 ITU-T 标准。
- T.124：定义了声像和视听终端、多点控制单元的通用会议控制规程，可以通过指定某种业务和管理多点会议来提供会议能力，主要包括会议建立、保持与退出，以及多种应用的协商能力、通用会议管理等应用规程，1996 年成为 ITU-T 标准。

- T.125：定义了声像会议、视听会议的多点通信服务规程，提供一个通过多点通信与所定义的协议操作，1994 年成为 ITU-T 标准。
- T.126：定义了多点静止图像和注释规程，允许用户在多点数据会议中查询图像或对它做注释、交换传真图像，在不同操作系统中共享应用，其中包括协议数据单元结构及其交换协议、控制资源管理的规则、能力协商等应用规程，1995 年成为 ITU-T 标准。
- T.127：定义了多点二值文件传输协议，为用户提供初始化多点文件传输能力，其中包括有关二值文件在多点环境下进行广播、选择性发送确认、远端索引访问、压缩档案的转移等应用规程，1995 年成为 ITU-T 标准。
- T.128：定义了音频和视频控制规程，确定多点多媒体系统的音频、视频控制模式和辅助设备（摄像机、录像机等）的控制方式，1996 年成为 ITU-T 标准。

上述 T.120 系列标准体系结构如图 2-6 所示。

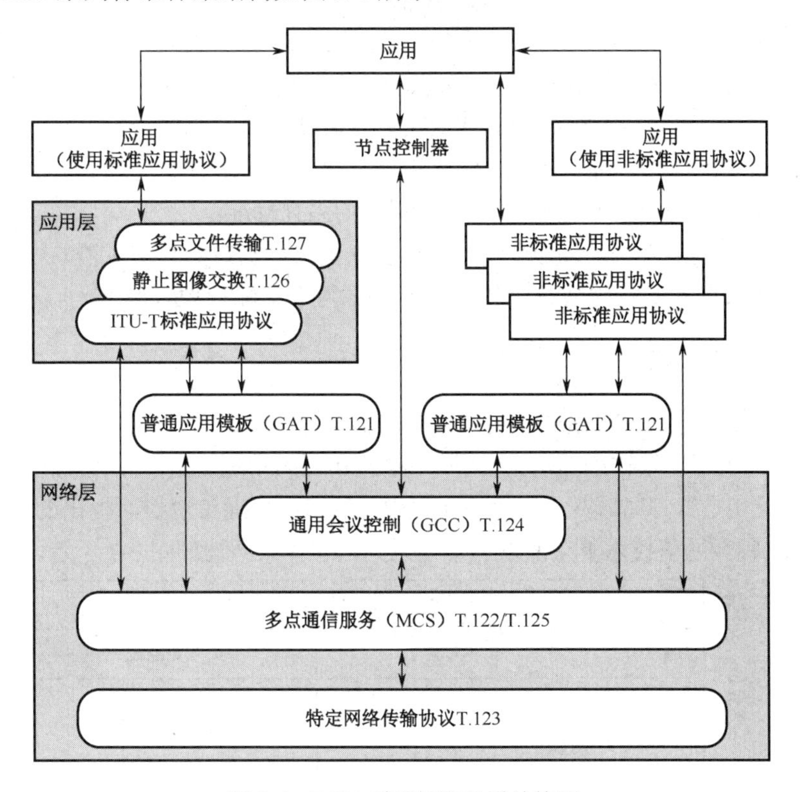

图 2-6　T.120 系列标准体系结构图

2.3　H.323 标准框架

为解决在无服务质量（QoS）保证的分组网络上开展多媒体会议，ITU-T 于 1996 年 11 月通过 H.323 标准的第 1 版本（名称冗长），1998 年的第 2 版本更名为“基于分组网络的多媒体通信系统”标准。2009 年 12 月通过最新的第 7 版本。

H.323 标准最初是针对不提供 QoS 保证的局域网制定的，但只要带宽时延满足要求，同样可以应用在更广范围的城域网和广域网。

H.323 标准沿用传统电信网的设计理念，兼顾传统PSTN呼叫流程和 IP 网特点，吸取了许多电信网的组网、互联和运营经验，可与 PSTN 网、窄带视频业务及其他数据业务和应用网互联互通，在组建大规模 IP视频网络方面凸显了其技术优势。H.323 标准涵盖了各种独立外设、个人计算机技术，以及点对点与点对多点的视频会议等诸多方面，解决了视频会议中呼叫与会话控制、多媒体与带宽管理等许多问题。整个体系结构较之 H.320 略显庞大和复杂。

2.3.1 标准组成

1. H.323 框架简介

H.323 是建立在 ITU-T 有关多媒体协议、ISDN 的 H.320、B-ISDN 的 H.321 和 PSTN 的H.324等标准基础之上的一组标准，编码机制、协议范围和基本操作类似于ISDN的Q.931信令协议的简化版本。

从组成结构上看，H.323 是一个框架性建议，主要由 H.200 系列视频标准、G 系列音频标准、T.120 系列数据会议标准和 RTP/RTCP 实时传输协议组成。

- H.200 系列视频标准：H.323 框架最核心的部分，是关于视频业务的系列标准。
- G 系列音频标准：针对音频编解码制定的系列标准。
- T.120 系列数据会议标准：针对多点多媒体会议制定的数据规程。
- RTP/RTCP 实时传输协议：针对实时媒体可靠传输的控制标准。

2. H.323 体系结构

从体系结构上看，H.323 标准框架在终端控制与管理、媒体控制、数据应用、传输层和 IP 网络层等方面做了比较详细的规定，为网络语音和视频系统的拓展性和兼容性提供了良好条件。H.323 最初是针对局域网上无服务质量保证的多媒体通信协议而提出的，现已逐渐发展成为满足 IP 视频通信技术复杂要求的协议系列，其体系结构如图 2-7 所示。

<table>
<tr><td>应用层</td><td colspan="7">多媒体应用，用户接口</td></tr>
<tr><td rowspan="4">控制层</td><td>数据会议</td><td colspan="3">媒体传输</td><td colspan="3">信令控制</td></tr>
<tr><td rowspan="3">T.120</td><td>视频
H.261
H.263
H.264
…</td><td>音频
G.711
G.722
G.728
G.723.1
G.729
…</td><td rowspan="3">RTCP</td><td rowspan="3">H.225.0
呼叫
信令</td><td rowspan="3">H.245
媒体控
制信令</td><td rowspan="3">H.225.0
RAS</td></tr>
<tr><td colspan="2">RTP</td></tr>
<tr><td colspan="2">H.235加密</td></tr>
<tr><td>传输层</td><td>TCP</td><td colspan="3">UDP</td><td>TCP/UDP</td><td>TCP</td><td>UDP</td></tr>
<tr><td>网络层</td><td colspan="7">IP</td></tr>
</table>

图 2-7 H.323 标准框架

（1）网络层。它是 H.323 标准的基础，应支持 IP 单播、组播协议，既可支持信息的单一传送，确保信息的私密性，也可以组播方式同时对多个不同用户发送，降低网络负载，节省网络带宽。

（2）传输层。它是 H.323 标准的应用有效传输的保证，主要包括可靠传输协议 TCP 和不可靠传输协议 UDP。

（3）控制层。它是 H.323 标准的核心部分，包括 3 个功能模块：信令控制模块、媒体传输模块和数据会议（Data Conference）模块。信令控制模块由 H.225.0 登记/准入/状态（Registration/Admission/Status，RAS）信令、H.245 媒体控制信令和 H.225.0 呼叫信令组成。媒体传输模块由音频传输和视频传输两部分组成。这两部分各自包括编码标准、RTP 实时传输和 RTCP 实时传输控制。数据会议模块则主要由建立在 TCP 上的 T.120 协议族来负责。

H.323 标准是整个系统的框架规范，是专门为 IP 网络上实现多媒体通信而制定的一个完整的体系框架，详见表 2-3。

表 2-3　H.323 标准框架协议列表

分　类	标　准　号	标准名称
帧结构	ITU-T H.221	视听电信业务中 64～1920kbps 信道的帧结构
系统控制	ITU-T H.225	基于分组的多媒体通信系统的呼叫信令和媒体流封装规程
	ITU-T H.230	视听系统的帧同步控制和指示信号
	ITU-T H.242	使用 2Mbps 以上数字信道的视听终端之间建立通信的系统
	ITU-T H.245	多媒体通信的控制规程
视频	ITU-T H.261	使用 p×64kbps 速率通信的视频通信业务的视频编解码器
	ITU-T H.263	低速率通信的视频通信业务的视频编码
	ITU-T H.264	通用视频服务的先进视频编码
多点会议	ITU-T H.231	使用 2Mbps 以上数字信道的视听系统的多点控制单元
	ITU-T H.243	使用 2Mbps 以上数字信道在 3 个或更多视听终端之间建立通信的过程
网关	ITU-T H.248	网关控制规程
远端控制	ITU-T H.224	使用 H.221 的 LSD/HSD/MLP 信道的单工应用实时控制规程
	ITU-T H.281	电视会议系统基于 H.224 的远端摄像机的控制规程
加密	ITU-T H.235	H.323 安全：H 系列（基于 H.323 和 H.245）多媒体系统的安全框架
音频	ITU-T G.711	音频的脉冲编码调制
	ITU-T G.722	自适应差分脉冲编码调制（ADPCM）的宽带语音编码
	ITU-T G.728	低时延码自激励线性预测（LD-CELP）的 16kbps 语音编码
	ITU-T G.723	5.3kbps 和 6.4kbps 双速率多媒体通信的语音编码
	ITU-T G.729	使用共轭结构的代数码激励线性预测（CS-ACELP）的 8kbps 语音编码
应用	ITU-T T.120	多媒体会议的数据规程

下面分别简要介绍 H.323 与 H.320 不同的 H.200 系列标准、G 系列标准和 T.120 系列标准部分。

2.3.2　通信标准

本节主要介绍 H.323 的通信标准中的呼叫控制 H.225.0 标准、系统控制 H.245 标准、网关控制 H.248 标准、安全加密 H.235 标准。

1. H.225.0——呼叫控制

H.225.0 是 ITU-T 于 1996 年 11 月通过的标准，是基于分组的多媒体通信系统的呼叫信令和媒体封装的规程，适用于不同类型网络，通信范围在 H.323 网关之间。H.225 描述了如何管理基于分组网络上的视频、音频、数据和控制信息，使其在 H.323 设备中提供会话服务。H.225 主要包含了呼叫信令 Q.931 和 RAS 两部分。2009 年 12 月通过最新的第 7 版本。

H.225 通过在呼叫信令信道上交换 H.225 的呼叫控制信令信息，实现 H.323 端点的连接。该呼叫信令信道可以位于两个 H.323 端点之间，也可以位于端点与 GK（Gateway Keeper，网守）之间。

H.225 详细定义了 Q.931 信令信息的使用和支持，在 IP 网络的 TCP1720 端口上，创建一个可靠的 TCP 呼叫控制信道，完成 Q.931 呼叫控制信息的初始化，从而实现连接、维持和呼叫分离功能。当网络域中存在一个网关时，H.225 呼叫安装信息可能通过直接呼叫信令，也可能通过路由呼叫信令而交换。GK 用来决定 RAS 接入信息交换的选择方式。一旦有了 GK，H.225 信息便可以在端点之间直接进行交换。

RAS 是位于端点和 GK 之间的协议。RAS 主要用来实现端点和 GK 之间的注册、接入控制、带宽转换、状态和拆除等操作。RAS 信道主要用来交换 RAS 信息，该信令信道是早在其他信道建立之前，就已在端点和 GK 之间开通的。

H.225.0 通过 RTP/RTCP 对下层所有分组网络媒体流进行分组和同步，H.225.0 假定了一个初始信令，是建立在非 RTP 传输之上的呼叫模型，用于呼叫建立和能力协商（见 H.323 和 H.245），建立一个或多个 RTP/RTCP 连接。H.225.0 包含 RTP/RTCP 的详细使用方法。

2. H.245——系统控制

H.245 是 ITU-T 于 1996 年 3 月通过的标准，定义了多媒体通信终端之间的控制协议，包括容量交换、逻辑信道控制、流控制消息、通用命令和指示等，主要用于控制信道使用和信道性能。2011 年 5 月通过最新版本。

H.245 提供端到端信令，以保证 H.323 终端的正常通信，根据 H.245 建议的过程，建立视频、音频、数据或控制信息的逻辑信道。逻辑信道通常是单向的，并且在传输的每个方向都是独立的。用来传输数据的逻辑信道可以是双向的，并且通过 H.245 建议的双向打开逻辑信道过程进行关联。对于每个媒体类型可以发送任意多个逻辑信道，但每个呼叫只能有一个 H.245 控制信道。除了逻辑信道，H.323 端点使用两个信令信道进行呼叫控制、完成与 GK 有关的功能。这些信道使用的格式必须遵从 H.225.0 建议。

控制 H.323 实体操作的是 H.245 协议消息。H.245 消息分为请求、响应、命令和指示 4 种类型。请求消息要求接收方有响应动作，包括立即响应；响应消息是针对某个请求的回应；命令消息要求完成规定的动作，但不要求有响应；指示消息只起通知作用，不要求任何动作和响应，通常是告知终端的信息状态。

3. H.248——网关控制

H.248 是 ITU-T 与 IETF 共同于 2000 年 6 月通过的标准，ITU-T 称之为 H.248，IETF 称之为 MeGaCo（以下统称为 H.248）。H.248 是一种媒体网关控制规程。在分离网关体系中，H.248 用于媒体网关控制器（Media Gateway Controller，MGC）与媒体网关（Media

Gateway，MG）之间的通信，实现MGC对MG的控制功能。2014年1月通过最新版本。

MGC的功能包括处理与GK间的H.225 RAS消息、No.7信令和H.323信令等。MG的功能包括处理IP网的端点接口、电路交换网端点接口，处理H.323信令、带有RAS功能的电路交换信令和媒体流。MGC支持H.323和H.225.0的互操作，“中继”网关信令直接连接到MGC，“接入”网关信令到达MG后经过H.248到达MGC。H.248独立于呼叫的控制协议，因此端点不一定是H.323端点。

在H.248定义的连接模型中，包括终端（termination）和关联（context）两个实体。

- 终端是位于媒体网关中的一个逻辑实体，可以发送、接收媒体流和控制流。终端特征通过属性来描述，这些属性被组合成描述符在命令中携带。终端被创建时，媒体网关会为其分配一个唯一标识。
- 关联是指一个终端集内部的关联关系，当一个关联涉及多个终端时，关联将描述这些终端所组成的拓扑结构以及媒体混合交换的参数。

4. H.235——安全加密

H.235是ITU-T于1996年3月通过的标准，是H.323标准系列中有关安全方面的一种标准，主要为基于H.323、H.225.0及H.245的标准，提供身份认证、数据加密、数据完整性及密钥管理等安全服务，为以H.245作为控制协议的端对端及多点会议的终端提供安全保障。2005年9月通过最新的第4版本。

2.3.3 媒体标准

1. 视频编解码

H.323系统在支持H.320视频编解码方式H.261、H.263的基础上，新增兼容H.264、HEVC/H.265等的编解码格式。

1）H.264

H.264是2003年5月由ITU-T的VCEG（视频编码专家组）和ISO/IEC的MPEG（运动图像专家组）联合视频组（JVT）开发的数字视频编码标准，既是ITU-T的H.264，又是ISO/IEC的MPEG-4的第10部分。

H.264采用统一变长编码（VLC）符号编码，高精度、多模式的位移估计，基于4×4块整数变换、分层编码语法等措施，比H.263减少50%左右的码率，较H.263++有更高的压缩性能。H.264码流结构对各种信道的适应能力强，增加了差错恢复能力，能够较好地适应IP网络应用和无线网络应用。H.264能满足不同速率、不同分辨率、不同传输场合的应用需求，扩大了系统使用范围。2014年2月通过最新版本。

2）H.265

H.265是2013年2月由ITU-T的VCEG（视频编码专家组）推出的数字视频编码标准，全称为“高效视频编码”HEVC/H.265，旨在有限带宽下传输更高质量的网络视频，仅需H.264一半带宽即可播放相同质量的视频，这将使智能手机、平板等移动设备能够直接在线播放1080p的全高清视频。

有关视频编解码技术的详细介绍，参见第 3 章。

2．音频编解码

H.323 在继承 H.320 编码解码方式 G.711、G.722、G.728 的基础上，增加了 G.723.1、G.729 音频标准。

G.723.1 是 ITU-T 于 1996 年 3 月通过的标准，是窄带音频编码模式。它是采用代数码激励线性预测（ACELP）和多脉冲最大似能量化（MP-MLQ）的双速率语音编解码标准，音频传送带宽可为 5.3kbps 或 6.3kbps，时延为 67.5ms。在 H.320 系统中是可选编码标准。2006 年 5 月通过最新的第 2 版本。

G.729 是 ITU-T 于 1996 年 3 月通过的标准，是窄带音频编码模式。它是采用共轭结构的代数码自激励线性预测（CS-ACELP）的语音编解码标准，音频传送带宽可为 8kbps，时延为 35ms。在 H.320 系统中是可选编码标准。2012 年 6 月通过最新版本。

有关音频编解码技术的详细介绍，参见第 3 章。

3．实时传输和控制协议

在 H.323 体系框架中，引入了实时传输和控制协议。多媒体实时传输可以通过 RTP（Real-time Transport Protocol，实时传输协议）、RTCP（Real-time Transport Control Protocol，实时传输控制协议）、RSVP（Resource ReSerVation Protocol，资源预留协议）等协议配合实现。首先，利用 RSVP 建立并维护网络资源预约；然后，使用 RTP 在建立的预约路径上进行实时多媒体数据的传输；同时，周期性地发送 RTCP 控制报文监控实时数据的传输情况，及时反馈网络的传输信息，保证数据的实时传输。其中，RTP 和 RCTP 称为实时传输和控制协议，是用于媒体实时可靠传输的控制标准。

（1）RTP

RTP 是用于在 IP 网络上实时传递多媒体数据流的一种传输协议，由 IETF 的 AVT 工作组（Audio/Video Transport WG）制定，于 1996 年通过 RFC 1889 的形式发布，最新版本为 RFC 3550 和 RFC 3551，它不仅定义了 RTP，而且定义了与之相关的 RTCP。

RTP 协议详细说明了在 IP 网络上实时传输媒体的标准数据包（分组）格式，为媒体数据端到端的实时传输提供时间信息和流同步。RTP 本身并不能为有序数据包（分组）提供可靠的传输机制，也不提供流量控制或拥塞控制，只负责为实时应用提供端到端的传输。RTCP 负责监控服务质量并传输会话者的相关信息，提供流量控制或拥塞控制服务。

1）RTP 协议层次

RTP 并不对媒体数据做任何处理，而只是向应用层提供一些附加信息，让应用层知道如何处理。那么 RTP 到底是传输层协议还是应用层协议呢？

顾名思义，RTP 是用来提供实时传输的，因而可以看成是传输层的一个子层。另外，RTP 封装了媒体应用的数据包，且 RTP 向媒体应用程序提供服务（如时间戳和序号），因此也可以将 RTP 看成是 UDP 之上传输层的子层。

也有人把 RTP 归为应用层的一部分，这是从应用开发者的角度来说的。操作系统中的 TCP/IP 协议栈提供了最常用的服务，而 RTP 的实现必须由开发者按照 RTP 分组的格式编写程序代码，然后把 RTP 分组交给 UDP socket 接口；在接收端，RTP 分组通过 UDP socket

接口进入应用层后，还要利用开发者编写的程序代码从 RTP 分组中把应用数据提取出来。因此，从开发者的角度来说，RTP 的实现和应用层其他协议的实现没什么不同，可将 RTP 看成应用层协议。

2）RTP 封装

图 2-8 给出了 RTP 分组的首部格式。RTP 分组首部的前 12 字节是必需的，而 12 字节以后的部分则是可选的。下面分别介绍字段含义。

图 2-8　RTP 分组的首部格式

（2）RTCP

RTCP 作为 RTP 传输协议不可分割的一部分，通常与 RTP 配合使用。RTCP 的主要功能是提供数据发布的服务质量监视与反馈、媒体间同步，以及组播组中的成员标识。RTCP 分组也使用 UDP 传送，但 RTCP 并不对声音或视像信息进行封装。由于 RTCP 分组很短，因此可以把多个 RTCP 分组封装在一个 UDP 用户数据报中。

RTCP 为 RTP 源携带一个持久性传输层标识符，称为规范名或 CNAME。发生冲突或程序重启时，SSRC 标识符也会随之改变，所以接收方需要 CNAME 来跟踪每个参与者。同时接收方还要求 CNAME 能够与 RTP 相关会话中指定参与者的多重数据流进行关联，如视频与音频同步。

在 RTP 会话期间，各参与者周期性地传送 RTCP 分组，用来监听服务质量和交换会话用户信息，RTCP 分组中带有发送端和接收端服务质量的统计信息报告。因此，服务端可以利用这些信息动态地改变传输速率，甚至改变有效载荷类型。RTP 和 RTCP 配合使用，以有效反馈和最小开销使传输效率最佳化，因而特别适合 IP 网上的实时数据传输应用。根据用户间数据传输反馈信息制定流量控制策略，通过会话用户信息交互制定会话控制策略。

1）RTCP 分组类型

表 2-4 是 RTCP 使用的 5 种分组类型，它们使用相同的分组封装格式。

表 2-4　RTCP 的 5 种分组类型

类　型	缩写表示	用　途
200	SR（Sender Report）	发送端报告
201	RR（Receiver Report）	接收端报告
202	SDES（Source DEScription Items）	源点描述

续表

类　型	缩写表示	用　途
203	BYE	结束传输
204	App	特定应用

- 发送端报告分组（SR）：用来使发送端周期性地向所有接收端以组播方式进行报告。
- 接收端报告分组（RR）：用来使接收端周期性地向所有点以组播方式进行报告。
- 源点描述分组（SDES）：给出对会话中参加者的描述。
- 结束传输分组（BYE）：用于关闭一个数据流。
- 特定应用分组（App）：使应用程序能够定义新的分组类型。

2）RTCP 封装

上述 5 种分组的封装大同小异，下面只讲述 SR 类型，其他类型请参考 RFC 3550。

发送端报告分组（SR）用来使发送端以组播方式向所有接收端报告发送情况。SR 分组主要内容有：相应 RTP 流的 SSRC（同步源标识符），RTP 流中最新产生的 RTP 分组的时间戳和 NTP，RTP 流包含的分组数，RTP 流包含的字节数。RTCP 分组（SR 分组）首部格式如图 2-9 所示。

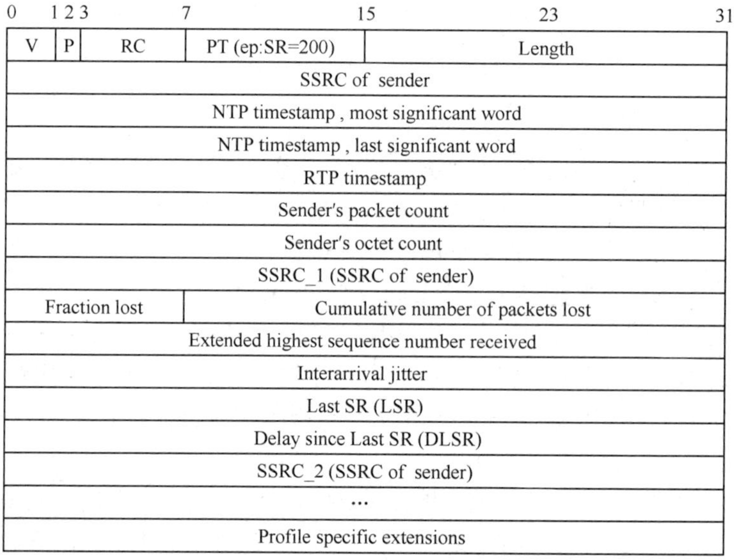

0　1 2 3　7　15　23　31

V	P	RC	PT (ep:SR=200)	Length
SSRC of sender				
NTP timestamp , most significant word				
NTP timestamp , last significant word				
RTP timestamp				
Sender's packet count				
Sender's octet count				
SSRC_1 (SSRC of sender)				
Fraction lost	Cumulative number of packets lost			
Extended highest sequence number received				
Interarrival jitter				
Last SR (LSR)				
Delay since Last SR (DLSR)				
SSRC_2 (SSRC of sender)				
…				
Profile specific extensions				

图 2-9　RTCP 分组（SR 分组）首部格式

3）RTP/RTCP 会话过程

当应用程序建立一个 RTP 会话时，应用程序将确定一对目的传输地址，即一个网络 IP 地址和一对 UDP 端口号（RTP 和 RTCP 分别使用一个），RTP 在端口号 1025～65535 之间选择偶数端口号，RTCP 使用相邻的奇数号端口号（偶数的 UDP 端口号加 1）。RTP 的发送过程如下，接收过程则相反。

① RTP 协议从上层接收流媒体信息码流（如 H.263），封装成 RTP 分组；RTCP 从上层接收控制信息，封装成 RTCP 控制分组。

② RTP 将 RTP 数据包发往 UDP 端口对中的偶数端口；RTCP 将 RTCP 控制分组发往 UDP 端口对中的接收端口。

2.3.4 数据会议标准

H.323 系统数据会议标准沿用 T.120 标准实现数据应用功能，在数据应用中，直接承载在 TCP 或 UDP 上，建立单独的 T.120 数据信道，根据数据应用内容进行信道带宽调整，并不占用视频信道。当共享或传输高质量图文信息时，可表现出极大的优越性和灵活性。

2.4 H.324M 标准框架

随着无线传输技术和视频编码技术的发展，移动视频通信传输逐渐从窄带走向宽带，媒体传输质量也从标清向高清演进。

移动通信 3G 时代开始出现视频通信应用，系统主要采用 H.324M 作为通信标准；进入 4G、5G 时代，视频通信的系统主要采用 H.323、SIP 作为通信标准。

2.4.1 标准组成

1．H.324M

20 世纪 90 年代末期，移动通信开始飞速发展。随着技术的完善，在移动网上已经具备了开展视频通信业务的可能，在此背景下，H.324M 标准逐渐走到了前台。目前，日本的 DoCoMo 公司已经建立了 H.324M 视频通信网，并且与传统的 H.320 及 H.323 网实现了互联互通。

H.324M 标准是指 ITU-T H.324 标准的“移动部分”扩展，增强了多路复用器在无线网络环境下抵抗数据通信错误的能力，以及附加命令和控制流程。这些为移动应用而扩充的功能就是 H.324M。

讲到 H.324M 标准，必然涉及 H.324 标准，这里简单介绍一下 H.324，它制定了通过同步 V.34 Modem 来进行基于 POTS（Plain Old Telephone Systems）的低比特率可视电话国际通信标准。其通用部分定义的控制协议采用 H.245，多路复用采用 H.223，视频编码协议采用 H.261 或 H.263，数据协议采用 T.120，音频编码协议采用 G.723.1。目前固定电话的可视电话就是通过 H.324 标准实现的。为了在无线或移动产业扩展这种标准，在 H.324 附件 C 和附件 H，以及 H.223 附件 A、B、C 中都分别做了定义。

3GPP 采纳 H.324M 标准作为 3G 网络传统视频电话的一个标准，并在 TS 26.110 和 TS 26.111 中做了补充，形成了 3G-324M 标准。它针对语音、视频和多路复用操作提出了一些要求：要求 AMR 成为音频编码的可选编码标准之一；强制规定 ITU H.263 为视频编码标准；添加 H.223 附件 B 用来保护复用数据。

H.324、H.324M、3G-324M 之间的衍生关系，使得 3G 终端能与 PSTN 多媒体终端之间的 H.324 视频通话实现互通。也就是说，通过 3G 手机拨打固定可视电话也可以实现视频通话。

H.324M 与 H.324 标准的主要区别在于 H.324M 采用了不同的音频与视频编解码方式，即增加了 AMR（Adaptive Multi-Rate）和 MPEG-4 编解码算法，复用/解复用采用了 H.223 协议而不是 H.225 协议。H.245 为 H.223 中的移动扩展部分提供了附加的命令和控制流程。这些为移动应用而扩充的功能统称为 H.324M 标准，遵循该标准的终端称为 H.324M 终端。H.324M 视频终端体系结构如图 2-10 所示。

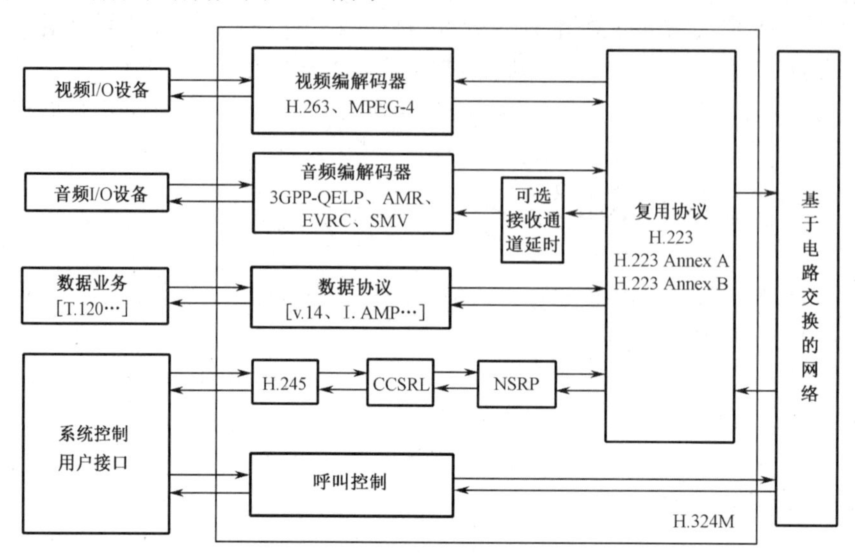

图 2-10　H.324M 视频终端体系结构

2. 3G-324M

支持 UMTS（Universal Mobile Telecommunications System，通用移动通信系统）技术的 3GPP 最初只是将 3G-324M 定义为 1999 年 12 月发布的 Release 99 的一部分。2002 年 8 月，3GPP 批准将 3G-324M 在 CDMA2000 中应用。2003 年 TD-SCDMA 成为 3GPP 标准，它同样采纳了 3G-324M 标准，并作为正式的 3G 标准开始在中国推广。

在移动通信中，WCDMA 标准 R99 版本规定，实时视频通信类业务主要基于核心网电路交换方式承载，流媒体类业务主要基于核心网分组交换方式承载。3GPP 采纳 H.324M 标准作为电路交换视频通信的标准，制定了 3G-324M 框架性标准，它可以在无线电路交换网络上实现实时多媒体服务，使视频、音频、控制信号等在同一个 64kbps 带宽的物理链路上传输。采用 3G-324M 作为其移动视频传送标准的原因是，它提供了用户期望的服务质量。3GPP 3G-324M 标准包括两个 TS（Technical Spaces）：TS 26.112 用于 CS 呼叫建立，TS 26.111 定义 3G-324M 初始化和操作过程。3GPP2 对应的标准为“3GPP2 C.S0042 for Circuit-Switched Video Conferencing Services”，符合该标准的终端称为 3G-324M 终端。

3G-324M 标准在技术上与 H.324M 非常相似，但是它指定 H.263 作为视频编码强制基本标准，而把 MPEG-4 作为推荐标准；AMR 是音频编码强制标准，G.723.1 作为可选的老编码标准。3G-324M 标准框架如图 2-11 所示。H.223 制定了多路音频和视频信号在单个移动通信信道的多路复用应用标准，H.245 制定了在各个阶段的消息控制交换标准。但是，易出错网络的高效传输方法在 3G-324M 标准中制定。另外，Level 2（由 H.223 附件 B 制定）被制定为强制的多路复用协议层，它可以提供增强的容错控制。

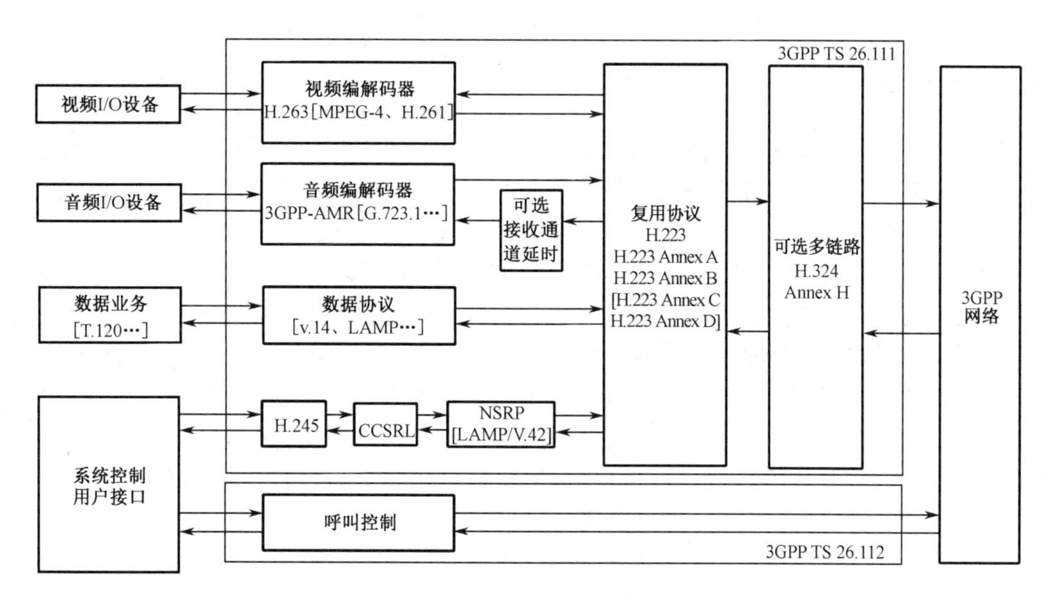

图 2-11 3G-324M 标准框架

3G-324M 是一个无地址的标准，它不包括基带呼叫建立。该标准的呼叫建立过程在以下规范中定义：

- 3GPP TS 24.008：移动射频接口第三层规范。
- 3GPP TS 27.001：针对移动站的一般性终端适配功能。
- 3GPP TS 29.007：公共陆地移动网络（PLMN）、综合业务数字网（ISDN）或公用交换电话网络（PSTN）之间互连的一般要求。
- 3GPP TS 23.108：移动射频接口第三层规范核心网络协议。

由于 3G-324M 依附在通信双方之间建立的一条信道上，因此它不需要 H.323 的寻址机制，但需要通过不同网络网关实现 3G-324M、H.320、H.323 和 SIP 之间的互操作性。

3G-324M 的主要子协议和过程包括：

- 误码恢复服务；
- H.223 复接/分接协议；
- ITU-T H.245 呼叫控制；
- 用于视频的 H.263 和用于音频的自适应多速率（AMR），MPEG-4 为可选编解码器。

2.4.2 通信标准

1. 误码恢复

在移动会话式多媒体通信中，误码恢复对误码检测和在线隐蔽非常重要。H.223 为这样的服务提供附件 A、B、C 和 D。附件 A 和 B 将光处理定义在中等 BER 水平。这些附件是 3GPP 强制制定的，目前已被供应商广泛采用。另外，MPEG-4 视频提供用于误码恢复的工具，因此能够减少由误码引起的视频质量下降。这些解决方案不会减少如前向纠错（FEC）或自动重传请求（ARQ）这样的错误，但它们能减少对解码视频质量的损伤。

2．H.245——系统控制

H.324M 和 3G-324M 都是通过 H.245 协议进行系统控制的。H.245 协议中的过程主要包括主从决定过程、能力交换过程、打开逻辑通道过程、关闭逻辑通道过程、模式请求过程、H.223 复用表过程、回路时延过程。

（1）主从决定过程：其目的是解决冲突（MCU 级联、资源争用）。当在一个呼叫中两个终端同时初始化一个相似事件，而资源只对其中之一可用时，就会有冲突发生，如打开一个逻辑通道。为了解决这种冲突，其中一个终端应该定义成主终端，另一个定义成从终端。

（2）能力交换过程：其目的是使对方端节点了解本端节点的能力。接收能力表示终端接收和处理输入信息流的能力。如果没有接收能力这一项，则表明终端不能接收。发送能力表示终端发送信息流的能力。如果没有发送能力这一项，则表明终端没有给接收器提供一个模式的优先选择权，并不代表不能发送。

（3）打开逻辑通道过程：通过获得对方端节点的媒体传输地址（RTP 端口）和媒体控制传输地址（RTCP 端口），并把本端节点的 RTP 端口和 RTCP 端口及媒体流的能力信息（类型、带宽、编码格式等）告诉对方端，以此打开逻辑通道。

（4）关闭逻辑通道过程：关闭已打开的逻辑通道。

（5）模式请求过程：在逻辑通道建立后，因媒体格式发生变化，通知对方端节点以新的媒体模式重新建立逻辑通道。例如，语音逻辑通道建立后检测到传真单音，要求对方端节点切换到传真模式。

（6）H.223 复用表过程：用于 H.223 复用。

（7）回路时延过程：主要用于判断对方端节点是否工作和估计到达时延。

H.245 作为 H.324M 和 3G-324M 多媒体通信的控制方法，具有各种通信控制功能，在无误码的环境中，它能使用信道内请求-响应消息实现可靠的控制。

H.245 提供主从判断、功能交换、逻辑信道管理、复用表管理、模式改变请求及各种命令与指示等功能。为了提供这些功能，H.245 定义了需要使用的消息和处理这些消息的过程。H.245 使用抽象语法符号 1（ASN.1）定义能够有效提供可读性和可扩展性的每个消息参数。为了将这些 ASN.1 消息编码成二进制数据，H.245 采用了压缩编码规则（PE），因此它能使带宽实现高效的消息传送。当通信双方之间完成复用层同步后，第一个建立的逻辑信道（信道 0）是 H.245 呼叫控制。H.245 具有 CCRL 和 NSRP，它们能够确保 H.245 信道的高度可靠性。

3．H.223——复用协议

复用协议的基本功能是将多个媒体流交织起来组成单个流，媒体流包括视频、语音、用户数据和控制信号（H.245）。复用后的单一媒体流再通过一个传输通道发送出去。H.324M 和 3G-324M 选用 ITU-T H.223 移动扩展第二层作为它的复用协议。

H.324M 和 3G-324M 协议初始化前，通信双方之间最先建立 H.223 复用协议，在通信双方之间建立电路交换信道后开始初始化，复用进程必须在通信双方之间取得同步，在打开第一个逻辑信道（信道 0）时建立呼叫控制（H.245）。

H.223 多路复用和信号分离层提供多路逻辑信道到单个信道的合并，可以同时支持分时多路复用和分组多路复用两种模式；由于无线环境数据传输的高位错误率，H.223 定义了不同操作模式，用于处理传输出错。

- Level 0（H.223 基本协议），提供同步和比特填充支持，支持媒体、控制信息和数据分组的混合传输；不提供任何容错功能。
- Level 1（H.223 附件 A），使用的同步机制可以有效增强易出错信道的传输性能，提高 MUX-PDU 的同步传输性能，但在冲突发生时会发生某些出错风险。
- Level 2（H.223 附件 B），是 Level 1 的进一步增强，提供更稳定的 MUX-PDU 数据帧。
- Level 3（H.223 附件 C），提供最稳定的传输方案，但在 3G-324M 中未被采用。

H.223 适配层提供逻辑信道的 QoS。

- AL1 用于传输数据和 H.245 控制消息，不提供差错检测和恢复能力。
- AL2 提供 8 位 CRC 校验及可选顺序编码控制，适用于音频数据传输。
- AL3 提供 16 位 CRC 校验和可选顺序编码，传输变长的 AL SDU，提供可选的重传过程，适用于视频数据传输。

2.4.3 媒体标准

1．视频编解码标准

H.324M 采用 H.263 和 MPEG-4 为视频编码标准。3G-324M 指定 H.263 为强制性基准协议（附件中的扩展标准除外），而把 MPEG-4 指定为推荐视频编码标准。H.263 作为老的编码标准仍然应用于现有的 H.323 系统中，因而 H.324M 和 3G-324M 保留它可以提供系统兼容性。MPEG-4 比 H.263 基准协议拥有更高的灵活性，提供了更先进的差错检测和纠错方法。

这两种编码集一般均采用 QCIF 输入图像格式。MPEG-4 采用一系列工具集提高了容错性，采用的方法包括数据分区、可反置变长编码（Reversible Variable Length Codes，RVLC）、再同步标识和报头扩展编码（Header Extension Codes，HEC）。

数据分区方法通过标识符分别提供离散余弦变换（DCT）系数和移动矢量参数，可以避免某组数据的出错影响到另外一组数据的解码。例如，如果在某个给定的宏块中检测到 DCT 系数错误，仍然可以隐藏 DCT 系数错误，采用正确的移动矢量信息重新创建宏块。这样，与解码过程中用前面相邻数据帧的正确宏块替换出错宏块的方法相比，该方法可以提供更高的视频图像解码质量。

RVLC 方法允许对特定的数据块从前端（前向）或从末端（反向）开始解码。这种方法提高了对出错数据集的修复概率。

在 HEC 方法中，再同步标识符是插入比特流中的一些代码，可以帮助解码器对解码进程进行重新同步。HEC 支持更高效的解码进程再同步，其扩展的再同步标识符还包含了时间信息。

2．音频编解码标准

ITU-T 标准对语音编码没有强制性要求，只有 IMT-2000 语音服务应用强制性要求 AMR（Adaptive Multi-Rate）编码，用于支持 H.324M 和 3G-324M 设备。G.723.1 是 3GPP 推荐的可选编码标准，可以兼容 H.323 等标准。

AMR 语音编码的最高处理速率是 12.2kbps，取决于不同的基站距离、信号干扰和流量情况，AMR 的实际传输速率范围是 4.75～12.2kbps。AMR 支持柔化噪声生成（Comfort Noise Generation，CNG）和非连续传输模式（Discontinuous Transmission，DTX）。AMR 还可以根据不同的实际情况动态调整处理速率和错误控制，在当前的信道环境下提供最佳的语音质量。

AMR 编码支持非对等差错检测和预防（Unequal Error Detection and Protection，UED/UEP）。这种方法基于可判断的数据相关性对比特流进行分类，如果在最相关的数据中检测到错误，就可以对 AMR 数据帧直接进行解码，并隐藏数据错误。

2.4.4 数据会议标准

T.120 是 H.324M 和 3G-324M 数据会议应用推荐的数据通信标准。但是，当前还没有制定任何强制性标准，它也只是一种可选标准。

2.5 SIP 标准框架

针对过于复杂的 H.323 标准，基于 IP 的新业务发展受到限制，IETF MMUSIC 工作组于 1999 年 3 月发布了一个较为简单实用的 SIP（Session Initiation Protocol，会话发起协议）规范，即 RFC 2543。2002 年 6 月又发布了 SIP 新规范 RFC 3261，标志着 SIP 的基础已经确立，随后又增补了几个 RFC 版本，不断充实了安全性和身份验证等领域的内容。SIP 始终贯彻着 KISS（Keep It Simple and Stupid）原则，即保持简单。

SIP 是一个基于 IP 网络完成实时通信应用的一种信令协议，用于创建、修改和释放一个或多个用户的会话。会话是指用户之间各种类型的通信，也就是说，可以支持不同类型的数据交换，如普通的文本数据、经过数字化处理的音视频数据，还可以是诸如电子游戏等数据，具有很强的灵活性。

SIP 充分借鉴了其他各种 Internet 应用协议，如超文本传输协议 HTTP、简单邮件传输协议 SMTP 等，同样采用了基于文本的编码方式。这也是 SIP 与现行的 IP 语音和视频通信领域标准相比最大的特点之一。近年来，人们热衷于研究该协议，并开发基于 SIP 体系框架的通用应用程序接口，使之成为自 HTTP 和 SMTP 以来最有影响的应用协议之一。

同时，ITU-T SG16、ETSITIPON（欧洲标准化组织）等各种标准化组织逐渐接受 SIP 协议，成立了与 SIP 相关的工作组。

在移动通信方面，3GPP 使用 SIP 标准来支持语音和数据，也是 SIP 协议得以发展的一个重要原因，SIP 可以对语音进行很好的优化，并且由于它的可编程性，在移动业务面临灵活性和多样性的变化时，有很好的质量保证。SIP 协议为实现固定和移动业务的无缝融合创造了条件。3GPP R5 版本已经选择 SIP 作为 3G 移动通信多媒体域的信令协议，用于实现基于 IP 的移动语音和多媒体通信。

在终端支持方面，目前基于 SIP 的终端类型很多，使最终用户可方便地接入网络。SIP 能够对手机、PDA 等移动设备提供良好的支持，能够实现在线即时交流、语音和视频数据传输等多媒体应用。

2.5.1 标准组成

SIP 是一个应用层信令控制协议，用于创建、修改和终止会话，协商一次“呼叫”。这里的协商主要包括介质（文本、语音等）、传输（通常是 RTP/RTCP）和编码。协商成功，用户就会使用选中的方式相互通信——此时与 SIP 无关。“呼叫”完成后，SIP 用于指示断开连接。SIP 既不是会话描述协议，也不提供会议控制功能。会话的参与者可以通过组播、单播或者两者混合体进行 SIP 通信。它不定义要建立的会话类型，而只定义如何管理会话。

与 H.323 标准相比，SIP 定义的不是一个完整的通信系统，它需要借助 IETF 定义的相关协议建立完整的多媒体通信架构。它通过会话描述协议 SDP（RFC 2327）描述多媒体会话特性、消息内容的负载情况和特点；通过实时流协议 RTSP（RFC 2326）进行多媒体数据流的播放控制；通过实时传输协议 RTP（RFC 3550/3551）确保媒体实时传输；通过资源保留控制协议 RSVP 和实时传输控制协议 RTCP（RFC 3550/3551）实现媒体可靠传输控制。此外，它还与负责定位的轻型目录访问协议（LDAP）、负责身份验证的远程身份验证拨入用户服务（RADIUS）等多个协议进行协作，实现相应功能。SIP 体系框架如图 2-12 所示。

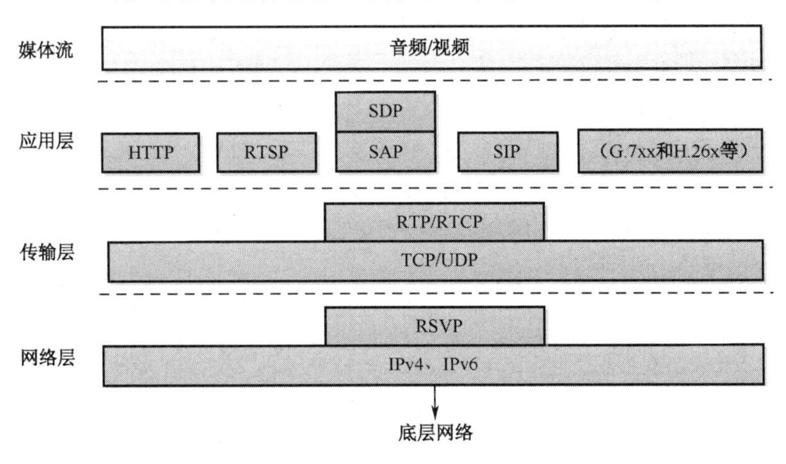

图 2-12 SIP 体系框架

SIP 体系框架中的应用层协议有三类。一类是与信令控制有关的，如 SIP、SDP、SAP 和 RTSP 等；一类是与媒体有关的，如 RTP（详见 2.3.3 节）用于传送 G.7xx 和 H.26x 等音视频数据；一类是服务质量管理的，如 RTCP、RSVP 等。

2.5.2 信令控制协议

SIP 与 SDP、SAP、RTSP 等信令控制协议共同完成所需会话的建立、修改和取消。下面简单介绍 SIP、SDP、SAP、RTSP 等协议。

1. SIP

SIP 在建立、更改和取消会话功能基础上，支持用户定位、媒体参数审核、会话建立和会话管理等功能。SIP 本身不提供服务，但提供一些基本功能，间接用于实现不同服务。比如，SIP 可以定位用户和传输已封装数据分组到对方的当前位置，利用这一功能，通过

SDP 传输会话通知，对方用户代理立刻得到这个会话参数。可以看出，SIP 是一个基础协议，可以在其上提供不同服务。

（1）协议结构

SIP 是一个分层协议，其行为用相对独立的处理阶段来描述。SIP 底层是语法和编码，其编码指定使用巴科斯范式（BNF）。第二层是传输层，定义客户端如何在网络上发送请求和接收响应，服务器如何接收请求和发送响应。第三层是事务层，事务是 SIP 基本组件，是客户端向服务器发送的请求，以及服务器向客户端发回的该请求的响应。事务层处理应用层转发、响应与请求以及应用层超时。最上层为事务用户，每个 SIP 实体都是事务用户，事务用户发送请求时，创建一个客户端事务，将请求与目的地址、端口一起发送。

（2）信令消息

SIP 是一个基于文本的协议，它使用 UTF-8 字符集（RFC2279）。SIP 消息是从客户端到服务端的请求，或从服务端到客户端的响应。

SIP 信令消息应符合 RFC 3261 及相关扩展协议的规定，消息描述分为请求消息和响应消息两大类：请求消息 7 种、响应消息 6 类。尽管语法在字符集和语法细节上不同，但请求和响应消息都基于 RFC 2822 格式。这两种消息都由一个起始行、一个或多个分组首部、一个可选消息正文组成。

1）请求消息

请求消息共有 7 种，其中 INVITE 和 ACK 用于建立呼叫，完成三次握手，或者用于建立会话后改变会话属性；BYE 用于结束会话；OPTIONS 用于查询服务器能力；CANCEL 用于取消已经发出但未最终结束的请求；REGISTER 用于客户向注册服务器注册用户位置等消息；INFO 用于会话中携带会话控制信息。

2）响应消息

响应消息与请求消息的区别在于，响应消息包含状态码 1xx～6xx。1xx 为信息消息，表示请求已接收，正在处理；2xx 为成功消息，表示请求已成功处理；3xx 为重定向消息，表示已进行重定向处理；4xx 为请求失败消息，表示客户端接收请求出现错误；5xx 为服务器错误消息，表示服务器接收请求不能正确处理；6xx 为全局错误消息，表示所有服务器无法响应该请求。

（3）主要特点

SIP 的主要特点包括：

- 稳定性。该协议已经使用了多年，现已经十分稳定。
- 效率高。低层协议可以为 SIP 协议层提供可靠 TCP 或非可靠 UDP 传输，通常首选 UDP 协议，效率特别高。
- 扩展性。SIP 基于文本的协议十分容易扩展，可以方便地增加定义，嵌入各种用户终端并迅速实现新功能。
- 开放性。基于 IP 网络，采用 URI、DNS 和 MIME 并与其他 IP 应用兼容，有较强的互操作能力，有助于不同 SIP 设备之间的通信，并且能够与 H.323 等原有网络实现互通。
- 安全性。SIP 提供如加密（SSL、S/MIME）和身份验证等功能，对 SIP 的扩展还提供其他安全性功能。

- 标准化。随着整个通信行业对 SIP 的支持，SIP 已经迅速成为一种标准。

此外，SIP 具有与 H.323 协议中 Q.931 和 H.225 类似的性质，因此它可作为 IP 网络中的信令协议。在不同网络配置和体系结构中，可以利用 SIP 和 IP 各自的优势，不需要在全 IP/SIP 网络体系结构中进行转换，通过单一的 IP 骨干网络即可提供话音、视频和数据服务，可将运营维护成本降到最低。同时，还可通过具有 SIP 功能的用户服务产生新的增值业务流，使现有网络通过 SIP 功能保持、吸引并赢得新用户。

2．SDP

SDP（Session Description Protocol，会话描述协议）协助 SIP 协议完成多媒体会话通信所需的描述。在 SIP 完成会话初始化连接后，媒体通信需要的信息将由 SDP 来描述，比如，通信对方的音视频编码格式、通信端口、多媒体会话的特性、会话终端设备的特点等信息，为会话通知、会话邀请和其他形式的媒体会话初始化提供媒体会话描述。

SDP 完全是一种会话描述格式，不是传输协议，是通过会话通知协议（SAP）、会话发起协议（SIP）、实时流传输协议（RTSP）、MIME 扩展协议的电子邮件及超文本传输协议（HTTP）实现协议传输，不支持会话内容或媒体编码的协商。

SIP 信令将 SDP 协议内容作为消息体通告对方，SDP 提供会话信息和媒体信息描述格式，采用 UTF-8 编码 ISO 10646 字符集。

（1）会话信息描述格式

会话信息描述格式主要包括协议版本、会话源、链接数据和属性等。会话源包括用户名、会话标识、网络类型、地址类型、地址，构成会话的全球唯一标识符（URI）。其中，会话标识通常用网络时间戳（NTP）创建，确保全球唯一性。链接数据包括网络类型、地址类型、链接地址（含 TTL），如 IN IP4 224.2.1.1/127。属性主要包括会话存活时间、占用带宽、速率、分组长度等。

（2）媒体信息描述格式

媒体信息描述格式主要包括媒体类型、传输层端口号、传输层协议、媒体格式。其中，媒体类型包括音频、视频、应用、数据和控制 5 种。

3．SAP

SAP（Session Announcement Protocol，会话通知协议）是协助 SIP 协议完成会话的通知协议。会话发起者周期性地通过向组播会话中组播成员传送建立、取消、修改会话的必要通知信息，通知的传送范围与会话范围相同，以确保会话接收端接收必要信息。与会者收到该通知后，启动相应软件进程，配置相应参数，完成该会话操作。SAP 协议本身并不用于会话建立或取消，会话建立或取消由 SIP 协议实现，会话通知的必要信息描述由 SDP 协议实现。SAP 协议分组首部格式如图 2-13 所示。

4．RTSP

RTSP（Real-Time Streaming Protocol，实时流协议）是 IETF 的 MMUSIC 工作组开发的一个多媒体播放的控制协议，已成为 Internet 建议标准 RFC 2362。RTSP 是 TCP/IP 协议

体系中的一个应用层协议，为点对多点实时媒体流传输增加更多的控制功能而设计的可扩展框架协议。RTSP 本身并不传送数据，而仅控制媒体流的传输，因此又称为带外协议。

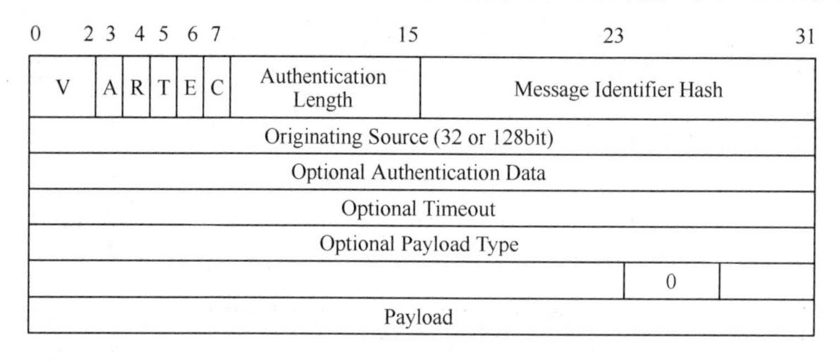

图 2-13　SAP 协议分组首部格式

RTSP 在体系结构上位于 RTP/RTCP 之上，而不关心传输时所用的网络通信协议，发送端可以自行选择 TCP、UDP 或 RTP 完成数据传输。

RTSP 以 C/S 模式工作，为多媒体服务扮演“网络远程控制”的角色，可以控制多个数据发送连接，并为其选择发送通道和发送机制；可以在音频与视频实时数据流（包括现场数据与存储在剪辑中的数据）播放时，进行暂停/继续、后退和前进等控制。

（1）RTSP 基本实现过程

首先，客户端连接到流服务器并发送一个 RTSP 描述命令（Describe）。流服务器通过一个 SDP 描述来进行反馈，反馈信息包括流数量、媒体类型等信息。

客户端分析该 SDP 描述，并为会话中的每一个流发送一个 RTSP 建立命令（Setup），向服务器通告客户端用于接收媒体数据的端口。

流媒体连接建立完成后，客户端发送一个播放命令（Play），服务器就开始在 UDP 上传送媒体流（RTP 分组）到客户端。在播放过程中，客户端还可以向服务器发送命令来控制快进、快退和暂停等。

最后，客户端可发送一个终止命令（Teradown）来结束流媒体会话。

（2）RTSP 协议与 HTTP 协议的区别

RTSP 是一种基于文本的应用层协议，在语法、消息参数和操作等方面与 HTTP 协议类似（请求响应报文都是 ASCII 文本），但并不特别强调时间同步，所以比较能容忍网络时延。HTTP 与 RTSP 的基本区别如下：

- HTTP 传送 HTML；而 RTSP 传送多媒体控制信息，但不包括音视频如何封装和缓存。
- RTSP 引入了几种新的方法，如 Describe、Play、Setup 等；它们有不同的协议标识符，RTSP 为 rtsp1.0，HTTP 为 http1.1。
- HTTP 是无状态的协议，而 RTSP 是有状态的协议。
- RTSP 协议的客户端和服务端都可以发送 Request 请求；而在 HTTP 协议中，只有客户端能发送 Request 请求。
- 在 RTSP 协议中，载荷数据一般是通过带外方式传送的，或通过 RTP 协议在不同的通道中来传送载荷数据；而 HTTP 协议的载荷数据都是通过带内方式传送的，如请求的网页数据是在回应的消息体中携带的。

- RTSP 使用 URI 请求时包含绝对 URI；由于向后兼容性问题，HTTP/1.1 只在请求中包含绝对路径，而把主机名放入单独的标题域中。

2.5.3 媒体协议

在 SIP 协议栈中，媒体协议兼容主流 H.261、H.263、H.264 等视频编解码标准，音频 G.711、G.722、G.728、G.723.1、G.729 等音频编解码标准，以及控制媒体播放的 RTSP 协议和确保媒体实时可靠传输的 RTP/RTCP 协议。

2.5.4 SIP 地址

SIP 地址格式由 SIP URL（SIP 统一资源定位符）定义。SIP URL 类似于 E-mail 或 Telnet URL。SIP 在设计上充分考虑对其他协议的扩展适应性，支持许多种地址描述和寻址，但一定要使用 SIP 的地址格式。

SIP 地址由用户部分和主机部分组成，格式为用户名@主机地址，主机地址可以是电话号码，也可以是 IP 地址、电子邮件地址或其他类型的地址。

2.6 标准比较

2.6.1 H.320 与 H.323 的比较

1. 网络结构

H.320 系统网络结构主要是在 H.243 标准下的二级主从星形汇接结构，每个终端必须和它相应的二级从 MCU 建立连接，每个从 MCU 只能与一个主 MCU 建立连接。因此，从 H.320 全网结构来看，它是一个典型的单汇接星形结构，整个系统缺乏健壮性。

H.323 系统网络结构属于总线型，H.323 终端、MCU 等设备均通过网卡挂接在网络上。H.323 系统 MCU（或称视频服务器）为网络提供公共视频服务，MCU 可以在网络中分布式部署，避免单台 MCU 引起的视频流量集中问题，有效控制和调节网络视频流量，起到分流作用，增强系统的稳定性和可靠性。

2. 音频与视频编解码技术

H.320 系统的图像编解码技术采用 H.261 或 H.263 标准，语音编解码技术采用 G.711 或 G.722、G.728 标准。

H.323 系统的图像编解码技术采用 H.261 或 H.263、H.264 标准，语音编解码技术采用 G.711 或 G.722、G.728、G.723.1、G.729a 标准。

从编码技术看，H.320 和 H.323 系统使用同一种音频与视频编码技术，因此，图像和声音表现质量和呈现基本相同，编码压缩比增大，传输带宽降低。

3．数据功能

H.320 系统利用 T.120 标准实现数据会议功能，在数据应用中，数据通道和音频、视频一起复用在 H.221 信道上。在使用数据通道时，需要占用音频、视频信道带宽，会导致视频图像质量下降；T.120 数据视频会议的信道带宽理论最大值为 384kbps，实际应用中数据信道带宽只有 64kbps。

H.323 系统沿用 T.120 标准实现数据应用功能，在数据应用中，直接通过 UDP 建立单独的 T.120 数据信道，根据数据应用内容，其信道带宽可调，不占用视频信道。当共享或传输高质量图文信息时，表现出极大的优越性和灵活性。

4．组播功能

H.320 系统本身不具备组播功能，且没有下层协议支持组播功能，借助 MCU 实现多点会议广播功能，而不是组播功能。

H.323 系统运行在 TCP/IP 协议上，利用 IP 协议本身所具备的组播功能，有效实现多用户、大范围视频业务，减轻大业务量对网络带宽的压力。

5．会议调度功能

在 H.320 系统中，每次召开会议前，与会者和会管（会议管理）人员需提前沟通，人工调度会议的安排，不便于召开即时性会议。

H.323 系统具备灵活、简便的会议调度和管理功能。用户可以通过会议管理人员在 MCU 上安排调度会议，也可以直接登录 MCU 自主安排会议，在用户终端即可迅速发起会议，有效、快捷地召开会议。

6．网络管理功能

H.320 系统没有真正意义上的网络管理功能，只有专用的会议管理功能。

H.323 系统运行在 TCP/IP 网络环境，可提供丰富的 SNMP 网络管理功能，通过网守（GK）对网络 H.323 终端进行配置、控制和管理，利用标准 MIB 管理器实现对 H.323 各类终端的管理。

7．综合应用

H.320 系统基于窄带电路交换传输平台开展视频会议，不能扩展为多媒体应用平台，当网络环境（接口类型、支持协议）进行调整、升级和改造时，H.320 系统单元也需随之更换和升级。H.320 系统受技术体制限制，应用比较单一，扩展性和灵活性受到很大局限。

H.323 系统支持的多媒体应用与底层网络传输无关，可以在同一个传输平台开展多种基于 H.323 和 IP 的多媒体业务，无须额外添加辅助设备，具有很强的扩展性和灵活性。

2.6.2 H.323 与 SIP 的比较

目前，H.323 和 SIP 作为视频会议系统的主流技术标准，前者由 ITU-TSG16 定义，包括 H.225 呼叫控制信令和 RAS 信令、H.245 媒体控制信令等规范；后者由 IETF MMUSIC 工作组定义，包括 SDP 媒体描述等规范。

SIP 协议与 H.323 协议都基于分组交换网络，早期的视频通信系统主要基于 H.323 协议，而 SIP 协议正在成为统一通信、下一代网络媒体通信的应用协议。虽然 SIP 协议和 H.323 协议并不是谁替代谁的竞争关系，但通过比较其优势和不足，我们构建系统应用时可以做出更恰当的选择。

1．协议功能模块

（1）系统模块功能。SIP 协议功能模块中的用户代理（UA）等价于 H.323 终端（或者分组交换网络侧的网关），实现呼叫的发起和接收，并完成所传输媒体的编解码功能；SIP 各类服务器则等价于 H.323 网守，实现终端的注册、呼叫地址的解析及路由。

（2）系统协议实现。SIP 协议呼叫流程类似于 H.323 中的 RAS 和 Q.931 协议，而 SIP 协议所采用的 SDP 协议则相当于 H.323 中的呼叫控制协议 H.245。SIP 和 H.323 协议的媒体流都承载在 RTP 协议上，两者的主要区别在于呼叫信令和控制的实现有所不同。

2．体系结构

在 H.323 系统中，终端主要为媒体通信提供数据，功能相对比较简单，而呼叫控制、媒体传输控制等功能的实现则主要由网守来完成。H.323 系统体现的是一种集中式、层次化的控制模式，计费管理、带宽管理、呼叫管理等功能在集中控制下实现，便于管理，但易造成系统瓶颈。

SIP 采用 Client/Server（客户/服务器）结构，终端比较智能化，它不仅提供数据，还提供呼叫控制信息，其他各种服务器则用来进行定位、转发或接收消息，将网络设备的复杂性推向了网络终端设备，使得用户终端非常智能化。SIP 系统体现的是一种分布式的控制模式，这种模式不易造成系统瓶颈，但各项管理功能实现起来相对比较复杂。

3．视音编码格式

目前存在的编码格式有数百种之多，SIP 支持任何类型编码格式，不同应用实现可根据字符串名字识别编码格式。

H.323 支持的编码格式都必须是 ITU-T 标准化的，这成为推广应用的一个障碍。

4．复杂性

（1）消息组成。H.323 定义了上百个基本元素；SIP 只有 37 个首部（基本规定 32 个，另外 5 个用于呼叫控制的扩展），每个首部含有少量的值和参数，但包含的信息更多。

（2）消息表示。H.323 采用基于 ASN.1 和 PER 的二进制方法表示其消息；SIP 以文本方式表示消息，只需要相对简单的生成器和词法语法分析器，采用具有强大的文本处理功能的语言。

（3）协议栈结构。H.323 的复杂性源于它使用多个子协议，且协议之间没有清晰的界限；有些业务需要在多个协议之间交互，且协议之间存在功能重复。

SIP 只使用一个含有所有必要信息的消息，防火墙或代理不必为每个呼叫保持状态，而只为各个请求保持状态。

5．可靠性

H.323 定义了很多功能来处理中间网络设备的故障问题，确保系统运行稳定可靠。当设备失效时，切换至备用设备。

SIP 则不具备处理中间实体故障的能力，无论是 SIP 用户代理还是服务器发生故障，系统都无法检测到故障的发生。

6．网络管理

H.323 网守提供一组丰富的控制和管理功能，包括地址翻译、接入控制、带宽控制和地域管理；网守中还提供呼叫控制信令、呼叫鉴权、带宽管理和呼叫管理等选择功能。

SIP 自身不支持管理和控制功能，而是依赖于其他协议实现这些功能。

7．协议扩展性

H.323 提供了扩展机制，但没有提供应用交换所需协议特性信息的机制，限制了 H.323 扩展和应用的互操作性。

SIP 协议定义了一系列兼顾扩展性与兼容性的方法，允许不同应用实现对协议的扩展，并提供应用系统间版本的协调。另外，为了加强可扩充性，SIP 采用了层次式的数字差错代码，对每一个响应类型和错误加以描述，提高了协议的兼容性。

8．网络规模扩展性

（1）环路检测。H.323 最初的设计目的是应用于局域网上的多媒体通信，并没有考虑到诸如广域网上的寻址和用户定位等问题。为防止环路，H.323 定义 PathValue 域来指出信令信息在丢弃前允许达到的最大数目。因此 PathValue 域值定义很关键，且随网络变化进行调整，限制了网络规模扩展的灵活性。

SIP 采用 via 头字段实现环路检测，出现在 via 列表中的设备即表示有环路现象出现，有效地发现请求前传中的可能回路，不需要中间服务器保留信息和状态。

（2）服务器处理量。骨干网用户数量巨大，无论对 H.323 系统的网关和网守，还是 SIP 系统的服务器，所要处理的用户呼叫量都很大。

H.323 要求网守在整个呼叫期间都保存呼叫状态，而且其连接所需的 H.225.0 呼叫控制信令和 H.245 控制信令都由 TCP 传递。另外，H.323 信息要比 SIP 信息复杂，处理工作量大，但能处理的呼叫数比 SIP 少，这限制了 H.323 的可扩展性。

SIP 包含足够的状态信息，允许中间服务器在无状态模式下工作，收到呼叫请求，执行相应操作后将请求前传，并不保留呼叫状态，且可以确保响应信息的正确回传；同时，SIP 消息允许在面向无连接的 UDP 上传送，这意味着 SIP 服务器可以采用基于 UDP 的无状态工作模式，极大地降低了所需的存储器容量和计算量，提高了可扩展性。

9．支持业务比较

（1）对呼叫转接的支持。H.323 对用户移动性的支持较为有限。信令信息可以被重定向到其他 IP 地址上，但由于 H.323 开始设计时对广域网考虑不足，它的信令不包含主叫对被叫的参数选择，尽管它也支持信令在多个服务器之间的前传，但不提供环路检测，而且

H.323 网守也不允许将代理请求发给多个服务器。

SIP 对个人移动业务提供了很好的支持。对主叫发出的请求，被叫可以重定向到多个点位，这些点位可以是任意一个 URL，并且终端类型（移动、固定）、应用类型和被叫优先级列表等附加信息将被传回主叫方，这使得主叫方可以灵活地选择与哪一个点位通话。对于非交互式的终端，初始的呼叫建立信令可携带主叫欲与之建立连接的终端参数，这样中间代理服务器就可以基于这些参数前传信令而提高效率。SIP 同时支持多跳搜索用户。当被叫 IP 地址与本地服务器不在一个网段时，服务器作为代理将呼叫请求发给别的服务器，同样，这些服务器将逐级代理这个请求，直至最终找到目的服务器。一个服务器可以同时将代理请求发给多个服务器，加快了定位被叫方的速度。

（2）第三方呼叫控制机制。H.323 提供一些简单的第三方控制机制，例如，Facility 信息允许被叫把来话无条件地转移到第三方（遇忙转移），但受应用类型和范围限制；H.245 的通信模式命令允许多点控制器（MC）为不同与会者改变媒体编码格式，但只能由 MC 来执行，不能提供构建复杂业务所需的第三方控制机制。

SIP 允许通过第三方呼叫控制机制定义新的业务。这些机制允许一个实体在第三方实体的命令下创建或拆除到其他实体的呼叫。当被控实体执行这些命令时，控制实体可以获得当前状态信息。这样，控制方就很容易控制本地的会话执行。这类似于传统电话中智能网的控制机制。当前定义的电话业务已有上百种，不可能为每一种业务都建立规划书，因此 SIP 采用简单、标准化的机制来配置业务，并能够以此促成一些新的业务。目前，PINT（PSTN and Internetworking）工作组正在定义一种称为 click-to-call 的 SIP 扩充业务。用户在网页上单击按钮呼叫某个号码，PSTN 的用户端设备将自动建立连接，通过 SIP 协议实现 Web 服务器和 PSTN 之间的控制机制。

总之，H.323 沿用传统的电话信令模式，其最大优势在于符合通信领域的传统设计思想，进行集中式、层次式控制，便于计费，便于与传统的电话网相连。SIP 协议借鉴了互联网标准的设计思想，遵循简练、开放、兼容和可扩展的原则，结构比较简单，在大型组网和计费方面还不很成熟。目前，在视频通信领域中采用 H.323 协议已被广泛接受，但也应该看到，SIP 简单、灵活等特点正吸引着越来越多设备厂商的关注和支持，并逐渐成为未来发展的方向。从表 2-5 不难看出，SIP 和 H.323 各有利弊，不是对立关系，而是在不同应用环境中相互补充。SIP 是以互联网应用为背景的通信标准，将视频通信的大众化引入千家万户，H.323 系统和 SIP 系统有机结合，实现视频通信多样化的功能，在最大程度上满足用户对未来实时多媒体通信的要求。

表 2-5　SIP 和 H.323 的比较

SIP	H.323
IETF 的标准	ITU-T 的标准
定义一个协议	定义一个协议集
用于 IP 广域网络，向所有 IP 用户开放	面向 LAN 设计
基于文本（ASCII）的协议	基于 ASN.1 的协议
参照 HTTP 和 SMTP 设计	参照 Q.931 设计
通过 URL 寻址	通过 E.164 或邮件地址寻址
定义了 SIP 服务器（相当于网守）和终端，不需要网关	定义了编码方式、终端、网关和网守
通过 TCP/UDP 传递	通过 TCP/UDP 传递

续表

SIP	H.323
呼叫控制在终端完成	呼叫控制在网守完成
呼叫建立简单	呼叫建立复杂
代理服务器可以无状态工作，也可以基于状态工作	网守需要基于状态工作
代理服务器只参与呼叫的建立	网守参与呼叫过程
多媒体协商简单	多媒体协商复杂
移动性是 SIP 的一部分功能	没有考虑用户的移动性
容易集成在 IP 网络中	容易与 PSTN 协调工作
没有涉及计费功能	考虑到计费的概念
标准正在完善过程中	已经比较成熟

2.6.3 H.324M 与 3G-324M 的比较

1. H.324M

H.324M 是一个“工具箱标准”，支持实时视频、音频、数据及它们的任意组合，允许实现者在给定的应用中选择需要的部分。系统的主要组成是 V.34 调制解调器(用于 PSTN)、H.233 复用协议及 H.245 控制协议。视频、音频和数据流都是可选的，可以同时使用这几种类型。H.324 支持许多类型终端设备的互操作，包括基于 PC 的多媒体视频会议系统、语音/数据调制解调器、加密电话、支持视频现场直播的 WWW 浏览器、远程安全摄像机和电视电话等。

2. 3G-324M

3G-324M 是 3GPP 采纳 H.324M 并在此基础上针对话音、视频和多路复用操作提出新要求，支持移动视频手机和应用系统通信的事实标准和行业标准，统称为 3G-324M 泛标准（Umbrella Standards)。3G-324M 标准由 3GPP 组织制定，它包含一些子标准，为应用创建、互操作性和互联提供了基础。

采用 3G-324M 作为移动视频传送标准的原因是，它提供了用户期望的接收质量。

3G-324M 标准在技术上与 H.324M 非常相似，但是它指定 H.263 作为强制基本标准，而把 MPEG-4 作为视频编码推荐标准，指定 AMR 为音频编码强制标准。可以这么总结：3G-324M 实际上是 H.324M 的升级。

2.6.4 硬终端与软终端

视频终端的硬件主要包括处理器、存储器、网络控制和接口、视频 I/O 设备或接口、音频 I/O 设备或接口、用户业务操作键盘，部分终端还包括音视频编解码专用芯片等部件，软件主要包括硬件驱动程序、操作系统、业务控制协议栈、RTP/RTCP 实时多媒体协议栈、音视频编解码软件、用户业务接口以及其他应用软件。

1．硬终端

硬终端又称为专用终端，采用专用硬件设备实现视频业务的功能，如桌面型个人视频终端、会议室型视频终端等。

桌面型个人视频终端是一体化的硬件终端，集音视频的输入/输出和业务操控于一体，主要适用于单人，显示屏采用 QCIF 规格，音频输出使用小功率扬声器或耳机。它提供视频、音频业务，同时也提供一些网络业务，如 IE 浏览、电子邮件等，逐渐趋于个性化服务，提供电话本、时钟等辅助功能。

会议室型视频终端主要提供会议、培训等多人参与的业务应用。它将本端的图像、语音及其他相关信号进行采集，然后将图像、声音信号压缩编码后发送到传输通道输出，同时将收到的音视频压缩数据解码后还原成图像、声音信号，并在支持 PAL-D/NTSC 复合视频及 S-Video 等视频制式的设备上输出。视频采集可配备动态摄像机，根据需要动态采集视频信号。

2．软终端

软终端通过在通用计算机系统（如台式 PC、便携式 PC）内安装与视频业务相关的一些应用软件，在计算机上实现视频通信的功能。在计算机上需要配备音视频输出设备，包括计算机摄像头、声卡、麦克风、耳机（扬声器）等。

软终端可以实现点对点视频通信，也可用于视频会议。软终端的形式灵活多样，没有特定框架限制，具有 IP 网络多媒体业务的多样性。从不同的业务应用需求看，软终端可分为两种类型：一是系统通用软终端，二是个人用软终端。

系统通用软终端提供点对点视频服务及视频会议系统，同时还提供公用业务，如会议通知、文件共享等。为了满足系统特殊需求，私有协议应用也比较普遍。

个人用软终端主要以点对点视频业务为主，随着个人计算机、宽带的普及，即时通信等业务的发展，个人视频终端的应用也日益普及。

思考题

1．网络视频体系框架分为哪几类？
2．简述 H.320 标准的适用范围，它由哪些部分组成？
3．简述 H.323 标准的适用范围，它由哪些部分组成？
4．简述 SIP 标准的适用范围，它由哪些部分组成？
5．简述 T.120 标准的适用范围，它由哪些部分组成？
6．简述 H.324M 标准的适用范围，它由哪些部分组成？
7．简述 H.320 与 H.323、H.323 与 SIP、H.324M 与 3G-324M 标准的差异。

第 3 章　媒体编解码技术

本章导读

为实现网络视频高效、优质、快捷传输与呈现，需要采用编解码技术对视频流、音频流进行压缩处理。本章简要介绍 H 系列、G 系列、MPEG 系列及 AVS 系列音频与视频编解码技术，重点介绍数字视音频采集、编解码及应用。

3.1　编解码基础知识

前面介绍了网络视频的特点之一就是网络视频信息流量巨大。为实现系统服务高效、快捷传输及在系统用户端的优质呈现，需要采用编解码技术以达到网络视频应用的需求。

音频、视频编解码技术是集多媒体计算机、多媒体数据库、多媒体通信、数字电视和交互式系统于一体的关键技术，它将原来不适合网络传输的大文件转换成适宜网络传输的小文件。编解码技术伴随计算机技术和通信技术的发展而发展，编码的本质就是针对各种信息的特点，采用一定的方案将其转换成能够被计算机识别的 1 和 0 的字符串组合，接收端再根据一定的规则还原成原始的信息。编解码方案多种多样，其原则是在降低码流带宽的同时确保音频、视频的质量。

3.1.1　压缩编码研究历史

1843 年，莫尔斯发明的电报码成为最原始的变长码数据压缩实例。1937 年的里夫斯（Reeves）、1946 年的德劳雷恩（Delorain）及贝尔公司的卡特勒（C. C. Cutler）分别发明了脉冲编码调制（Pulse Code Modulation，PCM）、增量调制（Delta Modulation，ΔM）及差分脉冲编码调制（Differential PCM，DPCM）。

1948 年，香农在其经典论文“通信的数学原理”中首次提到信息率——失真函数概念，1959 年又进一步确立了失真率理论，从而奠定信源编码的理论基础。

1952 年，霍夫曼给出最优变长码的构造方法。同年，贝尔实验室的奥利弗（B. M. Oliver）等人开始研究线性预测编码理论；1958 年，格雷哈姆（Graham）用计算机模拟法研究图像的 DPCM 编码方法；1966 年，奥尼尔（J. B. O'Neal）对比分析了 DPCM 和 PCM，对电视信号传输进行理论分析和计算机模拟，并提出用于电视的实验数据，1969 年进行线性预测的实验。

20 世纪 60 年代，科学家开始探索比预测编码效率更高的编码方法。人们首先讨论了包括 K-L 变换（KLT）、傅里叶变换等正交变换方法。1968 年，安德鲁斯（H. C. Andrews）等人采用二维离散傅里叶变换（2D-DFT）提出了变换编码。此后相继出现了沃尔什-哈达玛（Walsh-Hadamard）变换、斜变换、离散余弦变换（DCT）等。

1976 年，美国贝尔系统的克劳切（R. E. Crochjiere）等人引入了语音的子带编码，1985 年奥尼尔将子带编码推广到对图像的编码。

1983 年，瑞典的 Forchheimer 和 Fahlander 提出了基于模型的编码，在 1988—1996 年对极低码速率的视频编码进行了深入的研究。

1986 年，Meyer 在理论上证明了一维小波函数的存在，创造性地构造出具有一定衰减特性的小波函数。1987 年，Mallat 提出了多尺度分析的思想及多分辨率分析的概念，成功地统一了此前各种具体小波的构造方法，提出了相应的快速小波算法——Mallat 算法，并有效地应用于图像分解和重构；1989 年，小波变换开始用于多分辨率图像描述。

几乎同时，另外一些科学家探讨了使用分数维理论进行数据压缩。1988 年，美国人 M. F. Barnsley 提出了分形压缩方法，1992 年，A. Jacquin 完善了分形编码压缩方法。

1988 年在图像压缩编码的发展历史中是极为重要的一年，确定了 H.261 和 JPEG 两个建议的原理框架，为之后相继出台的 MPEG 系列和 H.260 系列标准奠定了基础。

3.1.2 压缩编码基本概念

前面提到，为确保媒体数据高效、优质、快捷传输与呈现，必须对媒体数据进行压缩编码。媒体数据包括视频数据、音频数据、文本数据等。视频数据包括图像数据和图形数据。图像数据又包括静止图像数据和运动图像数据。图形数据包括单幅图形和动画图形。音频数据包括语音数据、音乐数据、声音数据。文本数据是指将文字和字符进行编码而得到的数据。

根据数据来源，可以把媒体数据分为三类：

- 对现实世界的模拟信号进行数字化后得到的数据（简称为数字化数据，如声音、图像）；
- 对文字和字符进行编码而得到的数据（简称为文本数据，如字幕）；
- 计算机按照某种规则生成的数据（简称为计算机生成数据，如数据库）。

在这三种数据中，数字化数据对多媒体技术的形成起着极其重要的作用。

但是，一些重要的信号，数字化后存储或传输的成本太高。表 3-1 列出了几种重要信源信号的原始数据速率（未经压缩）。

表 3-1 未压缩信源的速率

信 源	速率要求
电话语音（200～3400Hz）	8000 样本数/秒×12 比特/样本 = 96kbps
宽带语音（50～7000Hz）	16000 样本数/秒×14 比特/样本 = 224kbps
宽带音频（20～20000Hz）	44100 样本数/秒×2 通道×16 比特/样本 = 1.412Mbps
图像	512 像素×512 像素彩色图像×24 比特/像素 = 6.3Mbit/图像
视频	640 像素×480 像素彩色图像×24 比特/像素×30 图像/秒 = 221Mbps
高清晰度电视	1280 像素×720 像素色彩图像×60 图像/秒×24 比特/像素 = 1.3Gbps

如果表 3-1 中的数据变得更大，我们用什么方法保持数字化传输和存储的优点呢？答案就是压缩。

媒体数据压缩的目的是最有效地利用存储器、信道、计算等有限资源。压缩就是尽可能用少量的比特数来表示源信号。因此，压缩的任务就是保持信源信号在可以接受的质量的前提下，把所需的比特数减到最小，以此减少存储、处理和传输的成本。

数据压缩的典型操作包括采样、量化和编码等过程，如图 3-1 所示，其中处理和传输的数据内容可以是静止图像、视频和音频数据等。

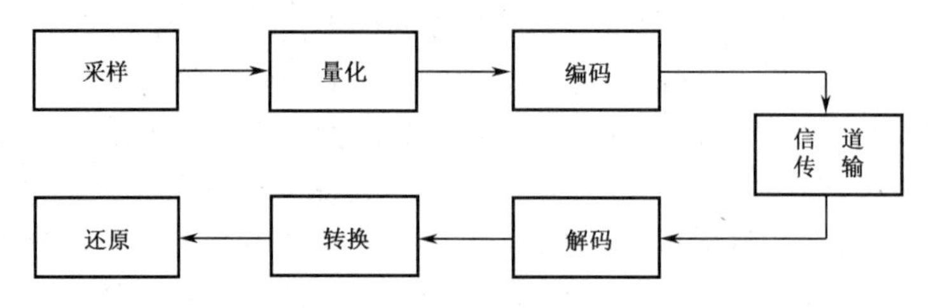

图 3-1　媒体数据压缩编解码的主要过程

采样是指每隔一定时间间隔抽取信号的一个瞬间幅度值（样本值）。采样的时间间隔称为采样周期；每秒内采样的次数称为采样频率。采样后得到的一系列在时间上离散的样本值称为样本序列。在满足奈奎斯特采样定理的条件下，在时间上离散的信号包含有被采样模拟信号的全部信息。

量化是指用有限个幅度值近似表示连续变化的幅度值，把模拟信号的连续幅度变为有限数量、有一定间隔的离散值。量化产生一定的误差，称为量化误差，由此产生的失真即为量化失真或量化噪声。

编码是指按照一定规律，将量化后的离散信号转换成数字编码脉冲的过程。最简单的数字编码方式是二进制编码。因此，采样频率越高，量化比特数越大，数码率就越高，所需的传输带宽越宽。

解码是编码的逆过程，编码和解码通常可以采用对称和非对称工作方式。在对称工作方式（如对话应用）中，编码和解码代价应基本相同；在非对称工作方式中，解码过程比编码过程耗费的成本小，这种技术用于以下两种情形：一是一次编码多次解码，编码不需要实时完成，但需要实时解码；二是实时编解码。

3.1.3　压缩编码技术分类

信息理论认为，若信源编码的熵大于信源的实际熵，那么该信源中一定存在冗余度。去掉冗余不会减少信息量，仍可原样恢复数据；在允许的范围内损失某些熵，数据可以近似地恢复，但若减少了重要熵，数据则不能完全恢复。目前，常用的压缩编码方法可以分为两大类，如图 3-2 所示。

- 无损压缩编码（Lossless Compression Coding），是可逆编码方式，也称为冗余压缩法；
- 有损压缩编码（Loss Compression Coding），是不可逆编码方式，也称为熵压缩法。

无损压缩编码主要用于显控端去除或减少数据中的冗余，但这些冗余可以重新插入到数据中，因此，这种压缩是可逆的，也称为无失真压缩。为了去除数据中的冗余，常常要考虑信源的统计特性或建立信源的统计模型，因此许多适用的冗余压缩技术均可归结于统计编码方法。此外，统计编码在各种熵压缩方法中也经常会用到。统计编码方法有霍夫曼编码、算术编码、行程编码等。冗余压缩不会产生失真，因此多用于文本、数据及应用软件的压缩，它能保证完全地恢复原始数据。但这种方法的压缩比较低，如行程编码、霍夫曼编码的压缩比一般在 2 : 1～5 : 1 之间。这类方法广泛用于文本数据、程序和特殊应用场合的图像数据（如指纹图像、医学图像等）的压缩。常见的无损压缩格式有 AAL、APE、FLAC、WavPack、LPAC、WMALossless、AppleLossless、La、OptimFROG、Shorten、Kenwood、TAK、TTA 等。

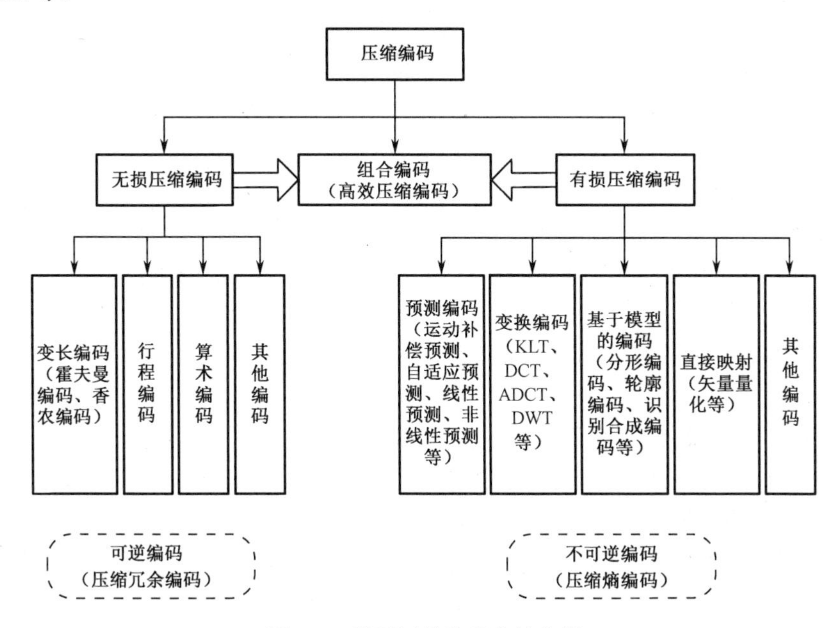

图 3-2　常用压缩编码方法分类

有损压缩编码法由于在编码过程中丢失一些信息量而在重建图像时出现一定程度的失真，重建图像与原始图像并不完全一致，因此这种压缩法是不可逆的。熵压缩主要有两大类：特征抽取和量化。对于实际应用而言，量化是更为通用的熵压缩技术，包括特征提取、零记忆量化、预测编码、直接映射、变换编码等。其中，预测编码和变换编码是最常见的实用压缩编码方法。熵压缩法由于允许一定程度的失真，可用于对图像、声音、动态视频等数据的压缩。如采用混合编码的 JPEG、MPEG 等标准，对自然景物的灰度图像一般可压缩至几分之一到几十分之一，而对于自然景物的彩色图像，可压缩至几十分之一甚至上百分之一；采用自适应差分脉冲编码调制的声音数据，压缩比通常能做到 4 : 1～8 : 1；动态视频数据的压缩比最为可观，采用混合编码的多媒体系统，压缩比通常可达 100 : 1～400 : 1。

根据编码后产生的码词长度是否相等，数据编码又可分为定长码和变长码两类。定长码即采用相同的位数对数据进行编码。大多数存储数字信息的编码系统都采用定长码。例如，我们常用的 ASCII 码就是定长码，其码长为 1 字节；汉字国标码也是定长码，其码长为 2 字节。变长码即采用不同的位数对数据进行编码，以节省存储空间。例如，不同的字符或汉字出现的概率是不同的，有的字符出现的概率非常高，有的则非常低。根据统计，英文字母中“E”的使用概率约为 13%，而字母“Z”的使用概率则为 0.08%。又如，大多数图像常含有单色的大面积图块，而且某些颜色比其他颜色出现得更频繁。为了节省空间，在对数据进行编码时，就有可能对那些经常出现的数据用较少的位数表示，而那些不常出现的数据用较多的位数表示。这样，从总的效果看，节省了存储空间。用这种方法得到的代码，其位数即码长就是不固定的，故称为变长码。香农-范诺编码、霍夫曼编码都是变长码。

3.1.4 压缩编码技术评价

评价一种数据压缩技术的性能，主要从压缩性能、图像质量、压缩与解压速度三个重要的指标来进行。此外，还要考虑压缩算法所需的软件和硬件。

- 压缩性能。压缩性能通常用压缩比来定义，即压缩过程中输入数据量和输出数据量之比。压缩比越大，压缩性能越好。
- 图像质量。这取决于压缩采用的方法，如果采用无损压缩，不必担心图像质量；如果采用有损压缩，则解压后图像恢复效果要好，要尽可能地恢复原始数据。
- 压缩与解压速度。实现压缩的算法要简单，压缩、解压速度快，尽可能做到实时压缩与解压。

对于数据压缩技术的发展，有两方面的因素影响较大：一是技术的使用目的，二是数据模型。

就数据使用目的而言，有面向存储的技术和面向传输的技术。面向存储的技术对算法的计算复杂性不太计较，但对压缩能力却非常看重，因为编码过程并不要求实时性；对于面向传输的技术，编解码算法实现的实时性和成本却是非常敏感的问题，如果为了达到实时性而使成本太高，将无法得到应用。因此，在实际应用中，经常需要在压缩算法的压缩能力、实现复杂性与成本等方面进行平衡与折中。

数据模型的选择和参数优化对于压缩算法的进步十分关键。经验一再证明，同样的算法对不同数据的压缩效果是不同的，因为被压缩对象本身的数据模型不同。因此，把数据模型作为算法中的一部分考虑是非常合理的。

数据压缩技术按照数据来源的不同，可以通过使用不同的数据模型和算法组合得到最有效的压缩效果。

3.2 音频编解码基础

3.2.1 音频编解码基本概念

音频编码的目标是在保证信号在听觉方面不产生失真的前提下，对音频信号尽可能进行冗余处理，以适应远程信息传输的需要。

1. 冗余信号

冗余信号是指音频中不能被人耳感知到的信号，对人耳识别确定音色、音调没有帮助的信息。根据人耳听觉的生理和心理特点，当强音和弱音同时存在时，弱音将被强音信号隐蔽而听不见，此时弱音信号被视为冗余信号而不用传送，这种现象称为人耳听觉掩蔽效应，它可分为频域掩蔽效应和时域掩蔽效应。这些被掩蔽的弱信号被视为冗余信号。

（1）频域掩蔽效应的冗余信号

频域掩蔽效应是指一个频率的声音能量小于某个阈值之后，人耳就会听不到，这个阈值称为最小可闻阈值。当另外有能量较大的声音出现时，该声音频率附近的阈值会提高很多，即所谓频域掩蔽效应，不被人耳所识别。

（2）时域掩蔽效应的冗余信号

时域掩蔽效应是指强信号与弱信号发生时间很接近时，弱信号不被人耳所识别，即所谓时域掩蔽效应，分为前掩蔽、同时掩蔽和后掩蔽三种。

- 前掩蔽是指人耳在听到弱信号之前的短暂时间内，已经存在的弱信号被掩蔽而听不见。
- 同时掩蔽是指强信号与弱信号同时出现时，弱信号被强信号所掩蔽而听不见。
- 后掩蔽是指强信号消失后，需经过较长一段时间才能重新听到弱信号。

2. 信号压缩

信号压缩是指对原始数字音频信号流运用适当的数字信号处理技术，在不损失有用信息量或所引入损失忽略不计的条件下降低其码率。

音频信号压缩方式分为有损压缩和无损压缩。按照编码原理分为波形编码（或时域压缩）、参数编码及多种技术融合的混合压缩形式（详见 3.4.3 节），其算法复杂程度（包括时间复杂度和空间复杂度）、音频质量、算法效率（压缩比）、编解码时延、应用场景等都有很大相关性。

- 有损压缩。它是指降低音频采样频率与比特率，输出的音频文件比原文件小，如 MP3、WMA、OGG 压缩格式等。
- 无损压缩。100%保存原文件所有数据的前提下，将音频文件体量压缩更小，而将压缩后的音频文件还原后，能够实现与原文件相同的大小和码率。如 APE、FLAC、WavPack、LPAC、WMALossless、AppleLossless、La、OpimFROG、Shorten 等。

3.2.2 音频编解码系统组成

音频信号是一种连续变化的模拟信号，而计算机只能处理和记录二进制的数字信号，因此，由自然音源而得的音频信号必须经过一定的变化和处理，变成二进制数据后才能送到计算机进行处理和存储，如图 3-3 所示。

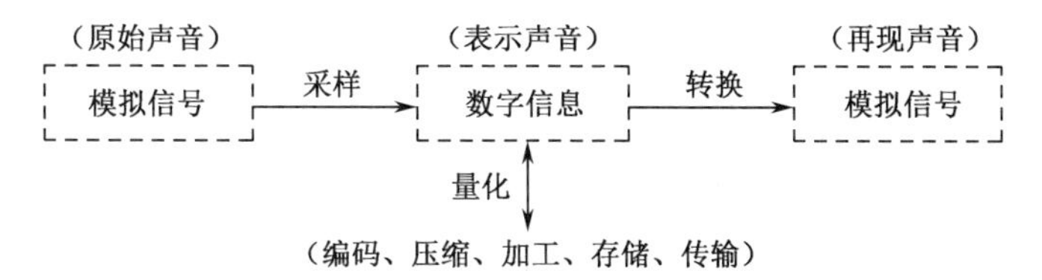

图 3-3 音频信号模/数转换示意图

把模拟信号转换成数字信号的过程主要包括以下三个方面。

- 音频采集：在音频时间轴上对音频信号进行数字化。
- 音频前处理：在音频幅度轴上对音频信号进行数字化。
- 音频编码：按一定格式记录采样和量化后的数字数据。

音频编解码系统主要包括音频采集（拾音）、采样量化、编码、信道传输、解码、转换、还原、扩音等部分，其组成如图 3-4 所示。

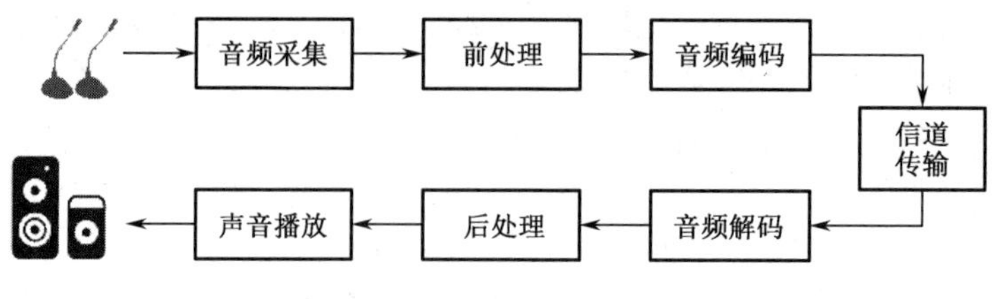

图 3-4　网络音频编解码系统的组成

3.2.3　音频编解码技术

根据采样率和采样大小可以得知，相对于自然界的信号，音频编码最多只能做到无限接近，所以，任何数字音频编码方案都是有损的，因为无法完全还原。在计算机应用中，能够达到高保真水平的是 PCM 编码，广泛用于素材保存及音乐欣赏，在 CD、DVD 及常见的 WAV 文件中均有应用。因此，PCM 约定俗成地被认为是无损编码，这是由于 PCM 代表了数字音频中最佳的保真水准，而不意味着 PCM 能够确保信号绝对保真，PCM 也只能做到最大程度的接近。我们习惯性地把 MP3 列入有损音频编码范畴，是相对 PCM 编码而言的。强调编码的相对有损和无损，是为了告诉大家，要做到真正的无损是非常困难的，就像用数字去表达圆周率，不管精度多高，也只是无限接近，而不是真正等于圆周率的值。

1. 语音和音乐编码技术

对数字音频信息的压缩主要是依据音频信息自身的相关性，以及人耳对音频信息的听觉冗余度。由于音频信息应用领域不同，编码通常分为语音和音乐两大类，分别采用有利于保留各自特征的技术。现代声码器的一个重要课题就是如何把语音和音乐的编码融合起来。

1）语音编码技术

语音编码技术分为波形编码、参数编码和混合编码三类，如图 3-5 所示。针对语音信号进行的编码压缩，主要应用于在实时语音通信中减少语音信号的数据量。典型的编码标准有 ITU-TG.711、G.722、G.723.1、G.729，GSMHR、FR、EFR，3GPP AMR-NB、AMR-WB，3GPP2 QCELP 8K、QCELP 13K、EVRC、4GV-NB 等。

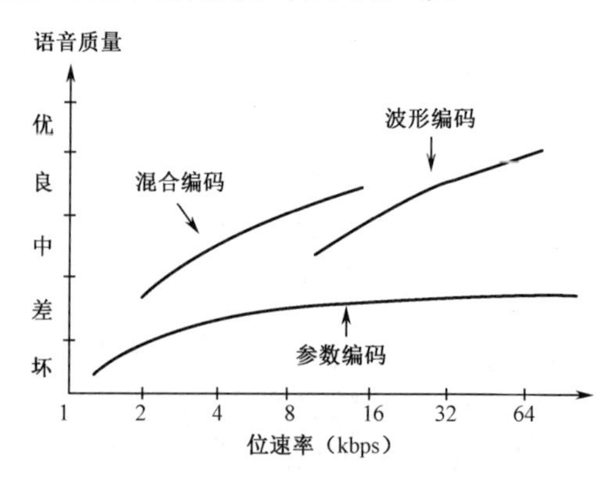

图 3-5　语音编码技术对比示意图

（1）波形编码

波形编码是直接对音频信号在时域或频域的波形按一定速率采样，然后将幅度样本分层量化，力图使重建的语音波形保持原始语音信号的形状，它将语音信号作为一般的波形信号来处理，具有适应能力强、语音质量好等优点，缺点是压缩比偏低。

波形编码技术主要有非线性量化技术、时域自适应差分编码和自适应量化技术。非线性量化技术利用语音信号小幅度出现的概率大，而语音信号大幅度出现的概率小的特点，通过为小信号分配小的量化阶、为大信号分配大的量化阶来减少总量化误差。我们最常用的 G.711 标准用的就是这个技术。自适应差分编码是利用过去的语音来预测当前的语音，只对它们的差进行编码，从而大大减小了编码数据的动态范围，节省了码率。自适应量化技术根据量化数据的动态范围来动态调整量阶，使得量阶与量化数据相匹配。G.726 标准中应用了这两项技术，G.722 标准把语音分成高低两个子带，在每个子带中分别应用这两项技术。

（2）参数编码

参数编码根据不同信号源建立数学特征模型，提取语音信号的特征参量，并按照模型参数重构音频信号。

参数编码只能收敛到模型约束的最高质量上，力图使重建语音信号具有尽可能高的可懂性，而重建信号的波形与原始语音信号的波形相比可能有相当大的差别。这种编码技术的优点是压缩比高，但重建音频信号的质量较差、自然度低，适用于窄带信道的语音通信，如军事通信、航空通信等。美国的军方标准 LPC-10，就是从语音信号中提取出来反射系数、增益、基音周期、清/浊音标志等参数进行编码的。MPEG-4 标准中的 HVXC 声码器用的也是参数编码技术，当它在无声信号片段时，激励信号与在 CELP 时相似，都通过一个码本索引，且通过幅度信息描述；在发声信号片段时则应用了谐波综合，即将基音和谐音的正弦振荡按照传输的基频进行综合。

（3）混合编码

将波形编码和参数编码这两种编码方法结合起来，采用混合编码的方法，可以在较低的码率上得到较高的音质。它的基本原理是使用合成分析法，将综合滤波器引入编码器，与分析器相结合，在编码器中将激励输入综合滤波器，产生与译码器端完全一致的合成语音，然后将合成语音与原始语音相比较（波形编码思想），根据均方误差最小原则，求得最佳的激励信号，再把激励信号及分析出来的综合滤波器编码送给解码端。这种得到综合滤波器和最佳激励的过程称为分析（得到语音参数）；用激励和综合滤波器合成语音的过程称为综合；由此可以看出，CELP 编码把参数编码和波形编码的优点结合在一起，使得用较低码率产生较好的音质成为可能。通过设计不同的码本和码本搜索技术，产生了很多编码标准，目前通信中用到的大多数语音编码器都采用混合编码技术。例如，Internet 上的 G.723.1 和 G.729 标准，GSM 上的 EFR、HR 标准，3GPP2 上的 EVRC、QCELP 标准，3GPP 上的 AMR-NB/WB 标准，等等。

表 3-2 所示为这三种语音编码技术的对比。

表 3-2 语音编码技术的对比

编码类别	原　理	特　点	应　用	算　法
波形编码	不利用生成语音信号的任何知识而企图产生一种重构信号，它的波形与原始语音波形尽可能一致	语音质量高，但数据率也很高	数据速率在 16kbps 以上，质量相当高。低于这个数据速率时，音质急剧下降	时域：PCM、DPCM、ADPCM 频域：ATC
参数编码	企图从语音波形信号中提取生成语音参数，使用这些参数通过语音生成模型重构出语音	数据率很低，产生的合成语音的音质有待提高	尽管音质较低，但保密性能好，因此这种编译码器一直用在军事上	—
混合编码	使用音源编解码技术和波形编解码技术	数据率和音质介于上面两者之间	—	—

2）音乐编码技术

音乐编码技术主要有自适应变换编码（频域编码）、心理声学模型和熵编码等技术。音乐编码技术是针对频率范围较宽的音频信号进行的编码，主要应用于数字广播/数字电视广播、消费电子产品、音频信息的存储和下载等。典型的编码有 MPEG-1/MPEG-2 的 Layer1、Layer2、Layer3 和 MPEG-4 的 AAC 音频编码。最新的 ITU-T G.722.1、3GPP AMR-WB+和 3GPP 2 4GV-WB，在低码率上的音频表现也很不错。

（1）自适应变换编码

利用正交变换，把时域音频信号变换到另一个域，由于去除相关性，变换域系数集中在一个较小的范围，所以对变换域系数最佳量化后，可以实现码率的压缩。理论上的最佳量化很难达到，通常采用自适应比特分配和自适应量化技术来对频域数据进行量化。在 MPEG 的 Layer3、MPEG-4 的 AAC 标准及 Dolby AC-3 标准中都使用了改进离散余弦变换（MDCT）；在 ITUG.722.1 标准中使用的是重叠调制变换（MLT）。本质上，它们都是余弦变换的改进。

（2）心理声学模型

对信息量加以压缩，同时使失真尽可能不被觉察出来，利用人耳的掩蔽效应就可以达到此目的，即较弱的声音会被同时存在的较强声音所掩盖，使得人耳无法听到。在音频压缩编码中利用掩蔽效应，就可以通过给不同频率处的信号分量分配不同量化比特数的方法来控制量化噪声，使噪声的能量低于掩蔽阈值，从而使人耳感觉不到量化过程的存在。在 MPEG 的 Layer2、Layer3 和 AAC 标准，以及 AC-3 标准中都采用了心理声学模型。在目前的高质量音频标准中，心理声学模型是一个最有效的算法模型。

（3）熵编码

根据信息论的原理，可以找到最佳数据压缩编码的方法，数据压缩的理论极限是信息熵。如果要求编码过程中不丢失信息量，即要求保存信息熵，这种信息保持编码称为熵编码，它是根据信息出现概率的分布特性而进行的，是一种无损数据压缩编码。常用的熵编码有霍夫曼编码和算术编码。在 MPEG Layer1、Layer2、Layer3 和 AAC 标准，以及 ITU G.722.1 标准中，都使用了霍夫曼编码；在 MPEG 4BSAC 工具中则使用了效率更高的算术编码。

2．量化编码方法

（1）PCM

PCM（Pulse Code Modulation，脉冲编码调制）对输入信号进行采样量化编码，技术成熟、实现简单，但编码后的数据量较大。在编码技术上，PCM 分为均匀量化和非均匀量化两种方式。

- 均匀量化：采用相等的量化间隔对采样得到的信号进行量化，也称为线性量化。量化后的样本值 Y 和原始值 X 的差称为量化误差或量化噪声（$E=Y-X$）。其缺点包括：无论对幅度大的输入信号还是对幅度小的输入信号，一律采用相同的量化间隔。为了适应幅度大的输入信号同时满足精度要求，就需要增加样本的位数。对语音信号来说，幅度大的输入信号出现的概率并不多，增加的样本位数的整体利用率不高，造成编码后的数据量较大。
- 非均匀量化：对输入信号进行量化时，幅度大的输入信号采用大的量化间隔，幅度小的输入信号采用小的量化间隔，可以根据精度要求采用不同样本位数进行编码，也称为非线性量化。

常见的量化标准有两种：μ律压扩算法、A 律压扩算法。

（2）DM

DM（Delta Modulation，增量调制）是一种预测编码技术，是对实际的采样信号与预测的采样信号之差的极性进行编码，也称为Δ调制。量化的对象只限于正和负两个状态，如果实际的采样信号与预测的采样信号之差的极性为“正”，则用“1”表示；反之则用“0”表示。“1”和“0”只表示信号相对于前一时刻的增减状态，而不代表信号的绝对值。在接收端，每收到一个代码“1”，译码器的输出相对于前一时刻的值上升一个量化阶；每收到一个代码“0”就下降一个量化阶。只要采样频率足够高、量化阶距的大小适当，接收端恢复的信号与原始信号就非常接近，量化噪声非常小。

由于 DM 编码只需用 1 位对语音信号进行编码，所以 DM 编码系统又称为“1 位系统”。

（3）ADM

ADM（Adaptive Delta Modulation，自适应增量调制）根据输入信号斜率的变化自动调整量化阶的大小，当输出不变时，量化阶增大 50%，使预测器的输出跟上输入信号，使斜率过载减到最小；当输出值改变时，量化阶减小 50%，使粒状噪声减到最小。

（4）APCM

APCM（Adaptive Pulse Code Modulation，自适应脉冲编码调制）是根据输入信号幅度的大小来改变量化阶大小的一种波形编码技术。改变量化阶大小的方法分为前向自适应和后向自适应两种，是根据输入信号幅度的大小改变量化阶大小的一种波形编码技术。这种自适应可以是瞬时自适应，即量化阶的大小每隔几个样本就改变，也可以是音节自适应，即量化阶的大小在较长时间周期里发生变化。

- 前向自适应：根据未量化的样本值的均方根值估算输入信号的电平，以此确定量化阶的大小，并对其电平进行编码作为边信息传送到接收端。
- 后向自适应：从量化器刚输出的过去样本中提取量化阶信息。由于后向自适应能在发收两端自动生成量化阶，所以它不需要传送边信息。

（5）DPCM

DPCM（Differential Pulse Code Modulation，差分脉冲编码调制）根据过去的样本估算下一个样本信号的幅度大小（这个值称为预测值），然后对实际信号值与预测值之差进行量化编码，从而减少表示每个样本信号的位数。差值变化幅度总小于信号本身。

（6）ADPCM

ADPCM（Adaptive Difference Pulse Code Modulation，自适应差分脉冲编码调制）综合了 APCM 的自适应特性和 DPCM 系统的差分特性，是一种性能较好的波形编码。

ADPCM 算法是目前普遍应用的较好算法，核心思想是：

- 利用自适应的思想改变量化阶的大小，即用小的量化阶去编码小的差值，使用大的量化阶去编码大的差值。
- 使用过去的样本值估算下一个输入样本的预测值，使实际样本值和预测值之间的差值总是最小。

（7）SBC

输入音频信号的频带可以分成若干个连续的频段，每个频段称为子带。子带编码（Sub Band Coding，SBC）是指对每个子带中的音频信号采用单独的编码方案去编码。编码/解码器可以采用 ADPCM，APCM，PCM 等。其好处包括：

- 对每个子带信号分别进行自适应控制，量化阶的大小可以按照每个子带的能量电平加以调节。
- 可根据每个子带信号在感觉上的重要性，对每个子带分配不同的位数，用来表示每个样本值。

（8）LPC

LPC（Linear Predictive Coding，线性预测编码）通过分析语音波形来产生声道激励和转移函数的参数，对声音波形的编码就转化为对这些参数的编码，这使声音的数据量大大减少。

在接收端使用 LPC 分析得到的参数，通过语音合成器重构语音。线性预测器使用过去的 p 个样本值来预测现时刻的采样值 $x(n)$。合成器是一个离散的、随时间变化的时变线性滤波器，它代表人类的语音生成系统模型。时变线性滤波器既可作为预测器使用又可作为合成器使用。分析语音波形时，它作为预测器使用；合成语音时，它作为语音生成模型使用。

3.2.4 音频编解码标准

当前编码技术发展的一个重要方向就是综合现有的编码技术，制定全球统一的标准，使信息管理系统具有普遍的互操作性，并确保未来的兼容性。国际上，对语音信号压缩编码协议的审议工作在 CCITT 下设的第 15 研究组进行，相应的建议为 G 系列，多由 ITU 发布。

CCITT 和国际标准化组织（ISO）先后提出一系列有关音频编码的建议。

1972 年，CCITT 首先制定了 G.711 64kbps A 律 PCM 编码标准。

1984 年，CCITT 制定了 G.722 编码标准，速率为 64kbps，可用于在综合业务数据网（ISDN）的 B 通道上传输音频数据。之后公布的 G.723 建议，码率为 40kbps 和 24kbps，G.726 的码率为 16kbps。

1990 年，CCITT 通过了 16～40kbps 镶嵌式 ADPCM 标准 G.727。低码率、短时延、高质量是人们期望的目标。AT&T 贝尔实验室在 16kbps 低时延码激励线性预测（LD-CELP）编码方案的基础上进行了优化。

1992 年和 1993 年，CCITT 分别公布了浮点算法和定点算法的 G.728 标准。该标准时延小于 2ms，语音质量可达 MOS 4 分以上。ISO 的运动图像专家组（MPEG）在制定运动图像编码标准的同时，为图像伴音制定了 20kHz 带宽的 128kbps 标准。

1988 年，欧洲数字移动通信 GSM 制定了数字移动通信网的 13kbps 长时预测规则码激励（RPE-LTP）语音编码标准。

1989 年，北美蜂窝电话工业组织（CTIA）公布了北美数字移动通信标准，它采用自适应码本激励。

日本的数字移动通信标准是 6.7kbps 的 VSELP（矢量和激励线性预测）。

1．G 系列音频编解码标准

（1）G.711 标准

G.711 标准是 1972 年制定的 PCM 语音压缩标准，采样频率为 8kHz，每个样值采用 8 位二进制编码，因此速率为 64kbps。推荐使用 A 律或 μ 律的非线性压扩技术，将 13 位的 PCM 按 A 律、14 位的 PCM 按 μ 律转换成 8 位编码，其质量相当于 12bit 线性量化。标准规定，选用不同解码规则的国家之间，数据通路传送按 A 律解码的信号传送。使用 μ 律的国家应进行转换，标准给出了 μ–A 编码的对应表。标准还规定，在物理介质上连续传输时，符号位在前，最低有效位在后。G.711 标准广泛应用于数字语音编码。

（2）G.721 标准

G.721 标准是 ITU-T 于 1984 年制定的，其主要目的是用于 64kbps 的 A 律和 μ 律 PCM 与 32kbps 的 ADPCM 之间的转换。它基于 ADPCM 技术，采样频率为 8kHz，每个样值与预测值的差值用 4 位编码，其编码速率为 32kbps，ADPCM 是一种对中等质量音频信号进行高效编码的有效算法之一，不仅适用于一般的语音压缩，也适用于调幅广播质量的音频压缩和 CD-1 音频压缩等应用。

（3）G.722 标准

G.722 标准旨在提供比 G.711 或 G.722 标准压缩技术更高的音质。G.722 编码采用高低两个子带内的 ADPCM 方案，也就是使用子带 ADPCM（SB-ADPCM）编码方案。高低子带的划分以 4kHz 为界，对每个子带内采用类似 G.721 标准的 ADPCM 编码。它是 1988 年 ITU-T 为调幅广播质量的音频信号压缩制定的标准。G.722 能将 224kbps 的调幅广播质量的音频信号压缩为 64kbps，主要用于视听多媒体和会议电话等。G.722 信号的带宽范围为 50Hz～7kHz，速率为 48kbps、56kbps、64kbps。在标准模式下，采样频率为 16kHz，幅度深度为 14bit。

（4）G.728 标准

G.728 标准是一个追求低比特率的标准，速率为 16kbps，质量与 32kbps 的 G.721 标准相当。它使用了 LD-CELP（低时延码激励线性预测）算法，该算法考虑了人耳的听觉特性，具有以块为单位的后向自适应高阶预测、后向自适应型增益量化、以矢量为单位的激励信号量化等特点。G.728 是低速率（56～128kbps）ISDN 可视电话的推荐语音编码器，具有反向自适应等特性，可实现低时延，被认为复杂度较高。由于其自适应反向滤波特性，G.728

具有帧或包丢失隐藏措施，对随机比特差错有相当强的承受力，超出任何其他语音编码器。

（5）G.729 标准

G.729 标准是 ITU-T 为低码率应用设计而制定的语音压缩标准，速率为 8kbps，算法相对比较复杂，采用码激励线性预测（Code Excitation Linear Prediction，CELP）技术，同时为了提高合成语音质量，采取了一些措施，具体的算法比 CELP 复杂，通常称为共轭结构的代数码激励线性预测（CS-ACELP）。

（6）G.723.1 标准

ITU-T 颁布的语音压缩标准中码率最低的 G.723.1 标准，主要用于各种网络环境中的多媒体通信。ITU-T G.723.1 编码器以 6.4kbps 速率提供长话质量语音。同时，G.723.1 还包括一个工作在 5.3kbps 速率的低质量语音编码器。G.723.1 是为低比特率可视电话而设计的。由于视频编码时延通常大于语音编码时延，因此对时延的要求不是很严格。G.723.1 编码器的帧长为 30ms，还有 7.5ms 的前视，再加上编码器的处理时延，编码器的单向总时延为 67.5ms。其他时延是由系统缓冲区和网络造成的。

表 3-3 所示为 G 系列声音编码标准的性能对比。

表 3-3　G 系列声音编码标准的性能对比

编码标准	速率（kbps）	时延（ms）	运算速率（MIPS）	声音质量（MOS 分值）
G.711	64（56，48）	0	0.01	4.7
G.722	64	0	–	–
G.728	16	2.5	28	4.3
G.723.1	5.3，6.3	30	20	3.6/4.3
G.729	8	10	25	4.3

2．MPEG 音频编解码标准

在 3.2 节介绍了常用 MPEG 标准的系统和视频部分，本节着重介绍常用 MPEG 标准的音频部分。

（1）MPEG-1

MPEG-1 标准于 1993 年正式发布，标准的编号为 ISO/IEC 11172，标题为“码率约为 1.5Mbps 用于数字存储媒体运动图像及其伴音的编码”，目前使用的是 1996 年 6 月修订的最新版本。MPEG-1 音频编码是国际上制定的第一个高保真立体声音频编码标准，标准编号为 ISO/IEC 11172-3:1993/Cor:1996、ISO/IEC 11172-4:1995。

MPEG-1 音频压缩算法不是单个的一种压缩算法，通过对 14 种音频编码方案的比较测试，最后确定了以 MUSICAM（Masking pattern Universal Subband Integrated Coding And Multiplexing）为基础的三级音频编码和压缩结构，称为 MPEG 声音 1 级（Lay1）、2 级（Lay2）和 3 级（Lay3）。随着级数的增加，算法的复杂度增大，最复杂的 3 级（Layer3）解码器同样可以对 1 级（Layer1）或 2 级（Layer2）的压缩编码进行解码。根据不同的应用要求，使用不同的等级音频压缩编码。1 级最简单，目标是压缩后每声道的位数据率为 192kbps。2 级比 1 级精度高一些，压缩后每声道的位数据率为 128kbps。3 级增加了不定长编码、霍夫曼编码等先进的算法，可获得非常低的数据率和较高的保真度，压缩后每声道的位数据率为 64kbps。如果要获得每声道 128kbps 的位数据率，则采用 3 级编码比采用 2 级编码的保真度要好。每声道 128kbps 的位数据率或双声道 256kbps 的位数据率可以提供优质的保真度，因此采用 2 级压缩编码对于高保真、立体声音频已经足够了。MPEG-1 支持传送左右两个声道，可设成单声道、双声道、立体声等。在音频编码中，仅具有低级音频编码的 MPEG-1 编码器不能获得高级编码所具有的音频质量，或者说，采用不同的编码参数，得到的 MPEG-1 音频的质量不同。

（2）MPEG-2

MPEG-2 是 MPEG 开发的第二个标准，于 1994 年 11 月正式确定为国际标准，标准的编号为 ISO/IEC 13818，标题为“运动图像及有关声音信息的通用编码”。MPEG-2 音频编码标准编号为 ISO/IEC 13818-4:1998。

在 MPEG-1 音频编码中，MUSICAM 只能传送左右两个声道。为此，MPEG 扩展了低码率多声道编码，将多声道扩展信息加到 MPEG-1 音频数据帧结构的辅助数据段（其长度没有限制）中，这样，可将声道数扩展至 5.1 个，即 3 个前声道（左 L、中 C 和右 R）、2 个环绕声（左环绕 LS、右环绕 RS）和 1 个超低音声道 LFE（常称为 0.1 声道）。在 MPEG-1 音频编码的第 1 层，多声道扩展数据被分成三个部分，在连续 3 帧 MPEG-l 音频数据帧的辅助数据段中传送；而在第 2、3 层，多声道扩展数据在一个 MPEG-1 音频数据帧的辅助数据段中传送。

MPEG-2 定义了两种音频压缩编码算法：一种称为 MPEG-2BC（MPEG-2 Backward Compatible multichannel audio coding，MPEG-2 后向兼容多声道音频编码）标准，它与 MPEG-1 音频压缩编码算法是兼容的；另一种称为 MPEG-2AAC（MPEG-2 Advanced Audio Coding，MPEG-2 高级音频编码）标准，因为它与 MPEG-1 音频压缩编码算法是不兼容的，所以也称为 MPEG-2NBC（MPEG-2 Non Backward Compatible，MPEG-2 非后向兼容）标准。

（3）MPEG-4

MPEG-4 标准于 2000 年正式确定为国际标准，标准编号为 ISO/IEC 14496，目前使用的是 2002 年 3 月修订的 V.21 版本。

MPEG-4 音频编码是在一组编码工具的支持下，对语音、音乐等自然声音对象和具有回响、空间方位感的合成声音对象进行的编码。通过对这些工具的组合，可以得到不同类型的音频/语音压缩。MPEG-4 音频标准支持可分级性，这就可以根据信道容量或解码器的复杂性，对编码数据的子集进行解码；对子集进行解码仍可产生有用的音频，只是质量稍差。此外，它还具有改变语速和声调的功能，即在声音重建的过程中，可以独立地对语速或声调进行操作。

MPEG-4 音频编码工具集可以把音频或语音信号的码率压缩到 2～64kbps。对于码率为 2～6kbps 的自然音频编码，MPEG-4 采用了依码率低、中、高顺序交错分段编码的三种编码器。对最低码率编码，采用以 8kHz 采样的参数编码器；对中等码率编码（6～16kbps），采用以 8kHz（窄带语音）和 16kHz（宽带语音）两种采样频率进行采样的码激励线性预测（CELP）编码器；对高码率编码（16～64kbps），采用以 8kHz 以上频率进行采样的时频（TF）编码器，如 AAC 编码器。尽管每个编码器采用了独立码流语法编码，但由于采用了交错分段编码，因此不同编码器的码率之间可以平滑切换，并支持码率和采样带宽的可分级性，用于产生基于视听信息内容的分级。

MPEG-4 不仅支持语音等自然声音，而且支持基于描述语言的合成声音和音频的对象特征，例如，一个场景中，同时有人声和背景音乐，它们都可以是独立编码的音频对象。MPEG-4 的合成声音对象可采用 TTS（Text To Speech，文本到语音）的合成技术或乐谱驱动的合成技术来实现。文本到语音是利用 TTS 编码器将文本（或带有语音特性的文本）形式的信息转换成自然语音，即输入的是文本，输出的是语音。乐谱驱动合成技术是指在 SAOL（Structured Audio Orchestra Language，结构化音频管弦乐团语言）的驱动下，结构化音频解码器对输入的数据进行解码，从而产生语音，形成“管弦乐团”的效果。SAOL 可用某些描述信息组合成或模拟出某些特定声音，并由这些特定声音组成“管弦乐”。SAOL 也可以描述场景的特殊音效及音效合成，如回响、和声、动态范围、空间方位感等。

3.2.5 音频技术指标

1. 声音技术参数

衡量声音的基本技术参数主要有频率、幅度和数据量等。

（1）频率。声音的频率是指信号每秒变化的次数，用赫兹（Hz）表示。对于频率在 20Hz 以下的信号，通常人们不能感知，这类频率信号称为亚音信号，或称为次音信号；音频范围在 20～20kHz 的信号称为音频信号；人的发音器官发出的声音频率为 80～3400Hz，但人说话的信号频率通常为 300～3000Hz，这个频率范围信号称为语音信号；高于 20kHz 的信号称为超音频信号，或称为超声波信号。

（2）幅度。声音的幅度是指信号的动态范围，是最大声强与最小声强之差，用分贝（dB）表示。一般语音信号有 20～40dB 的动态范围；通常人们能够感知的声音幅度在 0～120dB 之间。

（3）数据量。声音的数据量=考查时间×（采样频率×采样位数×声道数）/8，用字节（Byte）表示。通常采样频率分为 11.025Hz、22.05Hz 和 44.1Hz 三种，采样频率越高，声音还原效果越好，数据量越大。例如，1 分钟长度的单声道声音，采样频率为 11.025Hz，采样位数为 8 位，则数据量为 0.66MB。

2. 数字音频技术参数

（1）采样频率。采样频率是指 1 秒内采样的次数。采样频率的选择应该遵循奈奎斯特采样理论（如果对某一模拟信号进行采样，则采样后可还原的最高信号频率只有采样频率的一半，或者，只要采样频率高于输入信号最高频率的两倍，就能从采样信号系列重构出原始信号）。根据该采样理论，CD 激光唱盘采样频率为 44kHz，可记录的最高音频为 22kHz，这样的音质与原始声音相差无几，也就是我们常说的超级高保真音质。通信系统中数字电话的采用频率通常为 8kHz，与原 4kHz 带宽声音一致。

（2）量化位数。量化位是对模拟音频信号的幅度进行数字化，它决定了模拟信号数字化后的动态范围。由于计算机按字节运算，一般的量化位为 8 位或 16 位。量化位越高，信号的动态范围越大，数字化后的音频信号越可能接近原始信号，但所需的存储空间也越大。

（3）声道数。声道有单声道和双声道之分。双声道又称为立体声，在硬件中要占两条线路，音质、音色好，但立体声数字化后所占空间比单声道多一倍。

（4）编码算法。编码的作用一是采用一定的格式来记录数字数据，二是采用一定的算法来压缩数据以减少存储空间、提高传输效率。压缩算法包括有损压缩和无损压缩。压缩编码的基本指标之一就是压缩比，它通常小于 1。压缩越多，信息丢失越多，信号还原后失真越大。不同的应用应选用不同的压缩编码算法。

（5）数据率及数据文件格式。数据率为每秒传输的比特数（bps），它与信息实时传输有直接关系。

3．音频质量级别

一般来说，频率范围越宽，声音质量越好。音频按照质量可以分为 4 个级别。

（1）语音。语音的带宽限制在 3.4kHz 之内，以 8kHz 采样，8 比特量化后，有 64kbps 的数据率。经压缩后，数据率可降至 32kbps、16kbps 或 4kbps。

（2）高质量语音。高质量语音相当于调频广播的质量，其带宽限制为 50Hz～7kHz，压缩后，数据率为 48～64kbps。

（3）CD 音质，双声道的立体声。CD 音质双声道的立体声带宽限制为 20kHz，经 44.1kHz 采样、16 比特量化后，每个声道的数据率为 705.6kbps。在使用 MUSICAM（MPEG-l 声音压缩方式）压缩后，两个声道的总数据率可降到 192kbps。MPEG-l 更高层次的音频压缩方法还可将速率降到 128kbps，音乐质量仍可接近于 CD；而要得到演播室质量的声音时，数据率则为 CD 质量声音的 2 倍。

（4）5.1 声道环绕立体声。5.1 声道环绕立体声的带宽为 3～20kHz，采样频率为 48Hz，每个样值量化到 22 比特，采用 AC-3 压缩后总数据率为 320kbps。

4．音频编码标准比较

几种常见的 G 系列音频编码标准比较如表 3-4 所示。

表 3-4　音频编码标准的比较

标　准　号	编码方式	编码速率（kbps）	算法时延（ms）
ITU-T G.711	音频的脉冲编码调制（PCM）语音编码	64	40
ITU-T G.721	自适应差分脉冲编码调制（ADPCM）语音编码	32	0
ITU-T G.722	自适应差分脉冲编码调制（ADPCM）的宽带语音编码	49/56/64	0
ITU-T G.722.1	自适应差分脉冲编码调制（ADPCM）的低帧损耗语音编码	24/32	20
ITU-T G.723	基于 G.721 自适应差分脉冲编码调制（ADPCM）扩展的语音编码	24/40	0
ITU-T G.723.1	自适应差分脉冲编码调制（ADPCM），支持双速率多媒体通信的语音编码	5.3/6.3	67.5
ITU-T G.726	自适应差分脉冲编码调制（ADPCM）的语音编码	16/24/32/40	0
ITU-T G.727	样本采用 2bit、3bit、4bit、5bit 的自适应差分脉冲编码调制（ADPCM）的语音编码	16/24/32/40	0
ITU-T G.728	低时延码的激励线性预测（LD-CELP）的语音编码	16	1.875
ITU-T G.729	使用共轭结构的代数码激励线性预测（CS-ACELP）的语音编码	8	35

3.3 音频编解码应用

3.3.1 音频采集

音频采集是指将计算机声卡、录音笔、录音机等采集的音频信号，通过音频采集卡对模拟视频信号进行采样、量化和编码的模拟/数字转换过程。音频采集方法主要包括：从现成的数字音频库中截取；利用计算机软件制作音频；通过音频采集设备获取数字音频；通过音频采集卡把模拟音频转换成数字音频，并按数字音频文件的格式保存下来。本节重点介绍数字音频采集、编码处理及其文件格式。

1. 传声器和拾音器

视频采集的关键是音频采集设备，是获取视频源的首要环节。采集设备的接口种类较多，接下来介绍几种常见的视频采集卡与接口。

- 音频源设备：计算机声卡、录音笔、录音机、录像机、电视机、影碟机、激光唱机等能够产生音频信号的设备。
- 音频采集设备：对模拟音频信号进行采样（如话筒、会议系统）、量化和编码的设备。
- 音频处理设备：放大、编辑音频信号，如调音台（又称调音控制台，将多路输入信号进行放大、混合、分配、音质修饰和音响效果加工，再通过母线输出）、均衡器（对不同频率电信号调节以补偿扬声器和声场的缺陷）等。

1）传声器

传声器也称为麦克风（microphone）、送话器、话筒。传声器利用声音的动能产生变化的电场，从而生成电信号，将声能转换为电信号的能量，完成“拾音”工作。

（1）传声器种类

传声器按转换能量原理可分为电动式传声器、静电式传声器、电磁式传声器、压电式传声器、半导体式传声器和碳粒式传声器等。电动式传声器可分为动圈式传声器、铝带式传声器；静电式传声器又可分为电容式传声器、驻极体式传声器；压电式传声器可分为陶瓷式传声器、晶体式传声器和高聚合物式传声器。

传声器按接收声波方向性可分为无指向性传声器和有指向性传声器。有指向性传声器包括心形指向性（单指向性）传声器、强指向性传声器、双指向性传声器等。传声器的指向性是指传声器接收来自各个方向声音的能力。无指向性，也称全指向性，即传声器的拾音灵敏度与声波的入射角无关；有指向性是指传声器的拾音灵敏度随着声波的入射角的改变而发生变化。

传声器按用途可分为立体声传声器、会议传声器、演唱传声器、录音传声器、测量传声器、近讲传声器、无线传声器、佩戴式传声器等。

传声器按声学工作原理可分为压强式传声器、压差式传声器、组合式传声器、线列式传声器、抛物线式传声器等。

传声器按输出阻抗可分为低阻抗传声器（输出电阻为200～600Ω）和高阻抗传声器（输出电阻为20～50kΩ）。

（2）常用传声器

常用传声器主要有动圈式传声器、电容式传声器以及驻极体式传声器。在一些特殊场合，常用无线式传声器、近讲传声器。

动圈式传声器是利用磁场中运动的导体产生电信号的传声器，由振膜带动线圈振动，从而使磁场中的线圈产生感应电流。其特点是结构牢固，性能稳定，体积大；精度、灵敏度较低，50Hz～15kHz频率范围内幅频特性曲线平坦；指向性好，噪声小；输出阻抗小，传输距离远，如图3-6所示。

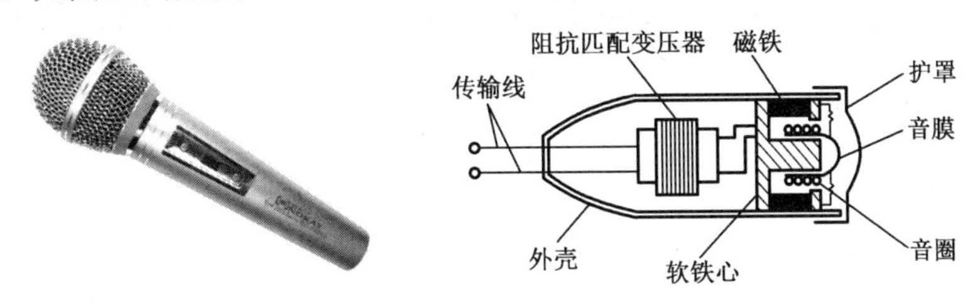

图3-6　动圈式传声器

电容式传声器利用电容大小的变化，将声音信号转化为电信号。内置振膜振动时，其与固定的后极板之间的距离发生变化，即声音的变化转变为电容量的变化，被前置放大器放大后形成电信号。它是精密测量中常用的一种传声器，特点是，具有超高灵敏度，瞬时响应好，10Hz～20kHz频率范围内幅频特性曲线平坦；全向性，噪声小；输出信号电平比较大，失真小，如图3-7所示。

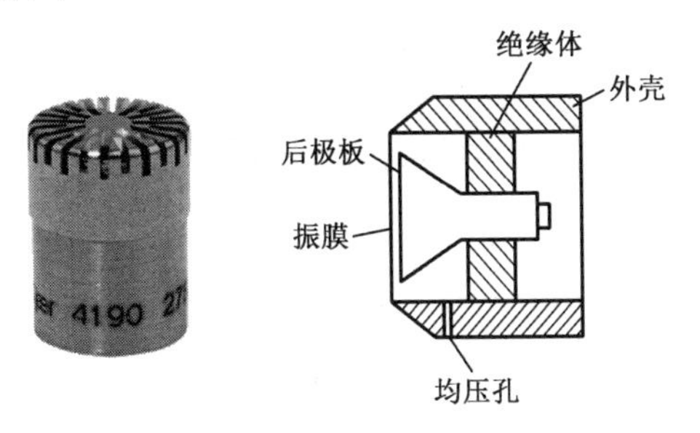

图3-7　电容式传声器

驻极体式传声器又称为自极化电容式传声器，其原理和构造与电容式传声器很相似，不同的是采用驻极体（已注入电荷被极化的膜片）作为极头。它有两块金属极板，其中一块极板表面涂有驻极体（已注入电荷被极化的膜片）薄膜并接地，另一极板接在场效应晶体管的栅极上，栅极与源极之间接有一个二极管，如图3-8所示。当驻极体振膜本身带有电荷时，若表面电荷的电量为Q，板极间的电容量为C，则在极头上产生的电压$U=Q/C$，受到振动或受到气流摩擦时，振动使两极板间的距离发生改变，即电容C改变，而电量Q不变，就会引起电压的变化，电压变化的大小反映外界声压的强弱，电压变化的频率反映了外界声音的频率，这就是驻极体式传声器的工作原理。由于这种传声器也是电容式结构，信号内阻很大，为了将声音产生的电压信号导出并加以放大，其输出端必须使用场效应晶体管。驻极体式传声器有两种类型：一种是用驻体高分子薄膜材料作为振膜（振膜式），此时振膜同时担负着声波接收和极化电压的双重任务；另一种是用驻极材料作为后极板（背极式），这时它仅起极化电压的作用。由于该种传声器不需要极化电压，简化了结构。另外，由于其电声特性良好，所以在录音、扩音和户外噪声测量中已逐渐取代外加极化电压的传声器。驻极体式传声器的振膜多采用聚全氟乙丙烯，湿度性能好，产生的表面电荷多，受湿度影响小。

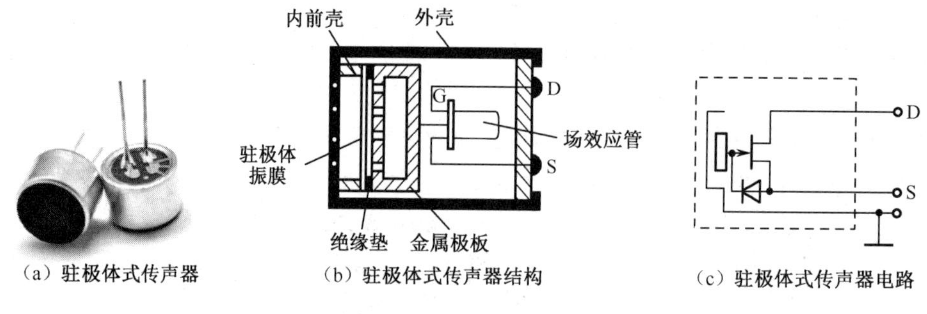

（a）驻极体式传声器　（b）驻极体式传声器结构　（c）驻极体式传声器电路

图 3-8　驻极体式传声器

无线传声器由若干部袖珍发射机（输出功率约 0.01W）和一部集中接收机组成，每部袖珍发射机各有一个互不相同的工作频率，集中接收机可以同时接收袖珍发射机发出的不同工作频率的信号。声音信号被转变成音频电信号后，经过调制变成高频信号，通过天线发射出去；接收机将收到的高频信号解调，还原成低频电信号，通过音箱产生声音，适用于舞台、讲台等场合，如图 3-9 所示。

图 3-9　无线传声器

无线传声器按照使用频率可分为 3 种类型，如表 3-5 所示。FM 频段其实包含在 VHF 频段中，只是由于其接近公共调频广播（简称 FM）频段，所以称为 FM 频段。

表 3-5　无线传声器的分类与特点

类　别	优　点	缺　点
FM 无线传声器（88～108MHz）	利用 FM 收音机接收，系统简单，成本低廉	使用效果不能满足专业品质的要求
VHF 无线传声器（30～300MHz）	50MHz 频段 170～260MHz 频段	50MHz 频段天线较长，易受干扰 200MHz 频段天线短，干扰少，电路设计成熟，价格低
UHF 无线传声器（300～3000MHz）	一般为 800MHz 频段（740～830MHz）	主流机，不受对讲机等的干扰，稳定性较高

2）拾音器

拾音器是用来采集现场环境声音再传送到后端设备的一种器件，由咪头（麦克风）和音频放大电路构成，如图 3-10 所示。

拾音器有三线制和四线制之分。三线制拾音器中，一般红色线代表电源正极，白色线代表音频正极，黑色线代表信号及电源的负极（公共地）。四线制拾音器中，一般红色线代表电源正极，白色线代表音频正极，音频负极和电源负极是分开的。拾音器产品通常分为有源和无源两种。

图 3-10　拾音器

3）传声器与拾音器的区别

传声器与拾音器的主要功能基本相同，一些区别列在表 3-6 中。

表 3-6　传声器与拾音器功能比较

项　目	传　声　器	拾　音　器
灵敏度	定向采集声音	全向，需要采集整个监控空间的声音
方向性	低灵敏，需要距离声源很近才能拾取到声音	高灵敏，能采集到现场细微的声音
电　路	多数需要通过功放才能播放声音	拾音器内置放大电路能直接驱动有源（无源）音响
输入端口	Micro 输入端口	在接入存储器或者音响的时候必须注意端口，一般的监控拾音器必须接入 Audio 或 Line 输入端口

2. 音频信号接口

音频信号接口是麦克风等其他声源与计算机连接的设备，其在模拟信号与数字信号之间起桥梁作用。音频输入/输出接口可将计算机、录像机等的音频信号输入进来，通常与前置麦克风、线路输入和其他输入设备配合使用。还可以通过音频信号输出接口，连接扬声器、功放和音响进行播放。

（1）XLR 接口

XLR 接口也称为卡农（Cannon）接口，最初由 Cannon Electric 公司生产，它们最早的产品是 Cannon X 系列，后来改进产品增加了锁定装置（Latch），于是在 X 后面增加了一个 L；围绕着接头的金属触点增加了橡胶封口（Rubber compound），于是又在 L 后面增加了一个 R。人们就把三个大写字母组合在一起，称这种接头为 XLR 接口。常用于平衡式话筒输入插口，也可采用非平衡连接方式，如图 3-11 所示。

图 3-11　XLR 接口示意图

（2）TRS 接口

TRS 的含义是 Tip（热端，信号+，立体声时为左声道）、Ring（冷端，信号-，立体声时为右声道）、Sleeve（接地端），由两个绝缘黑色环将金属柱隔离成 Tip、Ring、Sleeve 三段，分别代表接头的 3 个触点，如图 3-12 所示。

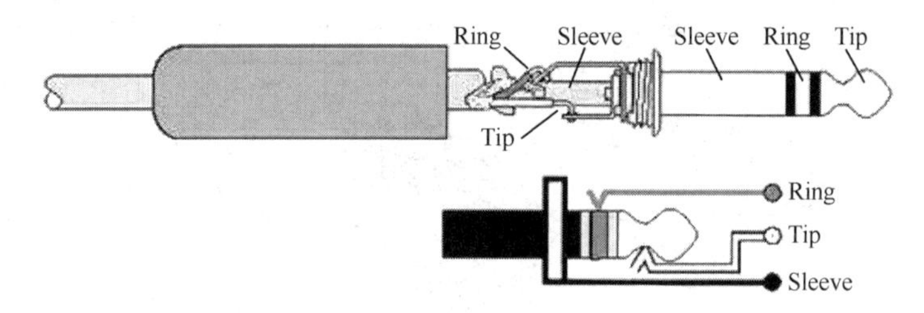

图 3-12　TRS 引脚图

TRS 接口（见图 3-13）一般有 2.5mm、3.5mm、6.35mm 三种尺寸，以适应不同设备的需求。

- 2.5mm 接口在早期手机类便携轻薄型产品上比较常见，接口可以做得很小。
- 3.5mm 接口在 PC 及家用设备上比较常见，俗称“小三芯”。接口具有立体声输入/输出功能。遵循国际 OMTP 和 CTIA 的标准，国内产品多采用 OMTP 的 3.5mm 接口，插针接法是左声道-右声道-麦克风-地线；国际厂商多采用 CTIA 的 3.5mm 接口，插针接法是左声道-右声道-地线-麦克风。一般来说，支持 5.1 声道的声卡（6 通道）或音箱，需要 3 个 3.5mm 立体声接口来接入模拟音箱（3×2 声道 = 6 通道）；7.1 声道声卡或音箱需要 4 个 3.5mm 立体声接口（4×2 通道 = 8 通道）。
- 6.35mm 接口常采用平衡模拟音频连接方式，也可采用非平衡连接方式，主要用于高级模拟音响器材或专业音频设备上，耐磨损适合反复插拔，俗称“大三芯”。

图 3-13　各种 TRS 接口

（3）Type-C 接口

Type-C 是 USB Type-C 的简称，广泛应用于各种电子设备，能够连接 PC、手机、存储设备等，实现数据传输和供电的统一。最重要的是，Type-C 接口还可将手机输出的数字信号转换成模拟信号输出给耳机端。Type-C 接口自带解码器但音质有所降低。

3. 音频信号采样

声音信号是由许多具有不同振幅和频率的正弦波组成的连续量。数字音频系统通过采样、量化、编码，将声波波形转换成二进制数据。

声音信号数字化有以下 3 个步骤：

（1）采样。采样就是对连续变化的模拟信号按照一定的时间间隔（取样周期）提取瞬时值，得到离散的信号。为真实还原模拟音频信号，一般采样频率高于声音信号最高频率的两倍。

（2）量化。量化是将采样的模拟数值转换为数字格式的过程，也称为模/数（A/D）转换。量化后的样本用二进制数（位）表示，位数的多少反映了度量声音波形幅度的精度（称为量化精度），也称为量化分辨率。

（3）编码。为了便于存储、处理和传输经过采样和量化处理的数字形式声音信号，将选择某一种或者几种方法按照编码标准进行数据压缩和编码，形成规定格式的数字音频文件。

3.3.2 音频信号还原

音频信号还原是指将已转换为电信号的声波还原为声音的过程，也称为声音重放。为了尽可能地重现声音，首先需要将电能转换为声动能，再将声动能放大输出，以保证现场的听音效果。重放系统的主要设备有扬声器系统、功率放大器、调音台及周边设备。本节重点介绍重放系统的音频还原设备和音响系统。

1. 音频还原设备

1）扬声器系统

扬声器系统也就是扬声器箱，也称为音箱，选用高、低音或高、中、低音扬声器装在专门设计的箱体内，并用分频网络把输入信号分频后分别送给相应扬声器的一种系统。单个扬声器由于受结构和材料的限制，要想不失真重放整个音频范围内的音乐信号几乎是不可能的。为了使扬声器能在较宽的频带内工作，就要用较复杂的结构来替代单个扬声器，即将不同类型、不同频率范围的扬声器组合起来，使其中每一个扬声器只承担一个较窄频带的重放，形成多频带扬声器系统。扬声器系统一般由扬声器单元、分频器、箱体三部分组成。

分频器的作用就是把频率范围较宽的音频信号分解为低频、中频和高频信号，分别送给低音扬声器、中音扬声器和高音扬声器，互不交叉，并且平衡高、中、低音的输出声压，使整个组合扬声器系统处在最佳工作状态，音质更完美、效果更佳。同时，它还起到保护高音扬声器的作用。

分频器有两种分频方式。（1）功率分频方式，是把分频器接在功率放大器和扬声器单元之间的一种分频方式，如图 3-14（a）所示。功率分频方式的优点是成本较低，可以和组合扬声器组装在一起，使用较为方便，是经常采用的分频器。（2）前级分频方式，是把分频器接在前级放大器与功率放大器之间的一种分频方式，如图 3-14（b）所示。

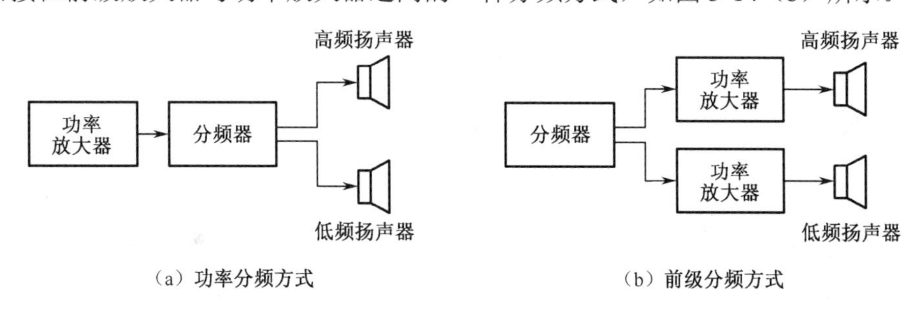

图 3-14　分频器工作示意图

扬声器系统常分为单分频音箱、二分频音箱、三分频音箱、四分频音箱、多分频音箱和超低音音箱等。

2）功率放大器

功率放大器简称功放，是指在给定失真率条件下，能产生最大输出功率以驱动某一负载（如扬声器）的放大器。功率放大器在整个音响系统中起到“组织、协调”的枢纽作用，在某种程度上决定着整个系统能否提供良好的音质。

（1）工作原理

利用三极管的电流控制作用或场效应管的电压控制作用，将电源的功率转换为随输入信号变化的电流。经过不断的电流放大，功率放大器就完成了功率放大。

（2）主要种类

模拟功率放大器有 A 类、B 类和 AB 类功率放大器，要先将数字信号转换为模拟信号（由高精度数模转换器实现）；数字功率放大器也称为 D 类、T 类功率放大器，可直接从数字语音数据实现功率放大而不需要进行模拟转换。T 类功率放大器的核心是采用 Tripath 公司发明的数字功率处理器（Digital Power Processing，DPP）技术，使音质达到高保真线性放大，动态范围更宽，频率响应平坦。DDP 的出现，把数字时代的功率放大器推到一个新的高度。在高保真方面，其线性度与传统 AB 类功放相比有过之而无不及。

（3）基本组成

功率放大器通常由 3 部分组成：前置放大器、驱动放大器和末级功率放大器。

- 前置放大器起匹配作用，其输入阻抗高（不小于 10kΩ），输出阻抗低（几十欧以下）。同时，它本身又是一种电流放大器，将输入的电压信号转化成电流信号并适当放大。
- 驱动放大器起桥梁作用，它将前置放大器送来的电流信号进一步放大，将其放大成中等功率的信号，驱动末级功率放大器正常工作。如果没有驱动放大器，末级功率放大器不可能送出大功率的声音信号。
- 末级功率放大器起关键作用。它将驱动放大器送来的电流信号形成大功率信号，带动扬声器发声。它的技术指标决定了整个功率放大器的技术指标。

（4）性能指标

AV 放大器和Hi-Fi 功放对功率放大器要求十分严格，在输出功率（指功放电路输送给负载的功率）、频率响应、失真、信噪比、输出阻抗和阻尼系数等方面都有明确要求。

① 输出功率

输出功率是指功放电路输送给负载的功率。人们对输出功率的测量方法和评价方法不统一，使用时应注意。

- 额定输出功率（RMS）：把谐波失真度为 1%时的平均功率称为额定输出功率，或者称为最大有用功率、持续功率、不失真功率等。显然，规定的失真度不同时，额定功率数值将不相同。一般来说，额定功率越大，造价越高。
- 最大输出功率：不考虑失真大小，功放电路的输出功率可远高于额定功率，可输出的最大功率称为最大输出功率，前述额定功率与最大输出功率是两种不同前提条件的输出功率。
- 音乐输出功率（Music Power Output，MPO）：指功放电路工作于音乐信号时的输出功率，也就是输出失真度不超过规定值的条件下，功放对音乐信号的瞬间最大输出功率。

- 峰值音乐输出功率（PMPO）：指最大音乐输出功率，是功放电路的另一个动态指标，若不考虑失真，功放电路可输出的最大音乐功率就是峰值音乐输出功率。

通常，峰值音乐输出功率大于音乐输出功率，音乐输出功率大于最大输出功率，最大输出功率大于额定输出功率。经实践统计，峰值音乐输出功率是额定输出功率的5～8倍。

② 频率响应

频率响应（频响）反映功率放大器对音频信号各频率分量的放大能力，功率放大器的频响范围应不低于人耳的听觉频率范围，因而在理想情况下，主声道音频功率放大器的工作频率范围为20Hz～20kHz。

③ 失真

失真是重放音频信号的波形发生变化的现象。波形失真的原因很多，主要有谐波失真、互调失真、瞬态失真等。

④ 动态范围

放大器不失真地放大最小信号与最大信号电平的比值就是放大器的动态范围。实际运用时，该比值使用dB来表示两信号的电平差。高保真放大器的动态范围应大于90dB。

⑤ 信噪比

信噪比是指功放电路输出声音信号电平与输出的各种噪声电平之比，单位是分贝（dB）。

⑥ 输出阻抗和阻尼系数

输出阻抗是指功放输出端与负载（扬声器）表现出的等效内阻抗，阻尼系数是指功放电路给负载进行电阻尼的能力。

3）音源设备

顾名思义，音源设备即电声信号的来源设备。

- 专业设备：采集声波信号并处理成电信号的各种话筒，如手持话筒、领夹话筒、头戴话筒、有线话筒、无线话筒、合唱话筒、乐器话筒等。话筒是扩声系统的第一级“入口”，自然声源信号经过传声器实现声电转换，电信号经调音台与功率放大器两级信号处理与放大，馈送给音箱系统。传声器的正确使用是整个声频系统处于良好工作状态的关键。
- 节目源设备：包括调频/调幅广播的接收与转播、唱片与磁带的重放等器材和设备，如CD或DVD播放机、PC、MD机、卡座机等。由于节目源部分的注入电平低，因此，所有器件和设备都必须保证灵敏度高、信噪比大、失真度小、可靠性好。

2. 音响系统

音响系统是指一组能够实现将声波信号转换为电信号、再将电信号还原为声音信号的设备，其中，电信号需经过调整、混合、放大、美化、存储、传输等处理。

不同的任务要求、不同的场合有不同的音响系统，如专业音响系统和家用音响系统。专业音响系统可分为制作系统和重放系统，制作系统又可分为前期录音系统和后期制作系统。制作系统有音乐录音制作系统和影视录音制作系统，此外还有广播制作（实时或录音）系统；重放系统有影剧院、体育场馆、会场、会议厅（室）扩音系统，歌舞厅、卡拉OK音响系统等。家用音响系统可分为音乐放音系统和AV放音系统；AV放音系统包括家庭影院环绕系统和卡拉OK系统等。

扩声系统是音视频系统集成的分支子系统，即我们常说的音响，包括背景音乐、广播等。“传声器+功率放大器+扬声器”就可以构成最基本的音响系统，其中传声器和扬声器均称为换能器。音响系统的基本功能是放大和传输音频信号，因此音响系统中的电信号的频率范围是 20Hz～20kHz，即人耳可以听到的频率范围。其系统结构可分成音源设备、周边设备、控制设备、还原设备等。

周边设备根据不同厅堂的声学要求，对电声信号进行润色、过滤等加工处理，组成一个正常、稳定、可靠的扩声音响系统。常见的有均衡器、压限器、分频器、激励器、延时器、效果器、反馈抑制器等。

控制设备是对电声信号进行输入、输出、混合、分流等控制的设备，包括调音台、数字音频媒体矩阵、AV 混合矩阵等。调音台是整个音响系统的核心部分。调音台将多路输入信号进行放大、混合、分配、音质修饰和音响效果加工，可以根据系统的功能要求选择不同数量的输入通道和输出编组，再通过母线（Master）输出。它应有良好的电气性能、稳定的工作状态、平直的频率响应、极小的谐波失真。

还原设备是把电信号还原成声波的设备，包括功率放大器和音箱（扬声器）。为了保证扩声系统总的音质效果，功率放大器要有足够的功率裕量，并能长期稳定地工作。同时，所选择的放大器在提高效果、减小失真、短路与空载保护、降低温升等方面，均应有完善的技术措施。音箱是整个音响系统的喉舌，应作为首要因素考虑。音箱选型要从音箱的灵敏度和额定功率着手，确定每个声源的功率。由音箱的指向性去分析、控制厅堂声场，确定每一个音箱的位置、输入阻抗和输入功率，计算音箱与功率放大器间的匹配功率。

一个简单而又完整的音响系统，至少包括话筒、调音台、功放、音箱四个单元。实际使用的音响系统要复杂得多，在多路信号输入时，除了话筒，还有 DVD 影碟机（或者 CD 机）、录放音卡座、MD 卡座等。此外，为保证会议现场的声场效果，专用会议室通常需要专业声频处理设备，如反馈抑制器、均衡器等设备，还会根据实际需要增加返送声音、辅助声音等。音响系统组成框图如图 3-15 所示。

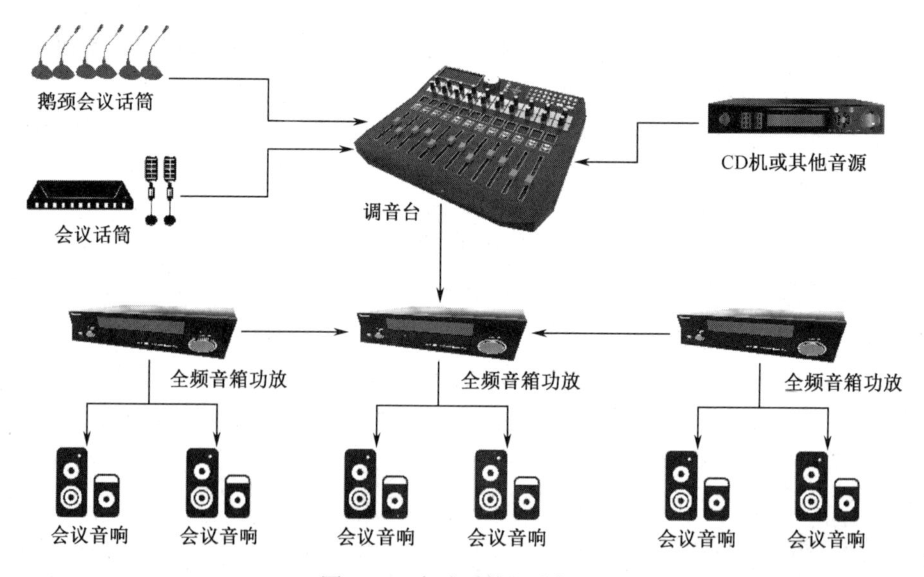

图 3-15　音响系统组成框图

3.3.3 数字音频文件格式

1．本地音频格式

1）CD 格式

CD 格式近似无损，还原效果极接近原声，是目前音质最好的音频文件格式。标准的 CD 格式采用 44.1kHz采样频率、16bit采样精度、88kbps 速率。CD 音频文件是一个*.cda 文件，这只是一个索引信息，并不真正地包含声音信息，所以不论 CD 音乐的长短，在计算机上看到的*.cda 文件的大小都是 44 字节。

2）WAV 格式

WAV 格式（波形声音文件）是微软公司开发的一种音频文件格式，是最早的数字音频格式，质量与 CD 格式相差无几。WAV 格式支持多种压缩算法，采用 44.1kHz 采样频率、16bit采样精度、88kbps 速率，支持多种采样频率和采样精度。

3）MP3 格式

MP3 格式即 MPEG-1 Audio Layer 3，20 世纪 80 年代最先产生于德国。MP3 能够以高音质/低采样率对数字音频文件进行压缩，可以在音质损失很小的情况下（人耳甚至无法觉察）把文件压缩到更小的程度。MP3 具有 10∶1～12∶1 的高压缩率，同样长度的声音文件，用 MP3 格式存放，文件尺寸一般只有 WAV 格式的 1/10，存储空间小，音质较好，音质次于 CD 格式和 WAV 格式。

4）MP3Pro 格式

MP3Pro 格式由瑞典 Coding 科技公司开发，能够在用较低比特率压缩音乐文件的情况下，最大程度地保持压缩前的音质。MP3Pro 在基本不改变文件大小的情况下改善原先的 MP3 音质。

5）MP4 格式

MP4 采用保护版权的编码技术，只有特定的用户才可以播放，有效保证了音乐版权的合法性。MP4 的压缩比为 15∶1，体积较 MP3 更小，但音质没有下降。

6）MIDI 格式

MIDI（Musical Instrument Digital Interface，乐器数字接口）是数字音乐/电子合成乐器的统一国际标准。它定义了计算机音乐程序/数字合成器及其他电子设备交换音乐信号的方式，规定了不同厂家的电子乐器与计算机连接的电缆、硬件及设备间的数据传输协议，可以模拟多种乐器的声音。它通过向合成器发送指令以生成音乐信号。在 MIDI 文件中存储的是一些指令，把何种乐器演奏（音色）、音高/持续时间（音长）、音量大小等指令发送给声卡，由声卡按照指令将声音合成出来，电子乐器便可发出所要求的音乐。

2．网络音频格式

1）WMA 格式

WMA（Windows Media Audio）格式是微软在互联网音频/视频领域的产品。WMA 格式以减少数据流量但保持音质的方法来达到更高的压缩率目的，压缩率可达 18∶1 左右，但音质好于 MP3，更胜于 RA 格式。WMA 格式内置了版权保护技术，通过 DRM（Digital Right Management）方案加入防止复制的限制，或者加入播放时间和播放次数的限制，甚至是播放的机器的限制，可以防止盗版。同时，WMA 格式还支持音频流技术，适合在网络上在线播放。在 Windows XP 中，WAM 格式已经作为默认的编码格式。

2）Real Audio 格式

Real Audio 格式主要适用于网络上的在线音乐欣赏，其音质并非很好，但所占存储空间极小。Real 文件可以根据调制速度分为 RA、RM、RMX 等几种格式，这些文件格式随网络带宽的不同而改变声音的质量，使网速较好的用户能获得较好的音质。

3）QuickTime

Apple 公司于 1991 年发布的 QuickTime 是一个媒体技术集成的工业标准、一个完整的多媒体架构。苹果定义的内嵌组件类型包括各种工具，如标准声音组件、声音处理组件、效果转换组件等数据处理器，可处理多音轨、MIDI 音乐等，可对 Flash、MP3 等音乐进行非破坏性的编辑。

3. 移动终端支持的音频数据编码格式

1）AAC

高级音频编码（Advanced Audio Coding，AAC）是一种由 MPEG-4 标准定义的有损音频压缩格式。AAC 比 MP3 有更好的压缩率，能够在一条音轨中包括 48 条全带宽（直到 96kHz）音频声道，加上 15 条低频增强（LFE）声道。

2）HE-AAC

HE-AAC（High Efficiency Advanced Audio Coding）是 AAC 的一个超集，是专门为低比特率优化的一种音频编码格式，如流式音频（streaming audio）就特别适合使用这种编码格式。

3）AMR

AMR（Adaptive Multi-Rate）是一个专门为“说话”（speech）优化的编码格式，适合低比特率环境下使用。

4）iLBC

iLBC 是另一种专门为“说话”设计的音频编码格式，非常适合于 IP 电话等需要使用流式音频的场合。

5）ALAC

ALAC（Apple Lossless AC）是一种无损压缩音频编码方式。在实际使用过程中，它能够压缩 40%～60%的原始数据。这种编码格式的解码速度非常快，非常适合 iPhone、iPod 等小型设备。

6）IMA4

IMA4 基于线性脉冲编码调制，是一个在 16bit 音频文件下按照 4∶1 的压缩比进行压缩的格式。

3.4 视频编解码基础

根据视觉暂留原理，当连续的图像变化每秒超过 24 帧（frame）时，人眼无法辨别单幅的静态画面，看上去是平滑连续的视觉效果，这样连续的画面叫作视频。即，视频由一系列单独的静止图像组成，其单位用帧或格来表示。帧是指扫描获得的一幅完整图像的信号，是视频图像的最小单位；帧在动画创作过程中又称为格。

视频信号分为模拟视频信号与数字视频信号两类。模拟视频指由连续的模拟信号组成的视频图像，存储介质是磁带或录像带，在编辑或转录过程中画面质量会降低；模拟信号强调时间上和幅值上的连续性，计量和描述方式一般采用十进制。数字视频把模拟信号转变为数字信号，描绘的是图像中的单个像素，可以直接存储在电脑硬盘中，因此在编辑过程中可以最大程度地保证画面质量，几乎没有损失。

数字视频的数据量较大。按照 ITU-R601 标准 4 : 2 : 2 格式的 PAL 制式数字化视频信号，每帧数据量为 720×576×8×2≈6.64Mbit，每秒数据量为 6.64×25≈165Mbit。如果存储更高分辨率的高清数字视频信号，那么存储内容需要更大的容量。因此，对视频的处理、传输、存储和显示提出了更高的要求。

3.4.1 视频编解码基本概念

视频压缩编码的目标是在尽可能保证视觉效果的前提下减少视频传输数据量，以适应网络传输的需要。视频压缩比是指压缩后的数据量与压缩前的数据量之比。视频是连续的静态图像，因此其压缩编码算法与静态图像的压缩编码算法有某些共同之处，但运动的视频还有其自身的特性，因此在压缩时考虑其运动特性才能达到高压缩比的目标。在视频压缩中经常用到下面一些基本概念。

1. 数据冗余

数据之所以能够压缩是因为基本原始信源的数据存在冗余信息。一般来说，媒体数据中存在以下 5 种类型的冗余。

1）空间冗余

空间冗余是指同帧图像数据中相邻像素具有很强的相关性，即规则物体和规则背景（所谓规则是指表面颜色分布是有序而不是完全杂乱无章的）的表面物理特征具有相关性，这些相关性的光成像结构在数字化图像中就表现为空间冗余。

2）时间冗余

时间冗余是指序列图像（电视图像、动画）和语音数据中经常包含的冗余信息。图像序列中相邻两幅图像对应像素具有很强的相关性，这反映为时间冗余。

3）结构冗余

结构冗余是指在视频图像的纹理区，像素的亮度、色度信息存在着明显的分布模式，从大的区域上看存在非常强的纹理结构，我们就说它们在结构上存在冗余信息。知道了分布模式，就可以通过某种算法来生成图像。

4）知识冗余

知识冗余是指对图像的理解与某些基础知识有很大的相关性。例如，人脸的图像有固定的结构，嘴的上方有鼻子，鼻子的上方有眼睛，鼻子位于正面图像的中线以上，等等。这类规律性的结构可由经验知识和背景知识得到，我们称此类冗余为知识冗余。

5）认知冗余

认知冗余是指人类视觉系统并不是对图像的任何变化都能感知的。例如，对图像进行编码和解码处理时，由于压缩或量化处理，引入了噪声而使图像发生一些变化，如果这些变化不能为视觉所感知，则仍认为图像足够好。事实上人类视觉系统一般的分辨能力约为26 灰度等级，而一般图像量化采用 28 灰度等级，这类冗余我们称为视觉冗余。对于听觉，也存在类似的冗余。

2. 数据压缩

数据压缩主要针对信息量非常大的媒体而言，如果不采取压缩处理，将对存储、传输提出很高的要求。媒体数据压缩就是去掉信息数据的冗余性。数据压缩常常又称为数据信源编码，或简称为数据编码。与此对应，数据压缩的逆过程称为数据解压缩，也称为数据信源解码，或简称为数据解码。

严格地说，数据编码包括信源编码和信道编码。信源编码是指为了表示或压缩从信号源产生出来的信号而进行的编码，主要解决有效性问题。信道编码是为了使处理过的信号在传输或存储过程中不出错或少出错，即使出了错也能自动检错或尽量纠错而进行的编码，主要解决可靠性问题。我们在这里主要是指信源编码。

1）有损压缩和无损压缩

媒体压缩分为有损压缩和无损压缩。无损压缩即压缩前和解压缩后的数据完全一致。多数的无损压缩都采用 RLE 行程编码算法。有损压缩意味着解压缩后的数据与压缩前的数据不一致。在压缩的过程中要丢失一些人眼和人耳不敏感的图像或音频信息，而且丢失的信息不可恢复。几乎所有高压缩的算法都采用有损压缩，这样才能达到低数据率的目标。此外，某些有损压缩算法采用多次重复压缩的方式，这样还会引起额外的数据损失。

2）帧内压缩和帧间压缩

帧内（Intra-frame）压缩也称为空间压缩。当压缩一帧图像时，仅考虑本帧的数据而不考虑相邻帧之间的冗余信息，这实际上与静态图像压缩类似。帧内压缩一般采用有损压缩算法，由于帧内压缩时各帧相互之间没有关系，所以压缩后的视频数据仍可以帧为单位进行编辑。帧内压缩一般达不到很高的压缩率。

帧间（Inter-frame）压缩基于许多视频或动画的连续前后两帧具有很大的相关性，或者前后两帧信息变化很小的特点。也即连续视频的相邻帧之间具有冗余信息，根据这一特性，压缩相邻帧之间的冗余量就可以进一步提高压缩率。帧间压缩也称为时间压缩（Temporal compression），它通过比较时间轴上不同帧之间的数据进行压缩。帧间压缩一般是无损的。帧差值（Frame differencing）算法是一种典型的时间压缩法，它通过比较本帧与邻帧之间的差异，仅记录本帧与其邻帧的差值，这样可以大大减少数据量。

3）对称编码和不对称编码

对称性（symmetric）是压缩编码的一个关键特征。对称算法意味着压缩和解压缩占用相同的计算处理能力和时间，适合于实时压缩和传送视频，如视频会议就以采用对称的压缩编码算法为好。而在电子出版和其他多媒体应用中，一般是把视频压缩处理后再播放，因此可以采用不对称（asymmetric）编码。“不对称”意味着压缩时需要花费大量的处理能力和时间，而解压缩时则能较好地实时回放，即以不同的速度进行压缩和解压缩。一般地，压缩一段视频的时间比回放（解压缩）该视频的时间要多得多。例如，压缩一段3分钟的视频片段可能需要十多分钟的时间，而该片段实时回放时间只有3分钟。

3.4.2 视频编解码系统组成

视频编解码系统主要包括视频采集、前处理、视频编码、传输信道、视频解码、后处理、视频显示等，其组成如图3-16所示。其中，编码部分包括视频采集、前处理和视频编码；解码部分包括视频解码、后处理、视频显示。作为设备而言，其软件功能是分离的，硬件形态是集成一体的。

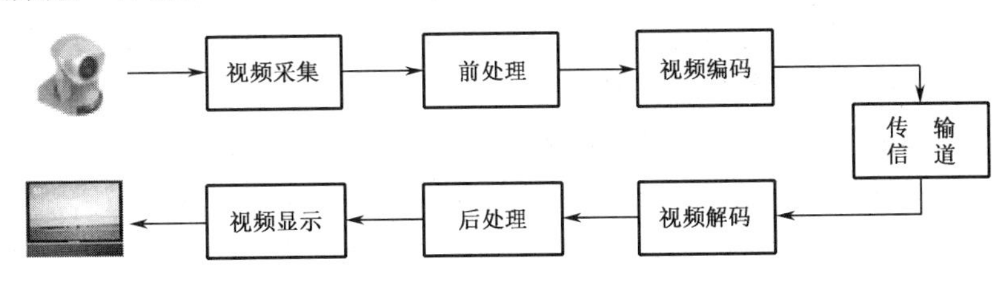

图3-16 视频编解码系统的组成

- 视频采集：包括通过摄像机、录像机等设备输出的视频信息；通过视频采集卡对模拟视频信号进行采样、量化和编码；通过高性能计算机接收和记录编码后的数字视频数据；通过大容量存储设备，存储经过编辑修改的 数字视频文件。
- 前处理：即格式转换，将采集的信息格式（如PAL）转换为编码所需的格式（如4CIF/CIF），对采集的数据进行滤波以消除采集噪声。
- 视频编码：将YCrCb信号编码为适合传输的相应编码标准码流。
- 视频解码：按照相应的编码标准将码流解码为YCrCb信号。
- 后处理：对解码后的图像进行去块、去闪烁等处理，将解码后的YCrCb格式转换为呈现所需的格式。
- 视频显示：通过显示屏、电视机等设备呈现视频信息。

3.4.3 视频编解码技术

视频编解码技术通常可以概括为预测编码、变换编码、模型编码、矢量量化编码和混合编码。

1．预测编码

预测编码主要用于减少数据时间和空间上的相关性，消除图像的时间冗余度。一般在图像中局部区域的像素是高度相关的，因此可以用先前已编码的像素值来预估当前待编码的像素值，然后对实际值和预估值的差值（通常称为预测误差）进行量化、编码。如果预测比较准确，那么误差值就会很小，在同等精度要求的条件下，就可用较少的比特位进行编码，达到数据压缩的目的。预测编码可以获得比较高的编码质量，且实现起来比较简单，因而被广泛应用于图像压缩编码系统，但它的压缩比不高。

预测编码包括帧内预测技术和帧间预测技术。帧内预测技术分为空域预测和频域预测：空域预测通过周边的像素点估计当前块的像素点值；频域预测通过周边块的 DC/AC 系数，预测当前块的 DC/AC 系数。帧间预测技术通过运动估计在已经解码的前一帧图像中寻找与当前宏块最接近的宏块，输出其相对位置（运动矢量）。

1）DPCM 预测编码

DPCM（Differential Pulse Code Modulation，差分脉冲编码调制）是利用样本与样本之间存在的信息冗余度进行编码的一种数据压缩编码技术。

DPCM 预测编码的思想是，根据过去的样本估算下一个样本信号的幅度大小，这个值称为预测值；然后对实际信号值与预测值之差进行量化编码，从而减少表示每个样本信号的位数，这就降低了传送或存储的数据量。DPCM 预测编码的原理如图 3-17 所示，其中，差分信号 $d(k)$是离散输入信号 $s(k)$和预测器输出的估算值 Se(k−1)之差。Se(k−1)是对 $s(k)$的预测值，而不是过去样本的实际值。DPCM 系统实际上就是对这个差值 $d(k)$进行量化编码，用来补偿过去编码中产生的量化误差。DPCM 系统是一个负反馈系统，采用这种结构可以避免量化误差的积累。重构信号 Sr(k)是由逆量化器产生的量化差分信号 dq(k)与对过去样本信号的估算值 Se(k−1)求和得到的。dq(k)与 Se(k−1)的和，即 Sr(k)作为预测器确定下一个信号估算值的输入信号。

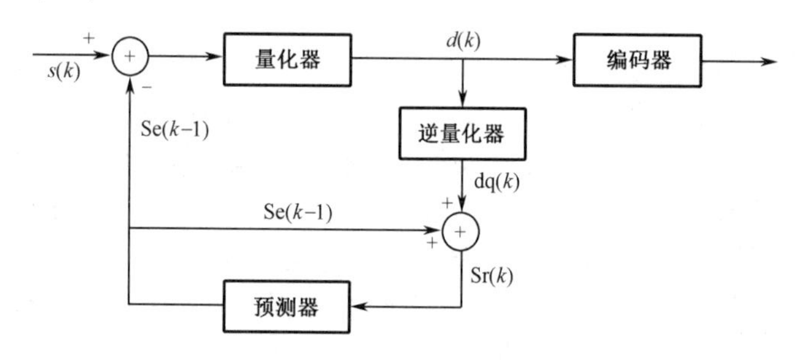

图 3-17　DPCM 预测编码原理图

2）ADPCM

ADPCM（Adaptivc Difference Pulse Code Modulation，自适应差分脉冲编码调制）的预测器和量化器的参数能根据图像不同位置的具体特点进行自动调节，从而匹配图像的局部变化，该方法具有更大的灵活性，并获得进一步的压缩效果（或提高压缩质量）。ADPCM 的工作原理如图 3-18 所示。

3）帧内预测编码和帧间预测编码

帧内预测编码根据同一帧内已传送的相邻像素来计算当前像素的预测值。帧内编码的 I 帧主要使用 JPEG 技术，I 帧可以作为随机读取点，它不以任何其他帧作为参考帧，仅仅进行帧内的空域冗余压缩。

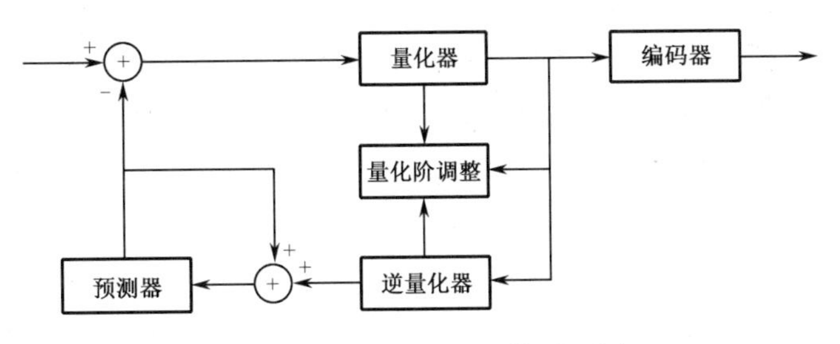

图 3-18　ADPCM 的工作原理图

帧间预测编码利用视频图像在时间轴方向上的相关性进行预测编码。帧间编码的 P 帧（预测帧，predicted frame）使用与前一帧的差值进行编码，因此当前帧依赖于前一帧。

P 帧是由一个过去的 I 帧或 P 帧采用运动补偿的帧间预测进行更有效编码的编码方式。图像 P 由残差图像 SAD 和运动矢量 MV 组成。

B 帧是用过去的图像（I 帧或 P 帧）和后来的图像帧（I 帧或 P 帧），采用运动补偿的双向预测编码方式。

4）运动补偿编码

在运动补偿编码方法中，估算出视频图像中运动目标的参数后，可应用预测编码来提高效率。与其他预测编码一样，所有输入到预测器的数据都要用到图像复原数据。运动补偿编码的模型如图 3-19 所示，复原数据存放在行、帧存储器中，这就是前一帧的数据；前一帧的数据和当前数据经过运动参数估值器估值后就得到运动位移的估值，有了运动位移估值和前帧复原数据，就可通过运动补偿预测器求出当前像素的预测值。

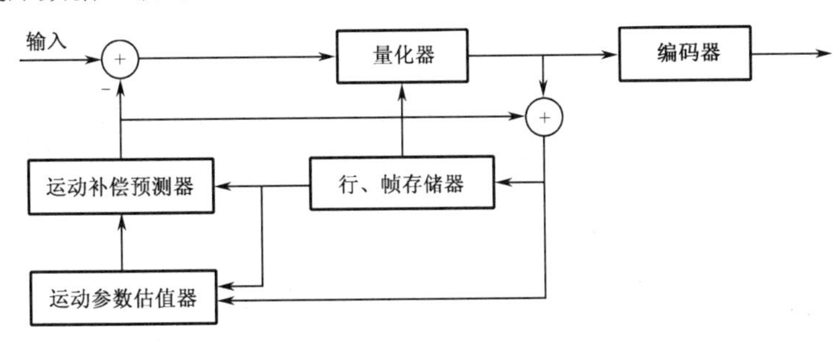

图 3-19　运动补偿编码的模型

2. 变换编码

变换编码主要用于减小数据间的相关性，消除图像的空间冗余度，如 DCT（离散余弦变换）等。变换编码就是将图像时域信号变换到频域信号上进行压缩编码的方法。在空间上具有强相关的信号，反映在频域上则表现为某些特定的区域内信号能量常常被集中在一起，或者系数矩阵的分布具有某些规律。我们可以利用这些规律在频域上减少量化比特数，以达到压缩的目的。由于正交变换的变换矩阵是可逆的，且逆矩阵与转置矩阵相等，这就使解码运算有解且运算很方便，因此运算矩阵总选用正交变换来实现。常用的变换编码有 K-L 变换编码和 DCT 编码。K-L 变换编码在压缩比上优于 DCT 编码，但其运算量大且没有快速算法，因此实际应用中广泛采用 DCT 编码。

1）DCT 编码

DCT（Discrete Consine Transform，离散余弦变换）编码的基本思想是：源图像在输入到编码器之前，被分割成一系列按顺序排列的 8 像素×8 像素的图像块，同时把作为原始采样数据的无符号整数转换成有符号整数，这一过程称为正交变换。若采样精度为 p 位，则采样的范围为 $0 \sim 2^{p}-1$。经过正交变换后，其范围为$-2^{p}-1 \sim 2^{p-1}-1$，该范围作为编码器的输入。还原图像时，解码器输出端的数值范围为$-2^{p}-1 \sim 2^{p-1}-1$，以此重建图像。

2）小波变换编码

小波变换编码用于图像编码的基本思想就是把图像进行多分辨率分解，分解成不同空间、不同频率的子图像，然后对子图像进行系数编码。系数编码是小波变换编码进行压缩的核心，而压缩的实质是对系数的量化压缩。根据塔式分解算法，图像经过小波变换后被分割成四个频带：水平、垂直、对角线和低频（低频部分还可以继续分解）。

图像经过小波变换后生成的小波图像的数据总量与原图像的数据量相等，即小波变换本身并不具有压缩功能。之所以将它用于图像压缩，是因为生成的小波图像具有与原图像不同的特性。具体表现在：图像的能量主要集中于低频部分，而水平、垂直和对角线部分的能量较少；水平、垂直和对角线部分表征了原图像在水平、垂直和对角线部分的边缘信息，具有明显的方向特性。低频部分可以称为亮度图像，水平、垂直和对角线部分可以称为细节图像。对得到的四个子图，根据人类的视觉生理和心理特点分别进行不同策略的量化和编码处理。人眼对亮度图像部分的信息特别敏感，对这一部分的压缩应尽可能减少失真或无失真，如采用无失真 DPCM 编码；对细节图像可以采用压缩比较高的编码方案，如矢量量化编码、DCT 等。目前，比较有效的小波变换压缩方法是小波零树编码方案。

3）子带编码

子带编码就是利用数字滤波器将输入的数字信号分解成频域不相关的、具有不同能量成分的频带，然后根据各频带的特性进行量化、编码。子带编码可以充分利用不同频带的特性进行有效的编码，并且易于将人眼的视觉特性应用到编码过程中。

3. 模型编码

模型编码利用计算机视觉和计算机图形学的知识对图像信号进行分析与合成。模型编码将图像信号看成三维世界中的目标和景物投影到二维平面的产物，而对这一产物的评价是由人类视觉系统的特性决定的。模型编码的关键是对特定的图像建立模型，并根据这个模型确定图像中景物的特征参数，如运动参数、形状参数等。解码时则根据参数和已知模型，运用图像合成技术重建图像。由于编码的对象是特征参数而不是原始图像，所以有可能实现比较大的压缩比。模型编码引入的误差主要是人眼视觉不太敏感的几何失真，因此重建图像非常自然、逼真。模型编码中比较典型的是分形编码。

分形编码利用分形几何中的自相似性原理进行图像压缩。所谓自相似性，就是指无论几何尺度如何变化，景物的任何一小部分的形状都与较大部分的形状极其相似。分形编码利用的“自相似性”不是邻近样本的相关性，而是大范围的相似性，即图像块的相似性。对相似性的描述是通过映射变换来确定的，而编码的对象就是映射变换的系数。由于映射变换的系数的数据量小于图像块的数据量，因此可以实现压缩的目的。分形压缩一般分为图像划分、区块与域块的匹配、确定映射参数三个步骤。

4．矢量量化编码

量化编码按一次量化的码元个数，可以分为标量量化和矢量量化。标量量化就是对数字化后的数据一个接一个地量化；而矢量量化就是将这些数据分组，每组 *m* 个数构成 *m* 维矢量，再以矢量为单元逐个进行量化。矢量量化编码利用相邻图像数据间的高度相关性，将输入图像数据序列分组，每一组的 *m* 个数据构成一个 *m* 维矢量，一起进行编码，即一次量化多个点。根据香农失真率理论，对于无记忆信源，矢量量化编码总是优于标量量化编码。

5．混合编码

混合编码就是同时采用多种编码方法所形成的编码，例如，在网络视频压缩中，广泛使用将变换编码和预测编码结合起来的 MPEG 编码。

3.4.4 视频编解码标准

目前，国际上视频编解码标准主要分为两大系列：一是国际电信联盟标准化部门（ITU-T）旗下的视频编码专家组（Video Coding Experts Group，VCEG）制定的 H.260 系列标准；二是国际标准化组织及国际电工委员会（ISO/IEC）旗下的动态图像专家组（Moving Picture Experts Group，MPEG）制定的 MPEG 系列标准。而 H.264 则是由两个组织联合组建的联合视频组（Joint Video Team，JVT）共同制定的新数字视频编解码标准，被纳入 MPEG-4 Part10。1996 年，我国参加这些方面的国际标准制定活动，2006 年开始推出 AVS 系列视频标准，成为第三大视频编码标准组织，如表 3-7 所示。

表 3-7 视频编码标准框架

名 称	发 布 者	视频编码标准
ITU-T 标准	由 VCEG 制定	H.261| H.263| H.263++
MPEG 标准	由 MPEG 制定	MPEG-1| MPEG-2|（MPEG-3）| MPEG-4| MPEG-7| MPEG-21
ITU-T/MPEG 标准	ITU-T/MPEG 联合制定	H.262|H.264|H.265|H.266
AVS 标准	由 AVS 制定	AVS| AVS+| AVS2| AVS3

H 系列编码标准的特点是图像编码压缩率低，编码时延短，主要应用于实时视频通信领域，如视频电话和视频会议等实时性业务。已经发布的编码标准有 H.261、H.263、H.264、H.265、H.266 等。

MPEG 系列编码标准的特点是图像编码压缩率高，但编码时延长，主要应用于非实时视频通信领域，如视频存储（DVD）、广播电视、视频点播等非实时性业务。已经发布的编码标准有 MPEG-l、MPEG-2 和 MPEG-4 等。

随着信源编码技术的发展，两个组织也合作制定了一些标准，如 H.262 标准等同于 MPEG-2 的视频编码标准，H.264 标准同样也是 MPEG-4 的 Part10，它们也是业界当前的主流编码标准和未来的技术发展方向。

目前，我国推出了具有自主知识产权的标准 AVS（Audio Video Coding Standard，数字视音频编解码技术标准）。

视频编码的发展历程如图 3-20 所示。

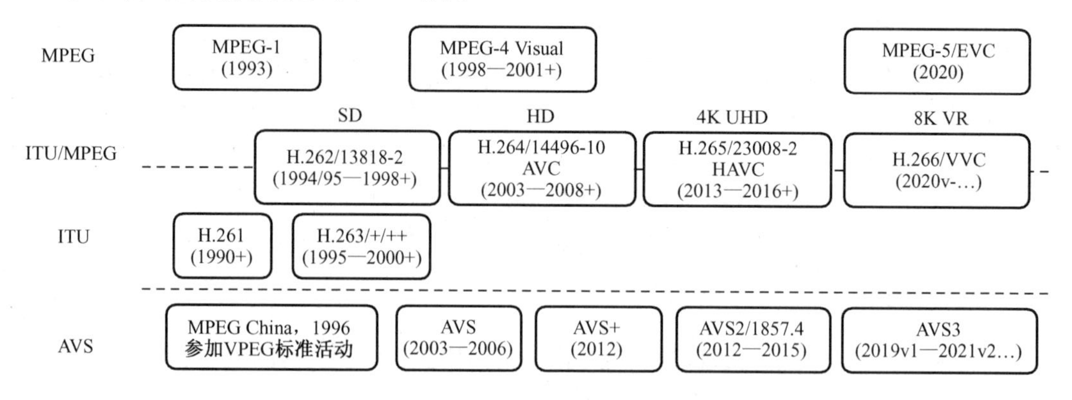

图 3-20　视频编码发展历程

1．H 系列编码标准

H 系列编码标准是由原 CCITT（Consultative Committee on International Telegraph and Telephone，国际电报电话咨询委员会）、现国际电信联盟（ITU-T）制定的，是压缩动态图像数据的“编解码器”程序。H 系列编码标准组成如下所述。

1）H.261 编码标准

1988 年 11 月，CCITT 通过了用于视频会议、可视电话的 H.261 标准，主要针对 p×64kbps 视听业务的视频编解码设备指定的标准，其中 p 的取值范围是 1～30，覆盖整个窄带 ISDN 基群信道速率。

H.261 标准是为 ISDN 设计的，主要针对实时视听业务编码和解码设计，是第一个数字视频压缩标准。后续的视频编解码标准都是在此基础上制定完善的。它使用常见的 YCbCr 颜色空间，4∶2∶0 的色度采样格式，8 位的采样精度，16×16 的宏块，分块的运动补偿，按 8×8 分块进行的离散余弦变换、量化，对量化系数的 zig-zag 扫描，run-level 符号映射及霍夫曼编码。H.261 只支持逐行扫描的视频输入。压缩和解压缩的信号时延不超过 150ms，码率为 p×64kbps（p=1,2,⋯,30），对应的比特率为 64～1920kbps。它的核心是在视频中解决编码算法，统一规定了 FCIF（Full Common Intermediate Format）、QCIF（Qauter Common Intermediate Format）图像格式，最大图像帧频为 30Hz，在垂直和水平方向运动矢量最大位移不超过±15 像素，在所传送的比特流中包含 BCH（511，493）前向纠错编码。

H.261 标准规定了视频输入信号的数据格式、编码输出码流的层次结构及开放的编码控制实现策略等技术。

H.261 标准主要采用运动补偿的帧间预测、DCT 变换、自适应量化、熵编码等压缩技术。H.261 只有 I 帧和 P 帧，没有 B 帧，运动估计精度只精确到像素级。

H.261 的编解码器设备能在不同电视制式的地区使用和互通。H.261 定义了 CIF 的公共中间格式，同时适用于 PAL 制式（25 帧/秒，625 行/帧）和 NTSC 制式（30 帧/秒，525 行/帧）模拟电视标准。H.261 支持两种视频图像格式：QCIF 和 CIF。CIF 具有 352×288 个亮度像素，176×144 个色度像素；QCIF 只有 176×144 个亮度像素，色度与 CIF 一样。

另外，H.261 还支持一种图像格式只用于静态传输而不用于动态视频，具有 704×576 个色度像素。

2）H.262 编码标准

与 MPEG-2 相同。

3）H.263 编码标准

为进一步提高图像质量和传输帧频、降低信道传输码率，ITU-T 于 1996 年 3 月正式颁布了用于低码率的视频编码标准，即 H.263 国际标准。

H.263 以 H.261 为基础，以混合编码为核心，同时吸收一些国际标准中有效、合理的部分，如半像素精度的运动估计、PB 帧预测等，使其性能优于 H.261。

H.263 使用的码率可小于 64kbps，且传输码率可不固定（变码率）。H.263 编码器除了支持 H.261 中的图像格式 CIF 和 QCIF，还增加了 3 种图像格式 sub-QCIF、4CIF、16CIF，从而具有更广泛的应用范围，如表 3-8 所示。

表 3-8　H.263 图像格式

图像格式	每行亮度采样像素（Y）	每帧图像亮度行数（Y）	每行色差采样像素（U、V）	每帧图像色差行数（U、V）
sub-QCIF	128	96	64	48
QCIF	176	144	88	72
CIF	352	288	176	144
4CIF	704	576	352	288
16CIF	1408	1152	704	576

H.263 标准被公认为是以像素为基础的第一代混合编码技术方案所能达到的最佳结果。

第一，H.263 标准是一个开放性的标准，只规定了编码后的码流格式，并不限制编码算法，因此可以让标准使用者从理论上对算法、编码效果等方面有更多的分析和研究空间，从而出现了多运动估计算法、码率控制策略、传输差错控制策略、编码新技术，这些新的研究成果对视频质量的提高有着重要的意义。

第二，H.263 标准的实现，使得在 DDN、ISDN、PSTN、IP 等通信网络中进行视频通信成为可能，其图像质量比 H.261 有许多改善。因此，视频编码标准 H.263 被广泛应用在会议电视、可视电话、远程视频监控等众多领域。

第三，H.263 带动很多芯片制造厂商设计基于多媒体通信、存储的通用或专用芯片，以便应用者对视频信号进行处理。

第四，视频编码国际标准 H.263 仍然采用类似于 H.261 的混合编码器，但为了适应极低码率的传输要求，去掉了信道编码部分，并在许多方面做了改进，增加了非限制的运动矢量模式、基于语法的算术编码、高级预测模式等高级选项。这些改进的措施和高级选项的使用进一步提高了编码效率，在低码率下获得较好的图像质量。

当 H.263 标准不采用任何高级选项时，称为 H.263 的基本编码模式，或称为 H.263 的默认编码模式。H.263 解码器具有半像素精度的运动补偿能力，并允许编码器采用这种运动补偿方法构造重建帧，而不是 H.261 标准中采用的全像素精度和环路滤波器。

1998 年 2 月，在瑞士日内瓦会议上推出了极低比特率通信的第二版本 H.263，称为 H.263+，它增加了 12 个新的高级模式，提供了可协商模式和其他特征，进一步提高了压缩编码性能。2000 年 11 月，ITU-T 又推出了第三版本 H.263，称为 H.263++，增加了 3

个高级模式。H.263+/H.263++在扩大实际应用范围、进一步降低比特率、改善图像主观质量和增强抗误码能力等方面做了重大的改进。2005 年 1 月，进一步修订 H.263++，新增加了 3 个高级模式。H.263 的基本模式以及 H.263+/H.263++这些高级模式，比较完整地概括了低码率应用的视频编码技术。

与 H.263 相比，除了极个别的编码模式，H.263+ / H.263++标准无论在句法还是语义上都支持 H.263 原有的高级选项模式。这些高级模式中，有些模式是不能同时使用的，有些模式则需要结合起来使用，而且它们之间的关系比较复杂。为了方便产品设计者的选择、保证不同厂家的设备互通，ITU-T 给出了几类不同模式的最佳组合，构成 H.263+的几个应用子集的建议，并成为 H.263+标准中的非正式附录。

H.263 可以 2～4Mbps 的传输速率实现标准清晰度广播级数字电视（符合 CCIR601、CCIR656 标准要求的 720×576）。

4）H.264 编码标准

H.264 在 1997 年 ITU-T 的 VCEG（视频编码专家组）提出时被称为 H.26L，由 ITU-T 与 ISO/IEC MPEG（运动图像专家组）的 JVT（Joint Video Team，联合视频组）合作研究，形成新的数字视频编码标准，后被称为 MPEG-4 Part10（MPEG-4 AVC）或 H.264（JVT）。

H.264 标准集中了以往标准的优点，效率更高，具有简单、直观、开发接口友好等特点，适合各类应用场合。

H.264 分两层结构，包括视频编码层和网络适配层。视频编码层处理的是块、宏块和片的数据，并尽量做到与网络层独立，这是视频编码的核心，其中包含许多实现错误恢复的工具；网络适配层处理的是片结构以上的数据，使 H.264 能够在基于 RTP/UDP/IP、H.323/M、MPEG-2 和 H.320 协议的网络中使用。

H.264 创造了多参考帧、多块类型、整数变换、帧内预测等新的压缩技术，使用了更精细的分像素运动矢量（1/4、1/8）和新一代的环路滤波器，使得压缩性能大大提高，系统更加完善，在许多领域都得到突破性进展。但是，它的计算复杂度大大增加，编码的计算复杂度大约相当于 H.263 的 3 倍，解码的计算复杂度大约相当于 H.263 的 2 倍。

H.264 比 H.263 和 MPEG-4 提高编码效率约 50%，所需存储容量大大降低，意味着 H.264 仅需 H.263 或 MPEG-4 一半的码率便可重建出相同质量的图像。在相同图像质量条件下，H.264 的数据压缩性能较 DVD 系统中使用的 MPEG-2 高 2～3 倍，较 MPEG-4 高 1.5～2 倍，较 H.263 高 2 倍。

H.264 采用“网络友善”的结构和语法，更有利于网络传输。

H.264 采用简洁设计，使它比 MPEG-4 更易推广，更易在视频会议、视频电话中实现，更易实现互联互通，可以简便地与 G.729 等低比特率语音压缩标准组成一个完整的系统。

H.264 的主要技术特点如下。

（1）分层设计。H.264 算法在概念上可以分为两层：VCL（Video Coding Layer，视频编码层）负责视频内容的高效表示，NAL（Network Abstraction Layer，网络提取层）负责以网络要求的恰当方式对数据进行打包和传送。在 VCL 和 NAL 之间定义了一个基于分组方式的接口，打包和相应的信令属于 NAL 的一部分。这样，高编码效率和网络友好性的任务分别由 VCL 和 NAL 来完成。

VCL 层包括基于块的运动补偿混合编码和一些新特性。与前面的视频编码标准一样，H.264 没有把前处理和后处理等功能包括在草案中，这样可以增加标准的灵活性。

NAL 负责使用下层网络的分段格式来封装数据，包括组帧、逻辑信道的信令、定时信息的利用或序列结束信号等。

（2）高精度、多模式运动估计。H.264 支持 1/4 或 1/8 像素精度的运动矢量。在 1/4 像素精度时可使用 6 抽头滤波器来减少高频噪声，对于 1/8 像素精度的运动矢量，可使用更为复杂的 8 抽头的滤波器。在进行运动估计时，编码器还可选择“增强”内插滤波器来提高预测的效果。

（3）统一的 VLC。H.264 中编码有两种方法，一种是对所有待编码的符号采用 UVLC（Universal VLC，统一的视频编码层），另一种是采用 CABAC（Context-Adaptive Binary Arithmetic Coding，内容自适应的二进制算术编码）。CABAC 是可选项，其编码性能比 UVLC 稍好，但计算复杂度高。UVLC 使用一个长度无限的码字集，设计结构非常规则，可以用相同的码表对不同的对象进行编码。这种方法很容易产生一个码字，而解码器也很容易识别码字的前缀，UVLC 在发生比特错误时能快速获得重新同步。

（4）帧内预测。在先前的 H.260 和 MPEG 系列标准中，都采用帧间预测的方式。对于每个 4 像素×4 像素块（除了边缘块特别处置），每个像素都可用与先前已编码中最接近的 17 个像素进行加权和预测，即此像素所在块左上角的 17 个像素。显然，这种帧内预测不是在时间上，而是在空间域上进行的预测编码算法，可以除去相邻块之间的空间冗余度，取得更为有效的压缩。

（5）面向 IP 和无线环境。H.264 草案中包含了用于差错消除的工具，便于压缩视频在误码、丢包多发环境中传输，如移动信道或 IP 信道中传输的健壮性。

为了抵御传输差错，H.264 视频流中的时间同步可以通过采用帧内图像刷新完成，空间同步由 SSC（Slice Structured Coding，条结构编码）支持。同时，为了便于误码以后的再同步，在一幅图像的视频数据中还提供了一定的重同步点。另外，帧内宏块刷新和多参考宏块允许编码器，在决定宏块模式时不仅考虑编码效率，还可以考虑传输信道的特性。

除了利用量化步长的改变来适应信道码率，在 H.264 中，还常利用数据分割的方法应对信道码率的变化。总体上，数据分割的概念就是在编码器中生成具有不同优先级的视频数据以支持网络中的服务质量（QoS）。例如，采用 SDP（Syntax-based Data Partitioning，基于语法的数据分割）方法，将每帧数据按其重要性分为几部分，这样允许在缓冲区溢出时丢弃不太重要的信息。还可以采用 TDP（Temporal Data Partitioning，时间数据分割）方法，通过在 P 帧和 B 帧中使用多个参考帧来完成。

在无线通信应用中，我们可以通过改变每一帧的量化精度或空间/时间分辨率来支持无线信道的大比特率变化。在多播情况下，要求编码器对各种变化的比特率进行响应是不可能的。因此，不同于 MPEG-4 中采用 FGS（Fine Granular Scalability，精细分级）编码方法（效率比较低），H.264 采用流切换的 SP（Simple Profile，简单轮廓）帧来代替分级编码。

（6）支持 TML-8 性能。TML-8 是 H.264 的测试模式，用它对 H.264 的视频编码效率进行比较和测试。

（7）实现难度可接受。对每个考虑实际应用的工程师而言，在关注 H.264 优越性能的同时必然会衡量其实现难度。从总体上说，H.264 性能的改进是以增加复杂性为代价的。但是，随着技术的发展，这种复杂性的增加是在当前或不久的将来的技术可接受的。实际上，考虑到复杂性的限制，H.264对一些计算量特别大的改进算法未予采用，如H.264未采用全局运动补偿技术（在MPEG-4的ASP中是采用的），并增加了相应的编码复杂性。

H.264和MPEG-4都包括B帧，以及比MPEG-2、H.263或MPEG-4的ASP更为精确、更为复杂的运动内插滤波。为了更好地完成运动估计，H.264显著地增加了可变块尺寸的种类和可变参考帧的数目。

H.264的RAM需求主要用于参考帧图像，大多数编码视频使用3～5帧参考图像。它对ROM的需求并不比通常的视频编码器更多，因为H.264的UVLC对各类数据都采用了一个结构良好的查找表。

H.264可以低于1Mbps的传输速率实现标清清晰度广播级数字电视（符合CCIR601、CCIR656标准要求的720×576）。

5）H.265编码标准

2012年8月，爱立信公司推出首款H.265编解码器；2013年2月，ITU-T正式批准了HEVC/H.265标准，标准全称为高效视频编码（High Efficiency Video Coding，HEVC），其较H.264标准有了相当大的改善，华为公司拥有最多的核心专利，是标准的主导者。H.265旨在在有限带宽下传输更高质量的网络视频，仅需一半的带宽即可播放相同质量的视频。这也意味着，智能手机、平板电脑等移动设备将能够直接在线播放1080p的全高清视频。

H.265/HEVC编码架构与H.264/AVC架构相似，同样包含帧内预测、帧间预测、转换、量化、去区块滤波器、熵编码等模块。为提高高清视频的压缩编码效率，H.265/HEVC提出了超大尺寸四叉树编码架构，并采用编码单元（Coding Unit，CU）、预测单元（Predict Unit，PU）和转换单元（Transform Unit，TU）三个基本单元执行整个过程。在混合编码框架下，H.265进行了大量技术创新。例如，基于大尺寸四叉树结构的分割技术和残差编码结构、多角度帧内预测技术、运动估计融合技术、高精度运动补偿技术、自适应环路滤波技术以及基于语义的熵编码技术。

CU类似于H.264/AVC中的宏块，H.264中每个宏块的大小都是固定的16像素×16像素，而H.265的CU可以是从8像素×8像素到64像素×64像素，细节变化不大的区域划分CU较大而少，编码后的数据较少；细节多的区域划分CU较小而多，编码后的数据较多，这样可重点编码，提高编码效率。

PU是预测基本单元。H.265/HEVC用于实现对每个CU单元的预测，PU尺寸依赖于所属CU宏块的像素大小，可以是64像素×64像素或64像素×32像素的矩形。还可以采用新的不对称运动分割预测（Asymmetric Motion Partition，AMP）方案，将编码单元分为两个尺寸大小不一的预测块。这两种预测方式考虑大尺寸可能的纹理分布，可有效提高大尺寸块的预测效率。

TU是变换和量化的基本单元。H.265突破了原有的变换尺寸限制，可支持4像素×4像素至32像素×32像素编码变换，以TU为基本单位进行变换和量化。为提高大尺寸编码单元的编码效率，DCT变换同样采用四叉树的变换结构。

CU、PU、TU三个单元的分离，使得变换、预测和编码各处理环节更灵活，各环节的划分更符合视频图像的纹理特征，有利于各单元更好地完成各自的功能。

H.265标准共有三种模式：Main、Main10和Main Still Picture。Main模式支持8位深（即红、绿、蓝三色各有256色度，共1670万色），Main10模式支持10位深，用于超高清电视（UHDTV）。

H.265 标准支持 4K（4096 像素×2160 像素）和 8K（8192 像素×4320 像素）超高清视频。H.265 High Profile 可在低于 1.5Mbps 传输带宽下实现 1080p 全高清视频传输。

H.265 的主要技术特点如下。

（1）高压缩特性。提供从 SQICF（128 像素×96 像素）至 4K 超高清不同级别的视频应用。

（2）并行性。熵编码仅使用改进的 CABAC（H.264-CAVLC），同时引入很多并行运算优化思路，提高编码解码效率。

（3）更大的变换块。H.265 扩充到 16 像素×16 像素、32 像素×32 像素甚至 64 像素×64 像素变换和量化算法，大大减少 H.264 中相邻块间的相似性。

（4）提供更好的运动补偿处理和矢量预测方式。

（5）引入更加复杂的帧内预测方法。

（6）灵活的编码方式。提出多个更加灵活的自适应去块效应滤波器。

与 H.264/AVC 相比，H.265/HEVC 提供了更多的工具，H.265 标准在继承 H.264 某些技术的基础上，主要研究了提高压缩效率、健壮性和错误恢复能力，减少传输时延、信道获取时间和随机接入时延，降低复杂度等内容。利用新技术在码流、编码质量、时延和算法复杂度之间获得更好平衡，达到最优化设置。

H.265 编码技术具有低带宽、低存储量等特性，与 H.264 相比，编码效率提高 50%。即在同等图像质量条件下，目标码率下只是 H.264 的 50%。随着 4K 超高清技术的普及，基于 H.265+4K 技术的产品与智能产品的结合，使高清视频的普及成为可能。

6）H.266 编码标准

ITU-T 和 ISO/IEC MPEG 于 2015 年 10 月联合组成了 JVET（Joint Video Exploration Team）视频编码开发小组。JVET 的核心成员来自欧洲应用科学研究机构 Fraunhofer HHI，JVET 于 2018 年 4 月开始 H.266 的编码标准研究制定工作。2020 年 7 月 6 日，H.266 编码标准制定完毕，Fraunhofer HHI 率先发布了这一标准，命名为 Versatile Video Coding，简称 VVC，中文名称是多功能视频编码。ITU-T 标准编号为 H.266，ISO/IEC 标准号为 23090-3。MPEG 的名称是 MPEG-I Part3 或未来视频编码（FVC），同时，MPEG 也发布了 H.266 的两个衍生标准 MPEG-5 Part1（EVC）和 MPEG-5 Part2（LCEVC）。

H.266/VVC 具有以下特点：

- 支持无损和主观无损压缩。
- 支持 4K 到 16K 的分辨率及全景视频。
- 支持 4：4：4、4：2：2、4：2：0 及 ITU-R BT.2100 宽色域。
- 支持峰值亮度为 1000、4000 和 10000 尼特的高动态范围（HDR）。
- 支持辅助通道 0～120Hz 的可变帧速率和分数帧速率（用于记录深度，透明度等）。
- 支持关于时间（帧速率）、空间（分辨率）、信噪比、色域和动态范围差异的可适性视频编码。
- 支持立体声/多视角编码、全景格式等。

H.266/VVC 在 H.265 基础上编码压缩进一步优化，编码复杂度预期为 HEVC 的数倍（最多 10 倍），解码复杂度预期约为 HEVC 的 2 倍。与 H.265/HEVC 相比，在保证视频传输清晰度不变条件下可节省 50%数据流量。

2．MPEG 系列编码标准

MPEG（Moving Picture Expert Group，运动图像专家组）是 ISO 和 IEC 联合技术委员会 1(JTCl)的第 29 分委员会(S29)的第 11 个工作组(WG11)，其全称是 WG11 of S29 of ISO/IEC JTC 1。MPEG 的任务是开发运动图像及其声音的数字编码标准，成立于 1988 年。该专家组专门负责建立视频和音频标准，其成员均为视频、音频及系统领域的技术专家。之后，他们成功地将声音和影像的记录脱离了传统的模拟方式，建立了 ISO/IEC 11172 压缩编码标准，并制定出 MPEG 格式，令视听传播进入了数字化时代。因此，大家现在泛指的 MPEG-x 版本，就是由 ISO 制定发布的视频、音频、数据的压缩标准。

MPEG 标准族包含的标准如下：

- ISO/IEC 11172　　MPEG-1　　VCD
- ISO/IEC 13818　　MPEG-2　　DVD
- ISO/IEC 14496-2:1999　　MPEG-4　　视频
- ISO/IEC 15938-3:2002　　视频
- ISO/IEC 21000　　多媒体框架

专家组最初的任务是实现 1.5Mbps、10Mbps、40Mbps 的压缩编码标准，即 MPEG-l、MPEG-2、MPEG-3。但因为 MPEG-2 的功能已使 MPEG-3 成为多余，所以 MPEG-3 于 1993 年 7 月撤销。MPEG-4 项目是 1991 年 5 月建议、1993 年 7 月予以确认的，MPEG 随后制定出一系列标准。MPEG 标准主要包括：针对 VCD 的 1.5Mbps 传输速率的 MPEG-l；针对广播电视的 DVD、HDTV 的 6Mbps 以上传输速率的 MPEG-2；针对 28.8kbps 甚低数码率的音频/视频压缩编码（但实际范围比这要宽得多）的 MPEG-4；基于 MPEG-4 的 MPEG-7，称为“多媒体内容描述接口”；基于交互式多媒体框架及其综合运用的 MPEG-21，为多媒体用户提供透明的交互使用环境。

MPEG 标准包括 MPEG 视频、MPEG 音频和 MPEG 系统（音频与视频同步）三部分。MPEG 压缩标准是针对运动图像而设计的，可实现帧之间的压缩，其平均压缩比可达 200 : 1，压缩率比较高，又有统一的格式，兼容性好。

MPEG 压缩算法分为带宽压缩、匹配主观的有损压缩和无损压缩 3 个层次。其中，第 1 层次的压缩是为了达到主观上满意的程度；第 2 层次即压缩算法本身，就是利用波形分析和主观适配的量化来去掉空间冗余和时间冗余，在这个层次中，压缩是有损失的；第 3 层次就是通过把固定长度和可变长度编码进行句法组合，无损失地把信息变换到数据流中。

MPEG 压缩算法依赖于三种基本方法：以像素块为基础的运动补偿、以 DCT 变换为基础的数据压缩和以熵编码为基础的信息表示。运动补偿通过时间预测的方法来减少时间冗余，而 DCT 变换则主要用于减小空间冗余，利用熵编码减小统计冗余，这几种方法的综合运用，大大提高了压缩性能。

本节介绍 MPEG 系统和视频部分，MPEG 音频部分可参考 3.3 节。

1）MPEG-1

MPEG-1 标准于 1993 年正式发布，编号为 ISO/IEC 11172，标题为“码率约为 1.5Mbps 用于数字存储媒体运动图像及其伴音的编码”，分为系统、视频、音频、性能、仿真 5 部分。

该标准针对1.5Mbps以下数据传输率的数字存储介质（如CD-ROM）运动图像及其伴音压缩编码，其编码码率最高为1.5Mbps，图像质量略高于家用录像VHS的图像质量。标准详细说明了视频图像的压缩和解压缩方法，以及播放MPEG-1数据所需的图像与声音的同步。MPEG-1是一个开放、统一的标准。尽管MPEG-1图像质量较低，仅相当于VHS视频的质量，还不能满足广播级的要求，但广泛应用于VCD等家庭视像产品，以及Internet上的各种音频、视频信息存储及视频节目的非线性编辑中。MPEG-1的压缩比可达200∶1，其目标是要把广播视频信号压缩到能够记录在CD光盘上，并能够用单倍速的光盘驱动器来播放，同时满足VHS的显示质量和高保真立体伴音效果的要求。MPEG-1采用的编码算法简称为MPEG-1算法，用该算法压缩的数据称为MPEG-1数据，由该数据产生的文件称为MPEG-1文件。MPEG-1采用有损压缩编码算法。

MPEG-1系统部分标准的编号为ISO/IEC 11172-1:1993，涉及同步和多路复合技术，用来把数字电视图像和伴音复合成单一的速率为1.5Mbps的比特流。MPEG-1的比特流分成内外两层，外层为系统层，内层为压缩层。系统层提供在一个系统中使用MPEG-1比特流所必需的功能，包括定时、复合和分离视频图像和伴音，以及播放期间图像和伴音的同步。压缩层包含压缩的视频和伴音比特流。

MPEG-1视频部分是MPEG-1标准的核心，标准的编号为ISO/IEC 11172-2:1993，该标准是为了适应在数字存储媒体（如CD-ROM）上有效存取视频图像而制定的标准。CD-ROM驱动器的数据传输率不低于150kbps，容量不低于650MB，MPEG-1算法就是针对这个速率开发的。经过MPEG-1标准压缩后，视频数据压缩率为1/100～1/200。MPEG-1采用SIF格式（Standard Interchange Format，标准交换格式），帧速率为25帧/秒～30帧/秒，码率为1.5Mbps（其中视频约为1.2Mbps，音频约为0.3Mbps），图像质量优于家用VHS录像机。SIF格式的输入图像有525/625两种格式，即352×240×30（代表图像帧频为30，每帧图像的有效扫描行数为240行，每行的有效像素为352个）和352×288×25（代表图像帧频为25，每帧图像的有效扫描行数为288行，每行的有效像素为352个）。压缩后的视频图像约为CCIR601标准所定义分辨率的1/2，压缩后的数据率为1.2～3Mbps，因此可以实时播放存储在光盘上的数字视频图像。

MPEG-1算法理论虽然已经非常成熟，但是在技术上却很难克服噪声、“雪花”和“鬼影”对压缩图像质量的影响。对于劣质的视频信号源，MPEG算法会将噪声和缺陷放大，使图像进一步恶化，这就使得MPEG压缩方法对视频节目源有一定的要求。MPEG-1（ISO/IEC 11172）广泛用于VCD、DAB和网络上各种音频与视频的存储及电视节目的非线性编辑。

2）MPEG-2

MPEG-2是MPEG开发的第二个标准，于1994年11月正式确定为国际标准，编号为ISO/IEC 13818，标题为“运动图像及有关声音信息的通用编码”，分为系统、音频、视频、性能等部分。

音频数据、视频数据按ISO/IEC 13818进行编码压缩，经打包器形成包基本码流，与节目、条件接收等信息一同进入复用器。MPEG流分为传送流（TS）和节目流（PS）。TS用于有错误的环境，其分组长度为188字节；PS流用于错误较少的环境，如交互式多媒体业务，长度是可变的。

MPEG-2 被 DVB、DAVIC、ASTC 采纳为压缩编码标准，处理能力可达广播级水平，但不是广播标准。

MPEG-2 是针对标准数字电视和高清晰度电视在各种应用下的压缩方案和系统层的规范标准，编码传输率为 3～100Mbps。MPEG-2 并不是 MPEG-l 的简单升级，而是在系统和传送方面都做出了更加详细的规定和进一步的完善。视频图像格式采用 720 像素×480 像素，与 CCIR-601 规定的演播室用数字电视像素数相同，是 MPEG-l 的 4 倍；码率为 4～10Mbps，是 MPEG-1 的 4 倍；与 MPEG-1 兼容。MPEG-2 特别适用于广播级数字电视信息编码的存储和传送，被认定为 SDTV 和 HDTV 的编码标准，广泛用于数字电视广播（DVB）、高清晰度电视（HDTV）、DVD 以及下一代电视节目的非线性编辑系统及数字存储中。MPEG-2 还专门规定了多套节目的复用分接方式，可以较好地应用于交互式的 VOD（Video On Demand，视频点播）和 NVOD（Near Video On Demand，准视频点播）。

MPEG-2 以空间和时间可分级方法，提供空间和时间不同分辨率视频格式之间的兼容，MPEG-2 提供的空间可分级方法允许在低分辨率即底层中使用 MPEG-1 编码，即后向兼容 MPEG-1。MPEG-2 规定的图像格式不仅包括 MPEG-1 的图像格式，还包括符合 CCIR601 的 SDTV 数字演播室图像格式和 HDTV 数字演播室图像格式。

MPEG-2 采用多帧压缩技术，对图像序列中不同的帧采用不同的压缩编码方式，通过运动补偿的时间预测和离散余弦变换（DCT）进行编码。

MPEG-2 系统部分标准编号为 ISO/IEC 13818-1:2000，该标准将一个或几个音频流（视频或其他基本数据）合成单个或多个数据流，以适于存储和传送。符合 MPEG-2 标准的编码数据流，可以在很宽松的恢复和接收条件下进行同步解码。MPEG-2 系统具备解码时多个压缩流同步、将多个压缩流交织成单个数据流、解码时缓冲器初始化、缓冲区管理和时间识别五项基本功能。

MPEG-2 视频部分标准编号为 ISO/IEC 13818-2:2000，视频分量的速率约为 2～15Mbps。MPEG-2 视频体系要求保证向下与 MPEG-1 视频体系兼容，同时应力求满足数字存储媒体、可视电话、数字电视、高清晰度电视、通信网络等领域的应用。MPEG-2 分辨率有低（352 像素×288 像素）、中（720 像素×480 像素）、次高（1440 像素×1080 像素）、高（1920 像素×1080 像素）等不同档次，压缩编码方法也从简单到复杂分为不同等级。MPEG-2 在国内的有线电视等领域广泛应用，美国的 ATSC、欧洲的 DVB、日本的 ISDB 数字电视广播系统都把 MPEG-2 作为信源编码标准。

3）MPEG-4

MPEG-4 标准于 1999 年正式确定为国际标准，编号为 ISO/IEC 14496，分为系统、视频、音频、性能等部分。

MPEG-1 和 MPEG-2 采用的基于“帧”和基于“块”的压缩算法，不能支持表征图像内容的数据结构，而这是许多交互式应用所必需的；其次，码率很低时会产生严重的“方块效应”和“动作失真”，而“低码率”又是多媒体移动通信所必需的。为此，ISO 的运动图像专家组（MPEG）从 1993 年 7 月开始制定出一种新的压缩标准 MPEG-4，并于 1999 年 3 月发布了第一个版本。MPEG-4 标准主要应用于可视电话、可视电子邮件和电子新闻等。MPEG-4 利用很窄的带宽，通过帧重建技术压缩和传输数据，以求从最少的数据获得最佳的图像质量。MPEG-4 的目标是建立一个通用有效的编码方法，对音频、视频对象进行编码，这些音频、视频对象可以是自然的或合成的。MPEG-4 标准支持 7 个新功能，可粗略地分为三类，即基于内容的交互性、高压缩率和灵活多样的存取模式。

MPEG-4 是 MPEG 系列中发展潜力最大的一个，其特点如下。

- MPEG-4 集合并支持不同性质的对象和不同来源的素材（如自然视频、图形、文字等），考虑了各类网络性能的差异性，允许多媒体信息“通用接入”，是第一个使用户视听方式由被动转为主动（不再只是观看，而是允许用户加入其中进行交互）的动态图像标准。
- MPEG-4 在较低的速率下具有相当高的视频图像质量，提供了比 MPEG-1 和 MPEG-2 编码更好的“算法”，实现了对低比特率下媒体交互应用中“AV 对象”的综合。

MPEG-4 与 MPEG-1、MPEG-2 相比，优势如下。

- MPEG-4 是作为一个国际化的标准来制定的，所以在支持交互应用的同时，能与原格式（如 JPEG、MPEG-1、MPEG-2、H.261 和 H.263）兼容，具有很强的兼容性。
- MPEG-4 算法比其他数字视频编码技术提供的压缩比更高。
- MPEG-4 在提供高压缩比的同时，数据损失很小。

另外，前面在介绍 H.264 时提到，2002 年 7 月发布了 H.264 标准的最终草案，称为 H.264/AVC 或 MPEG-4 Visual Part10。2002 年 10 月，ITU-T 正式通过了 H.264 标准，并于 2003 年 5 月发布该标准。ITU-T 将其命名为 H.264/AVC，ISO 将其称为 ISO/IEC 14496-10/MPEG-4 AVC。

4）MPEG-7

MPEG-7 标准于 2001 年底正式确定为国际标准，编号为 ISO/IEC 15938，标题为“多媒体内容描述接口”，分为系统、视频、单频等部分。

确切来讲，MPEG-7 并不是一种压缩编码方法，而是对各种不同类型多媒体信息的标准化描述，使用户能够快速、准确地进行检索。MPEG-7 并不针对某个具体应用，而是针对被 MPEG-7 标准化了的图像元素，这些元素将支持尽可能多的应用。

MPEG-7 名称的由来是 MPEG-1+MPEG-2+MPEG-4（不含 MPEG-3、MPEG-5、MPEG-6）。MPEG-7 是针对存储形式（在线、离线）或流形式的应用而制定的，可以在实时和非实时环境中操作，它的功能和其他 MPEG 标准互为补充，MPEG-1、MPEG-2、MPEG-4 是内容本身的表示，而 MPEG-7 是有关内容信息的标准，它是满足特定需求的视听信息的标准，建立在其他 MPEG 标准的基础之上。

MPEG-7 系统部分标准编号为 ISO/IEC 15938-1:2002，视频部分标准编号为 ISO/IEC 15938-3:2002。

5）MPEG-21

MPEG-21 标准于 2001 年 9 月正式确定为国际标准，编号为 ISO/IEC 21000，标题为“框架”或“数字视听框架”。

MPEG-21 将不同的协议、标准、技术等有机地融合在一起。MPEG-21 标准其实就是一些关键技术的集成，通过这种集成环境对数字媒体资源进行增强管理，实现内容描述、创建、发布、使用、识别、计费管理、产权保护、用户隐私权保护、终端和网络资源抽取、事件报告等功能。

MPEG-21 将形成一个用于多媒体传送和消费的开放框架，这一开放的框架既给内容的创建者和服务的提供者提供平等的机会，也方便了内容消费者以交互方式存取不同内容。

总体来说，MPEG 在三方面优于其他压缩/解压缩方案。首先，它具有很好的兼容性；其次，MPEG 能够比其他算法提供更好的压缩比，最高可达 200∶1，更重要的是，MPEG 在提供高压缩比的同时对数据的损失很小。

3. AVS 编码标准

在 ITU-T 和 ISO/IEC 等国际标准化组织不断推出音频、视频压缩编解码标准的过程中，我国也开展了自主知识产权的数字音频、视频信源编解码技术标准的研究和制定工作。2006 年，我国对标国际标准 H.264/MPEG-AVC，成功推出第一代国产视频编转码标准 AVS（Audio Video coding Standard，音视频编码标准），国家标准号为 GB/T 20090。2007 年开始在国内外形成规模化应用（见图 3-21）。

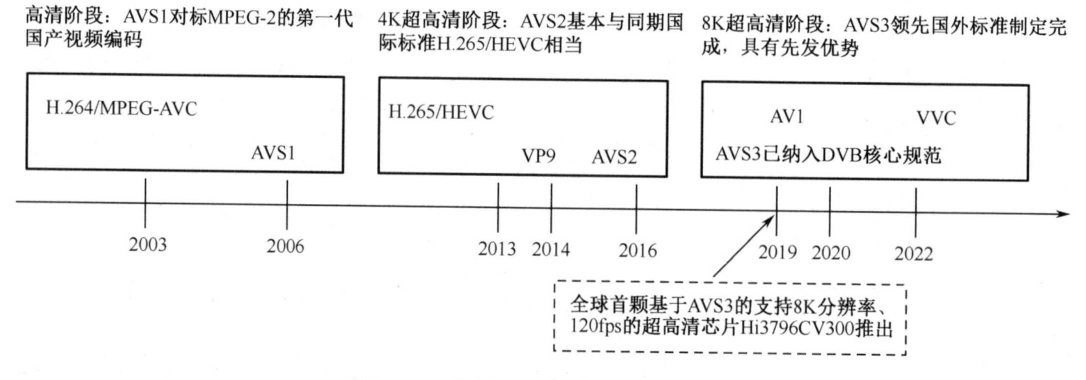

图 3-21　我国视频编码技术发展历程

在原国家广电总局广播电视规划院主持的 AVS 视频标准测试中，AVS 增强版 AVS+ 的压缩效率与国际同类标准 H.264/AVC 最高档次水平相当。AVS 实现了我国自主研发的视频编转码技术标准从无到有的突破，为 AVS 编码标准的国际化发展奠定了基础。AVS 是我国具备自主知识产权的信源编码标准，按照国际开放式规则制定，也是数字音视频产业的共性基础标准。

AVS 有 9 个组成部分，包括系统、视频、音频、数字版权管理 4 个核心部分，以及一致性测试、参考软件、移动视频、IP 网络传输、文件格式符合性测试 5 个支撑部分。AVS 主要标准的制定过程情况如表 3-9 所示。

表 3-9　AVS 主要标准制定历程

完成时间	AVS/类	应用及主要技术特征
2003 年 12 月	AVS1/基准	面向数字电视广播应用，采用基于 8 像素×8 像素块的帧内预测，8 像素×8 像素块变换编码，去块效应滤波，变块大小运动补偿（8 像素×8 像素至 16 像素×16 像素）
2008 年 6 月	AVS1/伸展	面向监控视频应用，采用基于背景帧、核心帧的编码技术
2008 年 9 月	AVS1/加强	面向数字电影应用，采用基于上下文的算术编码、加权量化等技术

续表

完成时间	AVS/类	应用及主要技术特征
2009 年 6 月	AVS1 移动	面向移动视频应用，采用了 4 像素×4 像素帧内预测、8 像素×8 像素/4 像素×4 像素自适应变换等技术
2011 年 7 月	AVS1 监控	增强的监控视频编码，采用背景图像建模编码技术
2012 年 5 月	AVS+/广播	面向高清数字电视广播应用，采用基于上下文的算术编码、帧级加权量化、增强场预测编码等技术
2015 年 12 月	AVS2/基准	面向高清数字电视广播、场景视频等应用，采用了自适应预测划分、多假设预测、层次变换、自适应算术编码、自适应滤波等技术
2020 年 12 月	AVS3/基准	面向 8K 超高清视频、5G 媒体、虚拟现实媒体、智能安防等应用，引领未来 5～10 年 8K 超高清视频产业和虚拟现实（VR）产业的发展

1）AVS

2006 年，我国对标国际标准 H.264/MPEG-4 AVC，采用混合编码框架，成功推出第一代国产视频编解码标准 AVS。在 H.264 技术的基础上，简化了 H.264/MPEG-4 AVC 帧内预测、多参考帧预测、变块大小运动补偿、熵编码、环路滤波等方面的处理，降低了编解码运算复杂度，而性能基本相当，在核心关键技术上完全自主可控。

AVS 视频部分定义的是一个先进、高效、较低复杂度、知识产权清晰的视频编码系统。它采用了一系列技术来达到高效率的视频编码，包括帧内预测、帧间预测、变换、量化和熵编码等。帧间预测使用基于块的运动矢量来消除图像间的冗余，帧内预测使用空间预测模式来消除图像内的冗余；再通过对预测残差进行变换和量化消除图像内的视觉冗余，最后，运动矢量、预测模式、量化参数和变换系数用熵编码进行压缩。

AVS 视频编码标准于 2005 年通过国家广电总局测试，2006 年 1 月获得信息产业部批准，2006 年 2 月国家标准化管理委员会正式颁布，2006 年 3 月 1 日起正式实施，被我国采纳为广电高清晰电视标准、3G 的移动视频标准和视频监控标准，2007 年由于该标准具有先进性而成为国际标准。在民用领域已有多个设备厂家宣布支持和开发出 AVS 标准的产品。

AVS 与 MPEG-4 AVC/H.264 计算复杂性对比情况如表 3-10 所示。

表 3-10　AVS 与 H.264 计算复杂性对比

技术模块	AVS 视频	MPEG-4 AVC/H.264 视频	复杂性分析
帧内预测	基于 8 像素×8 像素块，5 种亮度预测模式，4 种色度预测模式	基于 4 像素×4 像素块，9 种亮度预测模式，4 种色度预测模式	降低约 50%
多参考帧预测	最多 2 帧	最多 16 帧，复杂的缓冲区管理	存储节省 50%以上
变块大小运动补偿	16 像素×16 像素、16 像素×8 像素、8 像素×16 像素、8 像素×8 像素块运动搜索	16 像素×16 像素、16 像素×8 像素、8 像素×16 像素、8 像素×8 像素、8 像素×4 像素、4 像素×8 像素、4 像素×4 像素块运动搜索	节省 30%～40%
B 帧宏块对称模式	只搜索前向运动矢量即可	双向搜索	最大降低 50%
1/4 像素运动补偿	1/2 像素位置采用 4 拍滤波，1/4 像素位置采用 4 拍滤波、线性插值	1/2 像素位置 6 拍滤波 1/4 像素位置线性插值	降低 1/3 存储器的访问量
变换与量化	解码端归一化在编码端完成，降低解码复杂性	编解码前端都需进行归一化	降低
熵编码	上下文自适应 2D-VLC，Exp-Golomb 码降低计算及存储复杂性	CAVLC：与周围块相关性高，实现较复杂 CABAC：硬件实现特别复杂	比 CABAC 降低 30%以上

续表

技术模块	AVS 视频	MPEG-4 AVC/H.264 视频	复杂性分析
环路滤波	基于 8 像素×8 像素块边缘进行，简单的滤波强度分类	基于 4 像素×4 像素块边缘进行，滤波强度分类繁多，滤波边缘多	降低 50%
Interlace 编码	PAFF 帧场自适应	MBAFF 宏块级帧场自适应	降低 30%
容错编码	简单的条带划分机制足以满足广播应用中的错误隐藏、恢复需求	数据分割、复杂的 FMO/ASO 等宏块、条带组织机制	大大降低

与其他视频编码标准相比，AVS 是一套适应性较好的技术标准，其优势表现在以下三个方面。

（1）AVS 是基于我国创新技术和部分公开技术的自主标准，编码效率比第一代标准高 2～3 倍，与第二代标准如 MPEG-4 AVC/H.264 相比，技术方案简单，实现复杂度低，解码复杂度仅相当于 H.264 的 30%，达到了第二代标准的最高水平，可节省一半以上的无线频谱和有线信道资源。

（2）AVS 通过一站式许可政策，有效地解决了专利许可问题。AVS 是开放式的国际标准，易于推广。

（3）AVS 为音频与视频产业提供系统化的信源标准体系。MPEG-4 AVC/H.264 是一个视频编码标准，而 AVS 是一套包含系统、视频、音频、媒体版权管理在内的完整标准体系。

2）AVS2

2016 年 3 月，AVS2 被国家质检总局和国家标准委颁布为国家标准。AVS2 的首要应用目标是超高清晰度视频，对标的国际标准为 H.265/HEVC。

测试表明，AVS2 标准的编码效率比 AVS1 提高了一倍，在超高清和高清视频编码方面的性能与同期国际标准 H.265/HEVC 相当。而在监控视频编码方面，AVS2 对监控视频的编码效率可达 H.265/HEVC 的两倍，对监控视频的压缩效率达到同期国际标准 H.265/HEVC 的两倍。

AVS2 采用混合编码框架，编码过程包括帧内预测、帧间预测、变换量化、反量化反变换、环路滤波和熵编码等模块，具有如下技术特征。

（1）灵活的编码结构划分。AVS2 采用基于四叉树的块划分结构，包括编码单元（CU）、预测单元（PU）和变换单元（TU）。一幅图像被分割成固定大小的最大编码单元（LCU），最大编码单元按四叉树的方式迭代划分为一系列的 CU。每个 CU 包含一个亮度编码块和两个对应的色度编码块。与传统的宏块相比，基于四叉树的块划分结构更加灵活，CU 的大小可从 8 像素×8 像素扩展到 64 像素×64 像素，如图 3-22 所示。

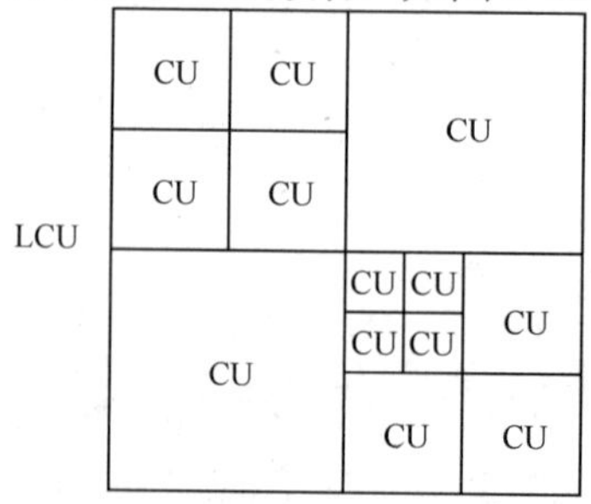

LCU

CU CU CU CU CU CU CU CU CU CU CU CU CU

图 3-22　AVS2 编码单元（CU）四叉树划分示例（最小块为 8 像素×8 像素）

预测单元（PU）规定了 CU 的所有预测模式，是进行预测的基本单元，包括帧内预测和帧间预测。PU 的最大尺寸不能超过当前所属 CU。AVS2 在正方形帧内预测块划分的基础上，增加了非正方形的帧内预测块划分，帧间预测也在对称预测块划分的基础上，增加了 4 种非对称的划分方式，如图 3-23 和图 3-24 所示。

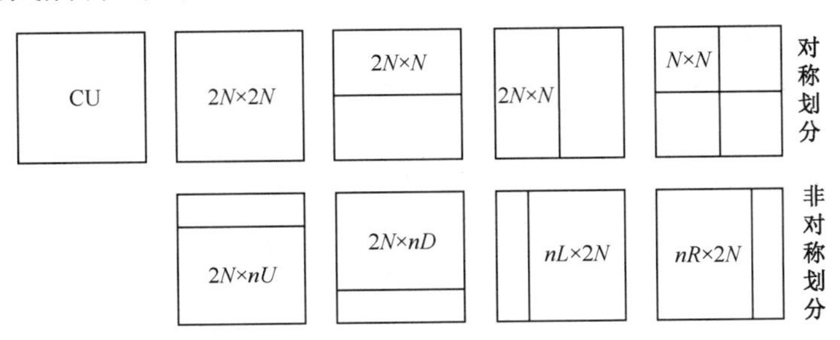

图 3-23　AVS2 预测单元（PU）帧间预测划分模式

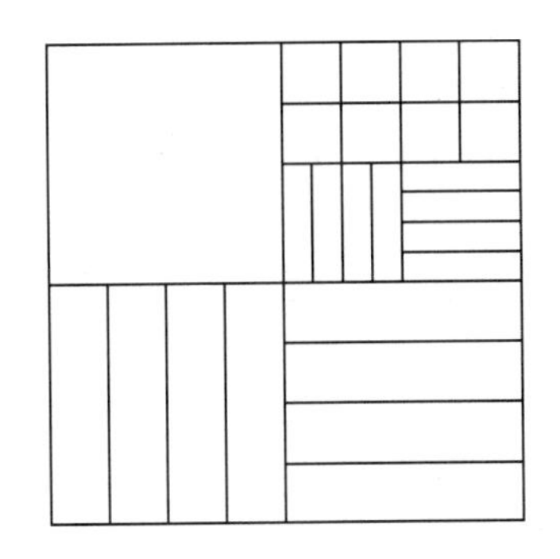

图 3-24　AVS2 预测单元（PU）帧内预测划分模式

变换单元（TU）是变换和量化的基本单元，用于预测残差变换和量化，定义在 CU 之中。其尺寸的选择与对应的 PU 形状有关，如果当前 CU 被划分为非正方形 PU，那么对应的 TU 将使用非正方形的划分。需要注意的是，TU 的尺寸可以大于 PU 的尺寸，但不能超过所在 CU 的尺寸。

（2）帧内预测编码

相比于 AVS1 和 H.264/AVC，AVS2 在亮度块的帧内预测编码上设计了 33 种模式，包括 DC 预测模式、Plane 预测模式、Bilinear 预测模式和 30 种角度预测模式。同时，AVS2 提供更丰富、更细致的帧内预测模式。为了提高精度，AVS2 采用 1/32 精度的分像素插值技术，分像素的像素点由 4 抽头的线性滤波器插值得到。在色度块上有 5 种模式：DC 模式、水平预测模式、垂直预测模式、双线性插值模式以及新增的亮度导出模式（Derived Mode，DM）。

（3）帧间预测编码

AVS2 的帧间预测技术在参考帧管理、帧间预测模式和插值方面进行了加强和创新。

与 AVS1 相比，AVS2 将候选参考帧的最大数量增加到 4 个，以适应多层次的参考帧管理，同时也可充分利用缓存器的冗余空间。AVS2采用一种多层次的参考帧管理模式，在这个模式中，根据帧与帧之间的参考关系和每个编码图像组（GOP）中的帧而分成多个层次。

在 AVS1 的 I、P、B 三种图像类型的基础上，AVS2 增加了前向多假设预测 F 图像。针对视频监控、情景剧等特定应用，AVS2 设计了场景帧（G 帧和 GB 帧）和参考场景帧

（S 帧）。场景帧是 AVS2 基于背景建模的监控视频编码方法提出来的。未打开监控工具时，I 帧只给下个随机访问点之前的图像作为参考；打开监控工具后，AVS2 会用视频中的某一帧作为场景图像 G 帧，G 帧可以作为后面图像的长期参考。此外，AVS2 还可以用视频中的某几帧生成场景图像 GB 帧，GB 帧也可以作为长期参考。

为了简化运动补偿，AVS2 采用 8 抽头基于 DCT 变换的插值滤波器，只需要进行一次滤波，而且支持生成比 1/4 像素更高的运动矢量精度。

（4）变换编码

AVS2 中的变换编码主要使用整数 DCT 变换。对于 4 像素×4 像素、8 像素×8 像素、16 像素×16 像素、32 像素×32 像素大小的变换块，直接进行整数 DCT 变换；对于 64 像素×64 像素大小的变换块，则采用一种逻辑变换 LOT，先进行小波变换，再进行整数 DCT 变换。在 DCT 变换完成后，AVS2 对低频系数的 4 像素×4 像素块再进行二次 4 像素×4 像素变换，进一步降低系数之间的相关性，使能量更集中。

（5）熵编码

AVS2 的熵编码首先将变换系数分为 4 像素×4 像素大小的系数组（Coefficient Group，CG），然后根据系数组进行编码和 zig-zag 扫描。系数编码先编码含有最后一个非零系数的 CG 位置，接着编码每一个 CG，直到 CG 系数都编码完成，这样可以使 0 系数在编码过程中更集中。AVS2 中仍使用基于上下文的二元算术编码和基于上下文的二维变长编码。

（6）环路滤波

AVS2 的环路滤波模块包含三部分：去块滤波、自适应样本偏移和样本补偿滤波。去块滤波的滤波块尺寸为 8 像素×8 像素，首先对垂直边界进行滤波，然后对水平边界进行滤波。对每条边界，根据滤波强度选择不同的滤波方式。在去块滤波之后，采用自适应样本偏移补偿进一步减小失真。AVS2 在去块滤波和样本偏移补偿之后添加了自适应滤波器，一种 7 像素×7 像素十字对称加 3 像素×3 像素方形中心对称的维纳滤波，利用原始无失真图像和编码重构图像计算最小二乘滤波器系数，并对解码重构图像进行滤波，降低解码图像中的压缩失真，提高参考图像的质量。

（7）编码性能

在数字电视广播（逐行）、实时通信和数字电影或静态图像领域，AVS2 和 HEVC 的编码性能相似，但在数字电视广播（隔行）和视频监控的应用方面，AVS2 的编码性能要明显高于 HEVC。

AVS 与 AVS2 主要技术对比情况如表 3-11 所示。

表 3-11 AVS 与 AVS2 主要技术对比

技术模块	AVS 视频	AVS2
帧内预测	基于 8 像素×8 像素块，5 种亮度预测模式，4 种色度预测模式	基于 64 像素×64 像素块，33 种亮度预测模式，5 种色度预测模式
多参考帧预测	最多 2 帧	多层次参考帧管理模式，复杂的缓冲区管理
变块大小运动补偿	16 像素×16 像素、16 像素×8 像素、8 像素×16 像素、8 像素×8 像素块运动搜索	帧内预测：增加了非正方形块 帧间预测：增加了 4 种非对称划分方式
B 帧宏块对称模式	称为对称预测模式，只编码一个前向运动矢量，后向运动矢量由前向运动矢量导出	增加了前向多假设预测的 F 图像，设计了场景帧（G 帧和 GB 帧）和参考场景帧（S 帧）
1/4 像素运动补偿	像素位置采用 4 抽头滤波、线性插值	采用了 8 抽头基于 DCT 变换的插值滤波器

续表

技术模块	AVS 视频	AVS2
变换与量化	8 像素×8 像素整数变换，编码端进行变换归一化，量化与变换归一化相结合，通过乘法、移位实现	模块化编码，对不同变换块大小的子块使用统一的方式编码
熵编码	上下文自适应 2D-VLC，编码块系数过程中进行多码表切换	基于上下文的二元算术编码，基于上下文的二维变长编码
环路滤波	基于 8 像素×8 像素块边缘进行，简单的滤波强度分类，滤波较少的像素，计算复杂度低	基于 8 像素×8 像素块边缘进行，去块滤波、自适应样本偏移和样本补偿滤波

3）AVS3

AVS3 标准是 8K 超高清视频编码标准，为新兴的 5G 媒体应用、虚拟现实（VR）媒体、智能安防等应用提供技术规范，将引领未来五到十年 8K 超高清和虚拟现实产业的发展。

2017 年底，AVS3 正式启动新一代标准 AVS3 的制定工作。

2019 年 1 月，AVS3 基本完成第一阶段的技术制定，编码效率比 AVS2 提升了约 30%。

2021 年，发布第二版标准。根据 AVS 标准工作组的规划，未来将继续完善后续标准，目标是编码效率比 AVS2 视频标准提高 50%，其中，深度学习多次被用在编码标准中。

AVS3 的目标主要是面向 8K 超高清和 VR 应用，编码效率比 AVS2 高一倍。AVS3 视频基准档次采用更具复杂视频内容适应性的扩展四叉树（Extended Quad-Tree，EQT）划分、更适合复杂运动形式的仿射运动预测、自适应运动矢量精度预测（AMVR）、更宜于并行编解码实现的片划分机制等技术，将帮助改善 5G 时代视频传输、虚拟现实直播与点播的用户体验。

AVS 系列产业化主要产品形态包括如下几种。

- 芯片：高清晰度/标准清晰度 AVS 解码芯片和编码芯片。
- 软件：ACS 级制作与管理系统，Linux 和 Windows 平台上基于 AVS 标准的流媒体播出、点播、回放软件。
- 整机：AVS 机顶盒、AVS 硬盘播出服务器、AVS 编码器、AVS 高清晰度激光视盘机、AVS 高清晰度数字机顶盒和接收机、AVS 便携式数码产品等。

3.4.5 视频技术指标

1. 视频技术参数

衡量视频质量和水平的重要技术参数主要包括帧率、数据量、视频图像质量和视频图像分辨率等。

（1）帧率。帧率是指每秒扫描的帧数。根据制式不同，有 30 帧/秒（NTSC）、25 帧/秒（PAL）等帧率。

（2）数据量。原始视频图像数据量=帧率×每幅图像的数据量，经过压缩后可大大降低，主要取决于所用压缩技术的压缩比。

（3）视频图像质量。视频图像质量与原始图像质量、视频压缩技术的压缩比有关，合适的压缩比对画面质量不会有太大影响，超过一定压缩比后，将导致画面质量明显下降。数据量与图像质量是一对矛盾，需要综合考虑。

（4）视频图像分辨率。主流的视频图像分辨率格式和像素大小分为 CIF（352 像素×288 像素）、4CIF（704 像素×576 像素）、720p（1280 像素×720 像素，逐行扫描）、1080i（1920 像素×1080 像素，隔行扫描）、1080p（1920 像素×1080 像素，逐行扫描）等。部分示意如图 3-25 所示。

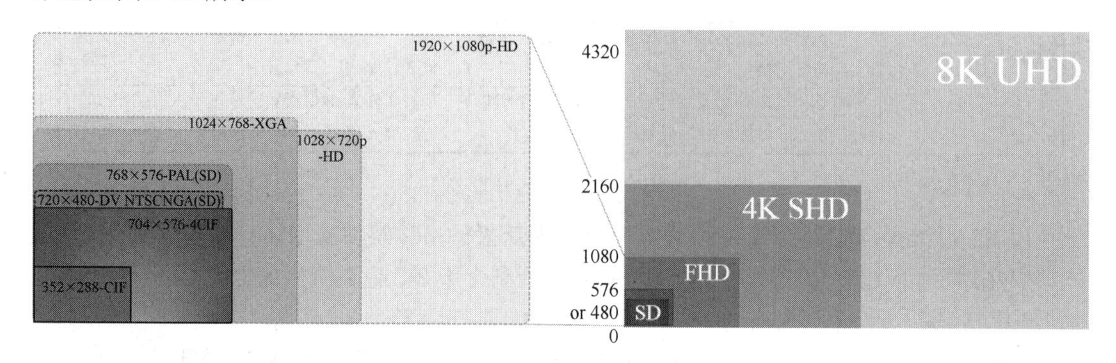

图 3-25　视频图像分辨率格式和像素大小比例示意

视频显示有两种基本方式：隔行扫描和逐行扫描。隔行扫描依赖人眼的视觉暂留特性，使人眼感觉到的是整幅图像。隔行扫描只要原来的一半数据量就可以获得高连续性，缺点是在高亮度物体边缘处易出现闪烁，长时间观看会伤害视力，容易疲劳。

逐行扫描是一次显示图像的所有水平线，作为一帧。当帧频达到要求时，逐行扫描无疑是最佳方案。

人肉眼能够察觉的时间间隔是 20ms 左右，而对于 30 帧/秒的 720p 格式，两帧之间的时间间隔为 33ms，肉眼可以明显察觉到图像的跳动，会感觉眼睛疲劳。所以，720p 的分辨率不能作为行业的发展方向，真正的发展方向是 1080p。

2．视频质量级别

按照视频图像质量，可以将视频图像分为 5 个级别。

（1）高清晰度的视频。高清晰度的视频是指图像分辨率为 1920 像素×1080 像素，帧率为 60 帧/秒，每个像素以 24 比特量化，总数据量（即，保证流畅度、清晰度所需的数据量）在 2Gbps 量级。如果采用 MPEG-2 压缩，其数据率（即，要求的传输速率）为 20～40Mbps。

（2）演播室质量的视频。演播室质量的视频是指图像分辨率采用 CCIR 601 格式。对于 PAL 制式，在正程期间的像素为 720 像素×576 像素，帧率为 25 帧/秒（隔行扫描），每个像素以 16 比特进行量化，总数据量在 166Mbps 量级。如果采用 MPEG-2 压缩，其数据率为 6～8Mbps。

（3）广播质量的视频。广播质量的视频相当于模拟电视机所呈现的图像质量，从原理上讲，应与会议室质量视频没有区别，但由于接收设备分辨率等限制，在接收呈现设备显示的图像质量要稍差些。如果采用 MPEG-2 压缩，其数据率为 3～6Mbps。

（4）录像质量的视频。录像质量的视频是指图像分辨率为广播质量的视频的 1/2，如果采用 MPEG-1 压缩，其数据率约为 1.4Mbps（其中伴音为 200kbps）。

（5）会议质量的视频。会议质量的视频是指采用 CIF 格式，图像分辨率为 352 像素×288 像素，帧率为 10 帧/秒以上。如果采用 H.261 标准压缩，其数据率约为 128kbps（其中包括声音）。

3. 视频编码标准小结

常见的几种视频编码标准小结如表 3-12 所示。

表 3-12 视频编码标准小结

主要项目	H.261	MPEG-1	MPEG-2	H.263	MPEG-4	H.264/AVC	AVS
正式名称	ITU-T H.261	ISO/IEC 11172-2	ITU-T H.262|ISO /IEC13818-2	ITU-T H.263	ISO/IEC 14496-2	ITU-T H.264| ISO/IEC 14496-10	AVS
隔离扫描编码	是	否	是	是	是	是	是
逐行扫描编码	是	是	是	是	是	是	是
最佳比特率范围	64kbps	1～2Mbps	4～20Mbps	≥10kbps	≥10kbps	≥10kbps	216Mbps，288Mbps
主要应用	会议电视	VCD 视频	电视，DVD 视频	会议电视，可视电话，流媒体，移动视频	流媒体，移动视频	会议电视，可视电话，电视，DVD 视频，移动视频	会议电视，可视电话，电视，DVD 视频，移动视频
审批状态	批准	批准	批准	批准	批准	批准	批准
首次批准日期	1988.11	1993	1994.11	1996.3	1999	2003.5	2006
最新批准日期	1993.3	1999	2000	2005.1	2001	2010.3	2021
最小图像尺寸（像素）	172×144	16×16	16×16	16×16	16×16	16×16	8×8
最大图像尺寸（像素）	352×288	4096×4096	65536×65536	2048×1152	65536×65536	4096×2048	8192×4320
运动补偿技术	是	是	是	是	是	是	是
编码转换	是	是	是	是	是	是	是
编码性能	2	3	3	4	4	5	5
支持的比特率	任意	任意	任意	任意	任意	任意	任意
制定标准方	VCEG	MPEG	MPEG，VCEG	MPEG	MPEG	VCEG，MPEG	AVS

3.5 视频编解码应用

3.5.1 视频采集

视频采集是指将来自录像机、监控摄像头、计算机等的视频信号，通过视频采集卡对模拟视频信号进行采样、量化和编码的模拟/数字转换过程。

视频采集方法主要包括：通过视频采集设备获取数字视频；通过视频采集卡把模拟视频转换成数字视频，并按数字视频文件的格式保存下来；从现成的数字视频库中截取；利用计算机软件制作视频、生成动画，如把 flc 或 gif 动画格式转换成 avi 等视频格式；把静态图像或图形文件序列组合成视频文件序列等。

1. 视频采集与接口

视频采集的关键是视频采集卡，采集卡的接口种类较多，接下来介绍几种常见的视频采集卡与接口。

1）复合端口

复合端口也称为 AV 接口，传输亮度/色度（Y/C）混合在一起的视频信号。常用接口有同轴 BNC 接口和 RCA 接口。BNC 接口和同轴电缆结构示意图如图 3-26 所示。

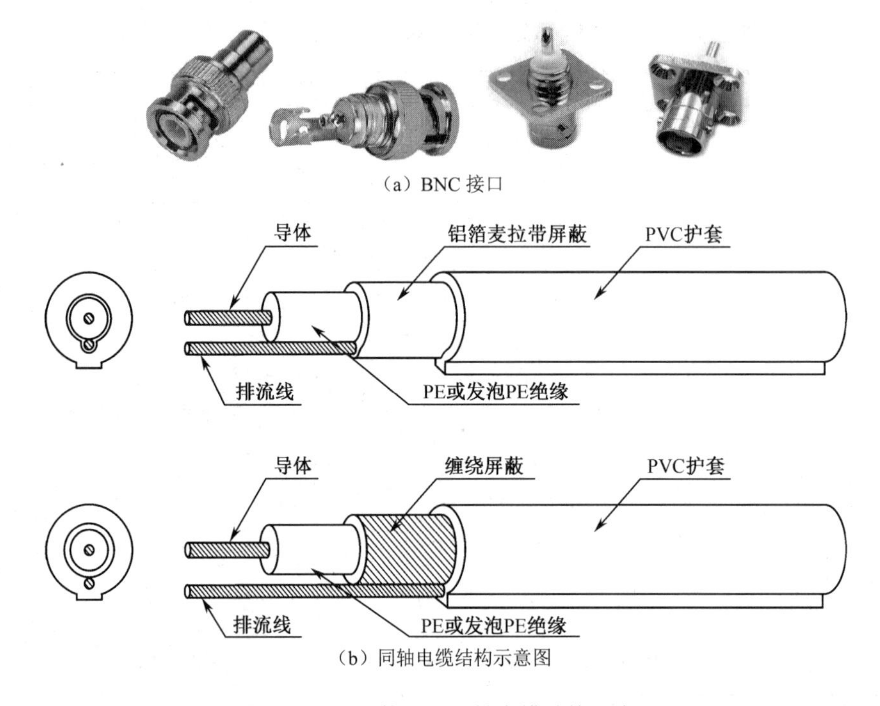

图 3-26　BNC 接口和同轴电缆结构示意图

BNC（Bayonet Nut Connector 或 British Naval Connector 的缩写）接口用于射频信号的传输，包括模拟或数字视频信号的传输。

BNC 接口优点：其所用同轴电缆是一种屏蔽电缆，信号相互间干扰少，传送距离长、信号稳定，主要用于连接工作站等对扫描频率要求很高的系统。如网络设备中的 E1 接口就是用两根 BNC 接头的同轴电缆来连接的，在高档的监视器、音响设备中也经常用来传送音频、视频信号。

BNC 接口缺点：易导致亮/色串扰、清晰度降低等问题，视频信号质量最差。

RCA（Radio Corporation of American，俗称梅花头、莲花头）视频接口，也称为复合视频广播信号（Composite Video Broadcast Signal，CVBS）接口、复合视频消隐和同步（Composite Video Blanking and Sync，CVBS）接口，如图 3-27 所示。

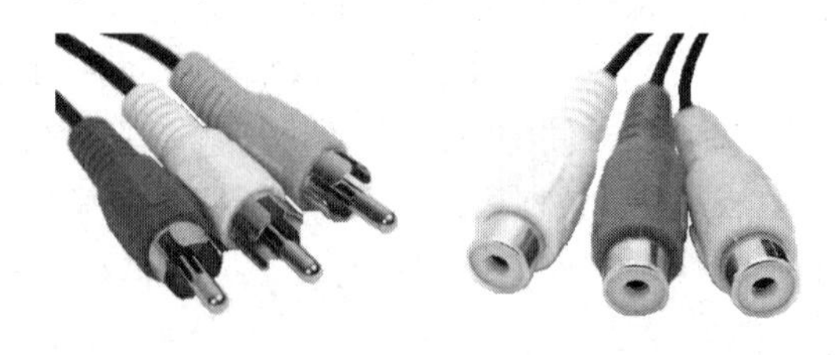

图 3-27　RCA 接口

2）S-Video 信号端子

S-Video 信号端子简称 S 信号端子、S 端子，如图 3-28 所示，它同时传送色度信号 C 和亮度信号 Y 两路信号。由于将亮度和色度分离，色度对亮度的串扰现象消失了。其图像质量优于复合视频信号，但低于分量视频信号。

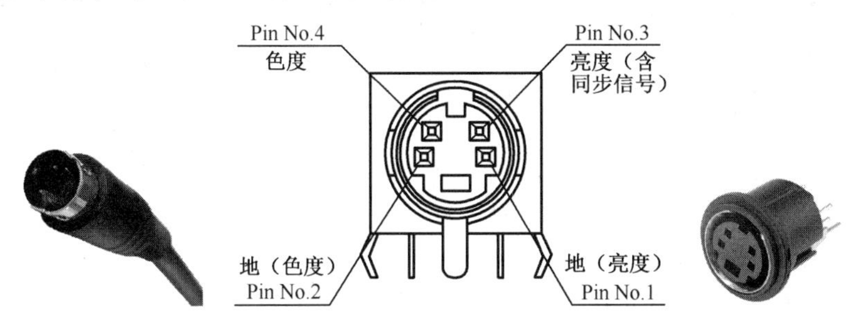

图 3-28　S 端子

S 端子用四芯插头，一些计算机显卡或非线性编辑卡也使用七芯插头，其外形与 S 端子一样，只是包含了复合视频信号。

3）VGA 接口

VGA（Video Graphics Array）接口也称为 D-Sub 接口，是一种 D 型接口，它有 11 根带屏蔽的同轴电缆，是传输模拟信号的标清接口。采用非对称分布的 15 针 HD 型接头，分成 3 排，每排 5 个孔，传输红（R）、绿（G）、蓝（B）模拟信号及同步信号（水平和垂直信号），如图 3-29 所示。

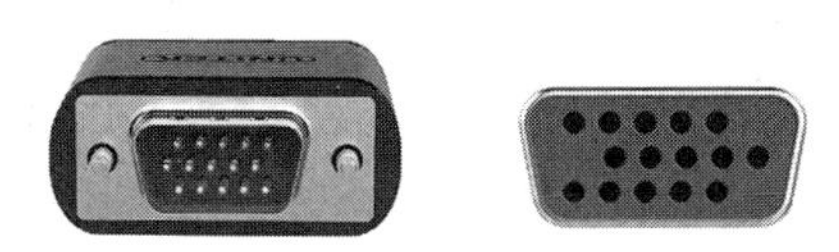

图 3-29　VGA 接口

4）IEEE 1394 接口

IEEE 1394 接口是一种外部串行总线标准，又称火线接口，如图 3-30 所示，传输速率为 800Mbps。IEEE 1394 接口具有将一个输入信息源传来的数据向多个输出设备广播的功能，特别适用于家庭视听设备的连接。该接口可确保视听 AV 设备重播声音和图像数据质量，具有良好的重播效果。

图 3-30　IEEE 1394 接口

5）DVI 接口

DVI 接口是一种用于高速传输数字信号的接口形式，广泛应用于计算机、DVD、高清电视（HDTV）、高清投影仪等设备（见图 3-31）。

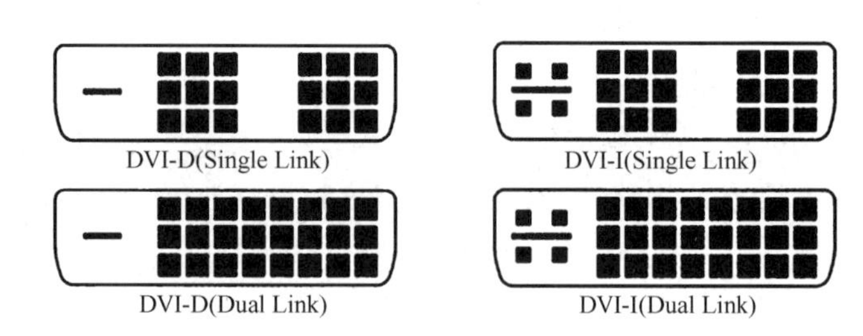

图 3-31　DVI 接口

DVI 和 VGA 接口的比较如表 3-13 所示。

表 3-13　DVI 和 VGA 接口的比较

接口种类	最大分辨率与刷新频率
VGA	2048×1536，60Hz
DVI-I 单通道	1920×1200，60Hz
DVI-I 双通道	2560×1600，60Hz；1920×1080，120Hz
DVI-D 单通道	1920×1200，60Hz
DVI-D 双通道	2560×1600，60Hz；1920×1080，120Hz

6）HDMI 接口

HDMI（High Definition Multimedia Interface）接口即高清晰度多媒体接口，是一种全数字化视频和音频接口，可以传送无压缩的音频信号和高分辨率的视频信号，如图 3-32 所示。HDMI 接口支持各类电视节目与计算机视频格式，包括 SDTV、HDTV 视频画面和多声道数字音频。广泛应用于数字机顶盒、DVD 播放机、个人计算机、电视机、数字音响等设备。

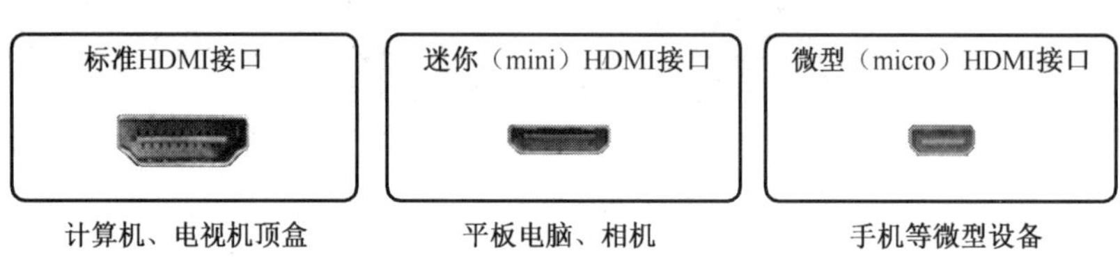

图 3-32　HDMI 接口

7）SDI 接口

数字分量串行接口（又称 SDI 接口），其标准由移动图像和电视工程师协会（SMPTE）制定，是高清数字接口，支持音频传输，如图 3-33 所示。共有 3 种：标准清晰度 SD-SDI，270Mbps；高清标准 HD-SDI，1.485Gbps；3G-SDI，2.97Gbps。这 3 种接口互不兼容，但都与 SDI 接口兼容，它们使用同步网络技术，可进行高速传输。

图 3-33　SDI 接口

8）HDCI 接口

HDCI 接口是美国宝利通公司为生产高清视频会议系统的鹰眼摄像头而制定的接口，

主要用于连接高清鹰眼摄像头和高清主机，采用 60 针接口，如图 3-34 所示。其包含视频传输/摄像头 PTZ 信号控制及电源供给连线。

图 3-34 HDCI 接口

9）DisplayPort 接口

DisplayPort 接口简称 DP 接口，允许音频和视频信号使用一条线缆传输，支持多种高质量数字音频，带宽可达 10.8Gbps。在一条线缆上同时有 4 条主传输通道和一条功能强大的辅助通道。辅助通道带宽为 1Mbps，最大时延仅为 500μs，可以直接作为语音、视频等低带宽数据的传输通道，也可用于无延迟的游戏控制，如图 3-35 所示。

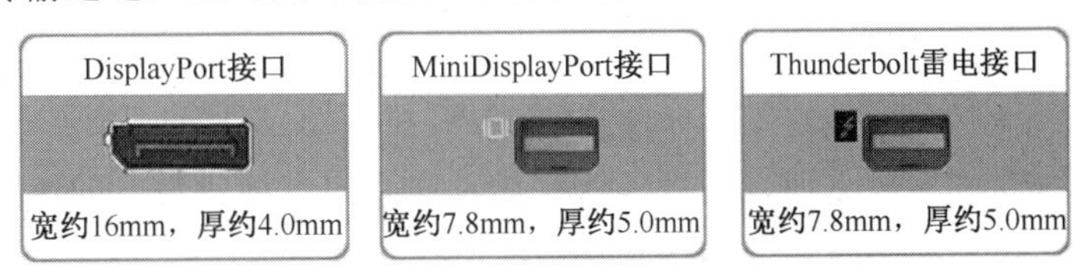

图 3-35 DisplayPort 接口

2. 视频图像编码

视频图像的前处理过程即为视频编码，又称为数字化处理，通常有两种方法。一种方法是先从复合彩色图像中分离出彩色分量，然后进行数字化处理；另一种方法是首先用一个高速 A/D 转换器对彩色全信号进行数字化，然后在数字域中进行分离，以获得所希望的 YC_bC_r、YUV、YIQ 或 RGB 分量数据。下面简单介绍图像采集的两种方式。

RGB 色彩模式是通过对红（R）、绿（G）、蓝（B）三个颜色通道的变化和叠加得到各种颜色的。这个标准几乎包括了人眼所能感知的所有颜色，是运用最广泛的颜色系统之一。计算机显示屏的颜色，都是由 R、G、B 三原色按照不同比例混合而成的。

YUV 色彩空间将亮度信号 Y、色差空间 U 和 V 分别进行编码，然后用同一信道发送。U 和 V 是构成彩色的两个彩色分量，Y 和 U、V 是相互独立的。YUV 显示的优点是黑白电视可接收彩色电视信号；可以利用 YUV 的独立性和人眼的特性来降低数字图像所需的存储容量。

1）信号采样

信号采样很重要的参数是采样频率和分辨率。

亮度信号采样频率 f_s= 13.5MHz；色度信号采样频率 f_c = 6.75MHz 或 f_c = 13.5MHz；每个扫描行的有效样本数均为 720；数字信号取值范围是亮度信号 220 级，色度信号 225 级。对 PAL 制和 SECAM 制，采样频率 f_s = 625（行数/帧）×25（帧数/秒）×N = 15625×N = 13.5MHz，N = 864。对 NTSC 制，采样频率 f_s=525×29.97×N = 15734×N = 13.5MHz，N = 858。其中，N 为每一扫描行上的采样数目。

3.5.2 视频解码与显控

视频解码方法主要分为软件解码和硬件解码。软件解码是指视频编码的解码器软件程序使用 CPU 和显卡资源解码出视频数据，画质受 CPU 和显卡负荷的影响，质量不易保证；硬件解码是由专门设计的解码电路芯片单独完成视频解码，画质好、效率高。

1. 视频解码

视频解码器是对已编码的数字视频进行还原解码操作的程序（视频播放器）或设备，是将视频编码还原为人眼可识别的视频图像信息的系统。

- 显示设备：投影机、电视机、液晶或 LED 等拼接屏、监视器等。
- 视频解码硬件：DVD 机、数字机顶盒、数字高清播放机等。
- 视频解码软件：MP4 解码器、Real Media 解码器、MOV Quick Time 解码器、Divx 解码器、WMV 解码器等。
- 大容量存储设备：存储解压后的数字视频文件。

2. 显示控制系统

显示控制系统简称显控系统，是视频调度控制中心内音视频设备的集成系统，也是调度控制中心内的人机界面系统，显示控制系统将需要呈现的媒体业务系统，通过各种媒体处理设备，以多媒体形式显示与播放，为视频调度人员提供一个信息处理全过程的工作环境。系统要求控制便捷高效，兼容数字处理、网络化控制、传输安全保密、运行稳定可靠，属于视频调度控制中心的基础设施，系统组成如图 3-36 所示。

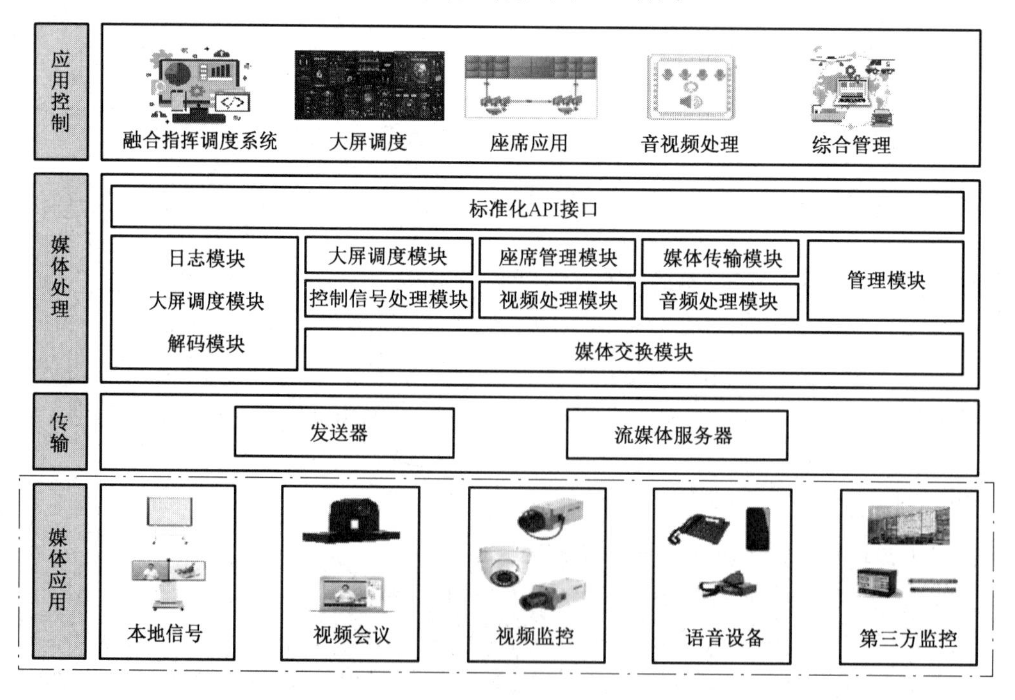

图 3-36 显示控制系统组成示意图

显示控制系统由需呈现的业务系统、显示系统、音响系统、媒体处理系统（视音频信号切换与监视系统）、应用控制系统和配套设备组成。

1）显示系统

显示系统的主要功能是显示计算机图形、图像、文字信息和各种视频信息，是分布在调度控制中心内各个地点的显示设备的总和。根据调度控制中心职能和物理环境的不同，在调度控制中心设计、建设中，可以采用不同显示技术、不同显示方式实现系统的功能。

2）音响系统

音响系统主要由各种模拟和数字音频信号处理设备组成，主要功能是对调度控制中心内外部的音源进行汇集、处理、分配和扩声。详见 3.3 节。

3）媒体处理系统

媒体处理系统是音视频信息集成的核心部分。音视频信号切换与监视系统的主要功能是对计算机信息、视频信号、音频信号进行同步和非同步选择，切换输出到显示系统、音响系统及其他系统；同时可对计算机信息、音视频信号的质量进行跟踪、预览、监听。根据应用需求配置不同容量、不同组合的视音频信号切换与监视系统，并实现调度控制中心要素之间音视频信号的互通。该系统还包括其他许多视频信息处理设备，为调度控制中心内信息融合、图像处理提供支持。

4）应用控制系统

应用控制系统是操作集成的核心部分，管理、协调、控制分布在不同物理位置的受控设备，提供主要的操作界面。控制系统主要功能是实现对受控设备（包括音视频切换器、宽带模拟切换器、大屏幕投影机、灯光控制器、音量控制器、录像机、录音卡座、电视及其他设备）的集中管理与控制。

3. 调度控制

视频调度控制中心以信息网络为基础，集预案、视频、图片、语音、地理位置等信息为一体，是各系统有机互动的信息化设备的集合。通过集成视频监控系统、GIS 信息系统、网络通信系统和应急联动系统，将应急指挥与调度集成在一个管理体系中，通过共享指挥平台和信息平台，实现集中信息、实时研判、快速响应、统一指挥和联合行动。

视频调度控制中心通常担负日常会议、远程视频会议、视频监控、现场指挥、大数据分析、应急联动指挥、联合信息决策、综合指挥调度等任务，其系统组成如图 3-37 所示。

显控系统可实现设备控制、模式切换、声光电控制、大屏控制、录播存储控制，显控系统的人机交互界面，可提供显示系统、视频监控系统、音频控制系统、灯光温度控制系统等融合操作界面，实现高效、便捷的会议服务。

网络 IPC、NVR 等网络信号经过交换机接入，可由矩阵的 DVI 输出卡进行解码输出。用户通过 PC 或手持无线移动设备终端，通过有线或无线网络发送控制指令，实现设备开关机、矩阵切换、大屏显示等功能。工作站信息经 DVI 高清线缆接入矩阵，由用户选择展现在大屏上。

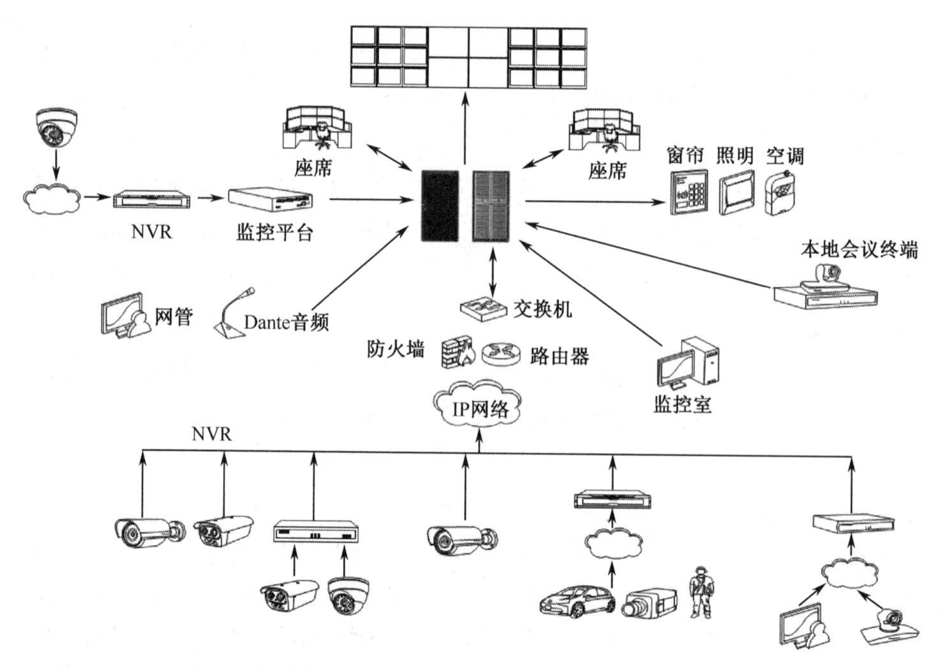

图 3-37 视频调度控制中心系统组成示意图

3.5.3 数字视频文件格式

1. 本地影像视频格式

AVI（Audio Video Interleaved）即音频视频交错格式。所谓“音频视频交错”，就是将视频和音频交织在一起进行同步播放。这种视频格式的优点是图像质量好，可以跨多个平台使用，非线性编辑系统大都支持 AVI 格式；缺点是体积过于庞大，压缩标准不统一。

DV-AVI 格式是由索尼、松下等厂商联合提出的一种家用数字视频格式，可以通过计算机的 IEEE 1394 端口传输视频数据，也可以将计算机中编辑好的视频数据回录到数码摄像机中。这种视频格式的文件扩展名一般是.avi。

MPEG（Moving Picture Expert Group）即运动图像专家组格式，是运动图像压缩算法的国际标准。MPEG 不是一种简单的文件格式，而是编码方案，它采用有损压缩方法减少运动图像中的冗余信息，压缩比可达到 200 : 1。目前，MPEG 视频格式常见的压缩标准是 MPEG-1、MPEG-2、MPEG-4。家庭常用的 VCD、SVCD、DVD 就是这种格式。

DivX 格式是由 MPEG-4 衍生出的另一种视频编码（压缩）标准，也即 DVDrip 格式，它采用 DivX 压缩技术对 DVD 盘片的视频图像进行高质量压缩，同时用 MP3 或 AC3 对音频进行压缩，再将视频与音频合成并加上相应外挂字幕文件而形成的视频格式。其画质直逼 DVD，体积只有 DVD 的几分之一。

MOV 格式是由美国 Apple 公司开发的一种视频格式，默认的播放器是 QuickTime Player，具有较高的压缩比和较完美的视频清晰度，但最大的特点还是其跨平台性，即不仅支持 Mac OS，也支持 Windows 系列。

2. 网络影像视频格式

网络影像视频格式广泛应用于视频点播、网络演示、远程教育、网络视频广告等互联网信息服务领域。

ASF（Advanced Streaming Format）是微软推出的，可以直接使用 Windows 自带的 Windows Media Player 进行播放。它使用 MPEG-4 压缩算法，压缩率和图像的质量都很不错。

WMV（Windows Media Video）也是微软推出的一种采用独立编码方式并且可以直接在网上实时观看视频节目的文件压缩格式。WMV 格式的主要优点包括本地或网络回放、可扩充的媒体类型、多语言支持、环境独立性、丰富的流间关系及扩展性等。

RM 格式是 Real Networks 公司制定的音频视频压缩规范，称为 Real Media，可以根据不同的网络传输速率制定出不同的压缩比，实现在低速率的网络上进行影像数据实时传送和播放，实现在线播放。可以通过 Real Server 服务器将其他格式的视频转换成 RM 视频，由 Real Server 服务器对外发布和播放。

RMVB 格式是一种由 RM 视频格式升级而来的新视频格式。RMVB 视频格式打破了 RM 格式那种平均压缩采样的方式，对静止和动作场面少的画面场景采用较低的编码速率，这样可以留出更多的带宽空间，而这些带宽会在出现快速运动的画面场景时被利用，在保证静止画面质量的前提下，大幅提高运动图像的画面质量，在图像质量和文件大小之间达到了微妙的平衡。

思考题

1. 简述音频、视频编解码的系统组成。
2. 简述音频、视频编解码的技术分类。
3. 简述音频、视频编解码的常用方法。
4. 简述音频、视频播放/呈现系统组成。
5. 简述音频、视频采集系统组成。

第4章　流媒体技术

本章导读

前面介绍了网络视频系统常用音频、视频编解码技术，为满足用户实时流畅观看视频的要求，服务端还需采用流媒体技术对编码后信息进行流化处理。本章重点介绍流媒体技术主要特点、传输方式、基本原理、系统组成和解决方案。

4.1　概述

网络视频系统应用除视频指挥、视频会议、视频监控、远程教学、远程医疗、即时通信等实时视频业务外，还应包括视频点播、视频直播、视频转播等流式检索类型业务，这种媒体传送技术称为流媒体。它只是一种新的媒体传送方式，并非一种新的媒体。

所谓流媒体是指采用流式传输方式在网络上播放的媒体格式，如音频、视频或多媒体文件。流媒体在播放前并不下载整个文件，只将开始部分的内容存入用户终端内存，在用户终端中对数据包进行缓存并使媒体数据正确地输出。流媒体的数据流采用边传送边播放的方式，但在开始时播放有些延迟。

显然，流媒体实现的关键技术是流式传输。流式传输主要是指将整个音频、视频、动画等多媒体文件，经过特定的压缩方式解析成一个个压缩包，由视频服务器向用户终端顺序或实时传送。在采用流式传输方式的系统中，用户不必像采用下载方式那样等到整个文件全部下载完毕，而是只需经过几秒或几十秒的启动时延，即可在用户终端上利用解压设备或软件，对压缩的音频、视频、动画等多媒体文件解压后进行播放和观看。此时，多媒体文件的剩余部分将在后台的服务器内继续下载。与单纯的下载方式相比，这种对媒体文件边下载边播放的流式传输方式，不仅使启动时延大幅缩短，而且对系统缓存容量的需求也大大降低，极大地减少用户的等待时间。

为满足用户在下载媒体的同时进行观看，需要对普通媒体编码信息进行流化处理。各主流流媒体处理厂家都在考虑在其流媒体格式中增加符合国际标准的内容，但目前各厂家提供的流化方案多采用自有技术，如表4-1所示。

流媒体在实现过程中，首先在用户终端创建一个缓冲区，在播放前预先下载一小部分数据作为缓冲，在网络实际连接速度小于播放速度时，播放程序就会使用这部分缓冲区的数据，这样可以避免播放中断，保证播放质量。

表4-1　主流流媒体厂商及其标准

公　　司	流媒体文件格式	媒体类型
Microsoft	ASF（Advanced Stream Format）	视频

续表

公　司	流媒体文件格式	媒体类型
Microsoft	WMV（Windows Media Video）	视频
	WMA（Windows Media Audio）	音频
	AVI（Audio Video Interleaved）	视频
	MPG（Moving Picture Experts Group）	动画
	MP3（MPEG Audio Level 3）	音频
	DAT（Digital Audio Tape）	音频
Real Networks	RM（Real Video/Audio）	视频
	RA（Real Audio）	音频
	RP（Real Pix）	图像
	RT（Real Text）	文本
Micromedia	SWF（Shock Wave Flash）	动画
Apple	MOV（Quicktime Movie）	视频
	QT（Quicktime Movie）	视频
Sorenson	FLV（Flash Video）	视频

1. 主要特点

（1）即点即播，启动时延小。享受流媒体服务的用户，并不是等到所有内容都下载到本地硬盘后才开始播放。利用相应的播放器，节目内容通常只需经过几秒或几十秒的启动时延就会呈现在客户终端上，通过采用后台缓冲技术，在后续播放过程中一般不会出现停帧等播放不连续的现象，即使全屏浏览也不会对播放速度有太大影响。

（2）所需缓存容量低。由于 IP 网络以 IP 分组为传输单元，在整个传输过程中，一个完整的媒体数据可能被拆分为许多 IP 数据分组进行传输、存储、转发，动态变化的 IP 网络使每个 IP 数据分组可能选择不同的路由，到达同一用户终端的时延也就不可能相同。因此，在用户终端需要缓存系统来弥补时延和抖动的影响，并保证 IP 数据分组传输顺序的正确，从而使媒体数据不会因网络暂时拥塞而使播放出现停顿，确保媒体播放的流畅性。虽然流式传输仍需要缓存，但不需要把所有视频、音频、动画内容都下载到用户终端缓存中，降低了对缓存的要求。

（3）实时性要求较高。流媒体的一个重要特征是对媒体的连续性、实时性和时序性要求，尤其在直播、转播视频应用中更为突出。流媒体的实现主要取决于网络带宽和压缩算法的提高，需要 RTP、RTCP、RTSP 等实时传输协议的支持，以保证视频、音频、动画在 IP 网络上的实时传输。随着网络服务质量（QoS）保证和流量工程（TE）等技术的完善，以及视频压缩技术和计算机技术的发展，流媒体的实现已经变得越来越容易。

2. 传输方式

流式传输定义很广泛，现在主要是指通过网络传送视频、音频、动画等媒体的技术总称，其特定含义为通过 IP 网络将影视节目传送到用户终端。实现流式传输有两种方法：实时流式（Realtime Streaming）传输和顺序流式（Progressive Streaming）传输。一般说来，若视频为实时广播，或使用流式传输媒体服务器，或应用 RTSP 等实时传输协议，即为实时流式传输；若使用 HTTP 服务器，文件即通过顺序流式传输。采用哪种传输方式依赖于具体需求。当然，流式文件也可以在播放前完全下载到硬盘。

1）实时流式传输

实时流式传输保证媒体信号带宽能够与当前网络连接状况相匹配，使得流媒体数据总是被实时地传送，因此特别适合于现场事件呈现。实时流式传输支持随机访问，即用户可以通过快进或者后退操作，观看已存储在媒体服务器中前面和后面的内容。理论上讲，实时流媒体一经播放就不会停顿，但事实上仍有可能发生周期性的暂停现象，尤其是在网络状况恶化时。与顺序流式传输不同的是，实时流式传输需要用到特定的流媒体服务器，在系统设置和管理等方面比标准 HTTP 服务器更复杂，还需要特定的网络协议的支持，如 RTSP（RealTime Streaming Protocol，实时流式协议）或 MMS（Microsoft Media Server，微软媒体服务器）协议。

2）顺序流式传输

顺序流式传输是指采用顺序下载方式进行媒体传输，并在下载文件的同时在线观看、回放媒体信息。但在给定时刻，用户只能观看已下载的媒体信息，而不能快进跳转到尚未下载的部分，也不能在传输期间根据网络状况对下载速度进行调整。由于标准的 HTTP 服务器就可以支持这种形式的流媒体传输，而不需要其他特殊协议支持，因此也常常被称为 HTTP 流式传输。顺序流式传输比较适合高质量多媒体短片，如片头、片尾或广告等，但由于其文件在播放前期观看的部分是无损下载的，对信道传输质量要求较高。顺序流式传输不适合长片和有随机访问要求的视频，如讲座、演说与演示。

4.2 基本原理

简单来说，流媒体（流式媒体）是应用流技术在网络上传输的多媒体文件，流技术是把连续的影像和声音信息经压缩处理后存放在网络服务器，供用户边下载边观看或收听的网络媒体传输技术。它不需要等待整个压缩文件下载到用户终端后才可以观看（或收听），既节省了下载等待时间，也减少了终端存储空间。该技术首先在目的用户终端创建一个缓冲区，将播放预先下载的媒体信息作为缓冲。当网络实际连接速率低于播放所需的速率时，播放程序就会取用预先放在缓存区的信息，避免播放信息中断，维持播放的良好品质。

流媒体的实现包括流媒体的采集、编辑、编码、发布、传输、播放 6 个环节。将普通媒体数据采集、编辑、压缩编码形成流式媒体文件进行传输，实现边下载边播放。

（1）数字媒体采集。采集数据包括自主采集、拍摄的音频与视频数据，各种录像带转录、DVD/VCD 转录的音频与视频数据等。

（2）媒体剪辑编辑。这个过程需要大容量硬盘、内存、视频采集卡和音频采集卡等硬件环境，并利用线性编辑和非线性编辑软件工具，完成对媒体的裁剪编辑。

（3）流媒体的编码。利用专用计算机和流媒体编码软件工具，对已编辑媒体文件进行媒体格式转换，使之适合流媒体发布、传输、下载和浏览。

（4）流式文件发布。将制作完成的流式文件转换成标准媒体发布格式，并传送至公共网络服务器上，实现服务器对流媒体数据的存储和控制，满足各类播放产品对用户边下载边播放的需求。

（5）流式文件传输。传输流媒体的网络应支持良好的实时性能，确保媒体传输质量和播放的流畅性。

（6）流式文件播放。利用相关或指定播放器（软件或硬件）实现媒体播放，应选取具有较好后台加速缓冲技术的播放器，保证媒体播放品质。

4.2.1 流媒体传输

流式传输的实现需要合适的传输协议。由于 TCP 需要较多的开销，故不太适合传输实时数据。在流式传输的实现方案中，一般采用 HTTP/TCP 或 RTSP/TCP（UPP）传输控制信息，采用 RTP/UDP 传输实时图像和声音等多媒体数据。

流式传输的一般过程为：用户选择某一流媒体服务后，Web 浏览器与 Web 服务器之间使用 HTTP/TCP 交换控制信息，以便把需要传输的实时数据从原始信息中检索出来；然后，客户机上的 Web 浏览器启动 A/V（Audio/Video）客户程序（A/V 播放器，A/V 客户端），使用 HTTP 从 Web 服务器检索相关参数对客户程序初始化。这些参数可能包括目录信息、A/V 数据的编码类型及与 A/V 检索相关的服务器地址。

A/V 客户程序及 A/V 服务器运行实时流式协议（RTSP），以交换 A/V 传输所需的控制信息。与 CD 播放机或录像机所提供的功能相似，RTSP 提供了操纵播放、快进、快倒、暂停及录制等命令的方法。A/V 服务器使用 RTP/UDP 协议将 A/V 数据传输给 A/V 客户程序，一旦 A/V 数据到达客户端，则 A/V 客户程序即可播放输出。

需要说明的是，在流式传输中，使用 RTP/UDP 和 RTSP/TCP 两种不同的通信协议与 A/V 服务器建立联系，是为了能够把服务器的输出重定向到一个不同于运行 A/V 客户程序所在客户机的目的地址。实现流式传输一般都需要专用服务器和播放器，其工作过程如图 4-1 所示。

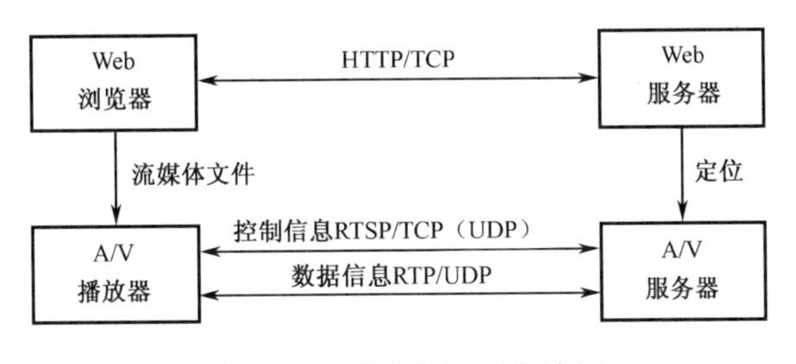

图 4-1　流式传输的工作过程

1. 系统组成

流媒体系统主要由以下 5 部分组成：

- 编辑工具：供流媒体维护人员用于创建、采集和编辑媒体数据，并将媒体格式转换成流媒体格式。
- 流媒体数据：主要包括视频、音频、动画等多媒体信息。
- 服务器：用于存储和控制流媒体数据。
- 传输网络：适合实时多媒体传输的网络。
- 播放器：用于客户端浏览流媒体文件。

2．系统结构

流媒体信息包括视频流和音频流两部分，其中视频流占主要带宽。一个包含音频数据的视频流系统通常由 7 部分组成：原始音频与视频数据、音频与视频压缩、存储设备、应用层 QoS 控制、传输协议、传输网络、音频与视频解码，如图 4-2 所示。

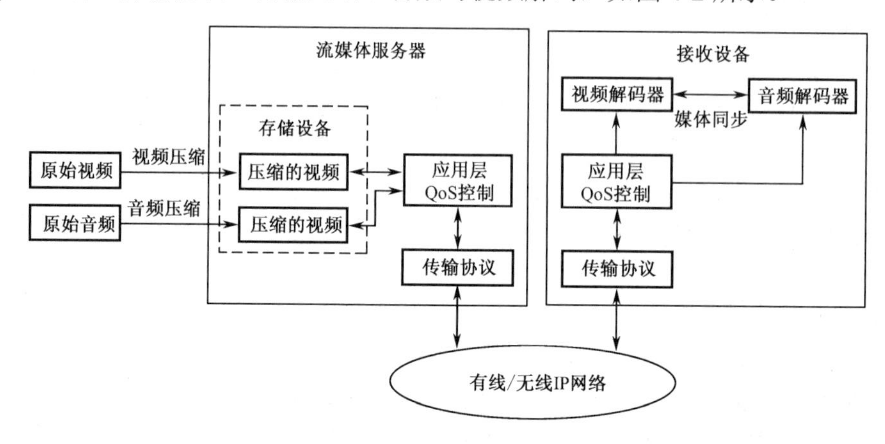

图 4-2　流媒体系统结构

原始视频和音频数据通过视频和音频压缩算法进行预压缩，然后存储在存储设备中。依据用户请求，流媒体服务器从存储设备中检索到压缩的音频、视频数据，应用层 QoS 控制模块根据网络状况和 QoS 要求调节音频、视频比特流。之后，传输协议对压缩的比特流进行打包，把音频、视频数据包或称为分组传送到有线或无线 IP 网络。在 IP 网络上，由于拥塞，数据包可能丢失或经历较长的时延；在无线 IP 网络上，有些分组可能因误码而被破坏。为了提高音频、视频传输质量，流媒体服务器会启用连续媒体发布服务。成功到达接收端的数据分组首先经过传输层，然后经应用层处理，再到视频解码器、音频解码器解码。为了达到视频和音频演播的同步，还需要启动媒体同步机制。

4.2.2　流媒体协议栈

在 IP 网络上传输实时图像（视频）和声音（音频）信息的流媒体，需要在传输层上再加入流媒体的传输和控制协议。流媒体协议栈如图 4-3 所示。

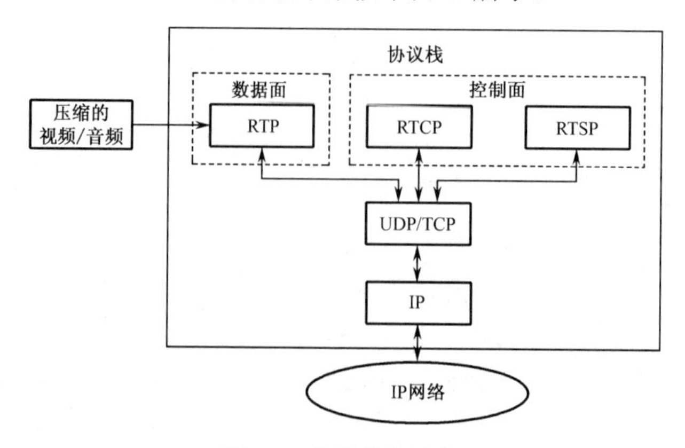

图 4-3　流媒体协议栈

协议栈主要包括：

- 实时传输协议（RTP），详见第 2 章描述。
- 实时传输控制协议（RTCP），详见第 2 章描述。
- 实时流式协议（RTSP）也称为话路控制协议，其主要功能是支持类似 VCR 的操作，如停止、暂停/重新开始、快进和快退，RTSP 采用 UDP 传输信息。
- 资源预留协议（Resource ReserVation Protocol，RSVP）可沿用数据流所选定的路由来预留资源。一旦建立预留，RSVP 会使用路由器来调度分组转发，以维持为该数据流建立的预留，从而保证可靠服务。RSVP 属于传输层协议。

4.2.3 流媒体文件格式

流媒体文件格式是指支持采用流式传输、播放的媒体格式。

1. 压缩文件格式

由于视频、音频媒体经数据化后，数据量很大，形成的媒体文件要占用较大的硬盘空间，也不便于传送，因此必须对其进行压缩编码，使数据量特别大的音频、视频等文件显著减小。经过压缩编码后形成的媒体文件称为压缩媒体文件，有时简称为压缩文件，压缩媒体文件采用的格式称为压缩媒体文件格式。压缩媒体文件格式通过改变数据位的编排而去掉大量的冗余信息，使其比原始文件更小，但它尽量保留了或全部保留了原始媒体的信息。由于压缩过程是自动进行的，并内嵌在媒体文件格式中，因此，在存储文件时常常注意不到这一点。文件压缩过程如图 4-4 所示。

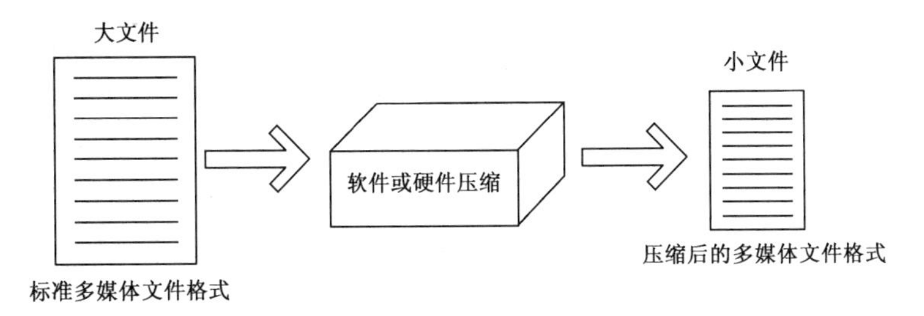

图 4-4　文件压缩过程示意图

表 4-2 所示为常用的视频、音频压缩文件类型。

表 4-2　常用的视频、音频压缩文件类型

文件扩展名	媒体类型与名称	压缩情况
.mov	Quicktime Video V2.0	可以压缩
.mpg	MPEG-1 Video	有压缩
.mp3	MPEG Layer 3 Audio	有压缩
.wav	Wave Audio	没有压缩
.aif	Audio Interchange Format	没有压缩
.snd	Sound Audio File Format	没有压缩
.au	Audio File Format（Sun OS）	没有压缩
.avi	Audio Video Interleaved V1.0（Microsoft Windows）	可以压缩

2．流式文件格式

普通媒体文件也可以在网络上以流的方式播放，但效率不高。将压缩媒体文件进行特殊编码成流式文件时，添加一些附加信息，使其适合在网络上实现流式媒体（流媒体）高效播放。编码过程如图 4-5 所示。

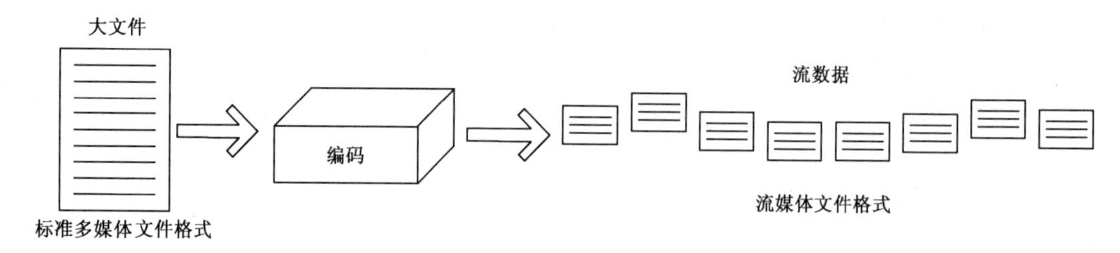

图 4-5　流式文件编码过程示意图

在流式文件格式中，以 Real Video 的.rm 视频格式和.ra 音频格式、微软的.asf 格式、QuickTime 的.qt 格式及 Flash 的.swf 格式最为常用。

（1）Real Video 的.rm 视频格式和.ra 音频格式。.rm 和.ra 格式分别是 Real Networks 公司开发的流式视频 Real Video 和流式音频 Real Audio 文件格式，主要用来在低速率的网络上实时传输运动视频和音频。客户端通过 Real Player 播放器进行播放。

（2）微软的.asf 格式。Microsoft Media 的.asf 格式也是一种流行的网上流媒体格式，这种流式文件使用 Microsoft Media Player 播放器。此外，微软还提出了.wmv 等新的流媒体格式。

（3）QuickTime 的.qt 格式。QuickTime 的.qt 格式是 Apple 公司开发的一种音频、视频文件格式，用于保存音频和视频信息。该格式具有先进的音频和视频功能，支持包括 Mac OS、Windows 等主流计算机操作系统。QuickTime 文件格式支持 25 位彩色、RTF、JPEG 等领先的集成压缩技术，提供了 150 多种视频效果。

（4）Flash 的.swf 格式。Flash 的.swf 格式是基于 Macromedia 公司 Shockwave 技术的流式动画格式，是用 Flash 软件制作的一种格式，源文件为.fla 格式。由于其具有占用空间小、功能性强、交互能力好、支持多个层和时间线程等特点，越来越多地应用到网络动画中。.swf 文件是 Flash 中的一种发布格式，广泛应用于 IP 网络，客户端安装 Shockwave 的插件即可回放。

3．媒体发布格式

媒体发布格式不是压缩格式，也不是媒体传输协议，其本身并不描述视听数据，也不提供编码方式。媒体发布格式是视听数据发布所需的标准化格式，其物理数据无关紧要，仅需要知道数据类型和发布方式即可。以特定方式安排数据有助于流式多媒体的发展，为商业流式媒体产品提供一个开放媒体发布格式，为应用不同压缩标准和媒体文件格式的媒体发布提供一个事实上的标准方法。

随着技术的发展，单个媒体发布格式能包含不同类型媒体的所有信息将成为现实，如计时、多个流同步、版权和所有人信息。实际视听数据可位于多个文件中，而由媒体发布文件包含的信息来控制流的播放。常用媒体发布格式如表 4-3 所示。

表 4-3　常用媒体发布格式

媒体发布格式扩展名	媒体名称
.asf	Advanced Streaming Format
.smil	Synchronised Multimedia Integration Language
.ram	RAM File
.rpm	Embedded RAM File
.asx	Advanced Streaming Text
.xml	eXtensible Markup Language

4.3　典型应用

基于缓存技术的流媒体是准实时传输技术，适用于各类以太网。它以降低对网络的要求、增加时延为代价，时延一般在秒量级。这对于单向广播是察觉不到的，但对双向交流则会感到不适。

以目前的计算机处理能力，完全可以实现软件的音频、视频解码，这决定了客户端的接收成本可以降低，而数据流广播的特性又决定了客户端的数目在技术上是无限的，这就大大降低了系统的成本。

随着网络技术和流媒体技术的发展，流媒体的音频、视频质量有了很大提高，出现了双向交互式、多点交互式的流媒体应用。但是，这样的应用使客户端要配备基于专用硬件的编码器。

流媒体的应用已涉及方方面面，例如，政府部门/企业的多媒体信息网上发布、音频和视频的在线直播，以及视频点播、网络电视、网络广告、远程教学、远程医疗等应用。

1．远程教育

在远程教育中，基本的要求是把信息发送到任意学员终端，而传输的数据是多元化的，如视频、音频、文字、图片等。将这些数据从一端传送到另一端，需要解决的问题是如何将这些数据结合起来达到更好的教学目的，采用流媒体技术是最好的选择。远程教育突破了传统面对面教育的局限，是教育上的革命，随着网络技术进步其应用会越来越广泛。

2．视频点播

对于经常浏览网页的读者来说，宽带网络视频点播（Video on Demand，VoD）已经不是什么新鲜的事情。流媒体技术没有出现时，最初的视频点播应用于局域网和有线电视网中，这样需要在服务器中存取大量的数据，同时还要进行大量的数据传输，导致服务器负担过重，有时根本无法进行在线视频点播。流媒体技术出现后，它采用特殊的压缩编码，使得视频点播应用完全可以跨越局域网而通过广域网传输。客户端采用浏览器的方式进行点播，基本无须维护。同时，使用先进的组播技术，可以对大规模的并发点播请求进行分布式处理，适合大规模的点播环境。

3．网络直播

网络直播是近年来兴起的一项新技术。人们一直习惯于现场直播、卫星直播等，但毕竟现场直播、卫星直播的影响范围有限，而网络的影响日渐壮大，许多公司希望通过网上直播来增强其品牌和产品的影响力，因此推动了网络直播的发展。

4．视频会议

视频会议是流媒体的一项商业用途，通过流媒体可以进行点对点的通信，最常用的技术就是视频电话。只要有一台接入网络的计算机和一个摄像头，就可以与世界任何角落的人进行视频通信。大型跨国公司进行视频会议可以节省大量的金钱和时间。

作为视频通信技术的应用，视频会议和流媒体在技术和应用上有诸多相似之处，但也有许多不同。视频会议作为成熟的通信系统，能够提供实时、双向的音频与视频通信；而作为新技术的流媒体，提供时移、单向的音频与视频通信，具有低成本、高效、易用特点，应用性更加广泛。

从应用角度看，了解视频会议和流媒体的特点及差异，根据用户的需求将两者有机组合，将是一种珠联璧合、相得益彰的视频通信解决方案。

4.4　主流技术

目前，IP 网络上使用较多的流媒体格式主要有 Real Networks 公司的 Real System、Microsoft 公司的 Windows Media Services 和 Apple 公司的 QuickTime，它们是网上流媒体传输系统的三大主流技术，它们都有自己的专利算法、文件格式及传输控制协议，其中，Real System 和 Windows Media Services 使用最为广泛。

4.4.1　QuickTime

Apple 公司于 1991 年开始发布 QuickTime，几乎支持所有主流的个人计算机平台和各种格式的静态图像、视频和动画格式文件，成为最早的视频工业标准。1999 年发布的 QuickTime 4.0 版本开始支持真正的流式播放。

QuickTime 是一个媒体技术集成的工业标准。之所以说集成这个词，是因为 QuickTime 实际上是一个开放式的架构，包含了各种各样的流式或非流式的媒体技术。

QuickTime 本身因平台的便利（Mac OS）而拥有不少的用户。QuickTime 在视频压缩上采用的是 Sorenson Video 技术，音频部分则采用 QDesign Music 技术。QuickTime 最大的特点是其本身具有的包容性，使得它是一个完整的多媒体平台，因此，基于 QuickTime，可以使用多种媒体技术来共同制作媒体内容。同时，它在交互性方面是三者之中最好的。例如，在一个 QuickTime 文件中可同时包含 midi、gif、flash 和 smil 等格式的文件，配合 QuickTime 的 Wired Sprites 互动格式，可设计出各种互动界面和动画。QuickTime 流媒体技术实现需要许多软件的支持，包括服务器 QuickTime Streaming Server、带编辑功能的播放器 QuickTime Player、制作工具 QuickTime 4 Pro、图像浏览器 Picture Viewer，以及使浏览器能够播放 QuickTime 影片的 QuickTime 插件。QuickTime 4.0 支持两种类型的流——实时流和快速启动流，并可使用 QuickTime 技术制作实况转播节目。

4.4.2 Real Media

Real Networks 公司的 Real Media 发展时间比较长，具有很多先进的设计。例如，可伸缩视频技术，可以根据用户计算机运行速度和网络连接质量而自动调整媒体的播放质量；两次编码技术，可通过对媒体内容进行预扫描，再根据扫描的结果来编码从而提高编码质量；特别是智能流技术，可通过持续地调整数据的流量，适应实际应用中不同网络带宽用户的流播放。Real Media 音频部分采用的是 Real Audio，该编码在低带宽环境下的传输性能非常突出。Real Media 基于 SMIL（Synchronous Media Integration Language，同步多媒体集成语言）、Real Pix 和 Real Text 技术，实现交互能力和媒体控制能力。

1. Real System

Real System 由媒体内容制作工具 Real Producer、服务器端 Real Server、客户端软件 Real Player 组成。Real System 流媒体文件包括 Real Audio、Real Video、Real Presentation 和 Real Flash 四类，分别用于传送不同的文件。

1）Real Producer

Real Producer 主要通过压缩来制作多媒体内容文件。例如，把非 Real 格式的音频、视频、动画等多媒体文件，转换成 Real Server 可以识别并进行流式广播的 Real 格式；也可以实时压缩现场信号并传送给 Real Server 进行现场流式直播；同时，还可以创建 Real 的 SMIL 文件，并把事先制作的各种剪辑进行合成，例如，控制每个剪辑的播放时间，对于文字、视频，还可以安排它们的显示位置等。

2）Real Server

Real Server 就像 Web 服务器传送网页一样，能够把事先制作好的媒体内容通过 Internet 传送给客户端。它是一种 IP 网络上的流式传输引擎，利用该引擎可以在客户端实时视听直播节目；Real 公司对外开放 Real Server 的内部结构，提供二次开发的接口，允许第三方厂商对 Real Server 进一步开发来满足客户的功能需求。同时，Real Server 还提供监控客户端收听情况的监控功能模块，如果安装了 Real Report 模块，还可以打印出客户端收听情况的详细报告。

3）Real Player

Real Player 是 Real Networks 公司的网络在线播放器，用来请求并播放 Real Server 传送来的媒体节目。Real Player 不仅能播放 Real Networks 自身产生的流媒体格式文件，如 *.ram、*.rmm、*.ra、*.rm、*.rp、*.rt 等，而且还能播放众多媒体格式的文件，如 SMIL、Shockwave Flash、GIF、QuickTime、MP3 等。

2. 智能流和分流技术

1）智能流技术

Real System 采用智能流技术自动并持续地调整数据流的流量，以适应实际应用中的各种不同网络带宽需求，从而轻松地在网上实现音频、视频和动画的回放。智能流技术是 Real Networks 公司具有代表性的技术。智能流技术从 Real System G2 版本开始引入，它通过 Real Server 将 A/V 文件以流的方式传输，然后利用 SureStream 方式，根据客户端不同的连接带宽，让传输的 A/V 信息自动适应带宽，始终以流畅的方式播放。

软件、设备、数据传输速度不同，用户可以在不同的带宽条件下观看节目。当用户请求一段节目内容时，它同时将其带宽能力信息发送给 Real Server。Real System 的编码工具能把媒体记录成不同速度并把它们存储在同一文件中，这样的 Real Audio 和 Real Video 文件叫作智能流文件。收到用户请求的 Real Server 同时得到用户的带宽能力信息，然后根据用户带宽确定文件中对应带宽的部分，把与请求对应的最高带宽的部分流传输到用户。这样，用户就能获得最高的传输质量。另外，Real Server 还可以根据带宽的变化自动调节流的速率。

如果智能流文件中没有与用户的请求带宽相匹配的编码部分，则 Real Server 就会向用户发送一条匹配带宽的消息。只有使用 RTSP 协议才能传输面向不同带宽编码的智能流文件。

2）分流技术

Real Server 使用分流技术在服务器之间传输直播数据。分流方法可以解决 Real Server 超负荷的问题，使得客户端可以就近访问 Real Server，获得更好的访问质量并减小带宽使用，以服务更多用户。分流技术可以采用 UDP 单播、UDP 组播和 TCP 三种方式进行通信。通过分流，可使一个或多个 Real Server 加入到发送器中，由发送器分散流的数量，而不是所有的请求都到达一个 Real Server。

4.4.3 Windows Media

Microsoft 公司的 Windows Media 是三家之中最后进入这个市场的，但凭借其操作系统的平台便利很快取得了较大的市场份额。它是能适应多种网络带宽条件的流媒体发布平台，包括流媒体的制作、发布、播放和管理等一整套解决方案，另外，还提供了开发工具包（SDK）便于二次开发使用。Windows Media Video 采用 MPEG-4 视频压缩技术，音频方面采用 Windows Media Audio 技术。Windows Media 的关键核心是 MMS 协议和 ASF（Advanced Streaming Format，高级流格式）数据格式，MMS 用于网络传输控制，ASF 则用于媒体内容和编码方案的打包。目前，Windows Media 在交互能力方面是三者之中最弱的，自身的 ASF 格式交互能力不强，但特别适合在 IP 网上传输。

1. Windows Media 系统构成

Windows Media 流媒体技术的实现需要 3 个软件的支持：Windows Media Tools、Windows Media Server 和 Windows Media Player。

1）Windows Media Tools

Windows Media Tools 是整个方案的重要组成部分，它提供一系列的工具帮助用户生成 ASF 格式的多媒体流（包括实时生成的多媒体流）。这些工具分成编码工具和编辑工具两大类。编码工具的主要功能是对各种信号源及其他类型的文件进行压缩编码，并转换为 ASF 格式的多媒体流；编辑工具主要用于对 ASF 格式的多媒体流信息进行编辑与管理。

2）Windows Media Server

Windows Media Server 集成在 Windows 2000 Server 中，是 Media Service 的核心，它对外提供 ASF 流式媒体的网络发布服务，主要功能是完成流信息的播放。播放形式包括单播、广播和组播。Windows Media Server 系统还提供一套主页形式的管理工具，可以方便地对服务器进行远程管理，完成服务器配置，监控运行时的各种事件、流量及控制客户访问的日志记录等。

3）Windows Media Player

Windows Media Player 是一种通用媒体播放器，可以接收音频、视频和流行的多种混合格式媒体文件，支持流媒体、在线视听、实时新闻等，其支持的媒体格式有 MIDI、MP3、MPEG、Microsoft 流式文件、QuickTime 文件、Real 媒体等。Windows Media Player 可以独立使用，也可以 ActiveX 控件的形式嵌入到浏览器或其他应用程序中。

2. Windows Media 服务协议

Windows Media 服务协议包括 MMS（Microsoft Media Server，微软媒体服务器）协议、MSBD（Media Stream Broadcast Distribution，媒体流广播分发）协议和 HTTP（HyperText Transportation Protocol，超文本传输协议）。

1）MMS 协议

MMS 协议是用来访问并接收 Windows Media 服务器中.asf 文件的一种协议。MMS 协议用于访问 Windows Media 发布点上的单播内容，是连接 Windows Media 单播服务的默认方法。若用户在 Windows Media Player 中通过输入一个 URL 地址获取连接内容，而不是通过超级链接访问内容，则它们必须使用 MMS 协议引用该流。

当使用 MMS 协议连接到发布点时，可使用协议转换以获得最佳连接。协议转换首先偿试通过 MMSU（MMS 协议结合 UDP 的数据传送方式）连接客户端，如果 MMSU 连接不成功，则服务器尝试使用 MMST（是 MMS 协议结合 TCP 的数据传送方式）。如果连接到输入索引的.asf 文件且想要快进、后退、暂停、开始和停止流操作，则必须使用 MMS 协议。如果从独立的 Windows Media Player 连接到发布点，则必须指定单播内容的 URL。

如果内容在主发布点通过点播发布，则 URL 由服务器名和.asf 文件名组成。例如，mms://windows_media_server/sample.asf，其中，windows_media_server 是 Windows Media 服务器名，sample.asf 是想要使之转化为流的.asf 文件名。如果有实时内容要通过广播单播发布，则该 URL 由服务器名和发布点别名组成。例如，mms://windows_media_server/LiveEvents，这里，windows_media_server 是 Windows Media 服务器名，而 LiveEvents 是发布点名。

2）MSBD 协议

MSBD 协议用于 Windows Media 编码器和 Windows Media 服务器组件之间流的分发，并在服务器间进行流的传递。MSBD 是面向连接的协议，对流媒体非常有益。MSBD 对于测试客户端、服务器连接和 ASF 内容品质很有用处，但不能作为接收 ASF 内容的主要方法。

3）HTTP

配置 Windows Media 服务器，通过使用 HTTP 协议将内容转化为流。通过调整防火墙策略，使 HTTP 流穿过防火墙。HTTP 流经防火墙由 Windows Media 编码器到 Windows Media 服务器，并可用于连接被防火墙隔离的 Windows Media 服务器。

思考题

1. 什么是流媒体技术？它有哪些特点？
2. 简述流媒体的实现过程。
3. 简述流媒体的系统组成。
4. 简述流媒体的主流技术。
5. 简述流媒体协议栈的标准组成。

第5章 组网模式

本章导读

网络视频组网模式与网络视频技术体制、通信网络技术体制密切相关，是实现网络视频的重要环节。本章将简要介绍承载网络视频的 IP 和 ATM 技术，重点描述 H.320、H.323、SIP 和基于 H.324M 的移动视频系统组网模式。

5.1 网络技术

视频系统组网模式直接与网络视频技术体制、通信网络技术体制密切相关，而网络视频技术体制的产生又与通信网络发展息息相关，因此，研究网络视频组网模式，在掌握网络视频体系框架的基础上，还要进一步了解承载网络视频信息的通信网络相关技术。

网络视频传输可以依托现有通信网络，针对视频通信的要求对现有网络系统功能进行适当调整，实现不同业务类型服务，确保视频信息传输实时、可靠，而无须新建专用的网络。当然，也可以构建专用的网络传输视频信息，但建设投资相对较大，网络资源利用率较低。

5.1.1 网络分类

承载视频信息流实时传输的通信网络是影响媒体网络服务的关键部分。通信网络通常包括骨干网络和接入网络两部分。骨干网络是指与视频前端系统连接的公共网络，如计算机网络、ATM 网络等；接入网络是指视频用户所拥有的局域网络，如 ISDN、xDSL、HFC、以太网、无线网等。

就视频传输信息来讲，目前骨干通信网主要依托有线通信网作为骨干承载网，辅以无线通信网作为延伸。有线通信网大体上可以分为电信网、计算机网和电视传送网等；无线通信网大体上可以分为卫星通信、移动通信、短波通信和微波通信等网络。

1．电信网

电信网通常是指公共电话交换网（PSTN）、分组交换网（PSDN）、数字数据网（DDN）、窄带综合业务数字网（N-ISDN）、异步传输模式（ATM）。电信网络主要采用电路交换、分组交换技术，具有完善的服务质量保证、认证和计费等网络管控机制，但基本上是点对点的交互通信模式，存在着信令较复杂、建立连接的灵活性较差等缺点，通常传输速率为 64kbps～622Mbps。

2. 计算机网

计算机网通常是指采用 TCP/IP 协议实现的异构网络连接，从网络规模来看，可以分为局域网（LAN）、城域网（MAN）和广域网（WAN）。它具有组网方便、灵活的优点，信令协议简单，可以承载数据、图像、语音业务，但缺乏完善的质量保证、认证和计费等机制。对于视频业务传输，需要网络提供必要的服务质量保证，通常传输速率为 10Mbps～10Gbps。

3. 电视传送网

电视传送网通常是指有线电视网（CATV）、混合光纤同轴网（HFC）、卫星电视网等用于广播视频和音频的网络，适于被动式接收广播信息，覆盖范围广、信道频带宽，但不适于交互式通信（改造成双向 HFC 系统后，反向信道噪声尚未妥善解决），缺乏完善的认证和计费机制，通常传输速率为 2～8Mbps。

上述通信网络虽然可以传输视频、音频等多媒体信息，但适用场合、应用范围和传输性能各有不同。本节简要介绍作为骨干通信网的 IP 技术和 ATM 技术。

5.1.2 IP 技术

1. 概述

IP 技术是一种面向无连接的分组交换技术，它可以较容易地集成语音、数据、图像和视频多媒体业务。它对通信网资源的利用率远远高于传统的基于电路交换的通信网络技术，通信费用很低。网络技术和接口技术的发展，使得 IP 技术成为网络普遍采用的技术。

为使计算机组成的网络能够互通信息，需要有一组共同遵守的通信标准，这就是网络协议，不同计算机终端之间必须使用相同的通信协议才能进行通信。在 IP 网络中，TCP/IP（Transmission Control Protocol/Internet Protocol，传输控制协议/网际协议）是使用最为广泛的通信协议。

在计算机网上，传输控制协议（TCP）和网际协议（IP）是配合进行工作的。IP 负责将消息从一台主机传送到另一台主机。消息在传送过程中被分割成一个个小的数据包。TCP 负责收集这些数据包，并将其按适当的次序进行传送，接收端收到后再将其按照发送顺序正确地还原。传输控制协议保证了数据包在传送过程中准确无误。

2. 分层结构

TCP/IP 协议并不完全符合 OSI 的七层参考模型。传统的开放系统互连参考模型（OSI-RM）是一种通信协议七层抽象的参考模型，其中每一层执行某一特定任务。该模型的目的是使各种硬件在相同层次上相互通信。这七层是物理层、数据链路层、网络层、传输层、会话层、表示层和应用层。而 TCP/IP 通信协议采用了四层的层级结构，每一层都请求它的下一层所提供的网络服务来完成自己的需求，如图 5-1 所示。

（1）应用层：负责处理特定的应用程序细节，如简单邮件传输协议（SMTP）、文件传输协议（FTP）、网络远程访问协议（Telnet）等。

应用层	SMTP、FTP和Telnet
传输层	TCP和UDP
网络层	IP、ICMP和IGMP
链路层	设备驱动程序及接口卡

图 5-1　TCP/IP 分层结构

（2）传输层：主要为两台主机上的应用程序提供端到端的通信。TCP 为两台主机提供高可靠性的数据通信。它负责把应用程序交给它的数据分成合适的小块再交给网络层，确认接收到的分组，设置发送和确认分组的超时时钟等。由于传输层提供了高可靠性的端到端通信，因此，应用层可以忽略所有这些细节。UDP 则为应用层提供一种非常简单的服务，它只是把称为数据报的分组从一台主机发送到另一台主机，但并不保证该数据报能够到达另一端，任何必需的可靠性必须由应用层来提供。

（3）网络层：负责提供基本的数据包传送功能，让每一个数据包都能够到达目的主机（但不检查是否被正确接收），如网际协议（IP）。

（4）链路层：也称为数据链路层或网络接口层，管理实际的网络媒体，定义如何使用实际网络（如 Ethernet、Serial Line 等）来传送数据。通常包括操作系统中的设备驱动程序和计算机中对应的网络接口卡，处理与电缆（或其他任何传输媒介）的物理接口细节。

3．接口类型

接口类型主要包括标准以太网（光/电接口）、快速以太网（光/电接口）、千兆位以太网（光/电接口）、万兆位以太网（光接口）、POS 接口（155Mbps、622Mbps、2.5Gbps、10Gbps 等）。

5.1.3　ATM 技术

1．概述

ATM（Asynchronous Transfer Mode，异步传输模式）是 ITU-T 定义的宽带综合业务数字网（B-ISDN）的传输模式，以分组交换模式为基础，综合了电路交换和分组交换的优势，克服了电路交换方式固定速率的缺点，简化了分组通信协议，通过硬件实现对简化通信协议的处理，各交换节点不对信息进行差错控制，提高了通信处理能力。ATM 既支持固定速率传输，又支持可变速率传输，是目前唯一全面支持 QoS 的网络交换技术。

在 ITU-T 的 I.321 建议中定义了 B-ISDN 协议参考模型，如图 5-2 所示。它包括三个面：用户面、控制面和管理面，而每个面又是分层的，分为物理层、ATM 层、ATM 适配层（AAL）和高层。

协议参考模型中的三个面分别完成不同的功能。

（1）用户面：采用分层结构，提供用户信息流的传送，同时具有一定的控制功能，如流量控制、差错控制等。

（2）控制面：采用分层结构，完成呼叫控制和连接控制功能，利用信令进行呼叫和连接的建立、监视和释放。

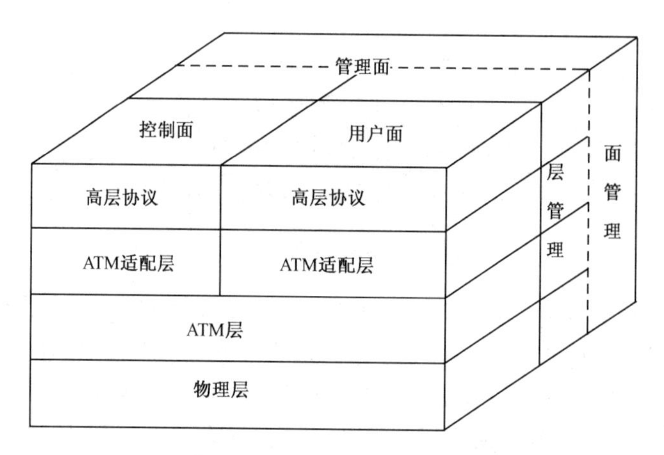

图 5-2　B-ISDN 协议参考模型

（3）管理面：包括层管理和面管理。其中，层管理采用分层结构，完成与各协议层实体的资源和参数相关的管理功能，如元信令。同时，层管理还处理与各层相关的 OAM 信息流。面管理不分层，它完成与整个系统相关的管理功能，并对所有平面起协调作用。

2. 接口类型

ATM 提供两种接口类型：UNI（User Network Interface，用户网络接口）和 NNI（Network Node Interface，网络节点接口）。

（1）UNI：ATM 网中的用户网络接口，是用户设备与网络之间的接口，直接面向用户。UNI 接口定义了物理传输线路的接口标准，即用户可以通过什么样的物理线路和接口与 ATM 网相连，还定义了 ATM 层标准、UNI 信令、OAM 功能和管理功能等。按 UNI 接口所在位置的不同，又可分为公用网的 UNI 和专用网的 UNI（PUNI），这两种 UNI 接口的定义基本上是相同的，只是 PUNI 由于不必像公用网的接口那样过多考虑严格的一致性，所以 PUNI 的接口形式更多、更灵活，发展也更快一些。

（2）NNI：网络节点接口或网络与网络之间的接口，一般为两个交换机之间的接口，定义了物理层、ATM 层等各层的规范及信令等功能，但由于 NNI 接口关系到连接在网络中的路由选择问题，所以特别对路由选择方法做了说明。同样，NNI 接口分为公用网的 NNI 和专用网的 NNI（PNNI），两者差别很大，如公用网 NNI 的信令为 3 号、7 号信令体系的宽带 ISDN 用户部分 B-ISUP，而 PNNI 则完全基于 UNI 接口，仍采用 UNI 的信令结构，但其物理接口可以是单模光纤、多模光纤和同轴电缆。物理接口速率与各类标准的对应关系如表 5-1 所示。

表 5-1　物理接口速率与各类标准的对应关系

帧	数据传输速率/Mbps	介　质		
		多模光纤	单模光纤	同轴电缆
DS1	1.544			√
E1	2.048			√
DS3	45			√
E3	34			√
STS3C/STM-1	155	√	√	
STS12C/STM-4	622	√	√	

3．业务类型

ATM 在 ALL 层为不同类型的业务提供不同的服务，ITU-T 针对各种业务的特点，结合信源和信宿的定时、比特率、连接方式，将业务分为 4 类：AAL1、AAL2、AAL3/4、AAL5，如表 5-2 所示。

表 5-2　AAL 业务分类

业　务	A 类	B 类	C 类	D 类
信源、信宿定时关系	需要		不需要	
比 特 率	固定	不固定		
连 接 方 式	面向连接			无连接
适　配	AAL1	AAL2	AAL3/4、AAL5	

1）AAL1

AAL1 主要用于 A 类传输的协议。A 类传输是指实时的、恒定比特率的、面向连接的传输，如非压缩的音频和视频数据。AAL1 是针对简单的、面向连接的、实时数据流而设计的，除了具有对丢失和误入信元的检测机制，它没有差错检测功能。对于单纯的、未经压缩的音频或视频数据，AAL1 就已经足够了。

2）AAL2

对于压缩的音频或视频数据，数据传输速率随时间会有很大的变化。例如，很多压缩方案在传送视频数据时，先周期性地发送完整的视频数据，然后只发送相邻顺序帧之间的差别，最后发送完整的一帧。当镜头静止不动且没有物体发生移动时，差别帧很小。另外，必须保留报文分界，以便能区分出下一个满帧的开始位置，甚至在出现丢失信元或坏数据时也是如此。由于这些原因，需要一种更完善的协议，AAL2 就是针对这一目的而设计的。

3）AAL3/4

ITU 为服务类 C 和 D 制定了不同的协议（服务类 C 和 D 分别是对数据丢失或出错敏感，但不具有实时性的面向连接和非连接的数据传输服务类）。后来 ITU 发现没有必要制定两套协议，于是便将它们合二为一，形成了一个单独的协议，即 AAL3/4。

AAL3/4 可以按两种模式进行操作，即流和报文。在流模式中不保留报文分界信息，在每种模式中都可能出现可靠的传输和不可靠的传输。以下将集中讨论流模式。

AAL3/4 具有一个其他协议中没有的性能——支持多路复用。AAL3/4 的这一功能允许来自一台主机的多个会话（如远程登录）沿着同一条虚电路传输并在目的端分离出来。使用一条虚电路的所有会话得到相同质量的服务，因为这是由虚电路本身性质决定的。

与 AAL1、AAL2 不同，AAL3/4 具有汇聚子层协议和 SAR 子层协议。从应用程序到达汇聚子层的报文最大可达 65535 字节。

4）AAL5

AAL5 向其应用程序提供两种服务。一种服务是可靠服务（即采用流控机制来保证传输，以防过载）；另一种服务是不可靠服务（即不提供数据传输保证措施），通过不同选项使校验错的信元丢失或将其传送给应用程序（但被标识为坏信元）。AAL5 支持点到点方式和多点播送方式的传输，但多点播送方式未提供数据传输的保证措施。

5.2　H.320 系统组网

5.2.1　系统组成

H.320 视频系统主要由通信网络、多点控制单元（MCU）和终端系统组成，如图 5-3 所示。

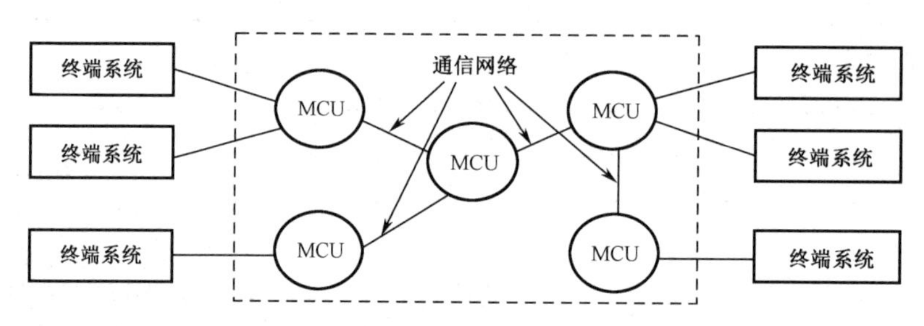

图 5-3　H.320 视频系统组成

1. 通信网络

通信网络包括传输信道和交换网络。传输信道采用 E1 信道，交换网络可以是 PSTN、ISDN、ATM 等，但不同传输网络的原理及结构差异很大，导致视频系统微观部署结构（包括终端系统的连接结构，MCU 的配置方案结构等）有很大的差异。

2. MCU

MCU（Multipoint Control Unit，多点控制单元）是视频会议系统的关键设备，它将来自各会议场点的信息流经过同步分离后，抽取出音频、视频、数据等信息和信令，再将各会议场点的信息和信令送入同一处理模块，完成相应的音频混合或切换、视频混合或切换、数据广播和路由选择、定时和会议控制等过程，最后将各会议场点需要的信息重新组合起来，送往相应的终端系统设备。MCU 还具有自动统一传输速率的功能，同一次会议的所有终端系统应工作在同一速率上，如果与它连接的终端系统速率不一致，那么它会自动选择终端系统的最低速率为工作速率。H.320 MCU 结构图如图 5-4 所示。

1）多点信息处理

MCU 主要处理视频信号、音频信号、数据信号三类数据信息。

（1）视频信号的处理：主要由 MCU 视频处理器完成。MCU 对视频信号一般采用直接分配的方式，若某会议场点有人发言，其图像信号便会传送到 MCU，MCU 将其切换到与其连接的所有其他会议场点。某一单个会议场点需要同时观看多个会议场点的图像时，由 MCU 的视频处理器对多路视频信号进行混合处理。

（2）音频信号的处理：主要由 MCU 音频处理器完成。如果只有一个会议场点发言，MCU 将其音频信号切换到其他会议场点；若同时有几个会议场点发言，MCU 根据会议控制模式选出一个音频信号，将其切换到其他会议场点。音频处理器由语言代码转换器和语言混合模块组成。前者从端口输入的数据流帧结构中分离出各种语言信号，并进行解码，然后送入语音混合器进行线性叠加，最后送入编码器，形成合适的编码形式，插入到输出的数据流中。

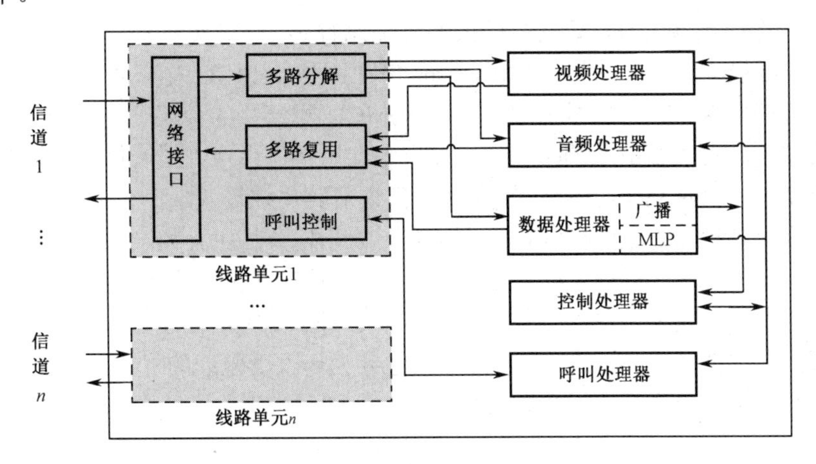

图 5-4　H.320 MCU 结构图

（3）数据信号的处理：主要由 MCU 数据处理器、网络接口模块和控制处理器完成。MCU 数据处理器在主席控制模式下，采用广播方式将某一会议场点的数据切换到其他会议场点；网络接口模块用于校正输入和输出数据流，输入数据流按本地系统的时钟定位，输出方向插入所需的各种信令和信息，形成信道帧，以便输出至通信网络数字信道；控制处理器主要负责决定正确的路由选择，混合或切换音频、视频、数据信号，并对会议进行控制。

2）多点会议控制

在多点视频会议中，各会议场点的与会者间既能彼此看到对方图像又能听到对方的讲话声音，但可能听到的讲话声音并非源于所看到的图像，这完全由多点视频会议的控制模式来决定。

目前，视频会议主要有 5 种控制模式：声控模式、发言人控制模式、主席控制模式、广播/自动扫描模式及连续模式。

（1）声控模式。声控模式的使用极为普通，是全自动工作模式，按照“谁发言显示谁”的原则，由声音信号控制图像的自动切换。

多点会议进行过程中，一般只有一方发言，其他会议场点显示发言者的会场图像。当同时有多个会议场点要求发言时，MCU 从这些会议场点终端系统送来的数据流中抽取音频信号，在语音处理器中进行电平比较，选出电平最高的音频信号，即与会者讲话声音最大的那个会议场点，将其图像与声音信号广播到其他会议场点。

同时，为防止咳嗽、噪声之类的短促干扰造成误切换、双方同时发言造成图像信息的重叠输出等问题，设置声音判决延迟电路，声音持续 1～3s 后方能显示发言者的图像。无发言者时，输出主会场全景或其他图像。此外，在有人发言时应将该系统锁定，这样，由背景噪声等引起的干扰就不会将画面切换到其他场所，从而保证视频会议画面的稳定性。

声控模式对讨论式会议是十分理想的，与会代表可以自由发言。该控制模式仅适用于参加会议的会场数目不多的情况，一般控制在十几个会议场点之内。这是因为，要比较的声音信号数目越多，背景噪声越大，MCU 的语言处理器将很难选出最高电平的语言信号。

（2）发言人控制模式。发言人控制模式一般与声控模式组合使用，与声控模式一样是全自动工作模式，也仅适用于参加会议的会场数目不多的情况。

当召开一次多点会议时，要发言的人通过编码解码器向 MCU 请求发言，此时若按桌上的按钮，或触摸控制盘上的相应按钮，编码解码器便给 MCU 发一个请求信号，若MCU 认可，便将他的图像、语音信号播放到所有与 MCU 相连接的会议终端，同时 MCU 给发言人会场终端一个已“播放”的指示，使发言者知道他的图像、语音信号已被其他会议场点收到。当发言者讲话完毕时，MCU 自动切换恢复到声控模式。

（3）主席控制模式。主席控制模式将所有会议场地分为主会场（只有一个）和分会场两类，由主会场组织者（或称主席）行使会议的控制权，根据会议进展情况和分会场发言情况，决定在某个时刻人们看到哪个会场，而不必考虑此刻谁在发言。

主席可点名某会场发言，并与之对话，其他分会场收听他们的发言，观看发言人图像。分会场发言需向主席申请，确认允许后发言有效，同时申请发言的会场图像被传送到其他各分会场。

这种控制模式具有很大的主动性，控制效果比较好，避免了声控模式中频繁切换图像造成的混乱现象。当然，主会场和分会场的地位在同一次会议中也可以动态转换。

（4）广播/自动扫描模式。广播/自动扫描模式实际上是主席控制模式的一个拓展。首先将画面中某个会场设置为广播机构，而这个会场中的代表可按照事先设定好的扫描间隔定时、轮流地看到本地和其他各分会场，不论此时是谁在发言。

（5）连续模式。连续模式通过将屏幕分隔成若干窗口，使与会者可以同时看见多个会场的情况。

以上介绍了目前视频会议常用的 5 种控制模式。视频会议应用需求的变化将会催生新的控制模式。

3. 终端系统

终端系统是指视频会议中各会场点所需呈现图像和声音单元的总和，其结构如图 5-5 所示。

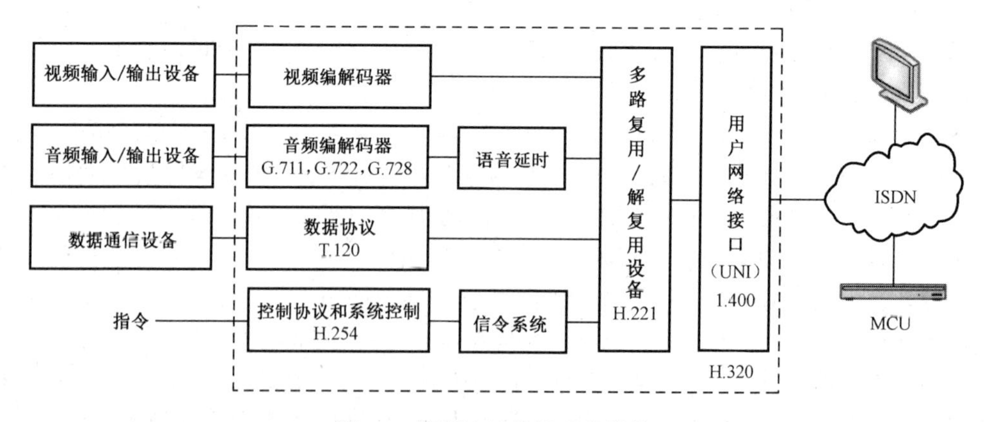

图 5-5　视频会议终端系统结构

（1）视频输入设备。视频输入设备将采集的各种视频信号（模拟或数字）送入视频编码器内进行处理（变换、压缩等）。视频输入设备包括各类摄像机（主摄像机、辅助摄像机和图文摄像机）和录像机。

（2）视频输出设备。视频输出设备接收视频解码器输出的视频信号。视频输出设备包括监视器、投影仪、电视墙等。监视器用于显示接收的图像，适于会议管理人员组织调度或桌面会议；会场规模较大，通常采用投影仪或电视墙呈现图像。

（3）音频输入/输出设备。音频输入/输出设备主要包括麦克风、扬声器、调音设备，以及提供语音激励、多麦克混合、回声抑制等附加的语音设备。

（4）视频编解码器。视频编解码器是视频会议系统的核心，主要完成数字视频信号压缩编码处理，以适于数字信道的传送；将远端已压缩视频信号解压缩后，发送给相应的视频输出设备；对不同电视制式的视频信号进行处理，实现无缝互通；支持 MCU 进行多点切换控制等功能。

（5）音频编解码器。在视频会议系统中，音频编解码器与视频编解码器具有同等重要的核心地位，而音频数据量较小，不会引起瓶颈问题。其主要完成将本会场音频输入设备的模拟信号以 PCM、ADPCM 等方式进行编码，形成 16kbps、48kbps、56kbps、64kbps 四种速率的数字音频信号；远端会场对已压缩的音频信号进行解压缩，送到相应的音频输出设备。

（6）数据协议。数据协议是所有会议场点之间进行各种数据通信的基础，它必须支持电子白板、静止图像传输、文件服务、数据库存取等应用类型，遵循 T.120 协议。

（7）控制协议和系统控制。控制协议保障各终端系统正确运行端到端信令，在系统之间进行能力交换、发送命令和指示信号，以及提供打开和描述逻辑信道的信息。系统控制利用控制协议的控制信令对系统进行控制。视频会议系统各终端系统之间的互通是依据一定的步骤和规程，通过系统的控制来实现的，每一步都由相关的信令信号完成。

（8）多路复用/解复用设备。多路复用/解复用设备可将视频、音频、数据、信令等各种多媒体数字信号组合为 64～1920kbps 的数字码流，成为与用户网络接口（UNI）兼容的信号格式。同时，也可把接收的来自远端场点的比特流分解为各种多媒体信号。此外，复用协议还具有能对图像序列进行编号、差错检测以及采用重传输的方式实现误差校正等功能。

（9）用户网络接口（UNI）。用户网络接口是用户端的终端系统与通信网络信道的连接点，该连接点称为接口，主要完成通信网络与多路复用和解复用模块的匹配问题。

终端系统结构中各模块并不是独立存在的，实际设计时可能会将若干模块集成或嵌入在一起协调工作。各模块并不都是由硬件实现的，目前，除了视频输入/视频输出设备、音频输入/输出设备和用户网络接口（UNI）模块，其余模块均可由软件实现。

5.2.2 组网模式

H.320 视频会议系统的组网结构随与会者参加方式的不同有所不同。从整体上看，有两种组网模式：点对点组网模式和多点会议组网模式。

1. 点对点组网模式

点对点视频会议系统只涉及两个会议终端系统，其组网结构非常简单，可有两种实现方法。

第一种实现方法：两个会议终端通过一个 MCU 实现连接，方便简单，不需要添加其他设备，其组网结构如图 5-6 所示。

第二种实现方法：不经过 MCU，两个会议终端直接采用物理连接，但会议终端需要在系统控制模块中具有会议管理功能，通过接口传递控制协议，实现会议管理控制功能，其组网结构如图 5-7 所示。

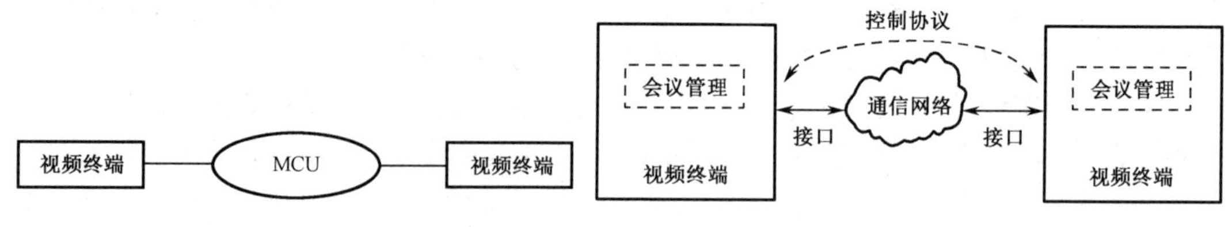

图 5-6　点对点组网模式之一　　　图 5-7　点到点组网模式之二

2．多点会议组网模式

（1）单 MCU 组网模式。在会议场点数目不多且地域分布比较集中时，可采用单 MCU 组网模式，如图 5-8 所示。各会议场点依次加入会议时，必须经过 MCU 确认并通知加入会议的各会议场点。

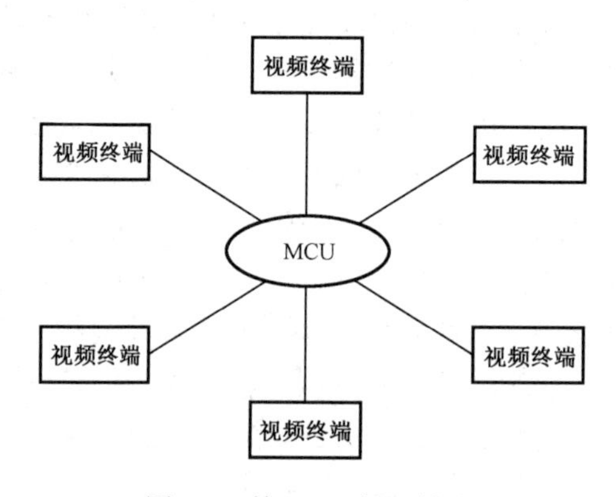

图 5-8　单 MCU 组网模式

（2）级联组网模式。H.320 会议系统由于采用 H.243 标准作为多点会议控制协议，多 MCU 连接采用二级主从级联星形组网结构，每个终端必须和相应的二级从 MCU 建立连接，每个从 MCU 只能与一个主 MCU 建立连接，主 MCU 应处于星形网的中心。从 H.320 全网结构来看，它是一个典型的单汇接点的星形结构，适于部署在各会议场点地域上分散的情况，可利用 ISDN、B-ISDN 或 DDN 等通信网络，实现其组网模式，如图 5-9 所示。

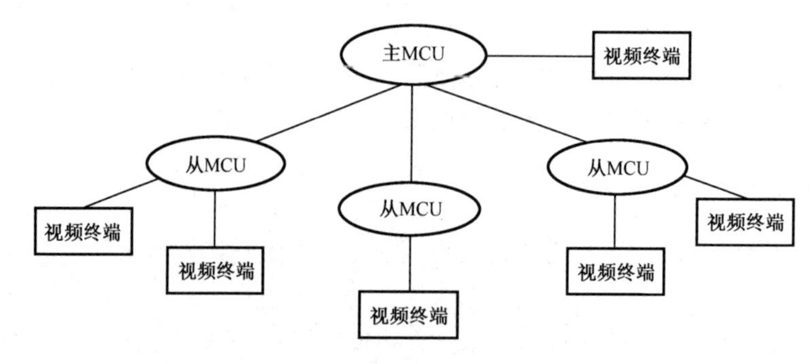

图 5-9　主从 MCU 级联组网模式

多个 MCU 在组网模式中地位不同，有主从之分，下层的 MCU 受上层的 MCU 控制和制约。最适合这种结构的会议控制模式是声控模式和主席控制模式。

5.3 H.323 系统组网

5.3.1 系统组成

首先我们给出以下术语的定义。

（1）区域：由网守（GateKeeper，GK）管理的所有终端、网关（GateWay，GW）及多点控制单元（MCU）的集合。一个区域至少包含一个终端，而且必须有且只有一个网守。区域与网络拓扑无关，可以由路由器或其他设备连接所构成的多个网段。

（2）H.323 的实体：H.323 系统中的各逻辑组成部分，包括终端、网关、MCU、多点控制器（MC）、多点处理器（MP）。

（3）端点：一个 H.323 终端、网关或 MCU 设备，它可以发起呼叫或被呼叫、发起或终止信息流。

1. 体系结构

采用 H.323 体系结构的 IP 网络视频系统主要由会议终端、MCU、网关和网守四部分组成，如图 5-10 所示。

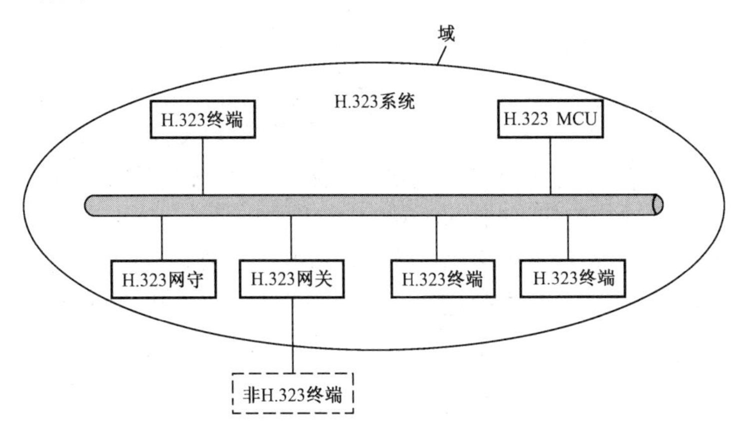

图 5-10　H.323 系统组成

1）终端

H.323 终端是 H.323 系统的基本组件，是网络的端点，可以发起呼叫或被呼叫、发起或终止信息流；可以与其他 H.323 终端、网关和 MCU 进行实时双向通信；可以提供不同组合的信息，如语音、语音和数据、语音和视频、语音视频和数据等。

如图 5-11 所示，H.323 终端包括音频编解码器、视频编解码器、数据处理单元、H.225.0 层、系统控制单元及分组网络接口等。

（1）音频编解码器。音频编解码器对来自麦克风的音频信号进行编码、发送，对接收到的音频码进行解码并输出到扬声器。所有 H.323 终端必须有 1 个音频编解码器，且必须支持 G.711 语音编解码。所有终端必须能够发送和接收 A 律或 μ 律的语音；经过 H.245 协商，终端可以发送或接收多路音频信道；通过 H.245 能力交换，编解码器得到音频算法；H.323 终端必须支持非对称音频操作。

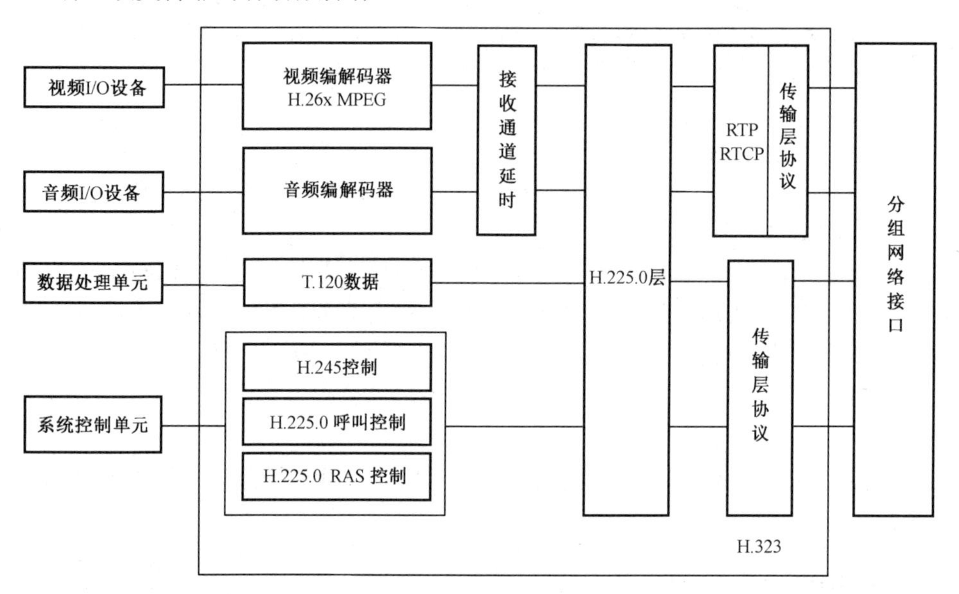

图 5-11 H.323 终端体系结构

（2）视频编解码器。它是可选单元，对来自视频源的视频进行编码发送，对接收到的视频进行解码并输出到视频显示器。提供视频通信的 H.323 终端必须支持 H.261 QCIF 编解码，也可以支持 H.261 或 H.263 等其他模式编解码；H.263 终端必须支持 H.263 QCIF；H.263 CIF 或更高分辨率的终端也必须支持 H.261 CIF；网络中的 H.261 和 H.263 编解码器必须不带 BCH 纠错和纠错帧；经过 H.245 协商，终端可以发送或接收多路视频信道；通过 H.245 能力交换，编解码器得到视频比特率、图像格式和算法选项；H.323 终端必须支持非对称视频比特率、帧率和图像分辨率操作。

（3）分组网络接口。在标准中未具体描述，但网络接口必须在 H.225.0 建议中提供服务描述，对 H.245 控制信道、数据信道和呼叫信令信道，必须提供可靠的（TCP）端到端服务；对音频信道、视频信道和 RAS 信道，必须提供不可靠的（UDP）端到端服务。取决于应用、终端能力和网络配置，服务可以是单工或双工、单播或组播。

（4）数据处理单元。数据处理单元利用 T.120 标准，通过数字信道支持远程信息处理应用，如白板、应用共享、文件传输、静态图像传输、数据库访问、音频图像会议等应用。T.120 是实时音频图像会议的标准数据应用，其他应用和协议也可以通过 H.245 协商使用。

（5）系统控制单元。系统控制单元为 H.323 终端的正确操作提供信令，能够提供呼叫控制、能力交换、命令与指令的信令和消息等。

（6）H.225.0 层。H.255.0 层对发送的音频、视频、数据和控制流进行格式化，形成消息输出到网络接口；从网络接口接收到的消息中提取音频、视频、数据和控制流；对每种媒体流完成逻辑成帧、顺序编号、差错检测和校正。

需要说明的是，与之配套的音频设备、视频设备、网络接口、数据应用及其相关用户接口、人机用户系统控制，均不在标准的终端单元定义范畴中。

- 配套的音频设备：提供语音激励功能的麦克风和扬声器、电话机或等效设备、多麦克风混合器及回音抵消设备。
- 配套的视频设备：对摄像机和监视器的选择和控制，改善压缩效果或提供拆分屏功能的视频处理。
- 配套的网络接口：根据国际标准或国内标准，提供与分组交换网的接口并支持适当的信令和电平。
- 数据应用及其相关用户接口：在数据信道上使用 T.120 或其他数据服务。
- 人机用户系统控制：用户接口和操作。

2）网关

网关（GW）是 H.323 系统的可选组件，是网络中 H.323 系统的端点。网关为分组网络 H.323 终端与电路交换网络或移动网络其他 ITU 终端之间、其他 H.323 网关之间提供实时双向通信。其中包括，在 H.323 设备与其他 ITU 标准相兼容的终端之间，实现传输格式（如 H.225.0 到 H.221）和通信规程（如 H.245 到 H.242）的转换功能；在分组网络终端和电路交换网络终端之间，完成语音和图像编解码器转换、呼叫建立和拆除工作。ITU 标准相兼容的终端包括 H.310、H.321、H.322、H.324、H.324M 及 V.70 标准终端。

3）网守

网守（GK）是 H.323 系统的可组选件，其功能是向 H.323 节点提供呼叫控制服务。当系统中存在 H.323 网守时，它为 H.323 终端、网关和 MCU 提供地址转换、接入控制、带宽控制、网关定位等必需功能，以及带宽管理、呼叫鉴权、呼叫控制信令和呼叫管理等可选功能。H.323 终端、网关和 MCU 在每次呼叫建立之前，都必须首先到网守完成登录并获得许可。网守与 H.323 终端、网关和 MCU 在逻辑上是功能分离的，物理上可以将网守的功能融入 H.323 终端、网关和 MCU 设备中。

4）MCU

MCU 是网络中 H.323 系统的端点，由必需的 MC 和可选的 MP 两部分组成。最简单的情况下，MCU 可以只有一个 MC 而没有 MP。

MC 是网络中的一个 H.323 实体，它为 3 个或更多终端及网关参加一个多点会议提供控制功能，它也可以连接两个终端构成点对点会议，随后再扩展为多点会议，处理端点间的 H.245 控制信息，与所有终端进行能力协商，从而决定它对视频和音频的处理能力，以达到协同的通信能力。MC 不进行音频、视频或数据信息的混合、切换和处理。

MP 是网络中的一个 H.323 实体，提供在多点会议中对音频、视频或数据流的集中处理。MP 在 MC 控制下提供对媒体流混合、交换或其他处理能力。根据会议类型，MP 可以处理单一媒体流或多个媒体流。

MC 和 MP 可能存在于一台专用设备中，或作为其他的 H.323 组件的一部分，如图 5-12 所示。

2. H.323 通道

H.323 用通道的概念对通信的两个实体进行信息交换结构化，这里的通道是指传输层的一个连接。

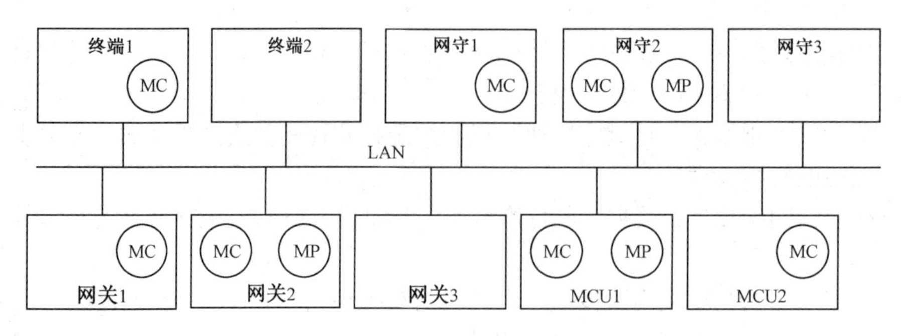

图 5-12　MCU 的 MP 和 MC

（1）RAS 通道。在 H.225.0 协议中，描述该通道用于端用户与它们的 GK（网守）的通信。通过 RAS 通道，端用户登录到 GK 上，并请求允许它呼叫另一个端用户。如果请求获得同意，则 GK 回送一个传输地址（含 IP 地址和端口号）作为被叫点的呼叫信令通道。

（2）呼叫信令通道。在 H.225.0 和 H.450.x 协议中，描述该通道用于承载呼叫和补充业务的控制信息，这个通道采用类似于 Q.931 的协议，呼叫建立后，H.245 控制通道的传输地址将在本通道内指明。

（3）H.245 控制通道。H.245 控制通道用于承载 H.245 协议的信息，该信息用于具有能力交换支持的媒体控制。在参与呼叫的各方完成能力交换之后，通过本通道创建媒体的逻辑通道。

（4）媒体的逻辑通道。媒体的逻辑通道用于承载语音、视频和其他媒体信息，每个媒体类型承载在一对单向通道上，每个方向上采用 RTP 和 RTCP。H.323 规定 RAS 通道和媒体逻辑通道承载在不可靠的传输协议（UDP）上，H.245 控制通道指定在可靠的传输协议（TCP）上。

5.3.2　组网模式

视频系统的组网模式随参会者召开会议和参加会议的不同方式有所差异。从整体上看，有两种组网模式：点对点组网模式和多点会议组网模式。

1．点对点组网模式

点对点视频会议系统只涉及两个会议终端系统，组网结构非常简单。具体细节，可以参考 5.2.2 节中 H.320 的点对点组网模式。

2．多点会议组网模式

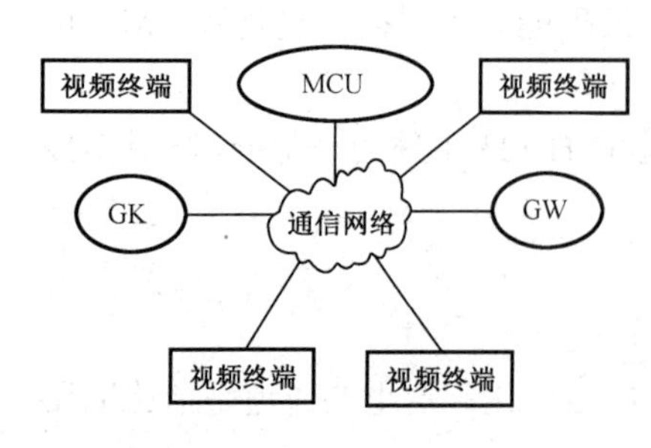

图 5-13　单 MCU 组网模式

（1）单 MCU 组网模式。在会议场点数目不多且地域分布比较集中时，可采用单 MCU 组网方式，这种网络结构中，每个 H.323 的终端（包括 H.323 MCU）都通过本身主机网卡挂接在网络上。H.323 MCU 实际上是一台多媒体会议服务器单元（类似于 Web 服务器、E-mail 服务器、数据库服务器等），它为网上的多媒体会议提供多点会议服务。该结构终端数量依 MCU 能力而定，不宜大规模组网使用，其组网模式如图 5-13 所示。

（2）多 MCU 单级组网模式。在会议场点数目多且地域分布比较广泛时，可采用多 MCU 组网方式，它可以分布式地部署在全网的不同地点，从而控制和调节网络的会议流量，起到分流的作用。每个 H.323 的终端（包括 H.323 MCU）都通过本身主机网卡挂接在网络上。这种结构对会议终端要求较低，增加会议场点时易扩充实现。MCU 功能类似于交换机，各 MCU 在组网结构中地位平等，会议终端根据单位隶属关系或地域关系逻辑上受控于某个 MCU。由于该组网模式的会议场点数目较多，其会议控制模式宜采用主席控制模式。组网模式如图 5-14 所示。

（3）多级 MCU 级联组网模式。多 MCU 利用传统通信网络，逻辑上实现多级 MCU 级联组网结构，适用于部署在各会议场点地域上很分散的情况，这种级联结构覆盖的地域很广，不仅易于扩充，而且易于管理。在组网结构中，多个 MCU 的地位是不同的，有等级之分，下级 MCU 受上级 MCU 的控制和制约，会议终端根据单位隶属关系或地域关系逻辑上受控于某个 MCU。最适合这种结构的会议控制模式是声控模式和主席控制模式，其组网模式如图 5-15 所示。

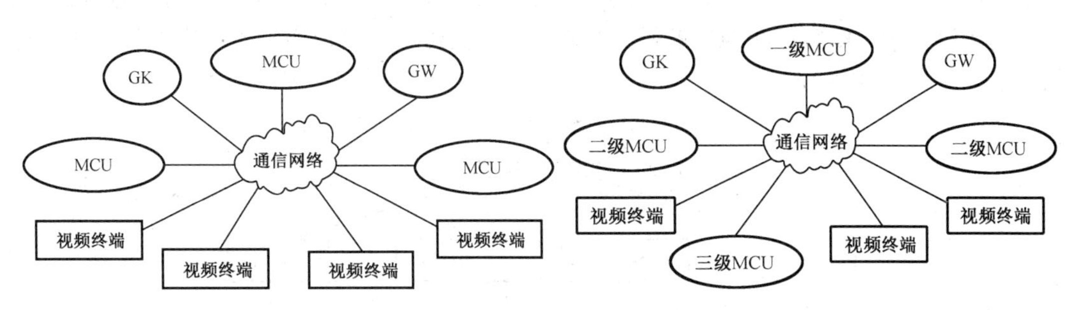

图 5-14　多 MCU 单级组网模式　　　　图 5-15　多级 MCU 级联组网模式

（4）MCU 逻辑池组网模式。MCU 逻辑池组网模式利用传统通信网络，逻辑上将多个 MCU 设置为一个 MCU 池，为所有视频终端提供统一服务。它适于部署在各会议场点地域上很分散的情况，不仅易于扩充，而且易于资源统一管理。各 MCU 在组网结构中地位是平等的，无等级之分，对用户而言，实现方便灵活，其组网模式如图 5-16 所示。

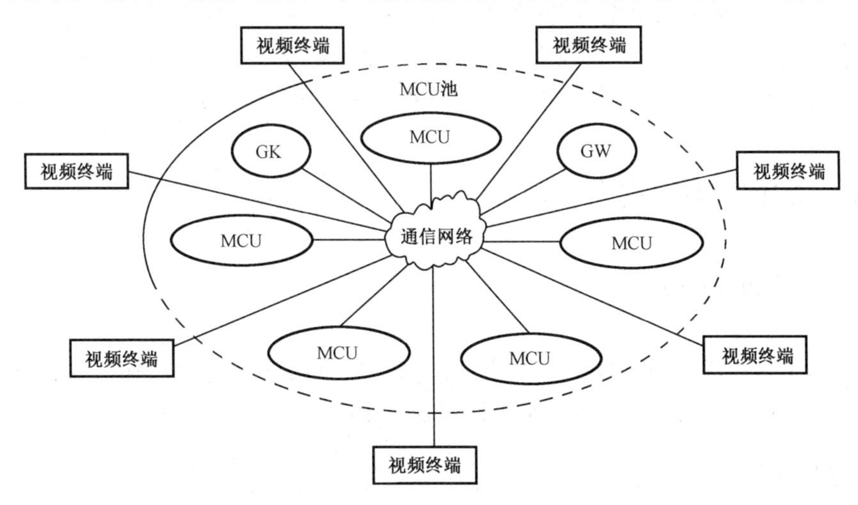

图 5-16　MCU 逻辑池组网模式

3．多网守组网模式

在大型网络系统中，通常存在多个网守（GK），拓扑结构可分为平面网状结构和分级分层结构。

平面网状结构适用于规模较小的网络，GK 要管理的域数目较少，如图 5-17 所示。

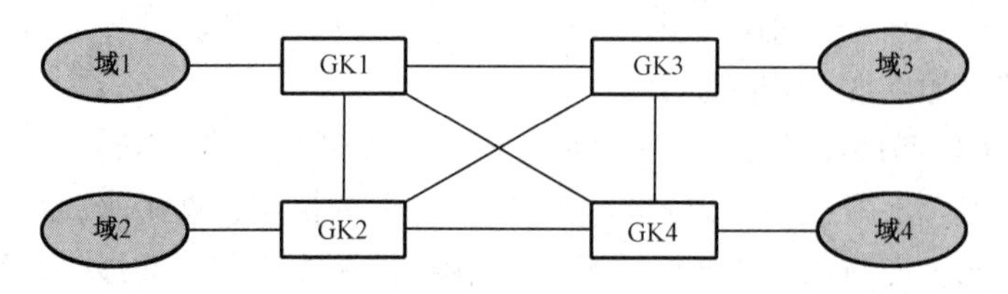

图 5-17　平面网状结构 GK 组网模式

分级分层结构适用于规模较大的网络，GK 需管理的域数目较多，下级负责管理域内终端设备、网关和 MCU 的号码地址转换。每个 GK 只与一个上级 GK 互通，当跨域通信时，需经过上级 GK 查询和地址解析。当新增下级 GK 时，由上级 GK 负责配置，便于网络扩展，如图 5-18 所示。

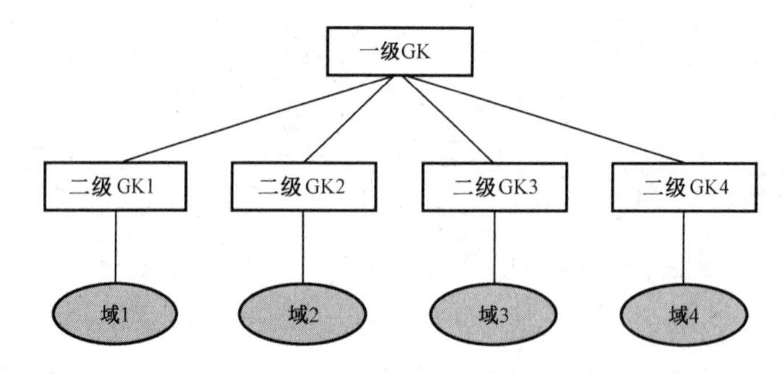

图 5-18　分级分层结构 GK 组网模式

在实际组网应用中，根据用户数目和未来发展规划决定 GK 组网模式。由于网守的 IP 地址或域名需要在终端、MCU 和网关中设置，在进行网守扩容或调整网守管理范围时，需要通知用户更改配置，这带来很大不便。在 H.323 v4 版本中提出目录 GK 的概念，终端设备先与目录 GK 联系，由目录 GK 通知终端所属 GK 的 IP 地址或域名。

5.4　SIP 系统组网

5.4.1　系统组成

SIP 是基于客户/服务器（C/S）的系统结构，网络组件分为用户代理（User Agent，UA）和网络服务器。SIP 系统组成示意图见图 5-19。

1．用户代理

用户代理（UA）是终端用户设备，又称为 SIP 终端，是 SIP 系统中的最终用户，在 RFC 3261 中将其定义为一个应用，用于创建和管理 SIP 会话中的移动电话、多媒体手持设备、PC、PDA 等。根据在会话中扮演角色的不同，它们被分为两部分：用户代理客户端（User Agent Client，UAC），负责发起呼叫；用户代理服务器（User Agent Server，UAS），负责接收呼叫并做出接收、拒绝和转接的响应。二者组成用户代理，存在于用户终端中。按照是否保存状态，UA 可分为有状态用户代理、有部分状态用户代理和无状态用户代理，其体系结构如图 5-20 所示。

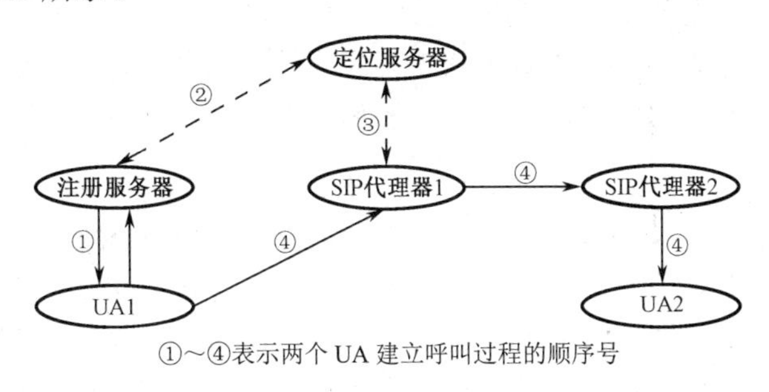

图 5-19　SIP 系统组成示意图

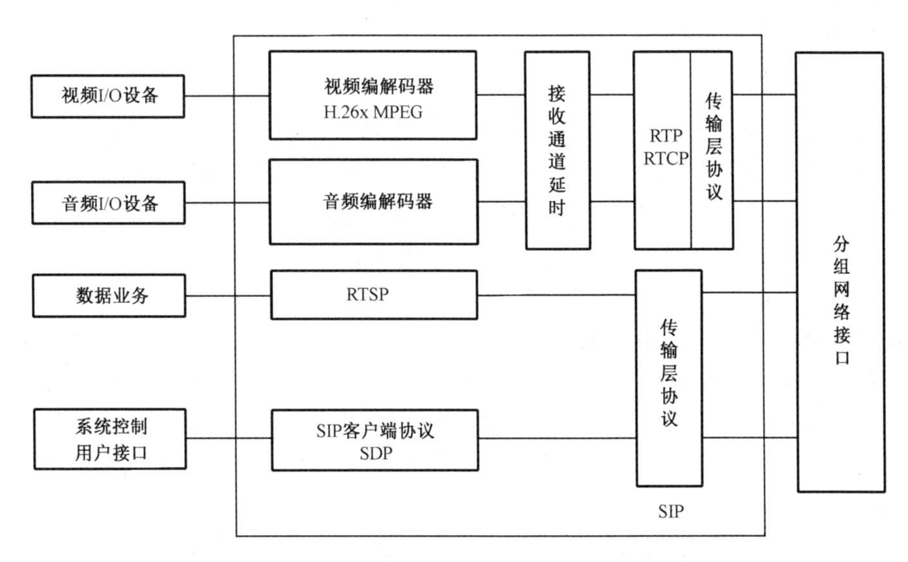

图 5-20　SIP 终端体系结构

2. 网络服务器

网络服务器可以看作一个应用服务，主要包括 SIP 代理服务器、重定向服务器、注册服务器和定位服务器。

1）SIP 代理服务器

SIP 代理服务器（Proxy Server）是一个 SIP 系统中间元素，代表用户客户机发起请求，既充当服务器又充当客户机的媒介程序，具有解析名字的能力，负责接收 SIP UA 的会话请求并查询 SIP 注册服务器，获取收件方 UA 的地址信息。然后，根据网络策略将会话邀请信息直接转发给收件方 UA（如果 UA 位于同一域中），或转发给代理服务器（如果 UA 位于另一域中），并根据收到的应答对用户做出响应。代理服务器在转发请求之前，根据需要对收到的消息进行解释、改写和翻译后再发出，主要功能是路由、认证鉴权、计费监控、呼叫控制和业务提供等。

2）重定向服务器

重定向服务器（Redirect Server）在接收 SIP 代理服务器请求后，将 SIP 会话申请信息定向到外部域，并返回给 SIP 代理服务器。SIP 重定向服务器可以与 SIP 注册服务器和 SIP 代理服务器安装于一台设备中，用于在需要时将用户新的位置返回给呼叫方。呼叫方可根据得到的新位置重新呼叫，重定向服务器主要完成路由功能，并不发起请求，也不发起终止呼叫，与注册过程配合可以支持 SIP 终端的移动性。

3）注册服务器

注册服务器（Register Server）用于接收和处理用户客户机的注册请求，检索其 IP 地址和其他相关信息，完成用户地址的注册和鉴权，并将注册结果信息回送给 SIP 代理服务器。注册服务器包含本域中所有 UA 位置的数据库。注册服务器一般配置在 SIP 代理服务器和重定向服务器之中，并且一般具有定位服务器的功能。用户每次开机都需要向注册服务器注册，当用户客户机地址发生变化时需要重新注册，注册信息必须定期刷新，通常将注册信息保存在定位服务器中。

4）定位服务器

定位服务器（Location Server）可以不使用 SIP 协议，其他 SIP 服务器可以通过非 SIP 协议（如 SQL、LDAP 和 CORBA 等）来连接定位服务器。定位服务器的主要功能是提供位置查询服务，主要由代理服务器或重定向服务器查询被叫方可能的地址信息。

以上几种服务器可共存于一个设备，也可以分布在不同的物理实体中。SIP 服务器完全是纯软件实现的，可以根据需要运行于各种工作站或专用设备中。

UAC、UAS、代理服务器、重定向服务器是在一个具体呼叫事件中扮演的不同角色，而这样的角色不是固定不变的。一个用户终端在会话建立时扮演 UAS，而在主动发起拆除连接时，则作为 UAC。一台服务器在正常呼叫时的作用为代理服务器，而如果其所管理的用户移动到了别处，或者网络对被呼叫地址有特别策略，则它将作为重定向服务器，告知呼叫发起者该用户新的位置。

理论上，SIP 呼叫可以只有双方的 UA 参与，而不需要网络服务器。设置管理服务器主要用于维护管理，可以实现用户认证、管理和计费等功能，并根据策略对用户呼叫进行有效控制，同时可以引入一系列应用服务器，提供丰富的智能业务。

5.4.2 组网模式

SIP 组网方式灵活，可根据情况定制。网络中的服务器的分工有别。位于网络核心的服务器，处理大量请求，负责重定向等工作，对每个会话是无状态记录的，只处理个别消息，而不必跟踪每个会话的全过程；位于网络边缘的服务器，处理局部有限数量的用户呼叫，对于会话是有状态记录的，负责对每个会话进行管理和计费，需要跟踪每个会话的全过程。这样，既保证了对用户和会话的可管理性，又使网络核心负担大大减轻，实现可伸缩性，基本可以接入无限量用户。SIP 网络具有很强的重路由选择能力，具有很好的弹性和健壮性。

SIP 协议通信组网模式随参会者召开会议和参加会议方式的不同有所差异，大体分为点对点、代理服务和重定向服务三种组网模式。

1．点对点模式

点对点模式是指用户代理客户机（UAC）开机后，直接向被叫（UAS）发起呼叫，建立两点间的通信关系。该模式适用于主叫用户和被叫用户为直连用户的情形，如图 5-21 所示。

2．代理服务模式

代理服务模式是指用户代理客户机（UAC）开机后，代理服务器收到 UAC 呼叫请求，向被叫（UAS）发起呼叫，建立两点通信关系。该模式适用于主叫用户和被叫用户处于同“域”内的情形，如图 5-22 所示。

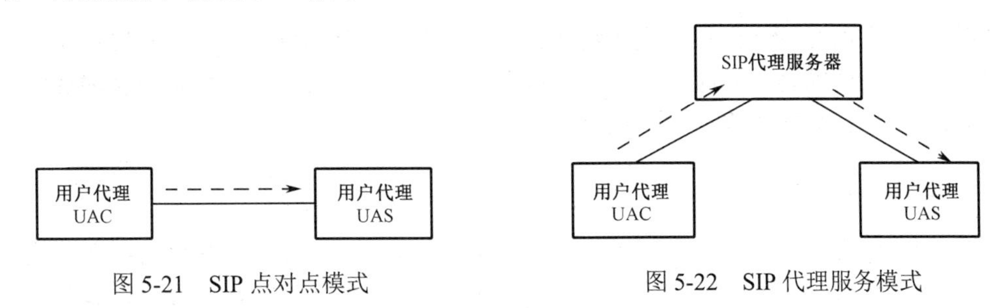

图 5-21　SIP 点对点模式　　　　图 5-22　SIP 代理服务模式

3．重定向服务模式

重定向服务模式是指用户代理客户机（UAC）向 SIP 代理服务器发起呼叫请求后，代理服务器判断被叫用户不在本域，在重定向服务器辅助下进行重定向，由 SIP 代理服务器向被请求的 SIP 代理服务器发送呼叫请求，由被请求的 SIP 代理服务器使用非 SIP 协议向定位服务器查询被叫位置，当被请求的 SIP 代理服务器不是被叫 SIP 代理服务器时，由被请求的 SIP 代理服务器向被叫 SIP 代理服务器（UAS）发起呼叫请求，再由被叫 SIP 代理服务器（UAS）向用户代理（UAC）发起呼叫请求，建立通信关系。该模式适用于主叫用户和被叫用户分别处于不同“域”内的情形，如图 5-23 所示。

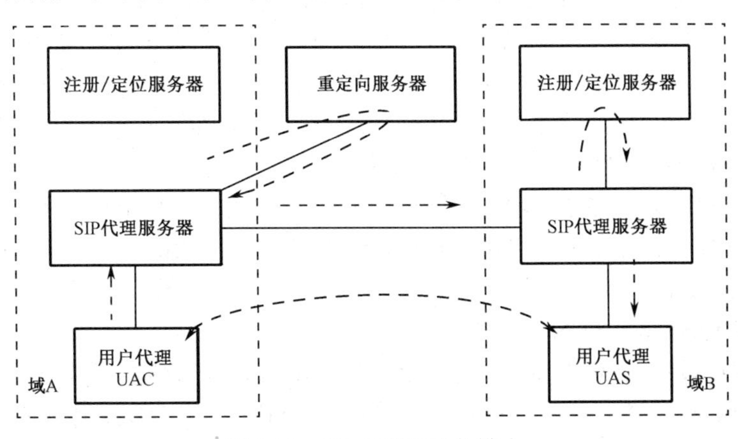

图 5-23　SIP 重定向服务模式

5.5 H.324M 系统组网

H.324M 移动视频系统主要是指通过无线网络提供的双向、实时的音频与视频传输系统，适用于 GSM、WCDMA、CDMA2000 等移动通信网络。

5.5.1 系统组成

H.324M 移动视频系统由视频服务系统、移动视频终端和移动通信网络组成。

1. 视频服务系统

视频服务系统是指面向移动视频终端提供应用的服务端系统，与固定视频系统没有实质性差别。需关注的是，如何通过无线通信系统实现视频信息的有效传输，移动视频终端如何通过无线通信系统接收、还原视频信息。

2. 移动视频终端

移动视频终端主要包括完成终端系统无线接入功能的移动单元、提供与终端功能相关的业务服务的终端单元，如支持视频功能具有一定分辨率的显示屏、摄像头，具有一定视频存储容量的存储卡，具有一定待机时长的电池等附属单元，以及实现视频监控、视频会议、视频邮件等应用功能的服务软件。

3. 移动通信网络

H.324M 移动视频系统按照模块化的概念将无线网络分成核心网和无线接入网两部分，前者提供一致的网络传输功能，后者提供灵活的无线接入功能。

1）核心网（Core Network，CN）

（1）WCDMA 系统 CN

WCDMA 系统核心网由电路域和分组域组成，建立在全球移动通信标准/移动应用协议（GSM/MAP）和通用分组无线业务（GPRS）网基础上，对于 IMT-2000 标准所需的基本语音业务和速率较高的电路型数据业务，由传统的 GSM 移动交换中心（MSC）/拜访位置寄存器（VLR）支撑；对于分组型数据业务，由网关 GPRS 支撑节点（GGSN）支撑。电路域包括 MSC、网关移动交换中心（GMSC）和 VLR 等，分组域包括服务 GPRS 支持节点（SGSN）和网关 GPRS 支撑节点（GGSN）。核心网还包括电路域和分组域共用的归属位置寄存器（HLR）、鉴权中心（AuC）和设备识别寄存器（EIR）。无线网络控制器（RNC）根据不同应用协议将业务从无线网转发到不同域，如图 5-24 所示。

（2）CDMA2000 系统 CN

CDMA2000 系统电路域包括 MSC/VLR 和 HLR/AuC 等，分组域基于移动 IP，包括分组控制功能（PCF）、分组数据服务节点（PDSN）、归属代理（HA）以及认证、授权和计费（AAA）。PCF 和 BSC 配合，完成与分组数据有关的无线信道控制功能。PDSN 负责管理用户状态，转发用户数据。当使用移动 IP 技术时，HA 将发送给用户的数据从归属局转发到漫游地。AAA 负责用户认证、授权和计费管理，如图 5-25 所示。

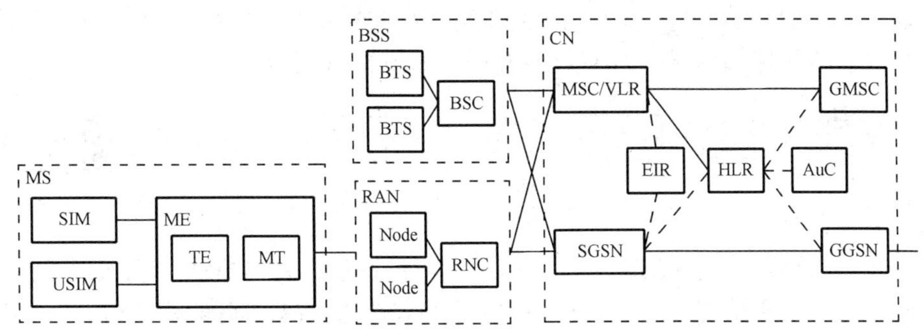

MSC/VLR：移动交换中心/拜访位置寄存器；GMSC：网关移动交换中心；SGSN：服务 GPRS 支持节点；GGSN：网关 GPRS 支撑节点；MS：移动服务；SIM：用户识别模块；USIM：通用移动通信系统用户识别模块；ME：移动设备；TE：终端设备；MT：移动终端；HLR：归属位置寄存器；EIR：设备识别寄存器；AuC：鉴权中心；RNC：无线网络控制器；BTS：基站收发信息；BSC：基站控制器；BSS：业务支持系统；RAN：无线接入网络

图 5-24　WCDMA 网络系统组成

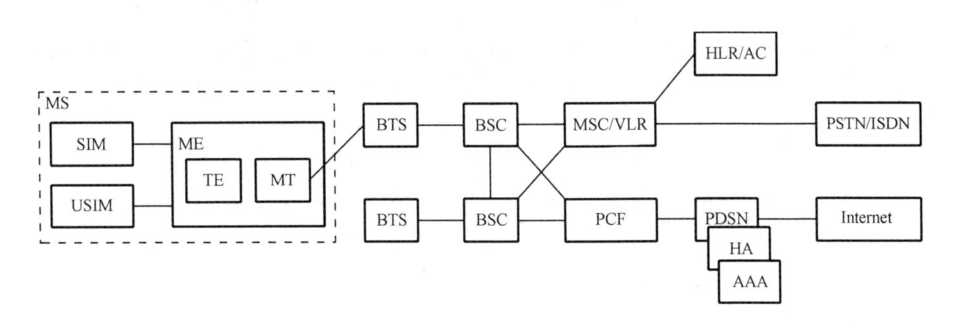

图 5-25　CDMA2000 网络系统组成

2）无线接入网（Radio Access Network，RAN）

（1）WCDMA 系统 RAN

WCDMA 系统无线接入网包括与移动用户有关的设备、无线链路和无线接入网。其中，无线接入网支持通用移动通信标准地面无线接入网（UTRAN）和增强型数据速率 GSM 流技术（EDGE），可以是 UTRAN、边界无线接入网、ERAN 和无线局域网 HIPERLAN/2 等，见图 5-24。

（2）CDMA2000 系统 RAN

CDMA2000 系统无线接入网包括 BSC、BTS 等。BSC 具有对一个或多个 BTS 进行控制的功能，它主要负责无线网络资源管理、小区配置数据管理、功率控制、定位和切换等，是个很强的业务控制点。BTS 无线接口设备完全由 BSC 控制，主要负责无线传输，实现无线与有线的转换、无线分集、无线信道加密等功能，见图 5-25。

5.5.2　组网模式

1. WCDMA 系统组网

（1）3G-324M 终端之间的通信。基于 H.324M 的 WCDMA 移动视频系统由通用移动通信系统地面无线接入网（UTRAN）、移动交换中心（MSC）、地面交换电话网（GSTN）、移动终端组成，UTRAN 包括基站（BS）和无线网络控制器（RNC）。3G-324M 终端通过双方 MSC 进行呼叫控制协商，实现终端互通，如图 5-26 所示。

图 5-26　3G-324M 终端之间通信组网模式

（2）3G-324M 终端与 PSTN H.324 终端之间的通信。3G-324M 终端通过 MSC/VLR 与 PSTN 进行呼叫控制协商，由互联网络功能（IWF）完成双方呼叫切换和信令解析，实现 3G-324M 终端与 PSTN H.324 终端互通，如图 5-27 所示。

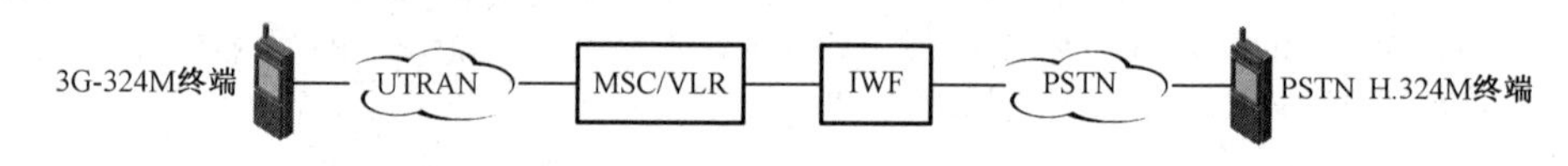

图 5-27　3G-324M 终端与 PSTN H.324 终端之间通信组网模式

（3）3G-324M 终端与 ISDN H.324M 终端之间的通信。3G-324M 终端通过 MSC/VLR 与 ISDN 交换机进行呼叫控制协商，从而实现 ISDN H.324M 终端与 3G-324M 终端的互通，如图 5-28 所示。

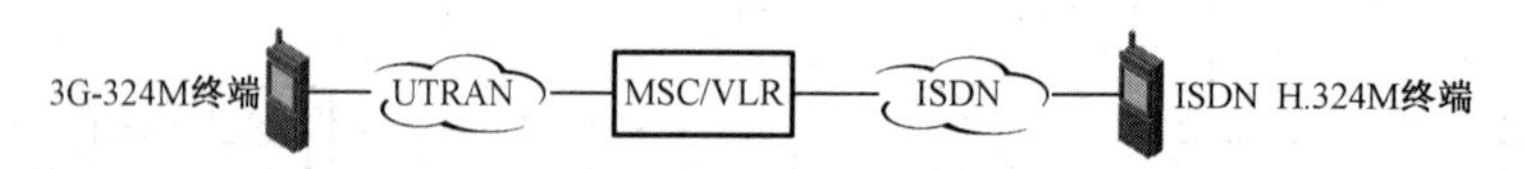

图 5-28　3G-324M 终端与 ISDN H.324M 终端之间通信组网模式

2．CDMA2000 系统组网

基于 H.324M 的 CDMA2000 移动视频系统由基站（BS）、移动交换中心（MSC）、移动终端组成。H.324M（DMA）终端通过 MSC 进行呼叫控制协商，实现 H.324M 终端的互通，如图 5-29 所示。

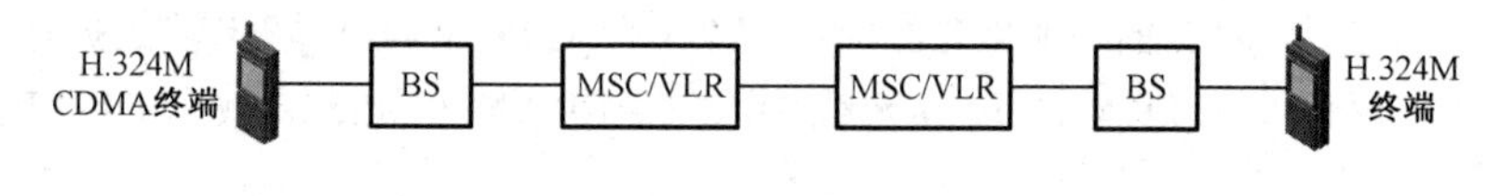

图 5-29　H.324M 终端之间通信组网模式

3．CDMA2000 系统与 WCDMA 系统互通

基于 H.324M 的 CDMA2000 终端通过 MSC/VLR 与 IWF 进行呼叫控制协商，并由 IWF 完成视频编解码转换，实现与 WCDMA 3G-324M 终端的互通，如图 5-30 所示。

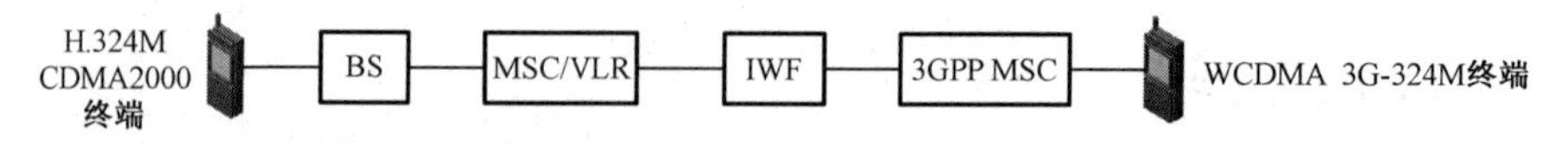

图 5-30　H.324M（CDMA2000）终端与 WCDMA 3G-324M 终端之间通信组网模式

5.6 系统互通

5.6.1 互通方式

不同视频系统的互通，要充分考虑互通系统的技术体制、互联接口、网络环境、安全保密要求等因素，要具体问题具体分析。通常，有转接、落地、直连三种互通方式。

1. 转接互通

转接互通也称为网关互通，是指系统通过信令网关服务单元与媒体网关服务单元，实现与其他视频系统进行音视频交互的互通方式。其中，信令网关服务单元实现呼叫信令转换和资源编号映射功能，媒体网关服务单元实现媒体转码功能。连接关系如图 5-31 所示。转接互通的关键是互通网关。

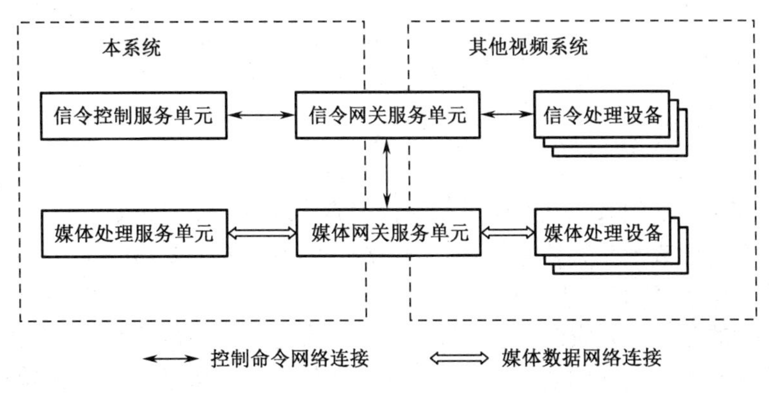

图 5-31　转接互通方式连接关系示意图

2. 落地互通

落地互通又称二次编解，是指系统通过编码单元的数字或模拟视频接口连接其他视频系统的音视频信号，同时，通过解码单元的数字或模拟视频接口向其他视频系统输出音视频信号的互通方式，连接关系如图 5-32 所示。

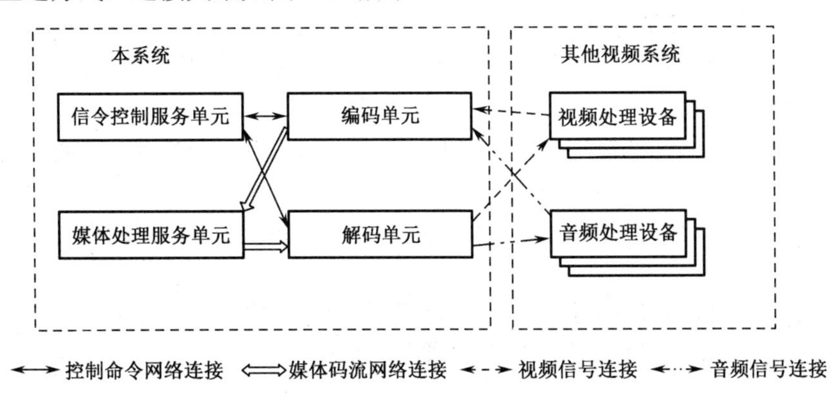

图 5-32　落地互通方式连接关系示意图

3. 直连互通

直连互通是指系统与相同技术规范构建的其他视频系统，直接进行信令及媒体通信的互通方式。当系统处于不同安全保密要求环境时，需使用网间隔离设备实现网络互通，连接关系如图 5-33 所示。

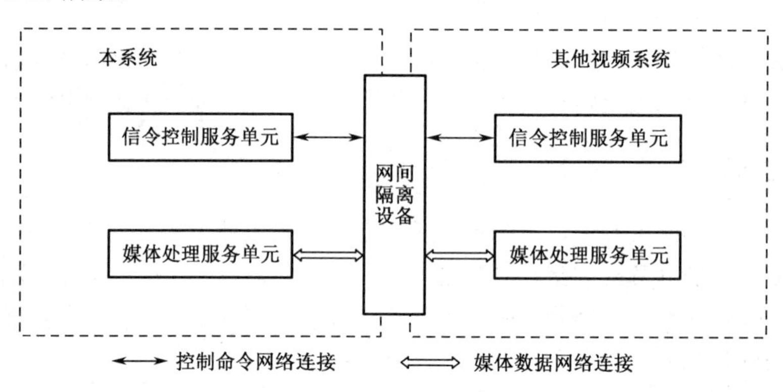

图 5-33 直连互通方式连接关系示意图

5.6.2 互通网关

在视频系统中，视频系统互通网关是跨接在异构网络之间的设备，将位于异构网络的会议终端连接起来组成一个会议系统。视频系统互通网关的主要功能有三类：第一类是通信格式的转换，例如，H.323 视频网络与 H.320 视频网络之间通过网关实现 H.225.0 码流与 H.221 码流之间的互译，完成链路层的连接；第二类是视频、音频和数据信息编码格式之间的互译，完成表示层之间的通信；第三类是通信协议和通信规程（如 H.245 与 H.242）的互译，实现应用层的通信。

在实际应用中，视频系统互通网关可以是某两类异构网络之间的视频业务互通，如 H.320 与 H.323 互通；也可以是同时支持多种异构网络之间的视频业务互通，如 H.323 与 H.320、SIP、3G 终端互通等。互通网关可以作为独立设备应用于固定视频业务之间、移动视频业务之间、固定与移动视频业务互通。

视频系统互通网关跨接在异构网络之间，对于任何一个网络来说，网关是该网中的一个设备，要么起终端的作用，要么在网内起 MCU 的作用。视频互通网关可以放置在需要的域中，终端通常按照就近原则接入网关，实现与不同系统终端之间的视频业务互通。

以分组交换网视频终端与电路交换网视频终端互通为例，介绍网关的四种实现模式，如图 5-34 所示。

网关的使用场合通常有两种。第一种场合是会议的参会者处于不同视频体制网络中，如图 5-35 所示。

第二种场合是会议的参会者处于不同视频体制网络中的不同网段中，为了旁路一些路由器或某些低速传输通道而从网关转接，如图 5-36 所示。

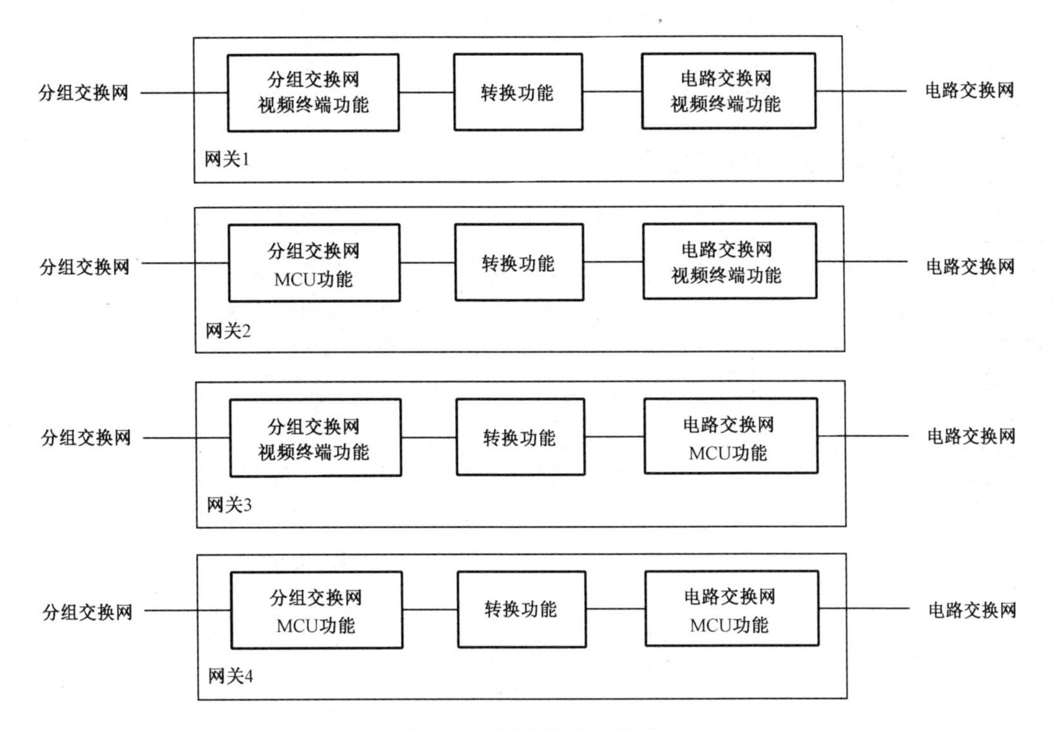

图 5-34　网关的实现模式

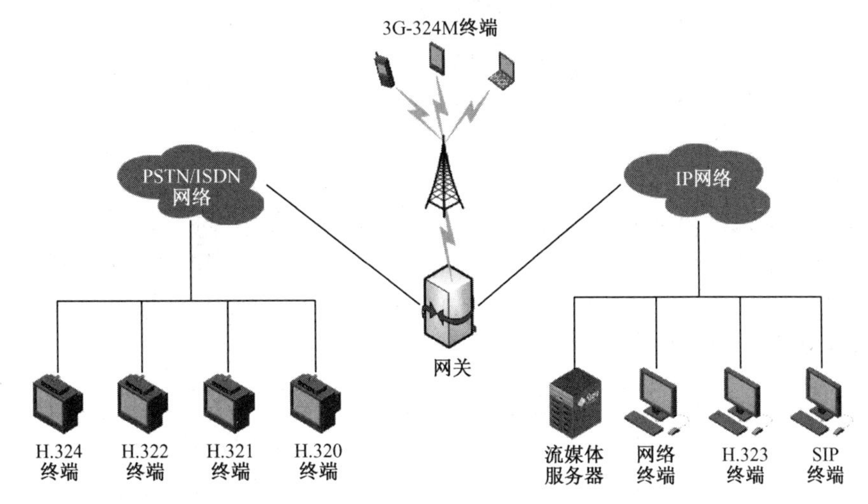

图 5-35　网关实现场合之一

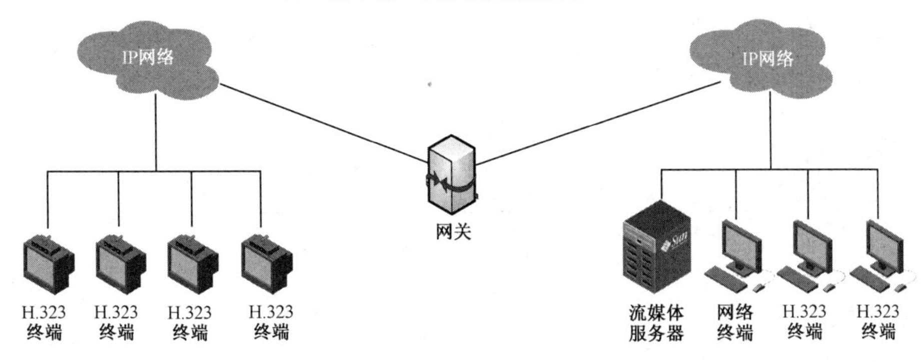

图 5-36　网关实现场合之二

5.6.3 网关互通模式

1. H.323 终端与非 IP 终端互通

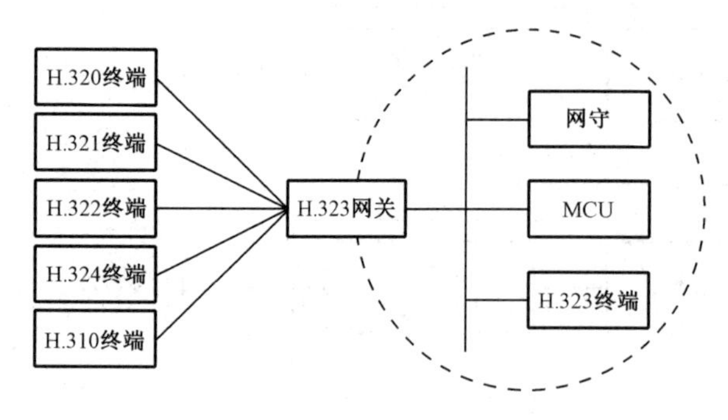

图 5-37 H.323 终端与非 IP 终端互通

在 H.323 视频会议网络中，H.323 终端与非 IP 终端互通是通过 H.323 网关实现的，如图 5-37 所示。网关可以放置在需要互联的域中，在网守的管理下，H.323 终端按照就近接入原则接入 H.323 网关，实现与非 IP 终端互通。非 IP 终端包括 H.320、H.321、H.322、H.324、H.310 终端等。

如果 3G 终端与 H.323 终端、非 IP 终端互通，也可以通过 H.323 网关实现。

通过 H.323 网关和统一网守、MCU 设备，可以实现各种终端的混合视频会议。

以与 H.320 终端互通为例，H.320 终端通过网关加入 H.323 系统，网关向网守注册，使得 H.323 终端可以呼叫到 H.320 终端。H.320 终端作为主叫时，需要先连接网关，再输入预约、发起会议、邀请等命令，实现邀请其他终端、申请呼叫会议号或会议名、预约会议、发起会议等功能。H.320 终端作为被叫时，会议控制中心通知网关呼叫 H.320 终端，网守确认网关请求后，H.320 终端即可加入会议。

2. H.323 终端与 SIP 终端互通

（1）通过软交换网络互通。通过软交换网络实现 H.323 终端与 SIP 终端互通，SIP 终端与软交换网络之间、H.323 终端与软交换网络之间协议均采用 IP 协议实现网络层互通，SIP 终端与软交换设备之间采用 SIP 协议、H.323 终端与软交换设备之间采用 H.323 协议实现业务互通，如图 5-38 所示。

图 5-38 H.323 终端与 SIP 终端通过软交换网络互通

（2）通过 H.323 网关互通。通过 H.323 网关或 MCU 内置网关协议实现 H.323 终端与 SIP 终端互通，H.323 网关与 SIP/IP 终端之间采用 SIP 协议，H.323 终端与 H.323 网关、MCU 内置网关之间采用 H.323/IP 协议，如图 5-39 所示。

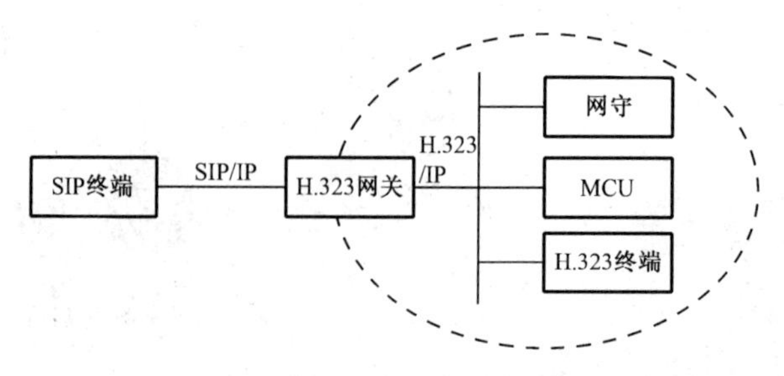

图 5-39 H.323 终端与 SIP 终端通过 H.323 网关互通

3．H.323 终端与 3G-324M 终端互通

通过视频网关实现 H.323 终端与 3G-324M 终端互通，如图 5-40 所示。视频网关通过 E1 与 3G 网络的网关移动交换中心（GMSC）连接，通过以太网/H.323 接口与 H.323 视频网互联，实现信令与媒体流转换，使 3G-324M 终端能够与 H.323 终端进行音频、视频通信。

图 5-40　H.323 终端与 3G-324M 终端互通

视频网关与 GMSC 之间的信令是 ISDN 用户部分 ISUP，与 H.323 终端之间通过 RAS 信令消息注册到网守。

4．3G-324M 终端与 SIP 终端互通

通过视频网关实现 3G-324M 终端与 SIP 视频终端互通，如图 5-41 所示。视频网关通过 E1 与 3G 网络的 GMSC 连接，通过以太网/SIP 接口与软交换网络互联，实现信令与媒体流转换，使 3G-324M 终端能够与 SIP 终端进行音频、视频通信。

图 5-41　3G-324M 终端与 SIP 终端互通

视频网关与 GMSC 之间的信令是 ISUP，与 SIP 终端之间通过 SIP 信令与软交换设备通信，软交换设备内置网守功能。

思考题

1．承载视频通信的网络分为哪几类？有哪些特点？
2．H.320 系统由哪几部分组成？各部分的作用是什么？
3．H.320 系统有哪些组网模式？
4．H.323 系统由哪几部分组成？各部分的作用是什么？
5．H.323 系统有哪些组网模式？
6．SIP 系统由哪几部分组成？各部分的作用是什么？
7．SIP 系统有哪些组网模式？
8．H.324M 系统由哪几部分组成？各部分的作用是什么？
9．H.324M 系统有哪些组网模式？
10．什么是视频网关？其应用场合是什么？
11．简述不同视频系统的互通模式。

第6章 传输手段

本章导读

网络视频传输手段是实现网络视频的重要基础，涉及有线、无线、固定、机动、骨干、接入等多角度、多层次的传输技术。本章将简要介绍网络视频通信特征、传输手段和性能要求，重点分析主要传输手段的带宽、性能要求等。

6.1 视频通信特征

网络视频通信是在多媒体计算机技术、通信网络技术和视听技术等基础上建立和发展起来的综合性技术，实现多媒体信息的采集、交换、传输、处理和显示，具有交互性、实时性、同步性、突发性和集成性等特征。

1．交互性

视频通信是双向的，用户能灵活地控制和操纵声音、影像通信的全过程，实现用户和用户之间、用户和计算机之间的数据双向交流，即用户能够对整个通信过程进行完全的交互控制。网络视频具有强大的交互性，它允许用户向发送方要求指定的视频信息，并能控制捕捉、操作、编辑、存储、显示和通信等系统功能，以及开始、暂停、后退和快进等播放过程。

2．实时性

用户在视频通信中交换的信息主要涉及人的听觉、视觉，具有很强的时间相关性和连续性，要求信息能被及时地获取、传输和显示。因此，它属于时基媒体通信，与时间密切相关，并与音频有很大程度的相关性，要求接收视频、音频信息时必须严格同步。这就决定了视频通信必须具有实时性，甚至是强实时性，要求画面具有流畅性。

3．同步性

在视频通信系统中，同一对象的音频、视频等是具有很强时空相关性的连续媒体信息，只有表现同一对象的不同媒体在时间上同步，才能自然有效地表达关于对象的完整信息。因此声音和图像必须严格同步，正确反映它们之间的这种约束关系，否则会影响听觉、视觉效果。

4．突发性

网络视频信息数据流的码流速率是随着不同的信息内容、不同时间阶段而不断变化的，图像的运动必然形成码流速率的波动，而且这种波动往往呈现出极强的突发性，再加上采用各种信息压缩编码的方法，更加剧了这种波动。

5. 集成性

网络视频将需处理的文字、数据、声音、图像、图形等媒体数据视为一个有机整体，而不是一个个独立信息类的简单堆积，多种媒体间无论在时间上还是在空间上都存在着紧密的联系，是具有同步性和协调性的群体。同时，使用者对信息处理的全过程能进行完全有效的控制，并把结果综合地表现出来提供给用户，而不是对单一数据、文字、图形、图像或声音的处理。

6.2 传输手段分析

传输手段是网络视频通信系统的重要组成部分，是保证网络视频可用性、可靠性和抗毁能力的重要基础。通信传输手段有很多，大体分为光纤通信、电缆通信、卫星通信、移动通信、微波通信、短波通信等。各种传输手段在视频通信中的具体运用，取决于使用要求、技术特点及其对运用环境的适应能力。根据具体情况，能适时地满足应用需要的传输手段就是最好的手段。图 6-1 列出了不同种类的传输系统。

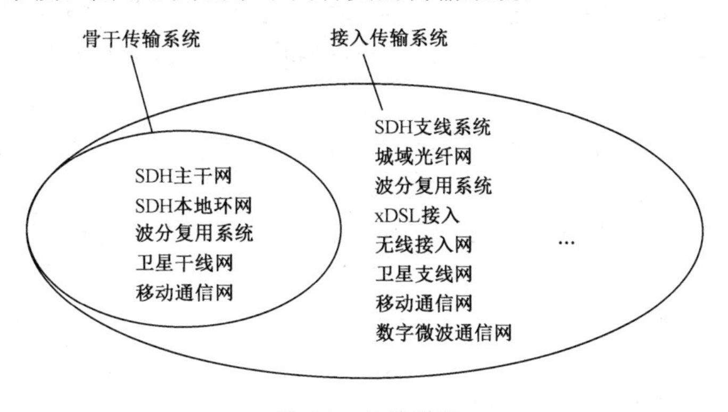

图 6-1　传输系统

网络视频的传输以光纤通信网络为主，辅以卫星、移动和数字微波等多种传输手段，为视频业务提供透明的传输通道。

6.2.1　光纤通信

光纤通信是利用光导纤维（简称光纤）作为传输媒介的光通信技术，具有通信质量高、传输容量大、中继距离长、抗电磁干扰、无电磁辐射、可靠和保密等突出优点，但也存在强度不如金属导线、接续比较困难、分路及耦合不方便等缺点。另外，光纤通信设备体积小、质量小，通信光缆柔软，可传输语音、文字、数据和图像等信息，用于大容量国防干线通信等内部通信，以及飞机等运动体内部的信号传输，已成为战略通信的支柱之一，构成战略通信的基础传输平台，并广泛应用于战术通信。

1. 光纤通信的发展

光纤通信是20世纪70年代后期发展起来的通信方式。1970年，美国研制出第一根损耗为20dB/km的低耗光纤，同年又制成双异质半导体激光器，为光纤通信的发展创造了良好的条件。

（1）第一代光纤通信系统。始于1977年，光源用发光二极管，短波长（0.85μm），多模光纤，光纤芯径为15～50μm，损耗小于3dB/km，传输速率为34Mbps，中继距离为8～10km，应用于三次群以下的脉冲编码调制（PCM）语音通信和图像的模拟传输。多模光纤是在给定的工作波长上，能以多个模式同时传输的光纤。与单模光纤相比，多模光纤的传输性能较差。

（2）第二代光纤通信系统。始于1981年，光源用激光二极管，长波长（1.3μm），单模光纤，光纤芯径为3～10μm，损耗小于0.5dB/km，传输速率为140Mbps，中继距离为20km左右，应用于四次群以上的PCM语音通信和图像的数字传输。

（3）第三代光纤通信系统。始于1983年，光源用激光二极管或分布式反馈激光器（DFB），长波长为1.55μm，单模光纤，损耗约为0.2dB/km，传输速率为400Mbps，中继距离为25km左右。单模光纤的纤芯直径很小，在给定的工作波长上只能以单一模式传输，传输频带宽，传输容量大，应用于长途干线和图像的数字传输。

（4）第四代光纤通信系统。始于20世纪80年代后期，光源用激光二极管或单频激光器，长波长（1.55μm），单模光纤，低损耗，传输速率可达2.5～10Gbps，中继距离为50km左右。

（5）第五代光纤通信系统。采用光放大器增加中继距离，采用光波频分复用技术提高比特率，传输速率可达Tbps量级，中继距离为80km左右。

光纤通信主要包括暗光纤、PDH、SDH、WDM/DWDM、ASON、MSTP、FTTx等传输技术。

2. 暗光纤

光纤线路是由一段段光纤连接而成的。光纤的几何尺寸与传输特性的一致性是非常重要的，目前主流产品有G.652、G.653、G.654和G.655几种单模光纤。

G.652光纤目前应用最广泛，它具有两个低衰耗窗口，即1310nm与1550nm。零色散点位于1310nm处，但该处衰耗较大；而在1550nm处，其衰耗最小，但色散较大。G.653光纤，即色散移位光纤，在1550nm处其衰耗和色散皆呈最小值。即使不采取色散补偿技术，G.653光纤也能实现大容量长距离传输，是TDM方式的最佳选择。但因存在四波混频（FWM）效应，限制了它在波分复用（WDM）方面的应用。G.654光纤的特点是降低了1550nm处的衰耗系数，主要用于海底光纤通信。G.655光纤是针对G.653光纤的四波混频效应而出现的新型光纤，适合于DWDM系统的传输应用，是目前长途干线网上使用的主流光纤。

暗光纤（dark fiber）是指以太网交换机、路由器、宽带接入服务器等网络设备直接通过光纤相连。光接口以点对点方式直连，业务接入设备直接互连，舍弃传送设备，方案简单、成本低，但有比较明显的缺点。首先，由于没有传送层，光纤质量、性能监测、保护等功能无法实现；其次，光纤资源浪费严重，每两个业务接入点需要一对光纤实现业务互通；最后，网络设备业务端口压力大，每连接一个节点，交换机或路由器就需要增加一个光端口。因此，裸光纤不适用于大规模网络设备组网，而适用于网络视频用户的接入延伸，类似于 FTTB 应用。

（1）标准以太网。10Base-F：使用光纤传输介质，传输速率为 10Mbps。

（2）快速以太网。

① 100Base-FX：一种使用光缆的快速以太网技术，可使用单模和多模光纤（62.5μm 和 125μm）。多模光纤连接的最大距离为 550m，单模光纤连接的最大距离为 3000m。

② 100Base-FX：特别适合于有电气干扰的环境、较大距离连接或高保密环境等情况。

（3）千兆位以太网。

① 1000Base-SX：只支持多模光纤，可以采用直径为 62.5μm 或 50μm 的多模光纤，工作波长为 770～860nm，传输距离为 220～550m。

② 1000Base-LX 多模光纤：可以采用直径为 62.5μm 或 50μm 的多模光纤，工作波长为 1270～1355nm，传输距离为 550m。

③ 单模光纤：可以支持直径为 9μm 或 10μm 的单模光纤，工作波长为 1270～1355nm，传输距离为 5km 左右。

（4）万兆位以太网。万兆位以太网规范包含在 IEEE 802.3 标准的补充标准 IEEE 802.3ae 中，它扩展了 IEEE 802.3 协议和 MAC 规范，使其支持 10Gbps 的传输速率。

- 10GBase-SR 和 10GBase-SW：主要支持短波（850 nm）多模光纤（MMF），传输距离为 2～300m，主要用于设备间连接。
- 10GBase-SR：主要支持“暗光纤”应用。
- 10GBase-LR 和 10GBase-LW：主要支持长波（1310nm）单模光纤（SMF），传输距离为 2m～10km。
- 10GBase-LW：主要用来连接 SONET 设备。
- 10GBase-LR：主要支持“暗光纤”应用。
- 10GBase-ER 和 10GBase-EW：主要支持超长波（1550nm）单模光纤（SMF），传输距离为 2m～40km。
- 10GBase-EW：主要用来连接 SONET 设备。
- 10GBase-ER：主要支持“暗光纤”应用。
- 10GBase-LX4：采用波分复用技术，在单对光缆上以 4 倍光波长发送信号，系统运行在 1310nm 的多模或单模暗光纤方式。该系统的设计目标是针对 2～300m 的多模光纤模式或 2m～10km 的单模光纤模式。

3. PDH

PDH（Plesiochronous Digital Hierarchy，准同步数字体系）是早期的光纤通信技术。1972 年，CCITT 通过 PDH 的第一批建议，1976 年、1988 年分别通过第二批、第三批建议，形成了完整的体系。它支持 n×2Mbps、34Mbps 等低速信号，可用于网络视频用户终端的接入延伸。

采用 PDH 的系统，在数字通信网的每个节点上都分别设置高精度的时钟，这些时钟的信号都具有统一的标准速率。尽管每个时钟的精度都很高，但总还是有一些微小的差别。为了保证通信的质量，要求这些时钟的差别不能超过规定的范围。因此，这种同步方式严格来说不是真正的同步，所以称为“准同步”。

PDH 对点到点通信有较好的适应性。随着数字通信的迅速发展，点到点的直接传输越来越少，大部分数字传输都要经过转接，因而 PDH 系列便不能满足现代电信业务的需要，以及现代化电信网管理的需要。SDH 就是适应这种新的需要而出现的传输体系。

4. SDH

SDH（Synchronous Digital Hierarchy，同步数字体系）是一种将复接、线路传输及交换功能融为一体并由统一网管系统操作的综合信息传输网络，是美国贝尔通信技术研究所提出来的同步光网络（SONET）。CCITT（现 ITU-T）于 1988 年接受了 SONET 概念并重新命名为 SDH，使其成为不仅适用于光纤，也适用于微波和卫星传输的通用技术体制。它可实现网络有效管理、实时业务监控、动态网络维护、不同厂商设备间的互通等多项功能，能大大提高网络资源利用率、降低管理及维护费用、实现灵活可靠和高效的网络运行与维护，是传输技术方面发展和应用的热点，受到人们的广泛重视。

SDH 是当前光纤通信中的主流技术。1988 年，CCITT 通过 SDH 的第一批建议，制定了 SDH 码速系列、信号格式、复用结构的规范，形成了完整统一的光纤数字通信体系的标准。SDH 技术于 20 世纪 90 年代引入，已经是一种成熟、标准的技术，在骨干网中被广泛采用，且价格越来越低。在接入网中应用可以将 SDH 技术在核心网中的巨大带宽优势和技术优势带入接入网领域，充分利用 SDH 同步复用、标准化的光接口、强大的网管能力、灵活网络拓扑能力和高可靠性，在接入网的建设发展中长期受益。

SDH 支持 155Mbps、622Mbps、2.5Gbps、10Gbps 等高速信号，可以较好地支持网络视频系统骨干网络中继的高速、透明传输；允许接入 $n\times$2Mbps、34Mbps 等低速信号，适用于网络视频用户终端的接入。

5. WDM

WDM（Wavelength Division Multiplexing，波分复用）是将两种或多种不同波长的光载波信号（携带各种类型的信息），在发送端经复用器（也称为合波器，multiplexer）把这些光载波信号汇合在一起，并耦合到同一根光纤中进行传输；在接收端经分波器（也称为解复用器或去复用器，demultiplexer）将各种波长的光载波进行分离，然后由光接收机相应地进一步处理恢复信号。这种复用方式称为波分复用，可以是单向传输，也可以是双向传输。

WDM 目前已成为长距离传输的主流技术。WDM 利用单模光纤低损耗区的带宽资源，采用频分复用技术，根据每个信道光波的波长不同将光纤的低损耗窗口划分成若干个信道。WDM 本质上是光域上的频分复用（FDM）技术，通过对每个信道光信号进行频域分割来实现复用。WDM 系统的传输容量取决于复用光通路的速率和复用光通路的数量。

根据 ITU-T G.692 的建议，DWDM 技术是在波长 1552.52nm 低损耗窗口附近（对应的频率为 193.1THz）的 1530～1560nm 波长范围内，光接口复用光波波长间隔小于 10nm 的多路光载波，经不同数字信号的调制，将不同波长的光信号复用在一根光纤上传输，大大提高了光纤的传输容量。目前的 DWDM 系统可提供 16/20 波或 32/40 波的单纤传输容量，最大可到 160 波，具有灵活的扩展能力，适用于视频系统骨干网络中继的高速、透明传输。

6. ASON

ASON（Automatically Switched Optical Network，自动交换光网络）的概念是 ITU-T 在 2000 年 3 月提出的，基本设想是在光传送网中引入控制平面，以实现网络资源的按需分配，从而实现光网络的智能化。

考虑到与实际已经存在的 DWDM、SDH 网络融合，ASON 组网方案有两种：一种是 ASON+DWDM 组网方案，利用 DWDM 系统的大容量和长途传输能力，以及 ASON 节点的宽带容量和灵活调度能力，可以组建一个骨干和汇聚层网络，ASON 节点可以完成传统 SDH 设备的所有功能，并提供更大的节点宽带容量，更灵活和更快捷的电路调度能力，网络的建设和运营费用也比较低。另一种是 ASON 和 SDH 混合组网方案，ASON 可以基于 G.803 规范的 SDH 传送网实现，也可以基于 G.872 规范的光传送网实现，因此，ASON 可与现有 SDH 传送网混合组网。ASON 与现有电信网络的融合是一个渐进的过程，先在现有的 SDH 网络形成一个个 ASON，然后逐步形成整个 ASON。骨干层网络 ASON 节点设备能够提供 10Gbps、40Gbps 速率的光接口，实现 560km 无电再生的无误码传输，为骨干网络设备提供高速光互连接口。

7. MSTP

MSTP（Multi-Service Transfer Platform，多业务传送平台）是指基于 SDH 平台实现 TDM、ATM、以太网等业务的接入、处理和传送，提供统一网管的多业务节点。

MSTP 可以将传统的 SDH 复用器、数字交叉链接器（DXC）、WDM 终端、网络二层交换机和 IP 边缘路由器等多个独立的设备集成为一个网络设备，即基于 SDH 技术的 MSTP，进行统一控制和管理。基于 SDH 的 MSTP，适合网络边缘的汇聚节点实现 TDM 业务、ATM 业务、IP 业务等接入和交换，既满足 TDM 业务，又满足日益增长的 IP 数据业务的要求。

MSTP 技术在现有城域传输网络中备受关注，得到了规模应用。与其他技术相比，它的技术优势在于：解决了 SDH 技术对于数据业务承载效率不高的问题；解决了 ATM/IP 对于 TDM 业务承载效率低、成本高的问题；解决了 IP QoS 不高的问题；解决了 RPR 技术组网限制问题，实现双重保护，提高业务安全系数；增强数据业务的网络概念，提高网络监测、维护能力；降低业务选型风险；实现降低投资、统一建网、按需建设的组网优势；适应全业务竞争需求，快速提供业务。

MSTP 的实现基础是，充分利用 SDH 技术对传输业务数据流提供保护的能力和较小的时延性能，并对网络业务支撑层加以改造，以适应多业务应用，实现对二层、三层的数据智能支持。将传送节点与各种业务节点融合在一起，构成业务层和传送层一体化的 SDH 业务节点（称为融合的网络节点或多业务节点）。MSTP 主要定位于网络边缘，可以提供 10/100/1000Mbps 系列接口，适合作为网络视频用户的接入延伸手段。

8. FTTx

FTTx（Fiber To The x，光纤接入）是基于以太网技术，将光纤作为物理媒介，实现用户和网络连接的双向对称接入手段。FTTx 主要有两种网络结构：一是点对点结构（Point to Point，P2P），二是点对多点结构（Point to Multi-Points，P2MP）。FTTx 两种方式的上行/下行速率都可以达到 100Mbps。FTTx 因以太网技术的成熟、简单、普及，光纤具有高带宽、大容量、低损耗的优点，使得 FTTx+LAN 成为主流实现方式。FTTx+LAN 采用高速光纤千兆到单位或办公区，结合双绞线实现百兆到用户，直接向用户提供基于 IP 业务的传送通道，属于点对点通信方式。FTTx+LAN+GPON 是在 FTTx+LAN 基础上采用 GPON（Gigabit-capable Passive Optical Network，千兆无源光网络），实现点对多点通信方式。

GPON 技术是基于 ITU-T G.984.x 标准的最新一代宽带无源光综合接入标准，具有高带宽、高效率、大覆盖范围、用户接口丰富等众多优点，被大多数用户视为实现接入网业务宽带化、综合化改造的理想技术。GPON 最早由 FSAN 组织于 2002 年 9 月提出，ITU-T 在此基础上于 2003 年 3 月完成了 ITU-T G.984.1 和 G.984.2 的制定，2004 年 2 月和 6 月完成了 G.984.3 的标准化，从而最终形成了 GPON 的标准族。

GPON 支持多速率等级，可支持上/下行不对称速率，下行高达 2.4Gbps，上行可达 1.2Gbps，传输距离可达几千米，其传输总效率高、系统成本低，是目前 FTTx 的最佳技术之一，可提供宽带以太网数据、视频业务，可获得令人满意的传输质量，较好地解决了用户接入的“最后几公里”问题。

6.2.2 电缆通信

电缆通信传输性能稳定，通信质量较高，保密性较好，是军事通信的重要手段。但通信线路建设时间长，投资大，维护困难，机动性差，易遭受破坏。电缆通信主要包括 DSL、HFC、以太网等传输技术。

1. DSL

DSL（Digital Subscriber Line，数字用户线路）利用现有的大量电话线资源得以迅速部署并推广应用，该技术采用先进的数字调制解调技术，在常规的用户铜质双绞线上传送信号，已经成为应用广泛的宽带接入技术。目前，DSL 主要指 ADSL/ADSL2/ADSL2+、VDSL/VDSL2、HDSL/SHDSL 三类技术，统称为 xDSL。DSL 是快捷、高效的视频用户接入手段，具有投资小、连接方便，传输距离远、误码率低（10^{-7}～10^{-9}）、可靠性高，速率高、频带宽等特点，适用于网络视频用户终端的接入。

DSL 技术正向支持更高的带宽方向发展，但在现有网络应用中将受到实际线路传输能力、数字用户线接入复用器（DSLAM）带宽能力的制约；同时，DSL 用户的增长和接入速率的提升，对其运行维护也提出了更高要求。

1）HDSL

HDSL（High-data-rate Digital Subscriber Line，高速率数字用户线路）技术是最早提出的 DSL 技术，用于传输对称的 E1 业务（指包含 32 个 64kbps 信道容量的通信业务）。ITU-T 于 1998 年 10 月发布了 HDSL 标准 G.991.1。HDSL 技术采用 2BlQ 或 CAP 调制方式，利用回波抵消、自适应滤波、信号处理等多项技术，上行速率和下行速率相等，可以在一对普通用户线路上双向传输速率 1.168Mbps 的信息，在两对用户线上双向传输 2.048Mbps 的信息，其传输距离一般在 2.7km 以内，误码率为 10^{-10}。HDSL 提供的传输速率是对称的，即为上行和下行通信提供相等的带宽。

SHDSL（Single-pair High-speed Digital Subscriber Line，单对线高速数字用户线）是在 HDSL 技术基础上发展而来的，采用一对电话线支持速率自适应的对称 DSL 技术。ITU-T

于 2001 年 2 月发布了 SHDSL 标准 G.991.2。SHDSL 采用更先进的 TC PAM 调制方式，与其他 DSL 的频谱兼容性更好。SHDSL 在一对线上支持的上行/下行速率最大可至 2.3Mbps，并支持 2 对线捆绑，支持的上行/下行速率最高达 4.6Mbps。SHDSL 较 HDSL 覆盖范围更广，抗线路复接能力强且串扰影响小，支持多对线捆绑技术，将替代 HDSL 用于 2Mbps 以下对称用户业务接入。

G.SHDSL（SHDSL Group，SHDSL 工作组）原意是指 ITU-T 负责制定 SHDSL 标准的一个部门，后来业内以 G.SHDSL 作为 SHDSL 标准及符合这类标准的设备的称呼。根据采用的线对不同，速率可达到 2.3Mbps（1 对线）、4.6Mbps（2 对线）、9.2Mbps（4 对线），理论上最远传输距离可达 6km，且速率可自动调整。

2）ADSL

ADSL（Asymmetric Digital Subscriber Line，非对称数字用户线路）是 ITU-T 于 1999 年 6 月发布的第一代 ADSL，标准为 G.992.1，具有下行速率高、频带宽、性能优等特点，成为全新的高效宽带接入手段。随着 ADSL 在应用上的不断推广，其在标准上的发展也很快，2002 年 7 月发布了新一代 ADSL 标准 G.992.3（ADSL2），2003 年又发布了扩展频带的第二代 ADSL 标准 G.992.5（ADSL2+）。ADSL 采用 DMT 调制方式，将 0～1.104MHz 频段分成 256 个子信道，并采用频分复用方式将上行/下行数据分开传输。ADSL 支持的下行速率可达 8Mbps，上行速率可达 800kbps，最大传输距离在 3～5km。ADSL2/ADSL2+与第一代 ADSL 相比，增强了传输能力。ADSL2+将频谱范围从 1.104MHz（256 个子载波）扩展至 2.208MHz（512 个子载波），下行速率大大提高。ADSL2 支持的下行速率可达 12Mbps，上行速率可达 800kbps；ADSL2+支持的下行速率可达 24Mbps，上行速率可达 800kbps。但随着线路距离的增加，ADSL2/ADSL2+的速率下降很快。当线路距离超过 3km 时，ADSL2/2+的速率与 ADSL 速率相差不大。

ADSL 技术是目前主流的宽带接入技术，在接入速率和覆盖范围上能较好地满足当前宽带应用的需求。ADSL2+技术兼容 ADSL，已逐渐成熟，将取代 ADSL 扩大宽带接入覆盖范围，并在短距离提供更高的带宽。

3）VDSL

VDSL（Very high speed Digital Subscriber Line，甚高速数字用户线路）是 ITU-T 于 2001 年 11 月发布的第一代 VDSL，标准为 G.993.1，由于存在 DMT 与 QAM 调制方式之争，影响了其推广应用。因此 ITU-T 制定了第二代 VDSL 标准，并确定采用 DMT 调制方式。VDSL 使用 138kHz～12MHz 频段，并分成 4 个频段，两个用于上行，两个用于下行，既可工作于不对称方式，也可工作于对称方式。VDSL 支持的上行/下行速率可达 52Mbps，但其传输距离仅为 300m。当传输距离超过 1km 时，其速率迅速下降至 13Mbps 左右。VDSL2 将截止频率扩展到 30MHz，使支持的上行/下行速率可达 100Mbps。

虽然 VDSL 具有高带宽支持能力，但传输距离较短，难以规模应用，主要用于短距离 10Mbps 对称用户业务接入。

2. HFC

HFC（Hybrid Fiber-Coaxial，光纤同轴混合网）是光纤和同轴电缆相结合的混合网络。1998 年 3 月，ITU-T 第 9 研究组批准了一批新的 J 系列建议，其中 J.93（有线电视系统中数字电视二次分配的条件接入要求）、J.112（交互有线电视业务的传输系统）和 J.113（通过 PSTN/ISDN 的数字视频广播交互通道）等建议规范了 HFC 接入方式，为 HFC 交互业务的大规模应用铺平了道路，有力地推动了 HFC 网向多功能应用的方向发展。

HFC 利用有线电视网络资源，采用光纤和同轴电缆混合的接入技术，可支持 10～43Mbps 下行速率，1.5Mbps 上行速率，最大传输距离可达 1km。HFC 具有传输容量大、易实现双向传输，频率特性好、传输损耗小，串音小、无电磁干扰等特点，用户可以利用 Cable Modem 技术接入 HFC，实现网络视频用户终端的接入。但 HFC 在军事通信中应用相对较少，民用相对更为广泛。

3. 以太网

以太网是现有局域网采用的通用通信协议标准，该标准定义了在局域网中采用的双绞线电缆类型和信号处理方法。以太网在互连设备之间以 10/100/1000Mbps 的速率传送数据包，双绞线电缆以太网由于其低成本、高可靠性、灵活速率适配、连接简单、可扩展性强、与 IP 网互连互通方便等特点，成为应用最为广泛的以太网技术，适用于网络视频用户终端的宽带接入。

1）标准以太网

早期的以太网只有 10Mbps 的吞吐能力，使用的是 CSMA/CD（带碰撞检测的载波侦听/多路访问）的访问控制方法，这种早期的 10Mbps 以太网称为标准以太网。以太网主要有双绞线和同轴电缆两种传输介质。所有的以太网都遵循 IEEE 802.3 标准，下面列出的是 IEEE 802.3 的一些以太网络标准。在这些标准中，前面的数字表示传输速度，单位是 Mbps，最后的一个数字表示单段网线长度（基准单位是 100m），Base 表示基带，Broad 表示宽带。

- 10Base-5：使用粗同轴电缆，最大网段长度为 500m，基带传输方法。
- 10Base-2：使用细同轴电缆，最大网段长度为 185m，基带传输方法。
- 10Base-T：使用双绞线电缆，最大网段长度为 100m。
- 1Base-5：使用双绞线电缆，最大网段长度为 500m，传输速率为 1Mbps。
- 10Broad-36：使用同轴电缆（RG-59/U CATV），最大网段长度为 3600m，是一种宽带传输方式。

2）快速以太网

快速以太网（Fast Ethernet）也就是我们常说的百兆位以太网，在保持帧格式、MAC 机制和 MTU 质量的前提下，其速率比 10Base-T 的以太网提高了 10 倍。两者之间的相似性使得 10Base-T 以太网的应用程序和网络管理工具能够在快速以太网上使用。1995 年 3 月，IEEE 宣布了 IEEE 802.3u 100Base-T 快速以太网标准。100Mbps 快速以太网标准又分为 100Base-TX、100Base-T4 两个子类。

- 100Base-TX：使用 5 类数据级无屏蔽双绞线或屏蔽双绞线的快速以太网技术。它使用两对双绞线：一对用于发送数据，另一对用于接收数据。它的最大网段长度为 100m。
- 100Base-T4：使用 3、4、5 类无屏蔽双绞线或屏蔽双绞线。100Base-T4 使用 4 对双绞线，其中的三对用于在 33MHz 的频率上传输数据，每一对均工作于半双工模式。第四对用于 CSMA/CD 碰撞检测，最大网段长度为 100m。

3）千兆位以太网

千兆位以太网技术有两个标准：IEEE 802.3z 和 IEEE 802.3ab。IEEE 802.3z 制定了短程铜线连接方案的标准。IEEE 802.3ab 制定了 5 类双绞线上较长距离连接方案的标准。

- 1000Base-CX：使用 150Ω屏蔽双绞线（STP），最大网段长度为 25m。
- 1000Base-T：使用 5 类数据级无屏蔽双绞线（UTP），最大网段长度为 100m。

6.2.3 卫星通信

卫星通信是指地球站之间利用人造地球卫星转发信号的无线电通信，主要工作在微波波段，可传送电话、电报、数据和图像等信息，是现代通信中的重要通信手段。卫星通信的特点是：覆盖面积广，能实现固定和移动的多址通信，组网灵活，通信容量大、质量高，受地理条件影响小；但传输距离远，损耗大，时延长，回波影响明显，信号易被截获、干扰。

近年来，有很多人造卫星被送上地球高空的适当高度和位置，其中有不少载有高科技装置的卫星可以与地面互相通信，或向地面广播。许多国家已在不少的适当地点设置了地面站，安装了针对高空卫星的地面天线，确保地面与卫星间的可靠通信。在大力建设和发展地面有线通信网通信的同时，也在积极寻求实现联合组网通信的组织运用模式。特别是在人口稀疏、地形复杂的偏远地区，运用卫星与地面固定通信网实现互通，较好地实现通信接入手段的延伸；在特殊时期可作为骨干有线通信网的替代手段，既经济又可靠，发挥卫星潜在的优势。

卫星通信系统包括空间部分和地面部分。地面部分包括关口站（GW）、网络控制中心（NCC）、操作控制中心（OCC）。其中，NCC 和 OCC 负责整个网络资源的管理、卫星的操作、轨道的控制，GW 作为外部网络和卫星通信网络的网络接口。空间部分即卫星，包括静止轨道卫星（GSO）和非静止轨道卫星（NGSO）。其中，NGSO 根据其相对地球的高度可以分为中轨道卫星（MEO）和低轨道卫星（LEO）。

1．GSO

系统的卫星位于地球赤道上空约 35786km 附近的地球同步轨道上，卫星绕地球公转与地球自转的方向和周期都相同，因此卫星相对地球静止，只要有 3 个 GSO 卫星就可以覆盖地球上南北两极之外所有的地区。运行周期为 24h，典型的信号往返时间是 250～280ms，这不利于实时通信。

2．NGSOC（MEO 和 LEO）

MEO 在地球表面上空 10000～15000km 处，典型的信号往返时间是 110～130ms，运行周期为 4～12h，10～15 个 MEO 卫星可以覆盖全球。LEO 位于地球表面上空 200～3000km，典型的信号往返时间为 20～25ms，运行周期为 2～4h，40 个以上 LEO 卫星可以覆盖全球。LEO 和 MEO 卫星距离地球表面比较近，所需的天线尺寸较小，传输功率较低，但其覆盖范围较小。另外，由于卫星相对地球表面高速运动，用户必须进行卫星到卫星的切换。

MEO 和 LEO 卫星在高技术条件下局部战争中的应用越来越广泛，特别是在大地域机动通信、快速开设通信枢纽、战场数据分发和天基武器系统通信方面，具有其他通信手段不可替代的突出作用，主要用于骨干网络的备用传输通信或野外区域骨干组网。

电磁波在上行线路和下行线路的大气层和自由空间传播，空间传播环境对电磁波将产生吸收、衰减等作用，对通信系统的性能和传输容量影响很大，与工作频率密切相关。因此，工作频段的选择是卫星通信系统的重要环节，直接影响系统传输容量、地球站和转发器的发射功率、天线形式与大小、设备的复杂度等。

表 6-1 所示为卫星通信常用频段。卫星通信按照通信频段主要包括 UHF、SHF、EHF 等频段。卫星通信系统经常使用的是 C 波段、Ku 波段、Ka 波段，具有频带宽、通信容量大、传输距离远、传输质量高等特点，可传输高速数据、视频等信息。但频段越高，波长越短，接收天线的尺寸越小，越容易受到多径衰落和雨衰的影响。

表 6-1　卫星通信常用频段

频　段	卫星通信常用频段（下行/上行）	带宽/GHz	通信业务
UHF	250MHz/400MHz（军用）	0.005	移动
	（L）1.5GHz/1.6GHz	0.005	移动
SHF	（S）2GHz/2.2GHz	0.03	移动
	（C）4GHz/6GHz	0.5	固定
	（X）7GHz/8GHz（军用）	0.5	固定
	（Ku）11GHz/14GHz 12GHz/14GHz	0.5 0.5	固定 广播
	（Ka）20GHz/30GHz	3.5	固定
EHF	20GHz/44GHz（军用）	1.0/2.0	固定

（1）C 波段。C 波段中，通信卫星频率 3.7～4.2GHz 作为下行传输信号的频段，5.925～6.425GHz 作为上行传输信号的频段。在 C 波段，工作频段较 Ku 波段或 Ka 波段低，在恶劣天气情况下，比 Ku 波段或 Ka 波段的频率性能好。

（2）Ku 波段。用于卫星通信的 Ku 波段下行频率范围为 11.7～12.7GHz，上行频率范围为 14～14.5GHz。Ku 波段频率高，一般在 11.7～12.2GHz 之间，不易受微波辐射干扰；Ku 波段的波束窄，对卫星天线方向性要求高；Ku 波段工作频段高于 10GHz，易受雨衰等天气影响，引起信号衰耗较大。

（3）Ka 波段。Ka 波段使用的上行频率在 27.5～31GHz 之间，下行频率在 18.3～18.8GHz 和 19.7～20.2GHz 之间。Ka 波段卫星的典型传输功率比 C 波段卫星的传输功率大。Ka 波段的高频率易受雨衰等天气影响，造成信号质量下降。

采用 Ku、Ka 波段通信，可传输语音、数据及多媒体信息，也可传输存储转发数据及其他短数据，在军事通信中具有广阔的应用前景。

6.2.4　移动通信

移动通信（Mobile Communication）是指通信双方或一方处于运动中的通信，是无线电通信的一种。移动体可以是人，也可以是汽车、火车、舰船等处于移动状态的物体。移动通信机动灵活、保密可靠。在军事领域，广泛应用于军队平时与战时的陆上、地空、岸舰、空空、舰舰之间指挥所、单兵各种武器平台的通信，但易受天气、地形及敌情等影响。

可以用于骨干网络的备用传输通信或野外区域骨干组网，可传送语音、数据和图像等信息，在现代军事通信、多样化任务保障中发挥着重要作用。

1. 移动通信的历史

1897 年，意大利人马可尼在岸、船之间进行的海上无线电通信试验，是最早的移动通信实践。进入 20 世纪后，移动通信步入快速发展轨道。1934 年，美国开发了短波频段车载无线电系统，用于底特律警务移动通信。1946 年，美国在圣路易斯城开通了第一个公用汽车电话网，实现了以基地台为中心，覆盖半径达 70～80km，可与市话网相连的大区制移动通信。1976 年，美国在大西洋、太平洋、印度洋上空发射了 3 颗海事通信卫星，实现了部分地区的海上和航空救险移动通信。

随后，移动通信延续着 10 年一代技术的发展规律，历经 1G、2G、3G、4G、5G 的发展。每一次代际跃迁，每一次技术进步，都极大地促进了产业升级和经济社会发展。从 1G 到 2G，实现了模拟通信到数字通信的过渡，移动通信走进了千家万户；从 2G 到 3G、4G，实现了语音业务到数据业务的转变，传输速率成百倍提升，促进了移动互联网应用的普及和繁荣。当前，移动网络已融入社会生活的方方面面，深刻改变了人们的沟通、交流乃至整个生活方式。4G 造就了繁荣的互联网经济，解决了人与人随时随地通信的问题。5G 作为一种新型移动通信网络，为人们提供增强现实、虚拟现实、超高清/3D 视频等更加身临其境的极致业务体验，解决人与物、物与物的通信问题，满足移动医疗、车联网、智能家居、工业控制、环境监测等物联网应用需求，已经渗透到经济社会的各行业、各领域，成为支撑经济社会数字化、网络化、智能化转型的关键新型基础设施。

1）第一代移动通信

第一代移动通信（The 1st generation of mobile communication）诞生于 20 世纪 70 年代末，是以模拟调频、频分多址（FDMA）为主体技术的移动通信，简称 1G。第一代移动通信主要采用频分双工（FDD）和频分多址技术，利用蜂窝组网方式解决有限频谱资源为广大公众服务的问题，开辟了移动通信的新纪元。其主要缺陷是：互不兼容，通话质量、保密性和安全性较差，容量有限，不能提供数据业务。第一代移动通信包括 TACS、NMT、AMPS 等 8 种制式。专用移动通信以集群系统和无绳电话系统为代表，公用移动通信以蜂窝系统为代表。

在蜂窝移动通信系统中，AMPS 模拟移动通信系统比较典型，是美国电话电报公司研制的世界上第一个模拟蜂窝移动通信系统，1983 年投入商用后，有 50 多个国家和地区采用该系统。随着第二代、第三代移动通信的广泛使用，逐步被淘汰。

2）第二代移动通信

第二代移动通信（The 2nd generation of mobile communication）诞生于 20 世纪 80 年代末，是以数字传输、时分多址（TDMA）或码分多址（CDMA）为主体技术的移动通信，简称 2G。第二代移动通信解决了全数字化的问题，为实现非语音业务、低速数据业务和接入 Internet 创造了条件，其频谱效率、通话质量、保密性和安全性都得到很大提高。但带宽限制了高速数据的传输，不能实现移动多媒体业务，由于有 4 种标准，无法进行全球漫游。在第二代移动通信中，典型的数字无绳电话系统有欧洲的 DECT 系统、日本的 PHS 系统；典型的数字集群系统有欧洲的 TETRA 系统、美国的 iDEN 系统、欧洲的 GSM-R 系统；典型的数字蜂窝系统有GSM移动通信系统和IS-95 CDMA系统。GSM系统标准化程度高，进入市场早，是成功的移动通信制式，2000年前后在全球移动通信市场的占有率约为67%。IS-95 CDMA系统具有容量大、覆盖好、语音质量高等优点，但标准化程度较低，进入市场晚，主要在北美、韩国和日本等地使用。21世纪初，第二代移动通信系统在技术上得到重大改进，改进后的系统一般称为2.5代或2.75代。目前，中国移动还在提供2G手机通信和物联网服务。

3）第三代移动通信

第三代移动通信（The 3rd generation of mobile communication）是能提供覆盖全球的宽带多媒体服务的新一代移动通信，简称3G。20世纪末，世界各国开始积极研发第三代移动通信，主要考虑采用频分双工（FDD）和码分多址（CDMA）技术解决高速数据传输问题，其带宽具有2Mbps的数据传输速率。第三代移动通信的本意是：以全球通用、系统综合为基本出发点，建立一个全球范围的移动综合业务数字网，提供与固定通信网业务兼容和质量相当的语音、数据、图像、视频等多媒体业务，力求综合蜂窝、无绳、寻呼、移动数据、卫星移动、空中和海上等各种移动通信系统的功能，用袖珍个人终端可进行全球漫游，从而实现任何人在任何时间、任何地点与任何对象进行任何方式的个人通信。

1985年，ITU为第三代移动通信制定了未来陆地公众移动通信系统（FPLMTS）标准。1992年，ITU召开会议确定1885～2025MHz和2110～2200MHz两段共230MHz频带用于第三代移动通信。1996年，未来陆地公众移动通信系统标准更名为IMT-2000移动通信系统标准。1997年3月至1998年6月，ITU征集IMT-2000系统的无线传输技术，全球共有10个组织提交了候选方案，其中比较典型的是欧洲和日本提出的WCDMA标准、美国等提出的CDMA2000标准和中国提出的TD-SCDMA标准。到2005年，第三代移动通信的无线传输技术标准不断完善，各大公司努力推出第三代移动通信产品，力求尽早占领市场。2008年4月，中国第三代移动通信开始试运行。

第三代IMT-2000标准缺乏足够的智能来提供自动化服务，系统核心网络没有充分考虑对其他接入网络的融合，不能充分满足业务的多样性要求，接入速率仍然不够高，可用无线电频率资源受限。目前，中国联通还在提供3G手机应用。

4）第四代移动通信

第四代移动通信（The 4th generation of mobile communication）是一种具有宽带接入、分布式网络功能和非对称的超过2Mbps数据传输能力的新型移动通信，简称4G。

4G技术是由3GPP组织制定的全球通用标准，包括FDD和TDD模式，用于成对频谱和非成对频谱。中国采用LTE-TDD标准（简称TD-LTE），LTE-FDD以3GPP的LTE（Long Term Evolution，长期演进项目）为代表，这种以OFDM/FDMA为核心的技术可以被看成“准4G”技术。LTE能够为350km/h高速移动用户提供大于100kbps的接入服务，支持成对或非成对频谱，并可灵活配置1.25～20MHz多种带宽。4G通信技术在智能通信中的应用，让人们的上网速度更快，速度可以高达100Mbps，其主要功能如下：

- 多样化媒体服务。在统一的核心网络上承载包括个人通信、信息服务系统、宽带音频与视频广播、智能化个人服务等各种业务数据，传输速率可达100Mbps。为用户提供清晰度图像业务、会议电视等多媒体服务。
- 无所不在的移动接入。网络系统的接入覆盖能力极其广泛，人们可以在任何时间、任何地点接入到系统中。

- 高度智能化和高安全性能。高度智能化网络，使用户的接入服务十分方便和安全；支持高度智能化手机功能、可穿戴无线电系统；通过人工智能技术为用户提供智能化服务。发射功率比第二代大大降低，能有效解决电磁干扰问题。
- 全方位的自治和自适应。系统具备各层次、各方面自动管理能力，能够自适应地动态改变自身结构，以满足系统发展变化的需要。整个网络具有灵活性和可拓展性。

由于 4G 在基站耗电量、覆盖范围等方面优于 5G，将在一段时间内与 5G 并存。

5）第五代移动通信

第五代移动通信技术（The 5th generation mobile networks）是新一代蜂窝移动通信技术，其标准化工作由 3GPP 组织开展，包括 RAN 工作组和 SA 工作组。

2016 年开始启动 5G（Release-14）标准需求和技术方案的研究工作，确定 5G 三大应用场景，包括增强型移动宽带（enhanced Mobile BroadBand，eMBB）、大规模机器类通信（massive Machine-Type Communication，mMTC）和低时延高可靠通信（ultra-Reliable and Low Latency Communication，uRLLC）。

2018 年 6 月，3GPP 组织发布了第一个 5G 标准（Release-15，也写为 Rel-15 或 R15），支持 5G 独立组网，主要满足增强型移动宽带业务应用。2020 年 7 月，Release-16 版本标准发布，主要支持低时延高可靠业务，实现对 5G 车联网、工业互联网等应用的支持。Release-17（R17）版本标准将主要支持中高速大连接低功耗业务，实现对差异化物联网应用支持。5G 标准发展进程见图 6-2。

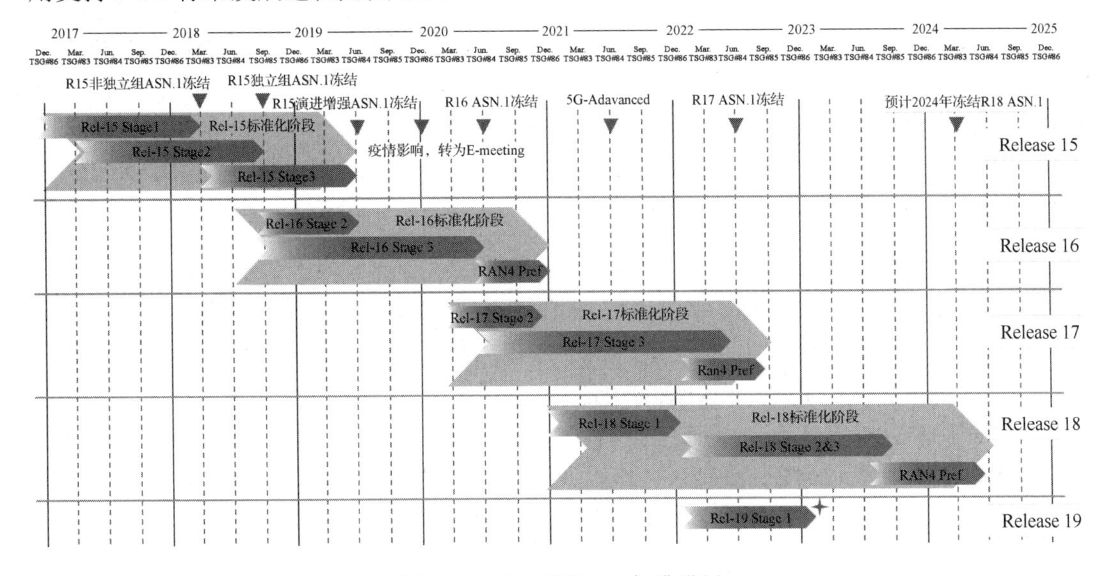

图 6-2　3GPP 组织 5G 标准进展

5G 的目标是致力于实现万物互联，做到“信息随心至，万物触手及”。它将影响到各行各业，极大改变人们的生产、生活方式甚至人们的思维方式。5G 技术设计高度灵活，支持的业务从传统的移动宽带业务逐步扩展到工业互联网、智能家居、应急通信、车联网、卫星通信等多个领域。主要性能如下：

- 峰值速率达到 10～20Gbps，以满足高清视频、虚拟现实等大数据量传输。
- 空中接口时延低至 1ms，满足自动驾驶、远程医疗等实时应用的要求。

- 具备 100 万连接/km^2 的设备连接能力，满足物联网通信的需求。
- 频谱效率要比 LTE 提升 3 倍以上。
- 连续广域覆盖和高移动性下，用户体验速率达到 100Mbps。
- 流量密度达到 10Mbps/m^2 以上。
- 移动性支持 500km/h 的高速移动。

2. 移动通信的分类

移动通信的种类繁多，按使用要求和工作场合不同可以分为以下几种。

1）集群移动通信

集群移动通信（也称大区制移动通信）是采用频率共用及动态频道分配技术的无线电调度通信。它通过频率共用技术有效利用频谱资源，又通过基础设施集中使用和统一控制，有效降低组网成本。当用户需要通信时，集群系统控制中心自动为用户分配一条空闲可用的无线频道，用户通信结束立即释放此频道，由控制中心自动转给其他需用的用户。集群通信系统属于大区制移动通信系统，可以按需连网构成更大的集群系统。集群通信具有多种调度功能和多种业务功能，适用于多信道共用的专用移动通信系统。

它的特点是只有一个基站，天线高度为几十米至百余米，覆盖半径为 30km，发射机功率可高达 200W。用户数约为几十至几百个，可以是车载台，也可以是手持台。它们可以与基站通信，也可通过基站与其他移动台及市话用户通信，基站与市话有线网连接。

2）蜂窝移动通信

蜂窝移动通信也称为小区制移动通信。它的特点是把整个大范围的服务区划分成许多小区，每个小区设置一个基站，负责本小区各移动台的联络与控制，各基站通过移动交换中心相互连接，并与市话局连接。利用超短波电波传播距离有限的特点，间隔一定距离的小区可以重复使用频率，使频率资源得到充分利用。每个小区的用户数在 1000 以上，全部覆盖区的容量可达 100 万个用户。

3）无绳电话通信

无绳电话通信（也称为移动手机通信）是一种以有线电话网为依托的移动通信，是有线电话接入点的无线延伸，包括由无线电链路取代有线电话手持话机与座机（俗称子母机）之间绳线的电话通信。早期无绳电话移动距离近，不能漫游，后来引入蜂窝小区技术，组成蜂窝小区结构，扩展了无绳电话的通信距离和应用领域，出现了泛欧数字无绳电话系统（DECT）、日本数字无绳电话系统（PHS）等新的无绳电话通信系统。对于室内外慢速移动的手持终端的通信，则采用小功率、通信距离近的轻便无绳电话机。

4）WiMAX

WiMAX（Worldwide interoperability for Microwave Access）又称为 IEEE 802.16，是一种宽带无线城域网接入技术，WiMAX 基站覆盖范围内的所有移动设备均可通过基站高速接入计算机网络，数据传输距离可达 50km。WiMAX 具有 QoS 保障、传输速率高、业务丰富多样等优点，不仅能解决无线接入问题，还能作为有线网络接入（Cable、xDSL）的无线扩展，方便地实现边远地区的网络连接，是一种较好的“最后一公里”的宽带无线连接方案。其主要功能如下：

- 提供更远距离的传输。WiMAX 实现的 50km 的无线信号传输距离是无线局域网不能比拟的，网络覆盖面积是 3G 基站的 10 倍，只需要少数基站建设就能实现全城覆盖，使无线网络应用的范围大大扩展。
- 提供更高速带宽的接入。WiMAX 能提供的最高接入速度是 70Mbps，是 3G 宽带速度的 30 倍。对无线网络来说，这的确是一个惊人的进步。
- 提供优良的“最后一公里”网络接入服务。作为一种无线城域网技术，它可以将 WiFi 热点连接到互联网，也可作为 DSL 等有线接入方式的无线扩展，实现“最后一公里”的宽带接入。
- 提供多媒体通信服务。由于 WiMAX 较之 WiFi 具有更好的可扩展性和安全性，从而能够实现电信级的多媒体通信服务。

WiMAX 工作频段是无须授权频段，范围在 2～66GHz 之间，而 IEEE 802.16a 则是一种采用 2～11GHz 无须授权频段的宽带无线接入系统，其频道带宽可根据需求在 1.5～20MHz 范围进行调整。因此，IEEE 802.16 使用的频谱比其他任何无线技术更丰富，由于采用窄的信道带宽而具有以下优点：

- 更有利于避开干扰。
- 当信息带宽需求不大时，有利于节省频谱资源。
- 具有灵活的带宽调整能力，有利于运营商或用户协调频谱资源。

2007 年 10 月 19 日，在日内瓦举行的 ITU 无线通信全体会议上，WiMAX 正式被批准成为继 WCDMA、CDMA2000 和 TD-SCDMA 之后的第 4 个全球 3G 标准。

5）WiFi

WiFi 是一种无线局域网接入技术，遵循 IEEE 802.11b、IEEE 802.11n、IEEE 802.11g 系列标准。其信号传输半径只有几百米。WiFi 的目的是使各种便携设备（如手机、笔记本电脑、PDA 等）能够在小范围内，通过自行布设的接入设备接入局域网，从而实现与骨干网络的连接。WiFi 网络使用无线电话的公用信道，只要有一个“热点”与骨干网络连接，就可在其周围数百米的距离内构建一个 WiFi 网络。

随着“热点”的增加，WiFi 网络所覆盖的面积就像蜘蛛网一样在不断扩大延伸。WiFi 的传输速度因对 IEEE 802.11b、IEEE 802.11n、IEEE 802.11g 等不同标准的支持而有所不同，在 11～150Mbps 范围，可以满足高带宽信息传输的需求。WiFi 网络架构十分简单，在人员较密集地方设置“热点”，用户只需要将支持 WiFi 的设备拿到该区域内，便可以通过“热点”高速接入骨干网络。

采用 WiFi 无线局域网+WiMAX 无线城域网+3G/4G/5G 无线广域网的三网结合，可构建一个完整的无线网络。随着无线通信技术的不断发展，集成了这三种技术的移动终端将为我们随时随地提供高速无线连接。

6.2.5 短波通信

短波通信（Short-wave Communication）是以波长为 10～100m、频率为 3～30MHz 的无线电波作为传输媒介的无线电通信。短波主要靠电离层的反射进行远距离传输，可用较小的发信功率进行远距离通信，传输距离可达数千千米。短波通信广泛用于传输电报、电话、数据和静态图像，是无线电通信的主要方式之一。短波通信可用较小的发射功率直接进行远距离通信，通信建立迅速，能与运动中的、方位不明的、被分割或被自然障碍阻隔的小分队进行通信联络。

短波通信靠地波和天波（电离层反射）两种通信方式传播。地波通信较稳定，与工作条件关系很大，工作频率越高，地面的电导率越低，地波传播损耗越大。地波通信距离一般在 20～50km 以内，在导电良好的海面上可以达上百千米。中、低距离通信主要依靠由电离层反射的天波传输。利用短波天波传播可以进行数千千米的远距离通信，利用近垂直入射天波，可以在地波传播宣告无效的近距离内，克服地形地貌的阻碍，建立无线电通信线路，特别适用于丛林、山区和丘陵地带的通信。短波通信的主要优点是设备简单，灵活性高，架设开通方便，抗毁性强。

短波天波传播依靠天线将电波发射到电离层，然后反射到地面，达到远距离通信的目的。电离层可以分为 D、E、F 导电层。D 层高度最低，对电波主要起吸收作用，称为吸收层。E 层在白天可以反射频率高于 1.5MHz 的电波。对于短波天波传播，F 层是最重要的，在所有导电层中它具有最高的高度，可以允许传播最远的距离，习惯上称 F 层为反射层。由于太阳的作用，白天电离层包含有 D、E、F 层，晚间只有 F 层。电离层的高度在不同季节和在一天内的不同时刻是不同的。对于 F 层，其高度在冬季的白天最低，在夏天的白天最高。

短波通信的主要问题是可靠性和通信容量，这与电离层的特性是密切相关的。短波通信存在多种传播模式，如 E 层反射和 F 层反射、单跳和多跳等，这样接收端就可能收到不同路径到达的信号。由于电波到达时间、强度和相位不一样，会形成严重的多径衰落效应。电离层高度的变化引起电波的多普勒频移。短波波段内电台密集，相互干扰严重，加上各种工业干扰，造成模拟通信的信噪比降低、语音质量差，数据通信的误码率高、数据传输速率低。

为了克服短波通信的不足，20 世纪 80 年代末出现了高频自适应通信技术，目的是实时跟踪和补偿电离层的时变特性，保持通信的最佳状态。广义的高频自适应通信包括频率自适应、发信功率自适应、数据传输速率自适应、自适应分集接收、自适应天线调零、自适应均衡等。高频信道的主要参数都与频率的选择有密切关系，实时选择通信频率是高频自适应通信的第一要素，是其他自适应技术能够发挥作用的基础。高频自适应通信包含链路质量分析和自动链路建立等关键技术，能够明显改善短波通信的质量，缩短链路建立的时间，简化电台的操作。短波抗干扰通信的关键技术是短波跳频通信技术，跳速在每秒 20 跳以下的属于慢跳频。

短波通信技术的发展趋势是：将电离层探测实时选频和高频自适应通信技术相结合，通过最佳频率资源配置，保证短波通信网的可靠通信；发展新一代高频自适应技术，提高实时信道估值的准确性，缩短探测时间和链路建立时间；陆续发展短波扩频通信新体制和新技术，包括每秒数千跳的快跳频和直接序列扩频，进一步提高短波通信的抗干扰能力；深入研究短波高速数据传输技术，突破短波数据传输速率局限于 2400～4800bps 的传输瓶颈；短波通信设备将进一步小型化、模块化、数字化和智能化。

6.2.6 微波通信

微波通信（Microwave Communication）是以波长为 0.1mm～1m、频率为 0.3～3000GHz

的波作为传输媒介的无线电通信。微波通信不需要固体介质，当两点间直线连接范围内无障碍时就可以使用微波传送。微波通信包括微波接力通信、微波散射通信、微波卫星通信、毫米波通信及微波波导通信等。微波通信具有频带宽、容量大、质量好、传输距离远、抗干扰能力强等优点，可以实现语音、数据、视频等业务的传输；可实施点对点、点对多点或广播等形式的通信联络。微波通信是现代通信网的主要传输方式之一，也是空间通信的主要手段。

对微波通信的研究始于20世纪20年代末。1931年，在英国多佛尔与法国加来之间建立了世界上第一条微波通信线路。第二次世界大战后，微波接力通信得到迅速发展。1955年，对流层散射通信在北美问世，50年代末开始进行卫星通信试验，60年代中期投入使用，80年代毫米波通信已部分投入使用。我国的微波通信是从20世纪50年代开始发展的，1956年北京至保定建立了国内第一条微波接力线路。70年代中期，全国已建成数万千米的微波接力线路，连通了国内绝大多数省、市、自治区。在此期间，还进行了微波散射通信与毫米波波导通信试验，并开始发展卫星通信。

微波按波长可分为分米波、厘米波、毫米波和亚毫米波，其中部分波段常用代号表示，如表6-2所示。L以下波段适用于移动通信；S波段到Ku波段适用于以地球表面为基地的通信，其中C波段的应用最为普遍；毫米波适用于空间通信；为满足通信容量不断增长的需要，已开始采用K波段和Ka波段进行地球站与空间站之间的通信；此外，V波段的60GHz电波在大气中衰减较大，适用于近距离保密通信；W波段的94GHz电波在大气中衰减很小，适合地球站与空间站之间的远距离通信。

表6-2　部分微波波段代号

代号	L	S	C	X	Ku	K	Ka	V	W
频率/GHz	1～2	2～4	4～8	8～12	12～18	18～27	27～40	40～75	75～110
波长/cm	30～15	15～7.5	7.5～3.75	3.75～2.5	2.5～1.67	1.67～1.11	1.11～0.75	0.75～0.4	0.4～2.7

一般说来，由于地球幽面的影响及空间传输损耗，每隔50km左右，就需要设置中继站，将电波放大转发。这种通信方式也称为微波中继通信或微波接力通信。长距离微波通信干线可以经过几十次中继而传至数千米仍保持很高的通信质量。

微波站的设备包括天线、收发信机、调制器、多路复用设备及电源设备、自动控制设备等。为了把电波聚集起来成为波束，送至远方，一般采用抛物面天线，其聚焦作用可大大扩展传送距离。多个收发信机可以共同使用一个天线而互不干扰。多路复用设备有模拟和数字之分。模拟微波系统每个收发信机可以工作于60路、960路、1800路或2700路通信，可用于不同容量等级的微波电路。数字微波系统应用数字复用设备以30路电话按时分复用原理组成一次群，进而可组成二次群120路、三次群480路、四次群1920路，并经过数字调制器调制于发射机上，在接收端经数字解调器还原成多路电话。最新的微波通信设备，其数字系列标准与光纤通信的同步数字系列（SDH）完全一致，称为SDH微波。这种新的微波设备在一条电路上的8个波束可以同时传送2.4Gbps的数字信号。

微波通信具有良好的抗灾性能，水灾、风灾以及地震等自然灾害对其影响小。但微波经空中传送，易受干扰，在同一微波电路上不能在同一方向使用相同频率，因此微波电路必须在无线电管理部门的严格管理之下进行建设。此外，由于微波直线传播的特性，在电波波束方向上不能有高楼阻挡，因此城市规划部门要考虑城市空间微波通道的规划，使之不受高楼的阻挡而影响通信。

微波通信技术的发展趋势是：开发更高的应用频段，采用新的调制技术，进一步扩大通信容量；微波通信系统将向集成化、微型化、模块化、软件化方向发展；通信设备与计算机相结合，实现无人值守及自动化管理；开发更先进的抗干扰技术，以进一步提高在复杂环境及电子对抗条件下的生存能力。

6.3 传输性能要求

不论采用什么传输手段，网络视频传输应该满足相应的传输要求。视频通信要求网络能够实现点对多点、多点对多点的实时不间断信息传输，对网络传输带宽、实时性和可靠性等性能指标要求较高。在视频通信系统中，网络中传输的不再是单一的媒体，而是多种媒体综合而成的一种复杂的数据流。区分处理网络数据流、提供相应服务保障对承载通信网络提出了较高要求，通信网络不但具有信息的高速传输和交换能力，而且具有信息的高效综合保障能力。

各种信息媒体要求网络传输的数据量和存储容量如表 6-3 所示。

表 6-3　各种信息媒体要求网络传输的数据量和存储容量

媒体类型	传送带宽/kbps	数据存储/KB
文本	2.4～9.6	18～72
静止图像	32～64	240～480
语音	9.6～128	72～960
高保真声音	64～1500	48～11 500
压缩视频	1.5～6000	11 500～45 000
高质量压缩视频	6000～24 000	45 000～180 000

6.3.1 网络带宽

1．网络视频通信需求

在各类应用业务中，实时视频通信对网络适应性要求较高，典型的视频通信带宽需求一般在 384kbps～2Mbps，高清视频带宽需求一般在 4～8Mbps，平均传输速率随视频信息流量变化而变化，有时产生大于普通视频 2Mbps 带宽或高清视频 8Mbps 带宽的突发流量要求。一方面，需要网络设备提供网络带宽保证和优先级等服务保障机制，确保业务系统的带宽和通信质量。另一方面，需要视频系统提供流量带宽限定策略，抑制突发流量，合理控制网络带宽资源。

对于指定速率的视频通信，实际占用带宽也明显高于标称值。这是因为标称值仅考虑了实际音视频数据的传输速率，没有考虑业务所需的附加开销，如信令等。在实际通信中，很难将数据业务和视频业务数据区分开，因此，一般情况下，带宽需求冗余为1.5～2倍为宜。下面介绍视频通信的推荐带宽理论标称值。

- CIF显示格式：384kbps（25～30帧/秒，352像素×288像素）。
- 4CIF显示格式：2Mbps（30帧/秒，704像素×576像素）。
- 720p显示格式：1.35～4Mbps（30帧/秒，1280像素×720像素）。
- 1080p显示格式：3～9.5Mbps（30帧/秒，1920像素×1080像素）。
- 2K（1440p）显示格式：3～10Mbps（30帧/秒，2560像素×1440像素）。
- 4K（2160p）显示格式：13～38Mbps（30帧/秒，4096像素×2160像素）。
- 8K（4320p）显示格式：100Mbps（60帧/秒，7680像素×4320像素）。
- VR 8K（4320p）显示格式：1000Mbps（120帧/秒，7680像素×4320像素）。

在相同编码格式下，虽然不同带宽下的帧率基本相同，但传输的图像细节会有一定的差异，图像速率越高，传输的细节越清晰。

2. 网络有效带宽

为了确保在通信网络中同时传输多种媒体信息，最重要的是要求网络提供足够带宽，通常用网络吞吐量来表示网络有效带宽。吞吐量是指单位时间内接收、处理和通过网络的分组数或比特数。在许多情况下，人们习惯将额外开销忽略不计，直接把网络传输速率当作吞吐量，但实际吞吐量要小于传输速率。

吞吐量=物理链路的传输速率−各种传输开销

吞吐量是一种相对稳定的静态参数，是网络最大极限容量，反映了网络负载情况，它与网络传输速率、接收端缓冲容量及数据流量等紧密相关。

从总体上说，数据速率在10Mbps以上的网络才有可能充分满足各类媒体同时通信应用的需要。但并非所有媒体的数据传输都是如此，不同的媒体对通信网络带宽需求有所不同，但实际应用中通常涉及两个以上媒体同时通信，并常以数据量较大的图像数据为核心。因此，视频承载网络应采取相应的服务质量保证，以确保视频传输的要求。

6.3.2 网络性能

网络视频通信对IP网络环境要求较高，主要体现在一些关键性的网络性能参数上，其度量指标主要包括吞吐量、时延、时延抖动和误码率（丢包率）。

根据中华人民共和国通信行业标准《IP网络技术要求——网络性能参数与指标》中的相关规定，视频传输的网络性能要求达到1级（含）以上，如表6-4所示。

表6-4 国标《IP网络技术要求——网络性能参数与指标》有关指标参考

QoS等级	默认值	0级	1级（交互式）	2级（一般）	3级（U级）
网络时延上限	未规定	150ms	400ms	1s	U
时延抖动上限	未规定	50ms	50ms	1s	U
丢包率上限	未规定	1/1000	1/1000	1/1000	U
包误差率上限	1/10 000	默认	默认	默认	默认

1. 时延

时延（Delay）是指两个参照点之间发送和接收数据包（分组）的时间间隔。

在视频通信中，为了获得真实的临场感，满足视频传输的音频和视频信息实时性的要求，对视频传输时延指标要求较高。传输时延过大，交互性无法满足实时性要求，动态图像出现跳动、声音抖动。通常情况下，在视频中要求每秒连续传送图像大于 30 帧，静止图像要求时延小于 1s，语音可接受的时延要求小于 250ms。视频通信时延在图 6-3 中给出。

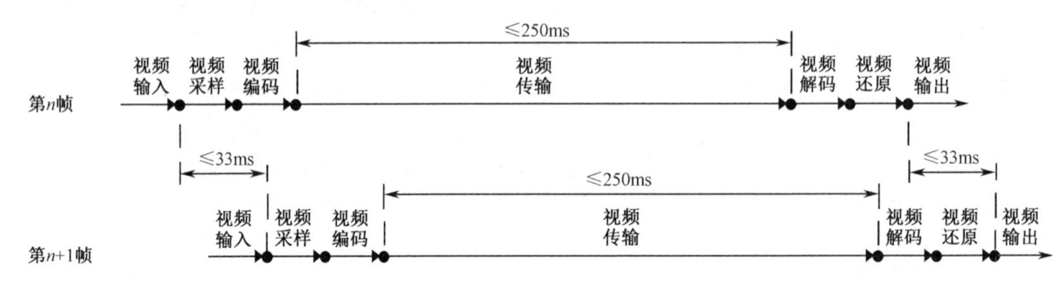

图 6-3　视频通信时延示意图

交互式视频传输对时延非常敏感，要求每一帧的采集、压缩、传输、解压缩、播放这一过程必须在 33ms 内完成。具体地讲，它是指发送端发送的一个帧的第一位到接收端正确接收到该数据位之间的时间间隔，即帧与帧之间的时延小于 33ms。

对于视频通信承载网络，通过提供端到端的通信服务质量（QoS）保证，有服务质量保证的时延不大于 200ms，"尽力而为"条件下的时延不大于 500ms，以满足视频通信端到端网络时延性能要求。

2. 时延抖动

时延抖动是指在同一条路由上发送的一组数据流中数据包（分组）之间的时延差异。

为满足网络视频传输的音频和视频信息达到实时性的要求，视频传输不仅满足时延指标要求，还要满足对网络的时延抖动要求，时延抖动过大，数据包传输时延不一致，会严重影响视频通信的音频、视频主观质量，具体表现为声音出现剪切、图像出现凝固和快进，导致唇音失步。

时延抖动是数据传输时延变化的一个物理量，在数值上等于端到端传输时延的最大值与最小值之差。信息在传输过程中，由于每帧的时延抖动影响，有的帧先于其播放时间到达，有的帧却因滞后播放时间到达而被丢弃；先到的帧要放入缓冲存储器存储起来，等到播放时才能取出播放。时延抖动越大，失帧数和缓存就越大，因此要控制视频数据传输的时延抖动。作为视频信息传输，要求时延变化值趋于零，传输时延近似为常数。

对于视频通信承载网络，一方面，通过减少网络端到端路由跳数；另一方面，通过 QoS 策略，保证足够的带宽和音频与视频数据包传输优先级，控制网络时延抖动在 50ms 以内。

引起时延抖动的原因有很多，如传输系统引起的时延抖动、物理装置引起的抖动、介质访问时间抖动等。多媒体通信中对网络的时延有苛刻的要求，如对常规视频通信要求压缩视频时延要低于 250ms，对交互式视频应用则时延应低于 150ms。不同媒体信息在最大时延和最大时延抖动方面对多媒体通信网络的要求如表 6-5 所示。

表 6-5　不同媒体对多媒体通信网络的要求

项　目	语　音	静态图像	动态图像	压缩视频	数　值	实时数值
最大时延/s	0.25	1	0.25	0.25	1	0.001～1
最大时延抖动/ms	10	—	10	1	—	—

3. 误码率

误码率是指在网络中传输数据包（分组）时丢弃数据包的最大比例。

网络视频在实际传输过程中需采取压缩编码措施，为确保获得更高的可靠性，压缩比越高，对网络误码性能要求也越高。

误码率是反映网络传输可靠性的一个重要性能指标，它可以用误比特率（BER）、误帧率（FER）和误分组率（PER）三种方法来定义。误比特率是指出错的位数与所传输总位数之比，误帧率是指出错的帧数与所传输总帧数之比，误分组率是指出错的分组数与所传输总分组数之比。丢包率过大将直接导致多媒体视频系统出现花屏、马赛克、大色块等不同程度图像质量和语音抖动问题。部分媒体的可接受误码率如表 6-6 所示。

表 6-6　部分媒体的可接受误码率

项　目	语　音	图　像	视　频	压缩视频	数　值
误比特率	$<10^{-1}$	$<10^{-4}$	$<10^{-1}$	$<10^{-6}$	0
误分组率	$<10^{-1}$	$<10^{-9}$	$<10^{-9}$	$<10^{-9}$	0

在视频通信中，通常压缩的运动图像，可接受的误码率应小于 10^{-6}，误分组率应小于 10^{-9}。当误码率达到 10^{-3} 时，视觉会感知到图像的异常；当误码率为 10^{-2} 时，听觉会感知到声音的异常。如果图像的运动量较小，随机（突发性、非持续性的）的误码率在 10^{-2} 以内，大部分会议均能较正常地召开。

对于视频通信而言，在物理信道数据传输误码率不高于 10^{-9} 的条件下，网络自身误码率在服务质量保证条件下应不高于 10^{-4}，在“尽力而为”的条件下应不高于 10^{-3}。承载网络通过 QoS 策略保证音频与视频数据包的传输优先级，降低网络端到端丢包率。通常在网络端到端丢包率为 3%～5%时，可以呈现正常图像信息。

由于受到人类感知能力的限制，人的视觉和听觉很难分辨和感觉图像或声音本身微小的差异。因此，视频应用有别于其他的应用，它允许网络传输中存在一定程度的错误。但是，精确地表示多媒体网络的可靠性需求是很困难的。通常，由于人类的听觉比视觉更敏感一些，容忍错误的程度要相对低一些，在冗长的视频流中，个别数据分组的出错是很难被人的视觉察觉出来的。但在音频流中，如果出现相同数量的出错分组，则完全可能被人的听觉察觉出来。因此，音频比视频的可靠性需求要高一些。

6.3.3　服务质量

网络在承载 WWW、FTP、E-mail 等数据服务的基础上，开始越来越多地承载 VoIP 业务、视频业务及统一通信业务，而每种业务要求的传输时延、抖动、吞吐量和丢包率等服务参数不尽相同；同时，随着信息化的延伸和提升，对不同部门和业务的带宽精细分配需求日渐强烈。因此，为用户提供精细化的带宽分配，以及保证各种业务的服务质量，成为IP技术发展的重要挑战，网络QoS技术作为公认的新一代网络的核心技术之一，已经成为网络研究和开发的热点。

典型的QoS实现有Best-Effort模型、InterServ模型、DiffServ模型三种方式。

- Best-Effort服务是现在IP网络默认的服务模型。
- InterServ模型可扩展性很差，难以在骨干网络实施。
- DiffServ模型是可扩展性相对较强的方式，是实现QoS的主要方式，也是我们讨论的重点。

根据RFC 4594描述的12类不同服务等级需求的媒体服务，如表6-7所示，对网络承载的不同业务进行区分，实施相应的QoS策略。

表6-7　RFC 4594 区分服务等级配置表

应　用	L3 分类		IETF RFC
	PHB	DSCP	
可视IP电话	EF	46	RFC 3246
网络控制	CS6	48	RFC 2474
呼叫信令	CS5	40	RFC 2474
多媒体会议	AF41	34	RFC 2597
实时交互式超高清视频会议	CS4	32	RFC 2474
流媒体	AF31	26	RFC 2597
广媒视频	CS3	24	RFC 2474
低时延交互数据	AF21	18	RFC 2597
操作维护管理	CS2	16	RFC 2474
大吞吐量突发数据	AF11	10	RFC 2597
尽力而为	DF	0	RFC 2474
低优先级数据	CS1	8	RFC 3662

区分服务（DiffServ）是IETF工作组在1998年提出的服务模型，目的是制定一个可扩展性相对较强的方法来保证IP的服务质量。在DiffServ模型中，业务流被划分成不同的区分服务类。一个业务流的区分服务类由其IP分组头中的区分服务标记字段（Different Service Code Point，DSCP）来表示。在实施DiffServ的网络中，每个路由器都会根据数据包的DSCP字段执行相应的PHB（Per Hop Behavior）行为，主要包括以下三类PHB。

- Expedited Forwarding（EF）：加速转发。主要用于低时延、低抖动和低丢包率的业务，这类业务一般运行速率相对稳定，需要在路由器中进行快速转发。
- Assured Forwarding（AF）：确保转发。这类业务在没有超过最大允许带宽时能够确保转发，一旦超出最大允许带宽，则允许根据不同的丢弃级别丢弃报文。确保转发类将转发行为分为4类，每一个确保转发类都被分配了不同的带宽资源，并对应3个不同的丢弃优先级。IETF建议使用4个不同的队列分别传输AF1x、AF2x、AF3x、AF4x业务，并且每个队列提供3种不同的丢弃优先级，因此可以构成 12 个有保证转发的 PHB。

- Best Effort（BE）：尽力转发。主要用于对时延、抖动和丢包率不敏感的业务。

区分服务只包含有限数量的业务级别，状态信息数量少，因此实现简单，扩展性较好。它的不足之处是很难提供基于流的端到端的质量保证。目前，区分服务是业界认同的 IP 骨干网的 QoS 解决方案，尽管 IETF 为每个标准的 PHB 都定义了推荐的 DSCP 值，但设备厂家可以重新定义 DSCP 与 PHB 之间的映射关系，因此不同运营商的 DiffServ 网络之间的互通还存在困难，不同 DiffServ 网络在互通时必须维护一致的 DSCP 与 PHB 映射。

QoS 处理流程：报文分类（报文分类和识别报文的类别是为不同的业务提供区分服务的必要前提），其后根据报文所属类别再运用流量监管 CAR、拥塞避免 WRED、队列调度、流量整形 GTS 等技术，最终为具有不同网络需求的各种业务提供并保证所承诺的服务，如图 6-4 所示。

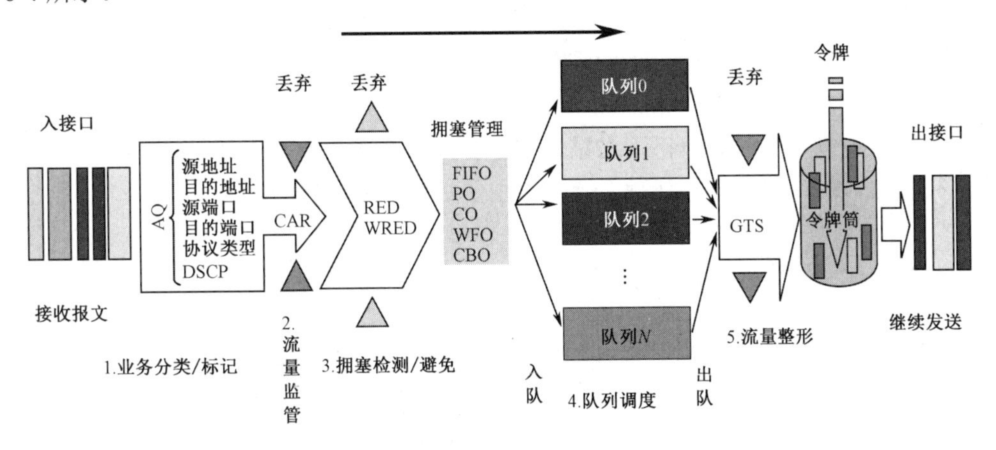

图 6-4　区分服务 QoS 处理流程

思考题

1. 视频通信的特征是什么？
2. 视频通信的传输手段有哪些？
3. 网络视频对传输带宽有哪些要求？
4. 网络视频对网络性能有哪些指标要求？
5. 简述网络视频对网络服务质量的要求。

第7章 安全保密

本章导读

网络视频安全保密是视频安全可靠传输的保障。本章将简要分析设备安全、网络安全、接入安全等方面的隐患和防范措施，概要介绍网络视频系统加密技术。

7.1 网络视频系统安全

网络视频系统安全主要包括网络系统安全和视频系统安全两部分。网络系统安全是指传输视频的通信网络的安全，视频系统安全主要是指视频信息的安全。

7.1.1 安全分析

网络视频承载在 IP 网上，由于 IP 协议存在固有的缺陷和漏洞，网络并不安全，容易遭受攻击。另外，随着终端多样化的发展，用户的接入方式和接入地点变得更加灵活，网络遭受攻击的可能性也就更大。因此，网络面临的安全性问题显得尤为突出。

网络面临电磁泄漏、强电磁脉冲冲击、带宽盗用、用户仿冒、非法监听、DoS 攻击等主要安全问题。

- 电磁泄漏：主要是指通过电磁辐射截获相关信息。
- 强电磁脉冲冲击：主要是指通过强电磁波对通信设备造成极大破坏，特别是对未采取加固和屏蔽措施的机器和电子器件，会造成暂时性功能失效或永久性损坏。
- 带宽盗用：主要是指用户使用的带宽可能超过 SLA（Service Level Arrangement，服务等级协议）中的约定。
- 用户仿冒：主要是指入侵者冒充合法用户使用系统服务。
- 非法监听：主要是指入侵者在服务网络中窃听用户数据、信令数据和控制数据，非授权访问存储在系统网络单元内的数据。
- DoS 攻击：主要是指入侵者通过在物理上或协议上干扰用户数据、信令数据和控制数据在网络中的正确传输，实现对网络的拒绝服务式攻击，或假冒某一网络单元阻止合法用户的数据，从而使合法用户无法正常得到网络服务。

7.1.2 网络系统安全

1．电磁防护

防止电磁泄漏的主要措施包括电磁屏蔽、区域防护、采用低辐射电子设备、控制电磁能量的辐射时间和辐射范围等措施。

（1）电磁屏蔽。电磁屏蔽就是在电磁设备的周围，采用铜、铝等高导电率材料制成薄固体外壳，对敏感设备和元器件进行外屏蔽和内屏蔽。在构筑墙壁工事时，加装金属结构外罩可有效地衰减电磁脉冲的射频信号。在构筑混凝土工事时，使用彼此相连的加固钢条作为外壳，对强电磁脉冲也起到屏蔽作用。

（2）区域防护。区域防护是指根据电磁波辐射随着距离的增加而减弱的原理而采取的措施。因此，可在重要通信部位和电子设备周围划定警戒区，防止非法窃听者近距离窃密。

（3）采用低辐射电子设备。电子设备辐射的电磁波信号，一般在 1000m 以外难以接收到。选用低辐射设备是控制电磁辐射的根本措施。显示器是计算机安全的一个薄弱环节，因此采用低辐射显示器十分重要。使用单色显示器、等离子显示器或液晶显示器能明显降低电磁辐射。

（4）控制电磁能量的辐射时间和辐射范围。在不影响通信正常运转的前提下，应最大限度地隐蔽主要电子信息系统辐射的信息，控制信息系统电磁能量的辐射时间和辐射范围，达到减小电磁信息被截获的概率。

2．安全隔离

网络安全研究的是网络因系统、协议、拓扑及业务流程等设计上的漏洞，被有意或无意攻击造成的大量用户无法使用业务、用户信息泄露和计费信息丢失等问题。解决网络安全问题可以遵循如下的总体思路。

1）安全分域

将网络划分为不同的安全区域，根据不同区域的信任程度采取不同的安全服务措施。

一般可根据安全需求不同而将网络划分为内网区、隔离区和外网区等不同的安全区域，并使用专用设备实现区域之间的隔离。

- 内网区：由软交换、信令网关、应用服务器、媒体服务器、中继网关和大容量用户综合接入网关等设备组成的网络区域，该网络区域中的设备完全由运营商控制，面向大量用户提供服务，安全等级要求高。
- 隔离区：由软交换用户下载服务器、应用门户服务器和 DNS 等设备组成的网络区域，该网络区域中的设备需要向公众互联网用户提供服务，同时与内网区的设备存在联系。
- 外网区：由 SIP 终端和普通用户 IAD 等终端设备组成的网络区域，该网络区域中的设备放置在用户侧，面向个人用户提供服务。设备一般通过公众互联网接入，通常的接入手段包括 ADSL 和以太网等。

一般情况下，内网区系统设备可以在不认证的情况下实现对隔离区的访问，但隔离区对内网的访问必须通过认证的方式进行；外网区终端不允许使用 SIP、MGCP 和 H.248 之外的协议直接访问内部网络，对内部网络设备的访问必须通过隔离区设备代理进行；根据网络安全的最小化服务原则，内网区对隔离区、隔离区对外网区只能开放必需的服务端口，对于其他不需要的端口，一律通过防火墙实现屏蔽。

2）有效隔离

有效隔离措施包括业务系统隔离与用户信息隔离等。

网络在组网上要求对不同的业务系统进行网段分离，控制安全风险，实现视频业务与其他业务之间的有效隔离；对视频业务网应只允许受限访问，使其形成一个相对封闭的视频业务网。这种隔离可以在一定程度上屏蔽来自网络的不安全因素。

为防止关键设备受到攻击，视频服务设备应通过防火墙实现与骨干网的隔离。

在保障视频网络安全的同时，还需要实现视频用户的隔离和可管可控，同时防范常见的非法应用，如地址仿冒和抢占资源等。用户信息隔离是指接入网必须保障用户数据的安全性，隔离携带用户个人信息的广播消息，如 ARP（地址解析协议）和 DHCP（动态主机配置协议），防止用户的关键设备受到攻击。

（1）物理隔离。承担传输视频的网络和享用网络视频的用户网络必须与 Internet 实施物理隔离。

（2）子网隔离。在用户网密子网出口处部署 IP 网络保密机，对进出密子网的 IP 包实施加密/解密，同时实现明子网和密子网间的逻辑隔离。明子网和密子网之间禁止通信。

对于有同时访问明子网和密子网需求的用户，可采取以下措施保障：

- 设置两台终端，共用一套鼠标、键盘和显示器，分别接入明子网和密子网，接入密子网终端的电磁泄漏须符合国家保密标准 BMB5—2000《涉密信息设备使用现场的电磁泄漏发射防护要求》的相关要求。通过开关选择，确保同一时刻只有一台主机在运行。
- 在一台终端上安装双硬盘，通过主机安全隔离卡实现明子网和密子网的接入切换。

（3）业务隔离。用户网内部存在多种涉密业务隔离需求时，可将用户网划分成多个安全域分别承载不同涉密业务，分别按照各自的安全需求执行相应的等级防护标准。不同安全域之间可通过 VLAN 划分、加装网络保密机等措施确保不同业务的逻辑隔离。专用涉密业务区内的主机应安装相应密级终端保密机对信息进行存储加密和应用加密，服务器应采用应用访问控制设备实现应用授权访问控制。

3）严格的认证与鉴权

为保证授权用户合法使用网络，杜绝非法用户入侵，需要对用户的业务进行认证。接入层应实现对业务的认证机制。

3. 设备安全

设备安全是网络安全及信息安全的基础，随着设备集成度的提高和处理能力的提升，其发生故障带来的损失将更为严重。因此，确保设备自身的可靠性和组网可靠性是网络安全机制中一个相当重要的环节。

1）设备自身的可靠性

在骨干网络中，设备通过采用冗余备份配置，可实现发生故障时的快速切换，从而减小故障带来的损失。网络中设备的备份主要包括单板备份和端口备份。

网络中的网络侧设备单板备份的主要方式有 1+1 备份、*N*+1 备份和 1+1 交叉备份（2+2 备份）三种不同类型。

随着技术的发展，网络设备的端口容量和密度越来越高，因此，除了通常设备所使用的处理机单板备份，越来越多的运营商和设备供应商提出了对端口的备份方案。端口备份包括对物理端口的备份和对网络端口的备份。设备的可靠性应满足如下要求：

- 视频系统必须采用容错技术设计，系统必须达到或超过 99.999%的可用性，全系统每年的中断时间小于 3min。
- 视频系统要具有高可靠性和高稳定性，主处理板、电源和通信板等系统主要部件应具有热备份冗余，并支持热插拔功能。
- 视频设备应能够支持以主备用的方式同时与分组承载网的网络设备连接，即要求支持 IP 接口单板间的热备份机制。
- 视频设备要支持端口级的热备份机制。
- 视频设备应保证在运行的系统上引入其他业务时不会引起业务的中断或系统瘫痪。

2）设备组网的可靠性

网络组网中可以根据实际的网络情况提供不同保护程度的网络冗余备份。

对于单域组网应用，可以通过在不同的地点设立两个视频服务系统实现双归属保护，这里主要涉及以下两种模式。

- 静态负载分担模式：两个视频服务系统都处于工作状态，互相之间有业务互通的流量。
- 完全主备模式：即视频服务系统之间不存在负载分担，两个系统一主一备，备用系统完全复制主用系统，两者之间不进行业务上的互通。

对于有多个域的组网应用，可以采用 N+1 的方式。在备用系统与 N 个工作系统间两两配置双归属机制，利用一个系统实现对 N 个系统的备份；当 N 个系统中的任何一个发生故障时，备用系统都可以在装载了故障系统的后备文件后进行替换。

在实际网络配置时，选择哪种模式（完全主备模式或静态负载分担模式）主要取决于组织策略及各方面的综合考虑，主要包括网络设备的冗余度需求、灾难性事故对业务影响的严重程度，以及设备投资之间的平衡等因素。

4．网络安全

网络安全主要是指承载视频业务的 IP 网络安全。在 IP 网上出现的 IP 欺骗、DoS/DDoS 攻击和碎片攻击等都会给网络的安全性带来严重影响。

视频服务承载网需要保证视频业务与其他业务的有效隔离，保障视频业务管理层的安全。基于这些要求，承载网采用如下安全策略：利用防火墙结合入侵检测系统对数据报文进行有效检测并过滤非法报文；利用 VPN 技术构建承载网，确保承载网相对独立、安全。

1）防火墙结合入侵监测系统

防火墙可以在不妨碍人们访问风险区域的情况下隔离风险区域（如 Internet）与安全区域（在 NGN 中可以是 IP 专网等）的连接，其重要功能是在网络入口点对进出网络的通信流量进行监控，根据客户设定的安全规则，仅让安全、核准的信息进入，同时抵制对核心网构成威胁的数据。举例来讲，最新的状态检测防火墙可以根据协议、端口与源地址，以及目的地址的具体情况决定数据包是否可以通过。

利用防火墙技术，通常能够在内外网之间提供安全的网络保护，阻止入侵或延长黑客入侵所需的时间。但是，仅仅使用防火墙，网络安全性仍然远远不够。因此，还需要结合一些基本的入侵检测技术，与其他产品协同来完成入侵检测与病毒防护。

入侵检测系统可以提供实时的入侵检测及相应的防护手段，如记录证据用于跟踪入侵及断开或恢复网络连接等。相应地，防火墙可执行入侵检测系统（IDS）的指令以拦截特定的攻击。IDS 发出一个报警信号，并利用安全协议（SSH）指示防火墙设备阻断这次攻击。

由于网络的广泛互连，病毒的传播途径大大扩展，传播速度大大加快，因而网络病毒也对软交换系统带来一定的威胁。为了提供完善的系统防卫，使用能够检测和清除病毒并提供完整的诊断、恢复和管理方案的专业防病毒系统，也在 NGN 安全策略中占据非常重要的位置。

2）采用 VPN 技术组网

虚拟专用网（Virtual Private Network，VPN）是在公用网络上，通过采用隧道技术、加密/解密技术、认证技术、密钥管理技术及访问控制技术等手段，建立一个临时的、安全的连接，达到与专用网络类似的安全性能，实现对重要信息低成本、易扩充的安全传输。

隧道技术是实现 VPN 的关键技术。所谓隧道，实质上是一种封装，即将一种协议（协议 X）封装在另一种协议（协议 Y）中传输，从而实现协议 X 对公用网络的透明性。这里协议 X 称为被封装协议，协议 Y 称为封装协议。目前，主要有两类实现隧道的方法：一类是通过隧道协议实现，一类是利用多协议标记交换（MPLS）的标记交换路径（LSP）实现（MPLS LSP 可看作是一种隧道）。隧道协议又有很多种，包括 L2TP、GRE（General Routing Encapsulation）和 IPSec 等，在这里主要介绍基于 IPSec 的 VPN 和 MPLS VPN。

（1）基于 IPSec 的 VPN

IPSec 是 IETF 的一个 Internet 安全协议工作组为实现 IP 网络上的安全而制定的一系列协议，构成一个安全体系，总称为 IP Security Protocol，简称为 IPSec。

IPSec 是一组开放的网络安全协议，它通过一系列标准的加密方案和加密协商过程，以及包括数字签名、数字证书、公钥管理和认证授权等在内的安全系统，确保 IP 数据包在传输过程中的机密性和真实性，并规定了在网络层提供访问控制、无连接的完整性、数据来源验证、防重放保护、加密，以及数据流分类加密等安全服务。

受 IPSec 保护的数据分组本身实质上是另一种形式的 IP 分组，它们通过 IPSec 所构成的安全隧道将需要保护的数据分组传送出去。这样，IPSec 协议既可以保护一个完整的 IP 载荷，也可以保护某个 IP 载荷中的上层协议的实体分组。这也就是 IPSec 的两种工作模式：通道模式和传送模式。在传送模式中，IPSec 首部处于上层协议头和 IP 首部之间，形成对上层协议实体的封装；在通道模式中，整个 IP 数据包被封装在另一个 IP 数据分组中，在外部与内部 IP 分组之间插入 IPSec 首部。

构建 IPSec VPN 就是利用 IPSec 的通道模式在两个安全网关之间建立隧道。这两个安全网关分别与受保护的内部网络和不安全的公共网络连接，可以为内部网络中所有需要保护的子网或主机建立安全通道。

- 受保护子网内的主机发送明文信息到连接公共网络的安全网关。
- 安全网关根据系统管理员预先设置的策略，确定对数据分组的处理（加密或直接通过等）。
- 对需要加密或认证的数据，安全网关在 IP 层对数据分组进行加密并附上对数据的签名。
- 若需要封装，安全网关对加密后的数据重新封装，封装好的分组通过隧道在公用网上传输，若不需要封装，则将加密的分组放在公用网上传输。

- 当数据分组到达目标网关（隧道的终点）后，封装的分组被解封，在对数据进行有效验证后，将无误的分组进行解密。

（2）MPLS VPN

MPLS VPN 是服务提供商在基于 MPLS 的网络上提供的 VPN 服务。MPLS VPN 中的数据通过使用标记转发路径（LSP）来转发，这种基于标记的模式可以提供类似 ATM 和帧中继的保密性。

根据运营商边界设备（PE）是否参加客户的路由，可将 MPLS VPN 分为 L3 MPLS VPN 和 L2 MPLS VPN。前者二层与三层的路由都由 PE 负责；后者 PE 的只负责二层的连接，三层的路由由用户负责。L2 MPLS VPN 完全是点到点的连接，建网复杂，网络可扩展性差，一旦有新用户加入，无论是用户还是网络都要做很大的修改。L3 MPLS VPN 利于管理和实施，得到了更广泛的应用。

5. 接入安全

接入安全问题主要涉及接入侧设备与用户信息的安全，这些通常是通过认证机制、鉴权机制和隔离机制来保证的。

（1）设备的认证

视频服务需要对接入到控制层的接入设备进行认证，以保证接入设备的合法性。需要进行认证的设备包括不可信任的接入网关和网守视频终端等设备。设备认证和鉴权由视频管理服务系统实现。

（2）接入用户信息的安全

为了保证用户信息的安全，在接入层仍然要进行通信流量的隔离，这里包括视频业务用户与其他业务用户（如普通数据业务用户）之间的隔离，以及两个视频用户之间的隔离。一般来说，采用 VLAN 在第二层实现隔离，可以有效杜绝对广播包的攻击和用户信息的泄露。另外，通过访问控制列表（ACL），可在三层上进行终端用户之间的受控互访或终端用户对其他设备的互访。进一步地，通过 IP+VLAN+MAC 绑定，可以限制每个 VLAN 接入的用户数目，保护网上关键资源，并有效防止用户地址盗用和用户仿冒的发生。

7.1.3 视频系统安全

通常，任何局域网都可以配置自己的 NAT-Firewall 穿越解决方案，但是一旦面对的局域网内部是基于 H.323 的音频与视频通信的，就没有一个标准可以解决这个问题了。

ITU-T 非常关注视频安全问题，先后批准了 H.460 系列建议，目的是将不同厂商视频会议设备与最终用户终端之间的 NAT-Firewall 穿越变得更加简单。

H.460 是一组 ITU-T 标准，它定义了防火墙穿越的协议，兼容 H.460 的会议端点，直接连接会议边际控制器进行注册，由网络边际控制器掌握并实现穿越防火墙的连接。对于非 H.460 端点，可以在远端使用免费的客户端软件，通过会议边际控制器提供防火墙穿越。在 H.460 标准中，H.460.18 用于 H.323 视频终端交换信号信息，H.460.19 定义了媒体的 NAT-Firewall 机制。虽然这两个协议的联系非常紧密，但是它们各自保持其独立性，以便于各自的更新与改进，与网络协议的 ISO 七层协议栈非常相似。

需要指出的是，实现 H.460 需要两个条件：

- 在防火墙后面运行的用户端软件，一般安装在视频会议终端内部，或安装在一个取代固有终端的网守设备中。
- 网络服务端需要配置一个会议边际控制器。

7.2 网络视频系统加密

网络视频系统加密主要包括网络系统加密和视频系统加密两部分。网络系统加密是指传输视频的通信网络的加密，即传输信道的加密；视频系统加密主要指视频信息的加密，即信源的加密。

7.2.1 加密技术

所谓数据加密（Data Encryption），是指将信息（或称明文，plain text）经过加密密钥（Encryption Key）及加密函数转换，变成无意义的密文（cipher text），接收方则将此密文经过解密函数、解密密钥（Decryption Key）还原成明文。加密技术是网络安全技术的基石，也是网络视频采取的主要安全保密措施。

加密技术是最常用的安全保密手段，利用技术手段把重要的视频信息变为乱码（加密）传送，到达目的地后再用相同或不同的手段还原（解密）。加密技术包括两个元素：算法和密钥。算法是将普通的文本（或者可以理解的信息）与一串数字（密钥）结合，产生不可理解的密文的过程；密钥是用来对数据进行编码和解码的算法。在安全保密中，可通过适当的密钥加密技术和管理机制来保证网络的信息通信安全。密钥加密技术的密码体制分为对称密钥体制和非对称密钥体制两种。相应地，数据加密的技术分为两类，即对称加密（私有密钥加密）和非对称加密（公开密钥加密）。对称加密以数据加密标准（Data Encryption Standard，DES）算法为典型代表，非对称加密通常以 RSA（Rivest Shamir Ad1eman）算法为代表。对称加密的加密密钥和解密密钥相同，而非对称加密的加密密钥和解密密钥不同，加密密钥可以公开，但解密密钥要保密。

数据加密技术要求只有在指定的用户或网络下，才能解除密码而获得原来的数据，这就需要给数据发送方和接收方一些特殊的信息以用于加密和解密，这就是所谓的密钥。密钥的值是从大量的随机数中选取的。按加密算法分为私有密钥和公开密钥两种。

1．私有密钥

私有密钥又称为对称密钥或单密钥，加密和解密时使用同一个密钥，即同一个算法，如 DES 和 MIT 的 Kerberos 算法。单密钥是最简单的方式，通信双方必须交换密钥，当需给对方发信息时，用自己的加密密钥进行加密，而接收方在收到数据后，用对方所给的密钥进行解密。当一个文本要加密传送时，该文本用密钥加密构成密文，密文在信道上传送，收到密文后用同一个密钥将密文解出来，形成普通文体供阅读。在对称密钥中，密钥的管理极为重要，一旦密钥丢失，密文将无密可保。这种方式在与多方通信时因为需要保存很多密钥而变得很复杂，而且密钥本身的安全也成为一个问题。

对称密钥是最古老的技术，一般的“密电码”采用的就是对称密钥。由于对称密钥运算量小、速度快、安全强度高，因而目前仍被广泛采用。

DES 是一种数据分组的加密标准，它将数据分成长度为 64 位的数据块，其中 8 位用作奇偶校验，剩余的 56 位作为密码的长度。第一步将原文进行置换，得到 64 位杂乱无章的数据组；第二步将其分成均等两段；第三步用加密函数进行变换，并在给定的密钥参数条件下进行多次迭代而得到加密密文。

对称加密采用对称密码编码技术，它的特点是文件加密和解密使用相同的密钥，即加密密钥也用作解密密钥，这种方法在密码学中称为对称加密算法，对称加密算法使用起来简单快捷，密钥较短，且破译困难，除了数据加密标准（DES），另一个对称密钥加密系统是国际数据加密算法（IDEA），它比 DES 的加密性能好，而且对计算机功能要求也没有那么高。

2．公开密钥

为解决信息公开传送和密钥管理问题，提出一种新的密钥交换协议，允许在不安全的媒体上，通信双方交换信息时保证安全并达成一致的密钥，即“公开密钥系统”。相对于“对称加密算法”，这种方法也称为“非对称加密算法”。与对称加密算法不同，非对称加密算法需要两个密钥：公开密钥（public key）和私有密钥（private key）。公开密钥与私有密钥是一对，如果用公开密钥对数据进行加密，那么只有用对应的私有密钥才能解密；如果用私有密钥对数据进行加密，那么只有用对应的公开密钥才能解密。因为加密和解密使用的是两个不同的密钥，所以这种算法叫作非对称加密算法。

公开密钥又称非对称密钥，加密和解密时使用不同的密钥，即不同的算法，虽然两者之间存在一定的关系，但不可能轻易地从一个推导出另一个。有一把公用的加密密钥，有多把解密密钥，如 RSA 算法。

非对称密钥由于两个密钥（加密密钥和解密密钥）各不相同，因而可以将一个密钥公开，而将另一个密钥保密，同样可以起到加密的作用。

在这种编码过程中，一个密钥用来加密消息，而另一个密码用来解密消息。在两个密钥中有一种关系，通常是数学关系。公钥和私钥都是一组十分长的、数字上相关的素数。用一个密钥不足以翻译出消息，因为用一个密钥加密的消息只能用另一个密钥才能解密。每个用户可以得到唯一的一对密钥，一个是公开的，另一个是保密的。公共密钥保存在公共区域，可在用户中传递，而私有密钥必须存放在安全保密的地方。任何人都可以有公开密钥，但是只有你一个人有你的私有密钥。

公开密钥的加密机制虽提供了良好的保密性，但难以鉴别发送者，即任何得到公开密钥的人都可以生成和发送报文。数字签名机制提供了一种鉴别方法，以解决伪造、抵赖、冒充和篡改等问题。

3．数字签名

数字签名一般采用非对称加密技术（如 RSA），通过对整个明文进行某种变换，得到一个值，用于核实签名。接收者使用发送者的公开密钥对签名进行解密运算，若其结果为明文，则签名有效，证明对方的身份是真实的。当然，签名也可以采用多种方式，例如，将签名附在明文之后。数字签名普遍用于银行、电子贸易等。

数字签名不同于手写签字。数字签名随文本的变化而变化，手写签字反映某个人的个性特征，是不变的；数字签名与文本信息是不可分割的，而手写签字附加在文本之后，与文本信息是分离的。

值得注意的是，能否切实有效地发挥加密机制的作用，关键在于密钥的管理，包括密钥的产生、分发、安装、保管、使用及作废全过程。

7.2.2 网络系统加密

网络系统加密主要指信道加密、信源加密和密码管理系统三个方面。

1. 信道加密

信道加密机配置在各级网络节点的传输信道中，为网络信道传输信息提供加密保护；信道加密机包括骨干信道加密机和接入信道加密机两种形态，骨干信道加密机部署在骨干节点互联信道两端，可以是2Mbps、100Mbps、155Mbps、622Mbps、1000Mbps的信道加密机；接入信道加密机部署在用户接入互联信道上，可以是100Mbps、1000Mbps的信道加密机。

2. 信源加密

信源加密通常包括硬件和软件两类加密形态。

硬件信源加密是指通过配置在各类服务器和终端上的加密设备实现信息在传输前的加密。配置在服务器中的信源加密机称为服务器加密卡，配置在节点与外界发生信息交换的服务器上，提供独立文件加密、流式信息加密功能；配置在终端中的信源加密机称为终端加密卡，配置在重要终端上，提供信息存储和传输加密功能。

软件信源加密是指在各类服务器和终端内部运行的信息交互过程中，通过应用专用加密协议实现应用信息的完整性、保密性、合法性。

3. 密码管理系统

密码管理系统为密码设备提供密钥管理、状态监控、设备管理等功能。

7.2.3 视频系统加密

随着H.323视频系统通信的不断发展，作为网络安全的重要安全性业务，将用户身份认证、数据完整性、数据加密及密钥管理适时引入到H系列协议框架内，ITU-T SG16工作组于2003年5月推出H.235第三版本，名称为“基于H.323系统的安全性和通信”（Security for H.323-based systems and communications）。

H.235是H.323系列中有关安全方面的一种标准，主要为基于H.225.0、H.245及H.460的体系提供安全功能。H.235可以应用于任何终端的点对点会议和多点会议。

1. 完整性检查

完整性（Integrity）检查用来保证数据在传播过程中不被更改，使用与身份认证相同的方法对整个字段进行加密，产生 cryptotoken 字段。但当 H.323 消息穿越 NAT 时，消息中的 IP 地址和端口将被改变，而 cryptotoken 是根据终端原始 IP 地址和端口产生的，因此在这种情况下，根据 H.235v3 的规定，可以只进行身份认证而不进行完整性检查。

2．保密性检查

保密性（Confidentiality）检查用于保护 H.323 信令及媒体流不被窃听，保证信息的私密性。使用 H.235 的加密解密技术，使得媒体流承载的真实信息无法被窃听者得到。而对于发生在呼叫开始的 H.225 信道信令，使用 TLS 或 IPSEC 协议保证信令不被窃听。传输 H.225 信令时可以实现媒体控制信道（H.245）安全参数的传递，再通过保密的 H.245 信道来传递或者使用已经确认的证书，该证书用于协商 RTP 层媒体流的加密方式。

3．身份认证

身份认证（Authentication）是用户向服务实体证明自己身份的过程，H.235 推荐的认证方式主要包括非署名认证和署名认证。非署名认证的通信实体之间在通信建立之前对对方一无所知，通信开始后，双方动态产生一个信息交流的私有密钥用以维持后续的通信。署名认证包括基于数字证书的认证和基于静态密码的认证，要求通信实体双方在通信开始之前在协议之外完成部分信息的交流。

基于 PAP 的 User-Password 认证使得用户能够以不同的别名在同一终端上登录，但为了防止用户私有密钥以明文方式在网络上传输，需在网守上保存该终端的私有密钥，这增加了网守的开销。基于 CHAP 的 Chap-Password 认证对用户私有密钥全程加密，安全性较高，并且网守不需知道用户密码，减轻了网守的负担，但终端用户只能以唯一的合法用户名登录。实际应用中，可根据需要选取合适的认证方式进行用户身份的认证。

思考题

1．网络视频安全保密包括哪些内容？
2．网络系统安全存在哪些隐患？可通过什么技术手段加以防范？
3．视频系统安全协议有哪些？
4．网络系统加密包括哪几部分？
5．视频系统加密协议有哪些？

第8章 组织运用

本章导读

网络视频已不再只是具有视频会议、视频监控、视频指挥等单一功能的系统，而成为集多个系统功能于一体、高度集成的综合视频服务平台，根据不同实际应用需求和网络视频技术体制，呈现不同的应用模式。本章将简要介绍网络视频中的视频会议、视频指挥、视频监控、视频点播、视频直播、移动视频、网真及远程教学、远程医疗等应用的特点和实现方式。

8.1 视频会议

8.1.1 应用特点

视频会议是指两个或两个以上不同地理位置的个人或群体，通过网络通信技术及多媒体设备实现的虚拟会议，通过声音、影像及文件资料等信息的互传交流，实现远距离即时互动沟通、信息共享、工作协同等，能极大地方便协作成员之间真实、直观的交流。作为一种先进的技术手段，视频会议以其在互动交流中体现出的方便、快捷、直观等特点，日益得到广泛应用。

1. 基本特征

依托网络视频服务系统 MCU，可实现视频会议组织和主席控制，为用户提供群组会议、多组会议的连接服务，将会议场景以广播方式送达到各参会场地，既可以实现一点对多点音频、视频广播，又可以实现双向音频、视频交流互动。随着视频会议技术的快速发展，网络视频会议系统在功能、性能上有了很大改进。

（1）技术体制。改变了以往单一的 H.320 技术体制，支持 H.320、H.323、SIP 或 H.324M 标准体系，实现固定或移动视频会议的召开与接入。

（2）编码算法。通常采用 H.261、H.263 或 H.264 等主流标准作为视频压缩算法。建议采用国际先进的 H.264/MEPG-4 AVC 编解码技术，因为它具有良好的网络带宽适应性和视频压缩率，在节省网络带宽的同时提高视频图像的质量。

（3）MCU 级联。通过视频服务系统 MCU 实现多点的音频与视频信息交互，在大规模组网中，系统的扩展性取决于 MCU 级联方式。在网络支持组播协议的基础上，建议采用扩展性较好的自动级联方式。

（4）数据会议。通过视频服务系统在召开会议的同时提供数据应用功能，如电子白板、资料传输、应用程序共享等，实现用户多角度、全方位的交流和沟通。

（5）双流会议。通过视频服务系统召开会议的同时，传送两路流媒体（视频流+PC 画面流）到各参会用户终端，提供带外的“双流会议”功能。在接收主会场视频的同时，将主会场 PC 的 VGA 信号进行采集编码、多点交换、解码，与主会场视频同步接收和呈现，实现多手段、多角度的信息交互。

（6）桌面会议。依托视频服务系统在普通桌面终端上提供基于 Web 的视频会议，实现小范围召开会议或加入会议。

（7）组播应用。利用视频服务系统和承载网络的组播功能，优化带宽资源使用，实现视频会议的远程高效传输。

2．系统组成

无论视频会议系统采用哪种技术体制和音视频编码算法，其系统组成一般包括运维管理层、视频服务层、网络传输层、终端接入层，如图 8-1 所示。

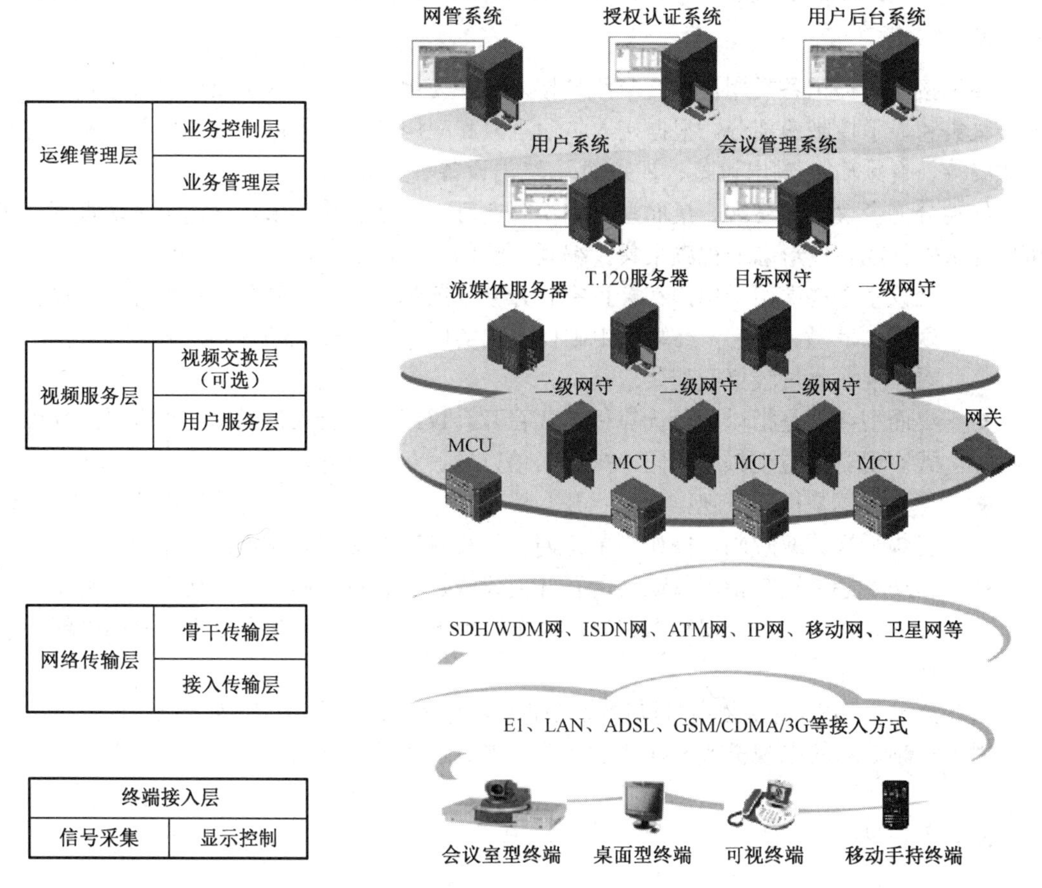

图 8-1　视频会议系统组成示意图

1）运维管理层

运维管理层通过与视频服务层设备交互，实现视频会议的统一控制、统一资源调度和统一管理，完成对视频业务流程的控制管理。它分为业务控制层和业务管理层两个子层，业务控制层实现对用户业务的控制，包括用户服务系统和会议管理系统。业务管理层实现运维管理，主要包括网管系统、授权认证系统和用户后台系统。

2）视频服务层

视频服务层提供视频媒体流和信令流的交换，在运维管理层的控制和管理下完成视频会议业务流的交互和传递。视频服务层由 MCU、T.120 服务器、网守、网关、流媒体服务器，以及其他相关配套设备组成。视频服务层通过传输网络直接与用户视频终端设备进行交互，完成视频会议、数据会议业务。它分为视频交换层和用户服务层两个子层，视频交换层支持相应视频体系标准，包括 MCU 和网守，在部署时可以采用集中级联或分级级联方式；用户服务层提供增值业务辅助设备，通常包括 T.120 服务器和流媒体服务器。

3）网络传输层

网络传输层提供视频媒体流的透明传输，根据视频系统体系标准和传输手段的不同，网络传输层分为骨干传输层和接入传输层，骨干传输层用于连接视频服务层设备，其类型包括 SDH/WDM 网、ISDN 网、ATM 网、IP 网、移动网、卫星网等；接入传输层用于各类视频终端与服务层设备的连接，其类型包括 E1、LAN、ADSL、GSM/CDMA/3G 等接入方式。

4）终端接入层

终端接入层提供各类用户的视频终端接入，并使用户适时加入会议或召开会议，包括信号采集和显示控制两部分。根据接入传输手段和应用类型的不同，终端接入层设备包括视频终端、音频输入/输出设备、视频输入/输出设备等。

终端分为会议室型终端、桌面型终端、固定可视电话、移动手持终端，终端根据需求可以提供硬件或软件形态的视频采集、编码、解码、还原等功能。

- 会议室型终端用于用户在会议室召开会议或加入会议，借助电视机等显示设备呈现视频信息。通常，终端采用硬件方式实现音频与视频编解码，适合多人同时观看，视频质量较桌面型要求高。
- 桌面型终端是指以单台计算机方式召开会议或加入会议。通常，终端采用软件方式实现音频与视频编解码，操作简单方便、移动性好。
- 可视终端是指用可视电话机召开会议或加入会议。通常，终端采用软件方式实现音频与视频编解码，操作简单方便，但视频观看效果较桌面终端稍逊色。
- 移动手持终端是指用移动终端召开会议或加入会议。通常，移动手持终端采用软件方式实现音频与视频编解码，操作简单方便，但视频观看效果较桌面型终端稍逊色。

音视频输入/输出设备是指可以接收遥控键盘的指令进行全方位旋转的专用摄像头、云台，用于视频显示的电视机或 SVGA 显示器、显示控制等设备。

8.1.2 实现方式

在系统实现过程中，无论采用哪种视频技术体制，都要充分考虑实际传输信道情况，选择恰当的实现方式。

1. 连接方式

（1）单条 E1 信道方式

利用单条 E1 信道资源，专线专用、节省投资，确保视频传输带宽和质量，如图 8-2

所示。

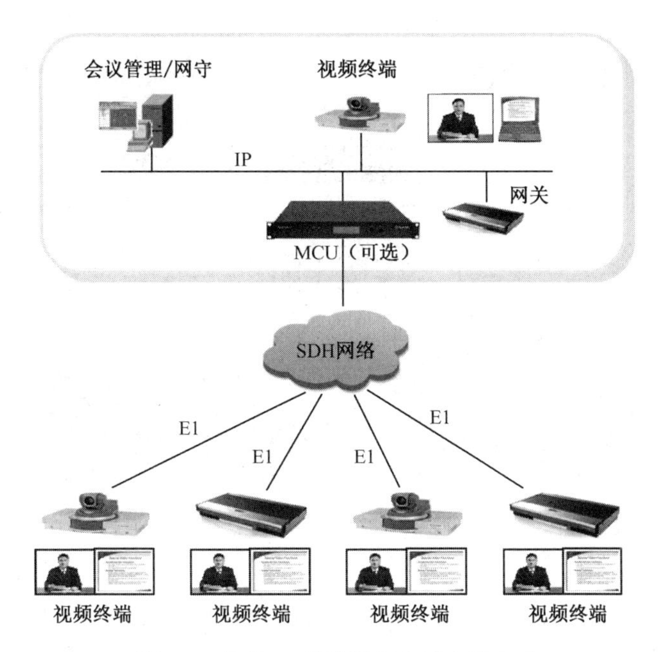

图 8-2　单条 E1 信道视频会议实现方式

（2）多条 E1 信道

利用多条 E1 信道互为备份，提高视频传输可靠性，如图 8-3 所示。

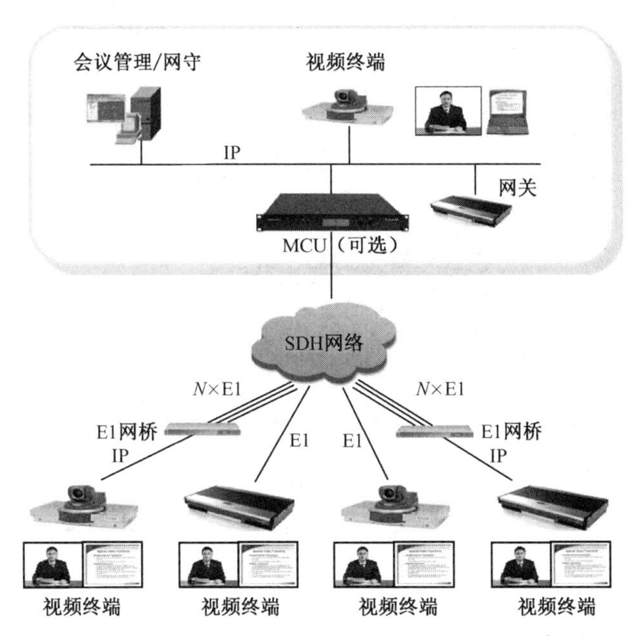

图 8-3　多条 E1 信道视频会议实现方式

（3）IP 网络方式

利用既有 IP 骨干网资源，并充分利用用户内部的 IP 网，建网快速、实现简单、节省投资，如图 8-4 所示。

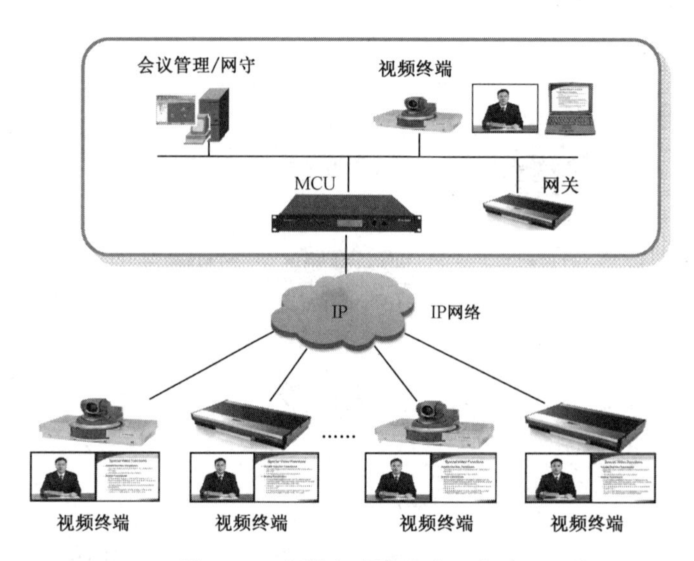

图 8-4　IP 网络视频会议实现方式

（4）E1+IP 网备份方式

视频系统发生问题大部分是由于信道故障引起的，采用 E1+IP 网备份方式实现不同的网络路由，确保视频传输安全可靠，但建设成本增高，如图 8-5 所示。

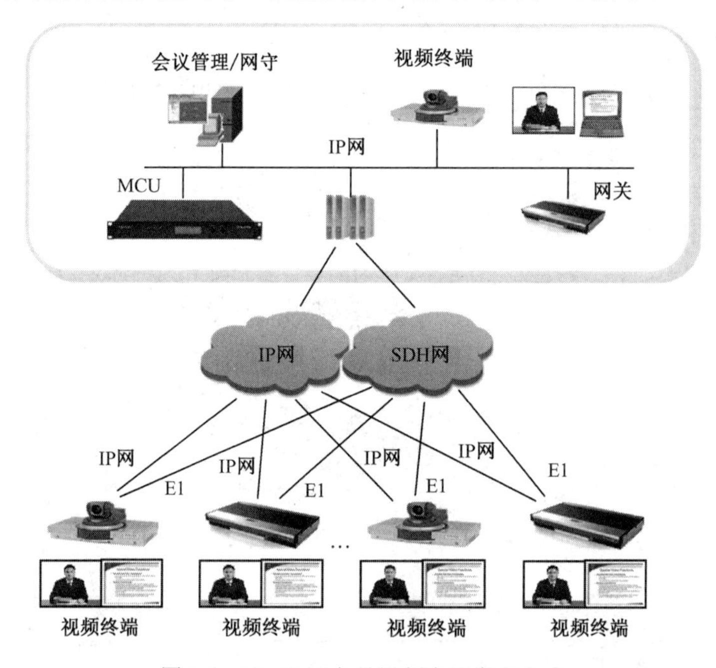

图 8-5　E1+IP 网备份视频会议实现方式

（5）有线+无线网方式

在 IP 网上实现视频会议的基础上，利用网关实现移动视频终端的视频或语音会议接入，如图 8-6 所示。

（6）混合传输方式

充分利用各种传输手段，将不同类型视频终端通过不同种类型网络实现视频或语音互通与传输，如图 8-7 所示。

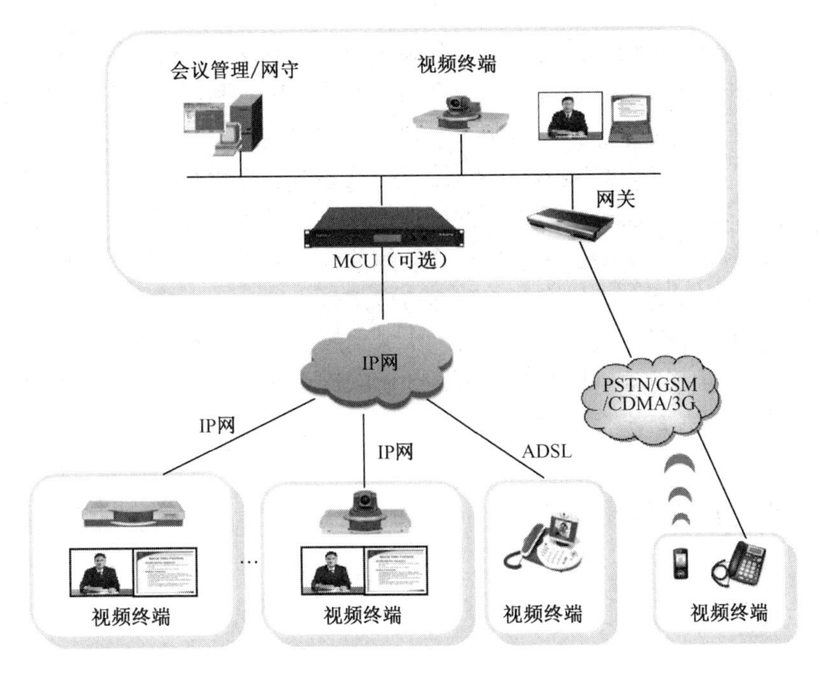

图 8-6　有线+无线网视频会议实现方式

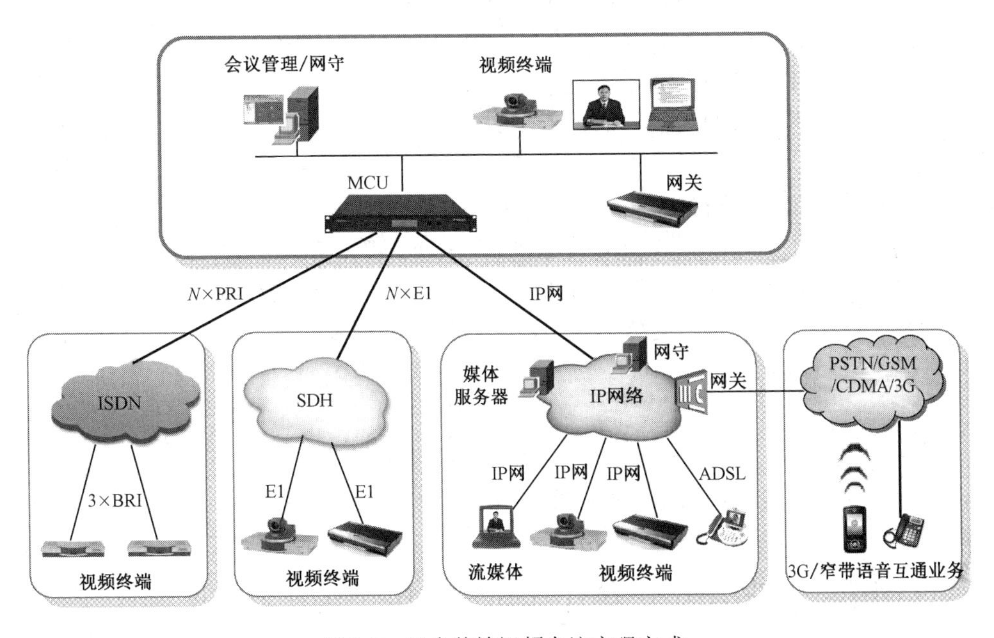

图 8-7　混合传输视频会议实现方式

2．部署方式

视频会议系统部署方式既要符合使用单位编制体制和隶属关系的要求，真正发挥视频会议系统的作用，也要适应扁平化发展的要求。通常，使用单位的管理组织形式可分为直接行政隶属关系和间接业务领导关系，部署方式可归纳为系统服务方式、隶属服务方式和混合服务方式。

系统服务方式是指按照地域部署视频会议系统，构建全网的公共服务平台，实现全网统一资源共享、统一管理维护，便于组织全系统的大型会议，也便于控制网络流量。网络中任何单位群组均可按照“就近接入、综合共享”的原则，利用公共服务平台召开会议，不需自行构建系统，避免在网络系统中重复建设，节省投资。

隶属服务方式是指按照隶属关系部署视频会议系统，构建专用的服务平台，实现本隶属关系内资源共享，便于实现系统内部的会议组织，但只适于隶属关系相对集中的单位，投资较小，维护简单。对于隶属关系相对分散的单位，系统部署相对投入较大，利用率不高。如果网络中这种部署方式较多，无疑会造成重复建设。

混合服务方式是指以“系统服务方式为主，隶属服务方式为辅”，在全网构建公共服务平台的基础上，各使用单位根据隶属关系和实际需求补建点位，完成末端延伸，实现真正意义上的“就近接入、综合共享”。

8.2 视频指挥

8.2.1 应用特点

视频指挥广泛应用于军事、交通、突发事件等多样化任务保障通信系统中，依托网络视频综合服务系统，通过指定编解码设备，实现对指挥点位的统一指挥调度，并借助显控系统实现多画面视频信息的高清晰显示。

指挥人员在指挥中心通过多画面视频，实现对多个视频点位的双向音频、视频、数据等信息的共享交互，改变以往传统的指挥调度系统“只听其声、不见其人”，只能通过前方反馈的语音信息进行判断分析、决策、下达命令，而传统的做法缺乏一定的准确性，使指挥人员实施正确、及时、有效的指挥受到了一定的影响。随着技术的发展，在中低带宽条件下即可实现单向远程视频监控及音频、视频双向交互功能的视频指挥，与传统的语音指挥调度系统相比发生了质的变化，上级对下级的指挥调度仿佛身临其境，从而使得指挥人员能准确、果断地应对紧急事件、灾难灾害及恐怖事件。

1. 基本特征

视频指挥与视频会议在技术体制、编码算法、数据会议、双流会议等技术实现方面基本相同（详见 8.1.1 节）。视频指挥的不同在于：

- 音频流和视频流可不经过服务端，而直接通过编解码设备实现点对点、点对多点视频指挥。
- 需要专用显控设备，确保多点音频和视频高效、实时、高清晰地接收与呈现。
- 对网络带宽和质量有更高要求。

（1）网络环境。利用编解码设备将视频流汇聚至指挥中心，指挥中心通过视频矩阵实现视频指挥的统一调度。为确保视频指挥的流畅、清晰，提供高清晰、全动态、全实时图像，实现双向音频、视频交互及数据等多媒体信息传送功能，特别是在公共网络环境下，网络和系统应制定相应的网络带宽管理策略和服务质量保证机制。

（2）视频呈现。利用编解码设备，将音视频信息汇聚至指挥中心；借助显控系统，将音视频信息高清晰地呈现在大屏幕电视屏上；通过网络视频矩阵，指挥人员根据需求制定对指挥点位的视频轮询和指挥调度等方案，确保对指挥点位的实时显示，实现统一指挥、集中调度。

2. 系统组成

视频指挥系统组成主要包括运维管理层、视频服务层、网络传输层、终端接入层，与视频会议系统基本相似，只是由于系统功能存在差异，其各层设备构成略有不同，如图 8-8 所示。

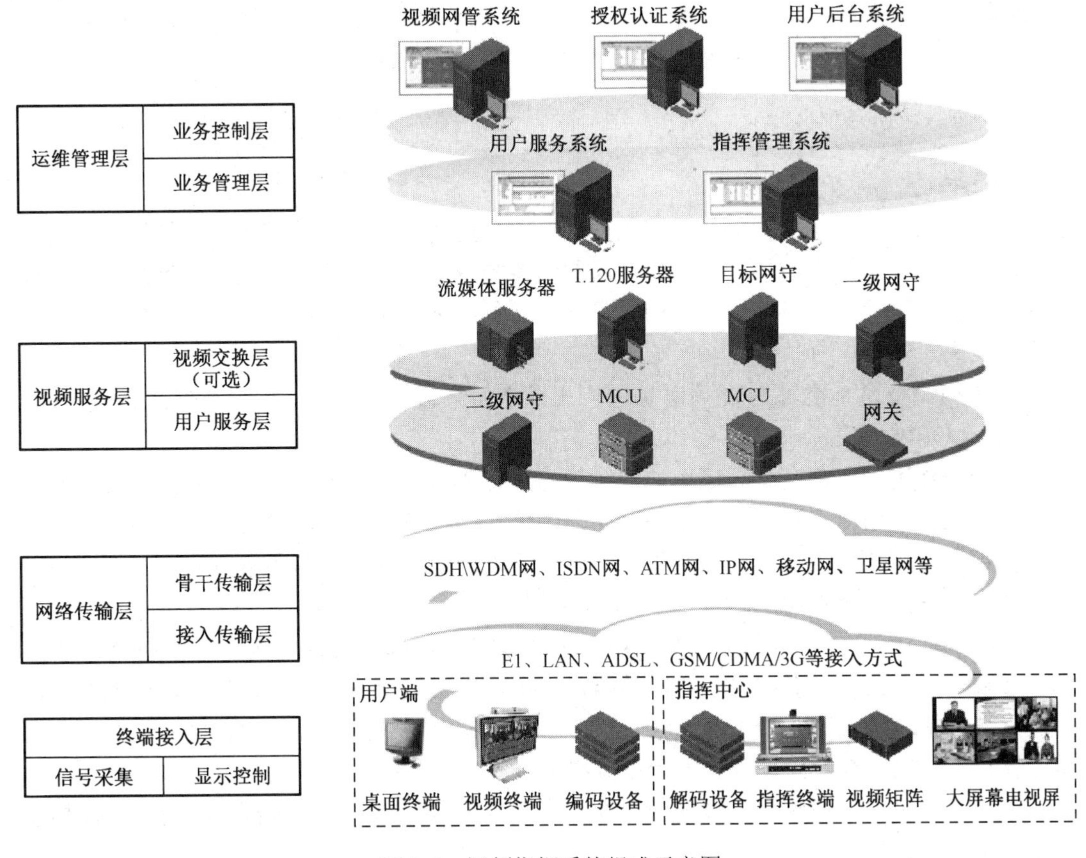

图 8-8　视频指挥系统组成示意图

运维管理层、网络传输层与视频会议系统功能基本相似（详见 8.1.1 节），考虑到视频综合服务问题，应该将各系统的运维管理、网络传输等资源进行集成整合。

1）视频服务层

视频服务层分为用户服务和视频交换两个子层。在实际过程中会出现两种应用模式：一种模式是由视频交换层视频服务器发送指令给用户接入层编解码设备，编解码设备之间传送视频业务流，视频服务器只负责监视编解码设备工作状态，如图 8-9 所示；另一种模式是视频交换层视频服务器接收用户接入层编解码设备传送的视频业务流，并完成视频合成和处理，再转发给编解码设备，如图 8-10 所示。通过用户服务层提供 T.120 数据业务和流媒体等增值业务。

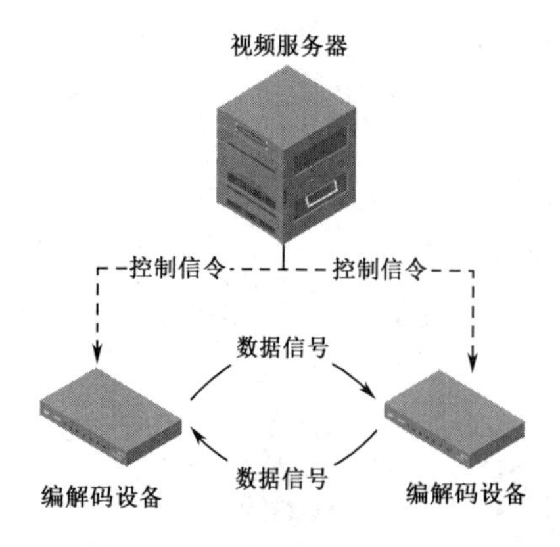

图 8-9　视频指挥应用模式一

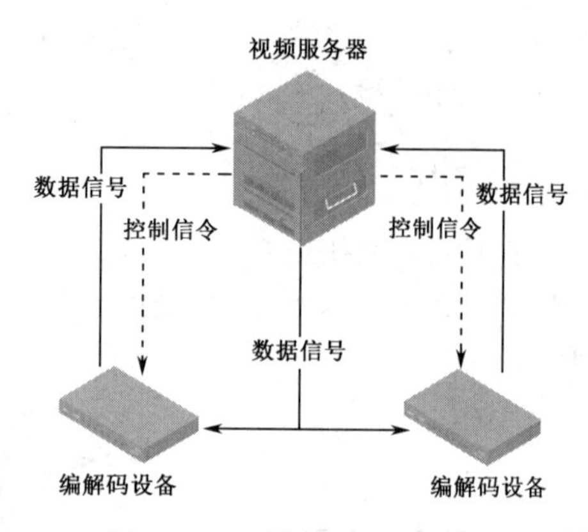

图 8-10　视频指挥应用模式二

2）终端接入层

终端接入层提供各类视频终端接入，并对用户适时进行监控或接收视频指挥。根据接入传输手段和应用类型的不同，终端接入层设备的形态多种多样。视频前端包括音频与视频输入设备、编码器；视频显示包括解码器、音频与视频矩阵、显示控制、音频与视频输出设备。

编解码设备是指能够对视频信息进行压缩或解压缩的设备或程序，它可以是软件形态，也可以是硬件设备。

视频矩阵用于将多个解码还原的视频信息进行集合，根据指挥人员制定的指挥方案，将指挥点位视频输出至显控系统相关单元，确保对指挥点位的及时调度、实时显示。

显示控制系统用于将解码还原视频信息高清晰地呈现在大屏幕电视屏上，便于指挥人员实现统一指挥、集中调度。

视频终端可以是指挥终端、管理终端、桌面型终端、固定可视电话、移动手持终端等。指挥终端是指根据需求专门设计相应功能，为指挥人员提供统一指挥、统一调度的终端。管理终端是指基于通用终端，通过相应管理软件实现对系统的维护管理。桌面终端是指在普通计算机上安装编解码软件，实现视频指挥。

音频输入设备和视频输入设备由摄像机、云台、话筒等组成，音频输出设备和视频输出设备由音箱、显示屏等组成。

8.2.2　实现方式

在系统实现过程中，无论采用哪种视频技术体制，都要充分考虑实际传输信道的情况，选择适当的实现方式。

1．连接方式

1）单条专线信道方式

根据视频清晰度要求，选用单条专用信道资源进行传输，专线专用、节省投资，确保视频传输带宽和质量，如图 8-11 所示。

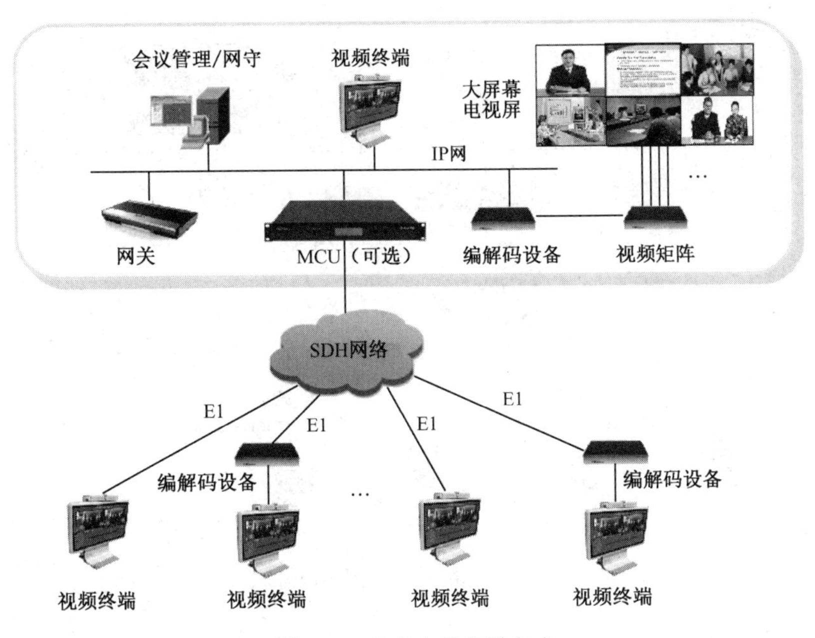

图 8-11　单条专线信道方式

2）多条专线信道方式

利用多条专线信道互为备份，提高视频传输可靠性，如图 8-12 所示。

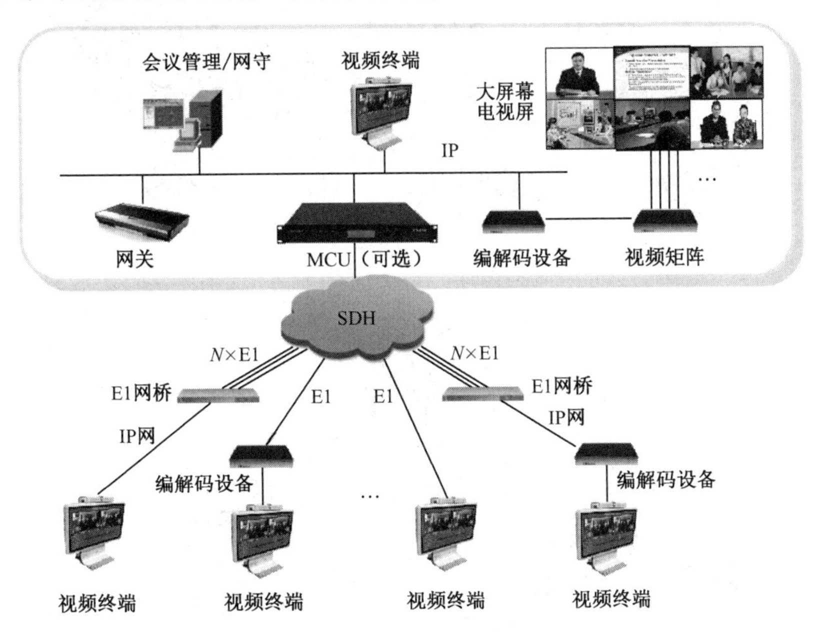

图 8-12　多条专线信道视频指挥实现方式

3）IP 网方式

利用既有 IP 骨干网资源，并充分利用用户内部的 IP 网，建网快速、实现简单、节省投资，如图 8-13 所示。

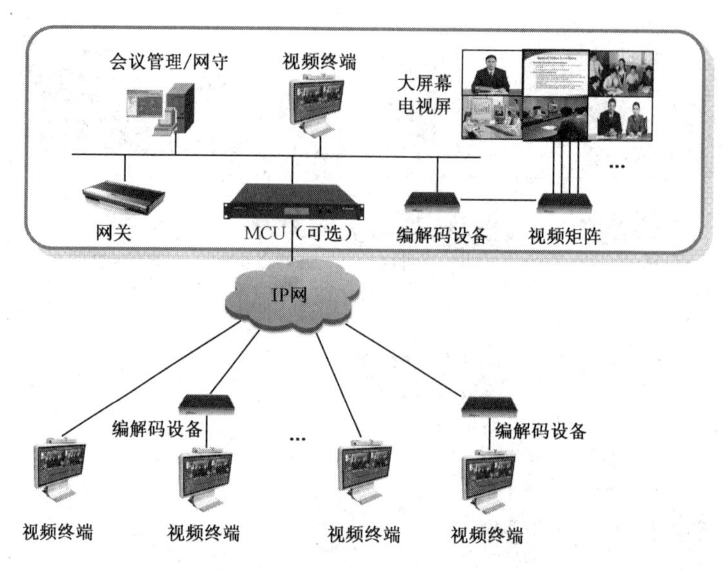

图 8-13　IP 网视频指挥实现方式

4）专线+IP 网备份方式

视频系统发生问题大部分是由信道故障引起的，采用专线+IP 网备份方式实现不同的网络路由，确保视频传输安全可靠，如图 8-14 所示。

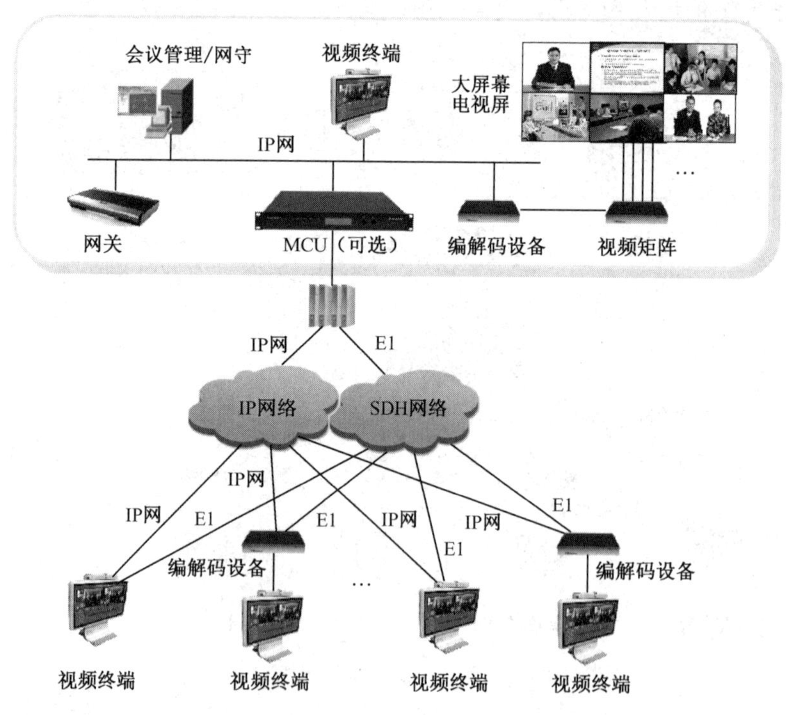

图 8-14　专线+IP 网备份视频指挥实现方式

5）有线+无线网方式

在 IP 网上实现视频会议的基础上，利用网关实现移动视频终端的视频或语音会议接入，如图 8-15 所示。

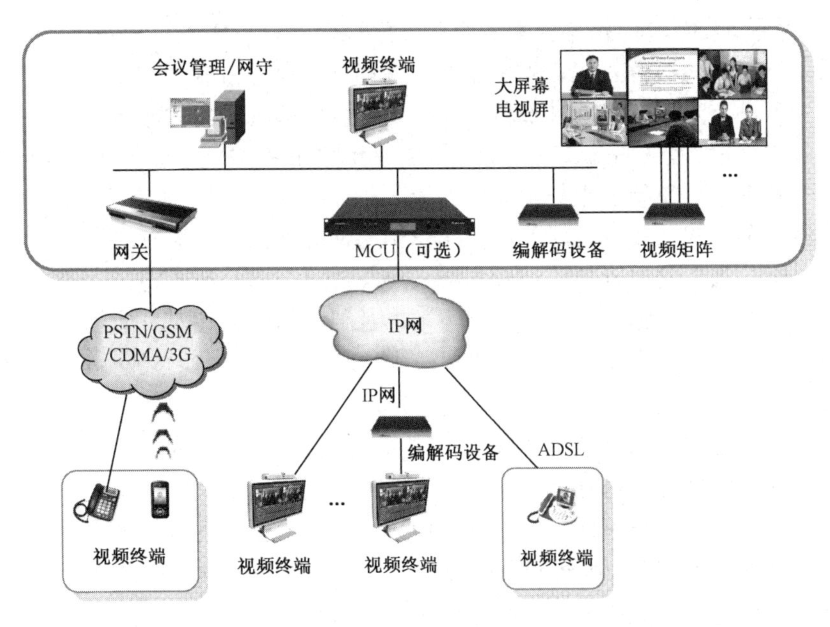

图 8-15　有线+无线网视频指挥实现方式

6）综合传输方式

充分利用各种传输手段，将不同类型的视频终端，通过不同类型的网络实现视频或语音互通与传输，如图 8-16 所示。

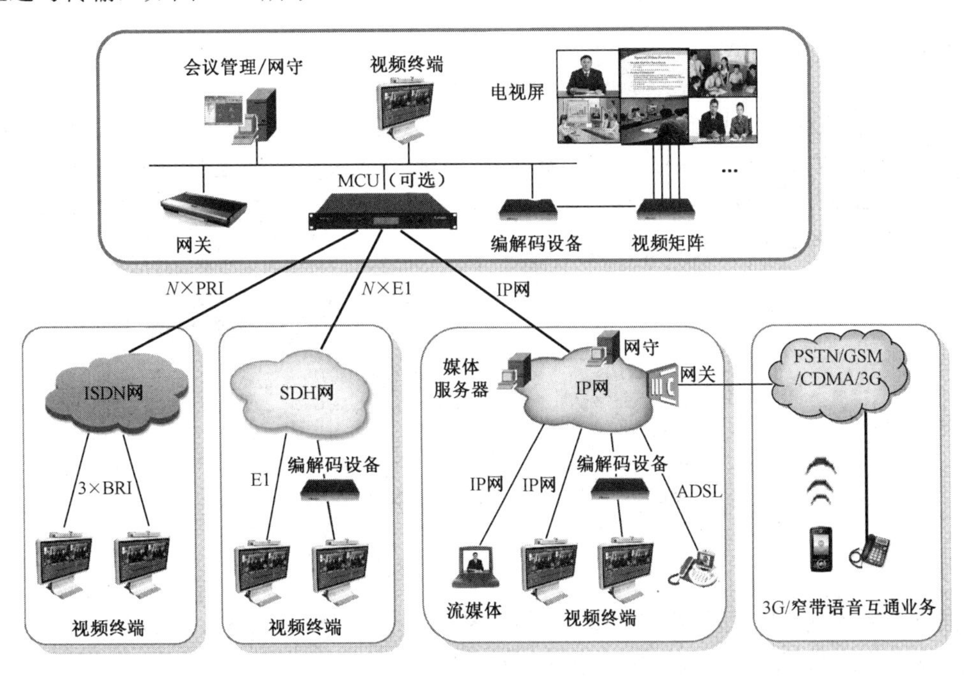

图 8-16　综合传输视频指挥实现方式

2．部署方式

视频指挥系统应根据系统的应用需求，适应指挥体系扁平化发展的要求，规划系统指挥体系、确定系统部署方式。指挥关系通常可分为直接行政隶属关系和间接业务指导关系，而部署方式归纳为系统服务方式、隶属服务方式和混合服务方式。

- 系统服务方式。按照地域部署系统，构建全网的公共指挥服务平台，被指挥点位按照“就近接入、综合共享”的原则接入视频指挥系统，实现全网统一资源共享、统一管理维护，便于组织全系统的统一指挥调度。
- 隶属服务方式。按照隶属关系构建视频指挥服务系统，被指挥点位按照指挥关系“逐级接入”的原则接入视频指挥系统，实现全网分级管理，适于指挥关系隶属清晰、指挥点位相对集中的应用需求。对于隶属关系相对分散的单位，网络资源消耗相对较大，系统部署相对投入较大，利用率不高。如果网络中这种部署方式较多，无疑会造成重复建设。
- 混合服务方式。以“系统服务方式为主，隶属服务方式为辅”，在全网构建的公共指挥服务平台的基础上，指挥点位根据“就近接入、综合共享”的原则接入视频指挥系统，特殊指挥点位可结合指挥隶属关系实现逐级接入。

无论采用哪种部署方式，编解码器的部署与运用是视频指挥系统最终应用效果的直接体现，可以通过对视频流信号进行一编一解的指挥调度，在建设条件允许的情况下，也可以根据需要对视频流信号进行一编多解的视频指挥和交互。

8.3 视频监控

8.3.1 应用特点

视频监控作为行业或企业内部管理与安保需要应运而生，它经历了全模拟视频监控、数控模拟视频监控、数字视频监控、网络视频监控 4 个发展阶段，如图 8-17 所示。随着数字媒体技术和网络通信技术的快速发展，视频监控手段日趋完善，广泛应用于社会治安、军事安全、交通管理、政府企业等重要场合。

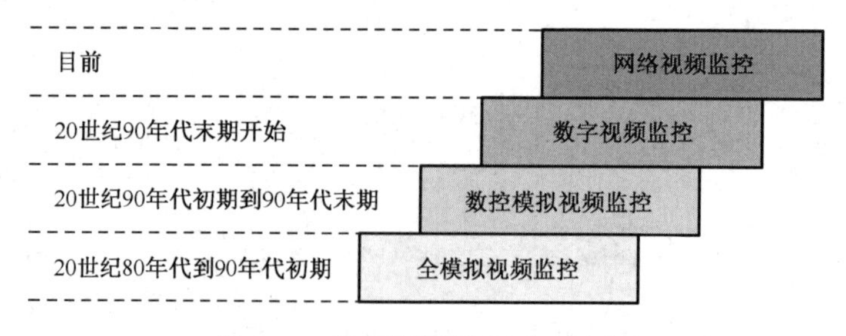

图 8-17　视频监控发展阶段示意图

视频监控系统可以依托网络视频综合服务系统，通过编解码设备，实现对无人值守监控点位的统一监控和管理，并借助显控系统，实现多画面视频信息的高清晰显示。它是基于数字视频技术、网络通信技术与安防监控实际要求的一套软、硬件相结合的新型监控手段。

管理人员在监控中心通过各监控点位实时上传的视频信息，实现对重要场所和重要地段全方位、全实时的有效集中监控；通过视频智能处理，实现对重点无人值守部位的自动识别和监管；通过环境信息采集，实现对重要目标现场环境（温度、湿度、气体浓度、电流、电压等）变化的监测。通过视频监控系统，实现危险情况和紧急情况的自动上报，及时发现安全隐患，最大限度地避免或降低重大事故的发生。

1. 基本特征

不论传统的视频监控还是目前最新的网络视频监控，其基本原理都是视频的单向点对点传输，即前端的音频、视频传向后端的监控中心。它与音频、视频双向传输的视频指挥系统不同，如何利用网络视频将视频指挥、视频监控系统和视频会议系统有机结合，使一套网络视频系统既能完成视频监控又能实现视频指挥功能，成为系统功能集成的关键。视频监控系统应充分考虑与视频综合服务系统的兼容性，采用与之适应的技术体制、编码算法。视频监控在功能实现上相对于视频会议、视频指挥较为简单。

视频监控主要包括监控前端、信息处理、网络传输环境等技术点。

1）监控前端

监控前端根据应用需求采用不同的监控手段，可以是固定形式或移动形式。利用部署的摄像探头，实现院门、大院、小区、办公楼、仓库、机场、机房等公共场所和重点部位的监控；利用环境采集传感设备（如红外、湿度、烟感等），实现环境数据的自动监测和报警；利用虹膜、指纹等人工智能技术，实现重要无人值守部位的自动识别和监管。

2）信息处理

监控中心根据监控点位上传的视频信息进行视频解码还原，并依托管理系统进行必要的信息处理，当视频监控点位出现异常发出报警时，监控中心联动切换该现场的监视图像，同时启动对该点位图像的录像功能，提供存储、调阅、检索功能，为日后取证查询、回送、回放和资料归档提供素材。

3）网络传输环境

根据实际网络环境所允许的条件，选择适当的传输手段，确保视频监控信息的实时、准确传输。目前，可以支持 LAN、WAN、xDSL、PSTN、ISDN、CDMA、GPRS 和卫星通信等传输手段。

2. 系统组成

视频监控系统组成主要包括运维管理层、视频服务层、网络传输层和终端接入层，如图 8-18 所示。

运维管理层、网络传输层与视频会议系统功能基本相似（详见 8.1.1 节），考虑到视频综合服务问题，应该将各系统的运维管理、网络传输等资源进行集成整合。

1）视频服务层

视频服务层提供视频媒体流和信令流的交换，在运维管理层的控制和管理下完成上传的视频监控业务流解码和还原，以及对视频信息进行相应处理和管理控制。它分为两个子层，视频交换层支持相应视频体系标准，完成视频解码等功能；用户服务层提供联动、存储、调阅、检索等功能，实现信息处理和管控。当视频监控点位出现异常发出报警时，监控中心联动切换该现场的监视图像，同时启动对该点位图像的录像任务，提供存储、调阅、检索功能，为日后取证查询、回送、回放和资料归档提供素材。

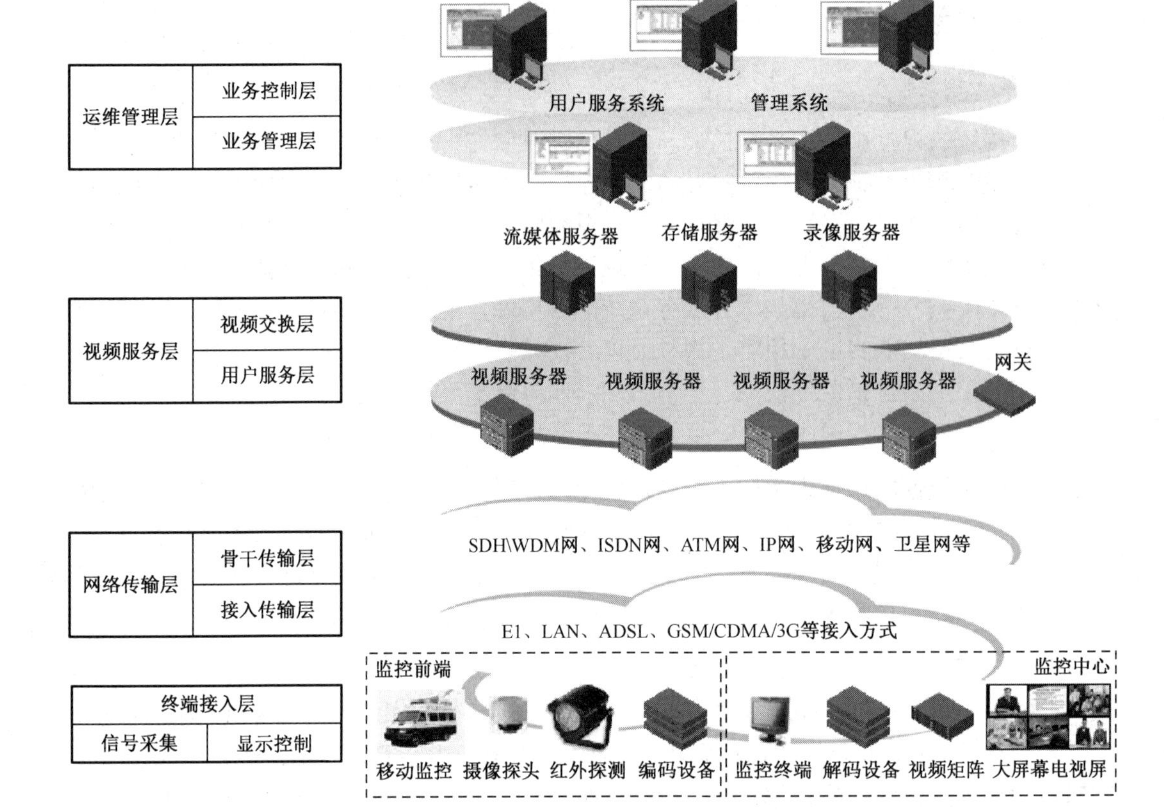

图 8-18　视频监控系统组成示意图

2）终端接入层

终端接入层提供各类视频终端的接入，包括信号采集和显示控制两部分。监控前端根据接入传输手段和应用类型的不同，可以是固定形式或移动形式，包括摄像探头、编码器（软、硬件形态）等设备；视频显示包括解码器（软、硬件形态）、网络视频矩阵、视频终端等设备。

监控前端是指部署在监控现场所需的设备，分为固定和移动两种类型，主要包括环境视频采集、视频智能处理和音频输入/输出、视频输入/输出等设备，环境视频采集通常采用人工智能、红外探测、指纹、虹膜、传感器等技术，实现对不同类型环境的信息采集，通过视频智能处理完成对无人值守的特殊地点、敏感地区的自动识别和自动报警，及时准确掌握重要目标现场环境变化和实际状况，通过移动监控实现无线视频监控接入。在突发事件应急指挥过程中，移动监控前端可根据指示，进入到指定现场上传实时的现场图像信息，使监控人员能够灵活、及时地了解一线的情况。

编码设备主要用于对监控前端摄像探头采集的信息进行编码压缩，解码设备主要用于监控中心将监控点位上传的视频信息进行解码还原。编解码设备可以是软件形态，也可以是硬件设备。

8.3.2 实现方式

在系统实现过程中，充分考虑已有视频综合服务系统的技术体制，结合安保监控技术的实际情况选择实现方式。

1. 服务模式

从服务模式看，主要分为点对点监控、集中托管、分布受控、混合服务模式。应结合实际应用和技术实现，选择适合的服务模式。

1）点对点监控模式

点对点监控模式主要用于个人对某个场景的监控，是目前个人视频监控的主要应用模式。该模式主要包括前端视频采集、网络、后端呈现三部分，可实现点对点单向采集源控制、观看、保存和调用，功能相对简单。

点对点监控模式的特点是应用方式灵活，监控部位可自我精准调控。

2）集中托管模式

集中托管模式主要用于中小规模区域的安全监控，主要用于可管控区域内的视频监控。该模式主要包括前端视频采集、网络、服务端、后端呈现三部分，可实现点对多点单向、集中采集源控制、观看、保存和调用。

集中托管模式的特点是集中监控中心负责汇集视频信息，需要丰富的带宽和技术人员的保障，具有较强可靠性、安全性。

3）分布受控模式

分布受控模式可用于大规模远程区域的安全监控，主要用于较广范围复杂关键区域的视频监控，可实现点对多点单向、分布式采集源控制、观看、保存和调用。

分布受控模式的特点是采集端具备存储处理能力，便于分布式点位控制处理和存储调用相应信息，安全性和可靠性较好。

4）混合服务模式

混合服务模式可用于大中规模远程区域的安全监控，采用集中和分布式相结合的混合方式，针对重点关键部位采用分布式监控部署方式。

混合服务模式的特点是发挥集中和分布式优势，减轻集中监控中心服务端存储、计算处理、网络传输等方面的压力。

2. 技术实现

1）模拟监控向数字监控过渡方式

前端现场采用模拟摄像机，通过模拟电缆连接到音频与视频交换矩阵，再将信息输出给后台监控系统控制器，将模拟视频信号转变成数字信号，并进行压缩编码。监控终端通过 HTTP 协议访问监控系统控制器，实现对各监控点位的视频监控。部署实现方式如图 8-19 所示。

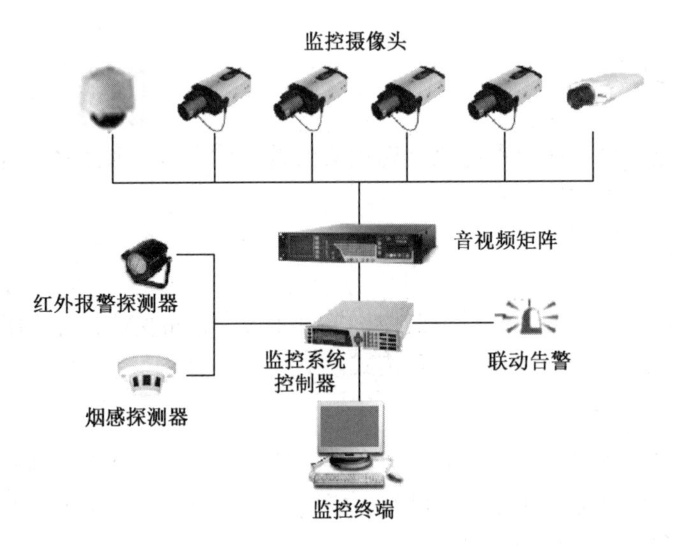

图 8-19　模拟监控向数字监控过渡方式

模拟监控向数字监控过渡方式的特点是能保护原有视频用户投资，以模拟技术为主，适合已建模拟监控向数字监控过渡阶段的小范围本地应用，但不利于扩展及大规模应用。

2）数字化监控方式

将模拟视频信号转变成数字信号，或前端使用数字摄像头采集数字信号，进行压缩编码；利用网络交换设备，将各监控点位信息汇总上传给监控中心服务器。监控终端通过网络远程访问监控中心服务器，实现对监控点位的实时监控。部署实现方式如图 8-20 所示。

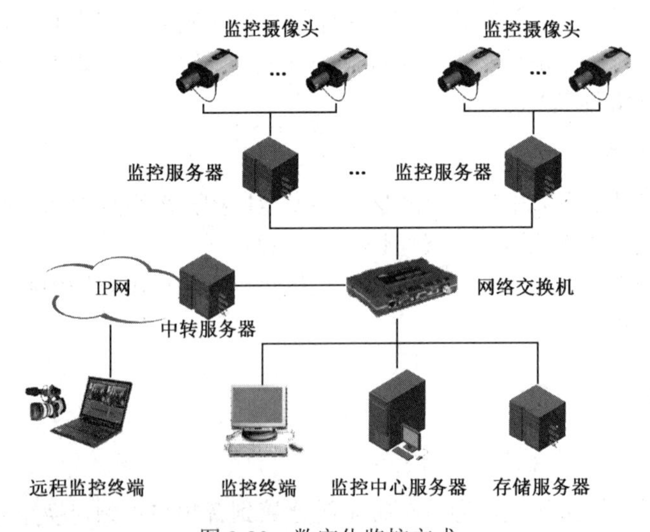

图 8-20　数字化监控方式

数字化监控方式的特点是，采用监控服务器代替音视频矩阵，提高了灵活性，便于与网络实现互联；适用于局域网范围内的部署方式，管理不够直观，不宜大范围扩展。

3）远程监控方式

基于 Client/Server（客户/服务器）模式，包括重点区域监控现场、网络通信和后端监控中心三部分。监控前端采用嵌入式网络摄像机、编码器等数字化音视频采集设备，通过路由器、交换机等网络设备，将音视频信息汇总到监控中心。监控中心通过解码设备将音视频信息还原，存储在视频服务器中，监控终端在本地访问或远程访问视频服务器，实现对监控点位的实时视频监控。部署实现方式示意于图 8-21 中。

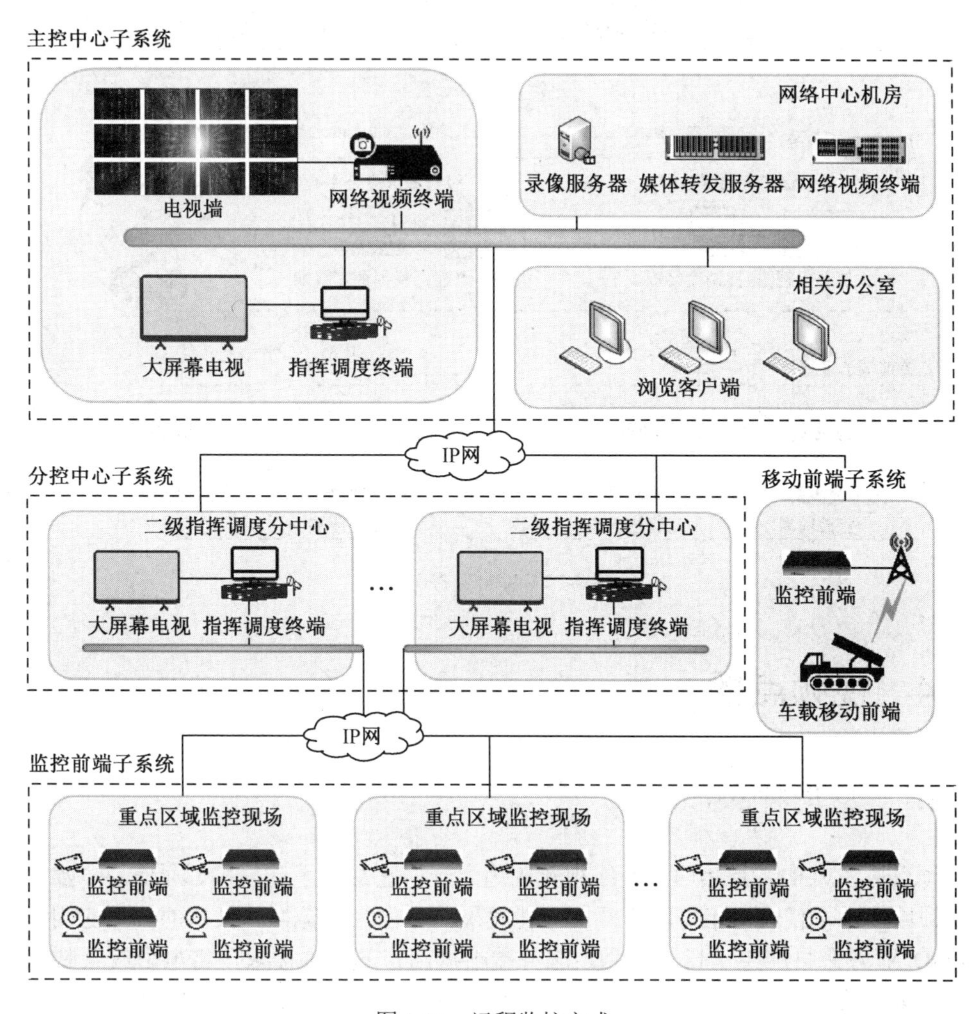

图 8-21　远程监控方式

4）综合监控方式

视频监控依托网络视频服务系统，将原有视频监控系统、移动监控系统及将要部署的视频监控点位进行整合，实现全方位、全实时视频监控系统。部署实现方式示意于图 8-22 中。监控中心管理人员可实现点对点、点对多点的视频监控，能灵活切换现场视频画面、前端现场摄像头，方便地组合显示多路视频画面。

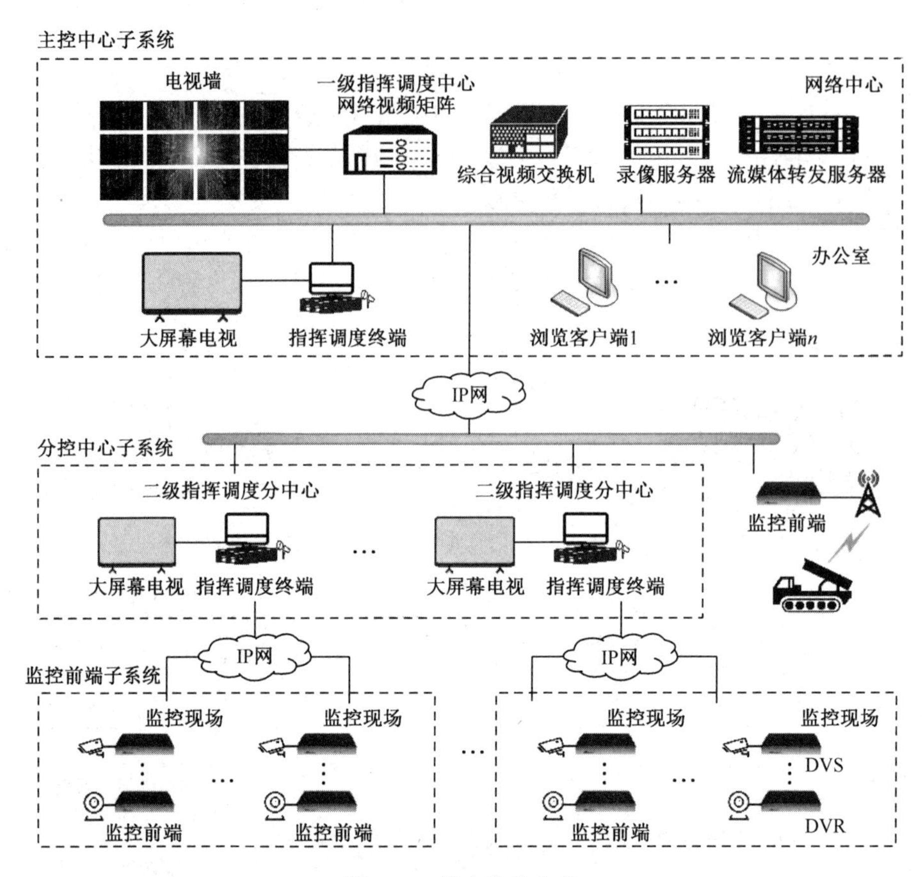

图 8-22　综合监控方式

8.4　视频点播

8.4.1　应用特点

视频点播（VOD）是热门的网络视频应用之一，它综合了计算机、通信、多媒体、电视等多领域技术，代表着工作和生活信息化发展的方向，是流媒体技术的典型应用。

VOD 业务最早产生于日本，是由服务端根据用户的点播需求，将电影或录制节目直接传送到家庭的娱乐系统。随着技术的发展和应用需求的不断变化，VOD 业务已经成为对视频内容进行自由选择的交互视频服务，信息的使用者根据自己的需求主动获得多媒体信息，实现了节目的按需收看和任意播放功能，改变了传统收看视频的被动方式，实现了集动态影视图像、静态图片、声音、文字等信息为一体，为用户提供实时、交互、按需点播的视频服务，广泛应用于影视点播、电子图书、远程教学、媒体娱乐、广告宣传等领域。

1．基本特征

VOD 系统属于视频检索型业务，通常采用 C/S 工作方式，客户端向服务器索取信息，服务器根据客户端的请求按需提供信息。这类业务对时延要求不高，而对时延抖动敏感，通常采用流媒体技术，确保视频播放的连续性。

（1）技术体制与编码算法。VOD 系统采用流媒体技术体制，实现按需视频信息发送，以及重现连续性、交互性和同步性，支持 H.26x 和 MPEG 主流标准作为视频压缩算法。

（2）开放的网络环境。系统通常可以构架在基于 IP 技术的网络环境中，提供信息和视频服务，可以无缝地应用于 ATM 网、HFC 网，视频节目数据可经由通信网络传送到远端，实现远程视频点播。

（3）信息流不对称性。对于大多数双向通信系统来说，信息通路两个方向上的信息流量是对称的，系统要为通信的双方提供同等的通信能力；而 VOD 系统采用 C/S 工作方式，在客户端与服务器端形成不对称的双向传输信道带宽需求，客户端用户请求信息通过窄带的上行信道（kbps 量级）传到服务器，而服务器根据客户端的请求提供所需信息，通过具有音视频传输能力的宽带下行信道（Mbps 量级）传到客户端。

（4）信息流量突发性。VOD 系统信息流量通常符合 2∶8 理论，即 80%的用户对于 20%的热点信息比较关注，点播的信息内容和时间分布往往相对集中，易造成信息流量突发。因此，在系统设计过程中，应根据系统用户规模采用不同的组网方式。

（5）信息随机访问性。在 VOD 点播过程中，客户端并不一定按照从头到尾的顺序点播信息，可能是在任何时刻、从任意片段开始，或者倒放、前向快进、后向快进等浏览方式点播。因此，要求视频编码具备相应服务能力。

（6）信息实时性与同步性。VOD 系统信息发送及重现的实时性与同步性要求都较高，特别是对音视频信息的点播，必须保证视频媒体与音频媒体内部的自同步及媒体间的同步，这对系统的时延及其抖动特性均提出了较高要求。

2. 系统组成

VOD 系统主要包括运维管理层、视频服务层、网络传输层和终端接入层，如图 8-23 所示。

1）运维管理层

运维管理层通过与视频服务层设备交互，完成用户到视频服务器的连接，实现对点播视频业务流程的控制管理。它分为业务控制和业务管理两个子层，业务控制层实现对用户视频点播业务的播控，业务管理层实现对点播服务的维护、监控和管理，包括用户管理和点播管理等任务，完成服务器间信息的传递和数据交换。

播控系统用于控制节目播放，记录用户的点播情况，并将有关数据通过网络送交点播管理系统处理。

用户管理主要包括用户认证和用户数据库。用户认证是指对用户身份的认证和授权，用户数据库用于记录用户名称、权限、ID 等信息。

点播管理是指监测用户的在线状态和点播状态，管理视频服务器的点播进程和系统资源。

2）视频服务层

视频服务层提供点播视频流和信令流的交换，在运维管理层的管控下完成点播信息传送、调阅、检索等功能。视频服务层主要由视频服务器、节目数据库和节目管理等构成。

视频服务器根据播控系统的命令将视频节目或节目菜单播放到相应的视频通道上，是 VOD 系统的核心，具有存储、管理、调度视频文件及日志的功能，能通过网络为用户提供所需的节目复制、检索和传输功能。与传统的数据服务器有许多显著的不同，它需要增加许多专用的软件、硬件功能设备，以提供实时、连续、稳定的视频流，其存储量大、数据速率高，并应具备接入控制、请求处理、数据检索、按流传送等多种功能。

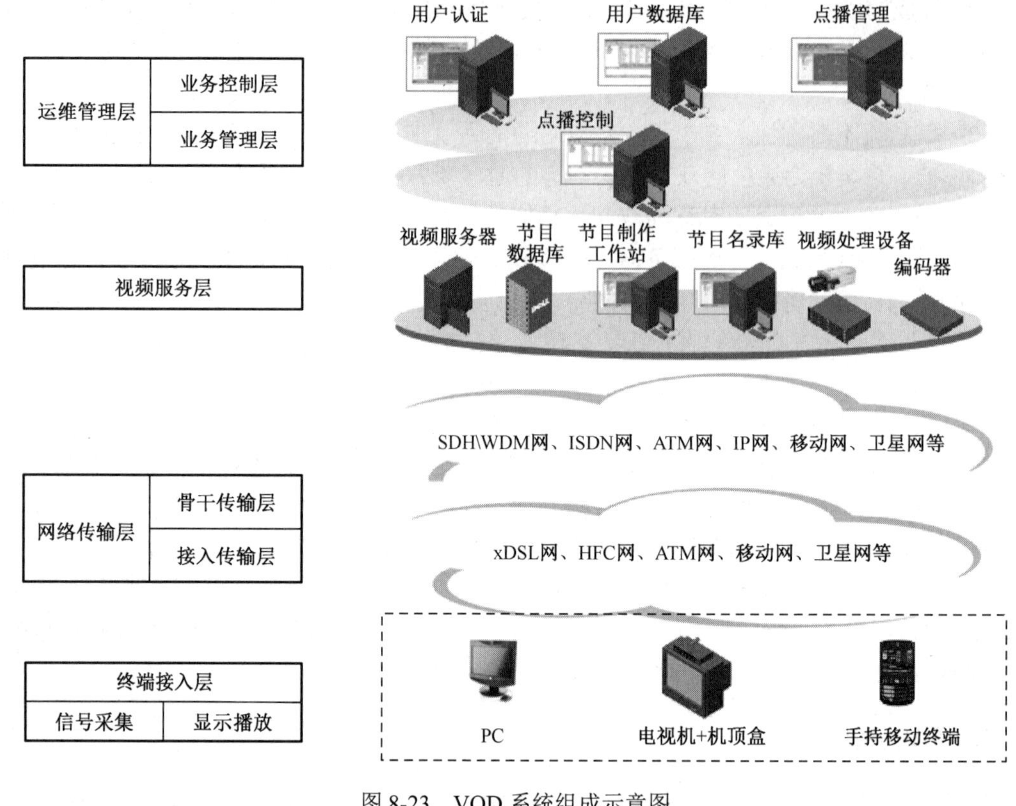

图 8-23　VOD 系统组成示意图

节目数据库主要用于存储压缩形式的视频节目，可成批下载给视频服务器。它可以是一个独立的磁盘阵列，也可以是由视频点播服务器直接管理的磁盘组（在并发流量较小的情况下）。为确保视频信息安全，可采取相应技术手段和策略，对媒体信息加以备份保护。

节目管理主要包括节目名录库和节目制作工作站。节目名录库用于存储节目名称、类型、属性等信息，并实时生成不同用户级别的节目菜单。节目制作工作站由 PC、视频压缩卡和压缩软件等组成，将各种视频源（如 VCD/DVD/MPEG 光盘、录像带、摄像机等）的音频、视频素材通过节目采集压缩系统压缩编辑成 H.26x、MPEG、RM 等视频格式。特别是在有直播业务需求时，须将前端实时视频源采集的信息经压缩编辑后，首先通过视频服务器直接向所需用户播放视频信息，同时复制、压缩到节目数据库，并生成节目菜单，供网络用户随时点播。

3）网络传输层

网络传输层负责视频信息流的实时传输，它是影响网络服务系统性能极为关键的部分。根据视频系统体系标准和传输手段的不同，网络传输层包括骨干传输层和接入传输层。骨干传输层用于连接用户与服务端的视频服务器、制作管理等系统，要求具有较高的带宽。

4）终端接入层

终端接入层的客户端系统完成视频节目信息的播放，提供用户操作界面及接收交互式命令信息。根据不同的功能需求和应用场景，分为 NVOD、TVOD、IVOD 三种客户端系统。

（1）NVOD（Near-Video-On-Demand），可称其为准视频点播方式。这种点播方式是单向数字视频系统，通过视频服务器将多个视频流依次按一定的时间间隔启动发送同样的内容。例如，将 2h 电视节目分为 10 个视频流，每隔 10min 启动一个。用户想看这个电视节目，需要最多等待 10min。在这种方式下，每个视频流可以为多个用户共享。其特点是：基于广播网络，无用户数量限制，成本低。

（2）TVOD（True Video-On-Demand），称为真视频点播，它真正支持即点即放。当用户提出请求时，视频服务器将立即传送用户所要的视频内容。若有另一个用户提出同样的请求，视频服务器就会立即为他再启动另一个传输同样内容的视频流。不过，一旦视频流开始播放，就要连续不断地播放下去，直到结束。在这种方式下，每个视频流只为一个用户服务。其特点是：基于双向网络，即点即放，并发流数量有限、支持用户数量有限、成本较高。

（3）IVOD（Interactive Video-On-Demand），称为交互式视频点播。它较前两种方式有很大程度的改进，不仅支持即点即放，还可以让用户对视频流进行交互式的控制。这时，用户就可像操作传统的录像机一样，实现节目的播放、暂停、快进和自动搜索等操作。

只有使用相应的终端设备，用户才能与相应的服务实现互操作。在 VOD 系统中，用户端可以是 PC、电视机+机顶盒，在用户端配以红外遥控装置，可通过对机顶盒的遥控操作实现节目点播。在一些特殊系统中，还要有一台配有大容量硬盘的计算机，存储来自视频服务器的影视文件。在用户端系统中，除了涉及相应的硬件设备，还需要配备相关的软件。例如，为了满足用户的多媒体交互需求，必须对客户端系统的界面加以改造。此外，在进行连续媒体播放时，媒体流的缓冲管理、音频与视频数据的同步、网络中断与演播中断的协调等问题都需要充分考虑。

3. 工作流程

在 VOD 系统点播中，用户通过 VOD 终端向 VOD 业务接入点发起通信呼叫，请求使用 VOD 业务，经 VOD 业务上行信道（如计算机网、电信网、有线电视网等）向视频服务器发出请求；系统迅速做出反应，在用户的电视/PC 屏幕上显示点播菜单，并对用户信息进行审核，判定用户身份；用户根据点播菜单做出选择，要求播放某个节目，系统则根据审核结果，决定是否提供相应的服务。响应时间很短，通过下行信道向该点播用户播放所要求的节目，并随时准备响应新的请求。VOD 系统工作流程如图 8-24 所示。

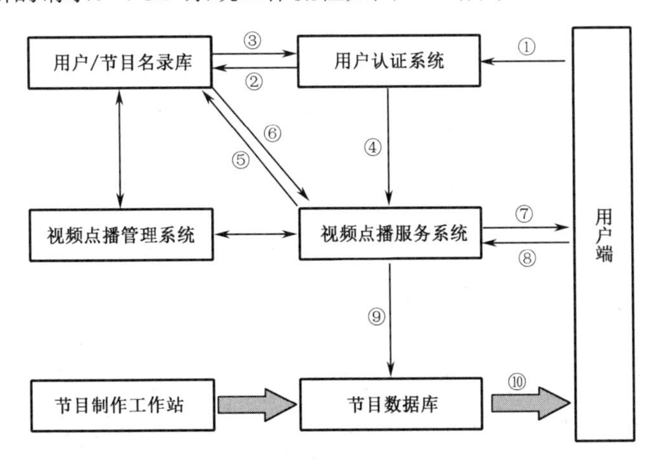

图 8-24　VOD 系统工作流程

① 用户端向用户认证系统发起认证请求；
② 用户认证系统查询用户/节目名录库；
③ 用户/节目名录库反馈用户查询信息；
④ 用户被认证和授权后，通知视频点播服务系统；
⑤⑥视频点播服务系统向节目数据库调用节目菜单；
⑦ 视频点播服务系统向用户端回送节目菜单；
⑧ 用户向视频点播服务系统发送点播请求；
⑨ 视频点播服务系统调用节目数据库信息；
⑩ 节目数据库中的存储设备向用户发送节目信息。

8.4.2 实现方式

VOD 系统由视频服务（含视频源）、运维管理、传输网络和用户终端组成，如图 8-25 所示，其实现方式可以从视频服务模式、传输网络组网方式和用户终端分别讨论。建议运维管理采用集中方式，实现统一的视频点播管控。

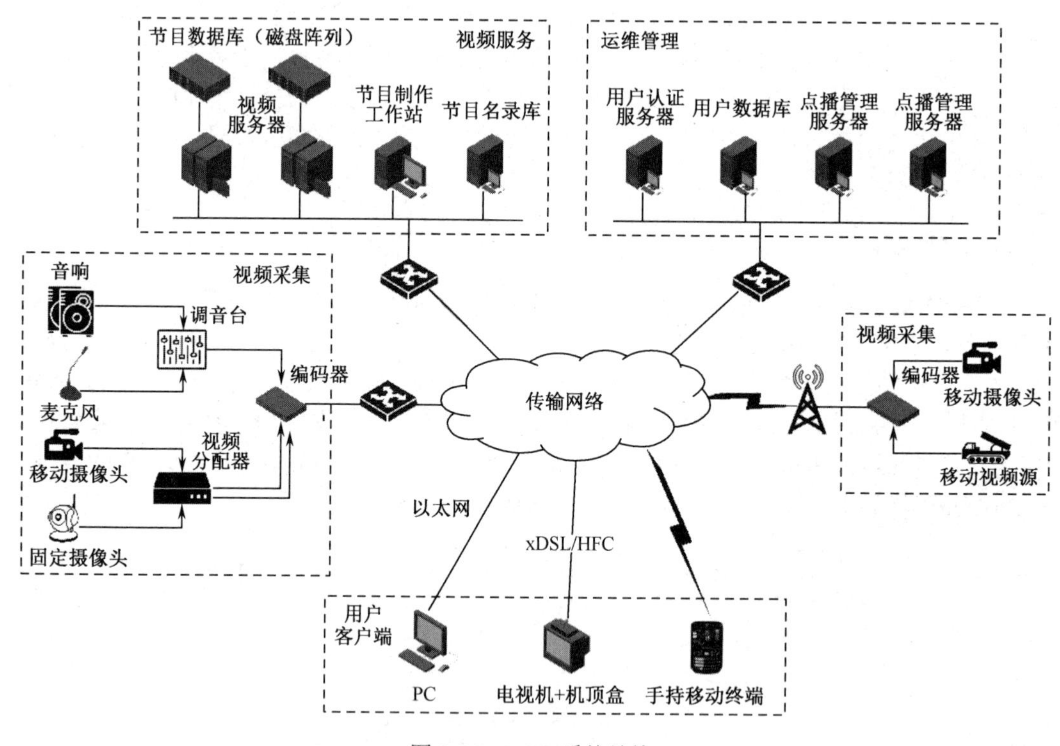

图 8-25　VOD 系统结构

1. 服务模式

VOD 系统的服务目标是最小时延、最大化网络服务可靠性、创建易于管理和计费的业务环境，确保可靠、可预测的媒体流环境。随着人们对点播业务的兴趣不断提高，VOD 业务日益流行和繁荣，服务提供者与媒体拥有者不断融合，服务模式呈现多种多样，主要分为集中模式、分布模式、点对点模式和混合模式。

1）集中模式

集中模式 VOD 系统主要由提供媒体服务的中心站点服务器和用户客户端组成，点播过程如图 8-26 所示。

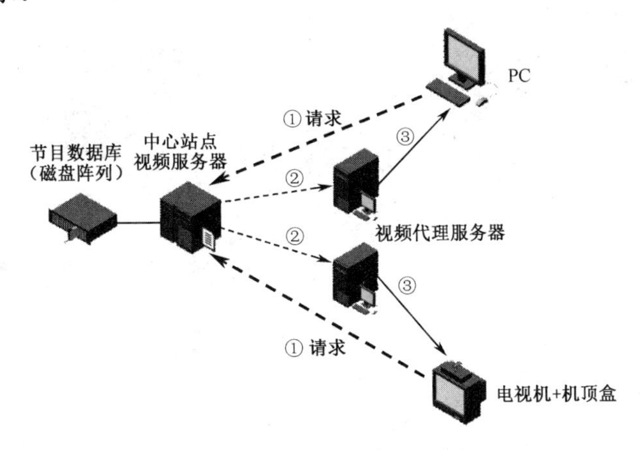

图 8-26　集中模式点播过程

在实际部署过程中，运维管理部分的用户管理、点播控制和点播管理设备可以集成在一台或几台中，不一定分别独占设备。

视频点播过程如下：

① 用户向中心站点视频服务器发送请求；

② 请求得到确认后，中心站点把请求发送到站内视频代理服务器；

③ 由视频代理服务器把请求内容交付给相关用户。

整个系统只有一个中心站点提供媒体服务，适用于系统初建且规模不大时，由单台服务器向单个客户端发送内容。

2）分布模式

随着系统规模扩大，单台服务器提供媒体内容的模式必然出现服务器引发的流量瓶颈、可靠性等问题，为此，采用多服务器分布式架构，从单个站点单台服务器调整为同时多台服务器向单个客户端发送内容，这样可以把故障风险分散到多台设备，同时消除由服务器引发的一系列问题。

如图 8-27 所示，分布模式点播中的内容下载由接收端驱动，而非由发送端驱动，无须对参与下载的各台服务器进行协调。此外，视频服务器采用“块”方式实现请求内容传递，可避免对复杂、耗时的分组处理的过程。参与下载的服务器群之间可以实现带宽自适应管理。这样，一方面可以保持服务器负载相对均衡，另一方面可以消除服务器故障造成严重业务中断的可能性。

视频点播过程如下：

① 用户向中心站点视频服务器发送请求；

② 请求得到确认后，中心站点视频服务器把请求发送到对应的视频代理服务器；

③ 视频代理服务器把请求内容交付给请求用户。

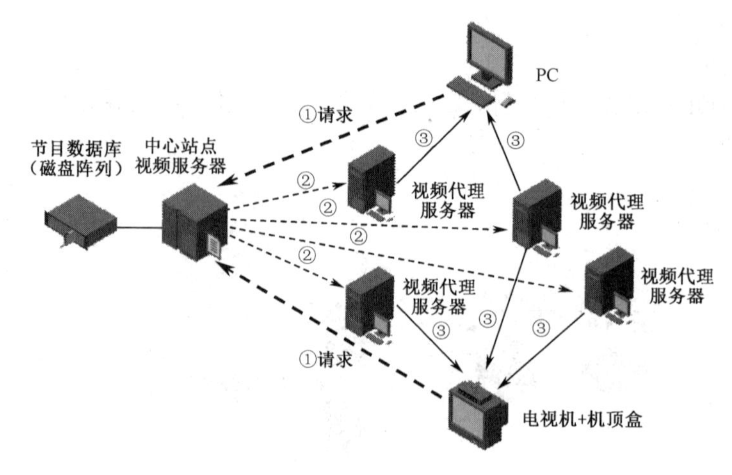

图 8-27　分布模式点播过程

3）点对点模式

如图 8-28 所示，点对点模式是在分布模式基础上逐渐演变发展而来的，在物理结构和部署方式不改变的情况下，将多个代理服务器资源进行统一调配使用，优化点播业务流程。其中，最终负责把内容传输给用户的服务器常称为流引擎。通过流引擎与对等服务器合作，从合作设备下载相关数据块，用于发送给用户，这样可以使不同服务器与路径实现负载分担，从而提高系统整体效率。

视频点播过程如下：

① 用户向中心站点视频服务器发送请求；

② 请求得到确认后，中心站点视频服务器把请求发送到对应的视频代理服务器；

③ 视频代理服务器把请求内容交付给相关用户。

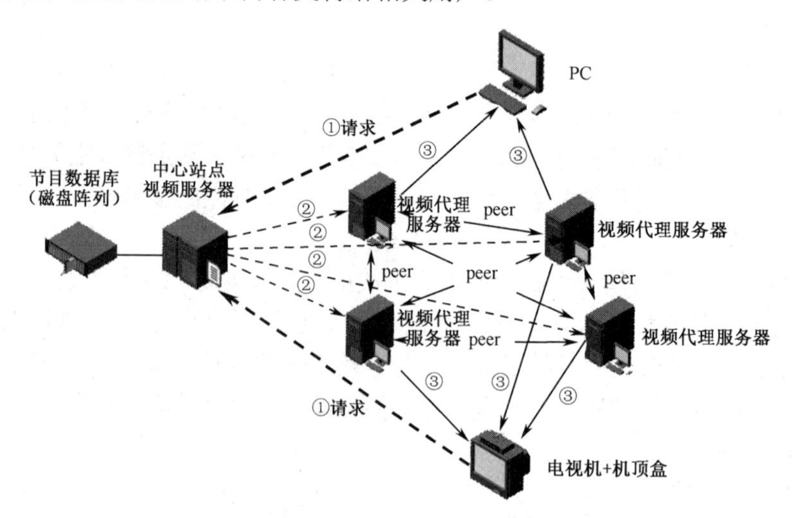

图 8-28　点对点模式点播过程

4）混合模式

采用分布模式提高了 QoS，但占用的带宽远远超出实际需要，同时增加了服务成本。另外，为了避免单台服务器故障的影响，需要的代理服务器越来越多。它们所依赖的代理服务器必须具有很大的存储容量，也将增加服务成本。结果是，虽然质量很高，但其代价却无法承受。混合模式是指允许 VOD 网络中服务器单元共享存储和处理资源，这种技术称为点对点辅助视频点播（Peer-assisted Video-on-Demand，PVD），有时又称为多源流（Multiple Source Streaming，MSS）VOD，是一种用于传输单播视频内容、功能复杂但极其高效的架构。

在多源流系统中，原始视频流分为多个视频块，然后通过网络传输。这样不仅可以提高容错性、消除瓶颈、显著改善可用带宽的利用，而且支持快速播放。为了成功实施，需要部署多源流调度程序，用于接收来自代理服务器或对等服务器等不同服务器的流块，对视频块进行适当排序，然后把无缝的、块速率恒定的视频流发送到客户端设备。

由于依靠多台服务器向单个客户端同时发送视频流，这种架构具有众多优势，其不仅具有高容错性，而且还能够根据需要发送业务流，从而避免网络硬件故障或影响业务的拥塞。此外，该架构支持高分辨率视频传输及多个视频流同时会话。这种模型还允许作为故障预防措施而发送冗余数据，从而提高整体服务质量。

2．组网方式

1）基于有线电视网

有线电视网是为解决城市建筑物对电视反射的问题而发展起来的，用电缆或光缆为用户提供电视信号的一种传输方式。该系统需要大量部署光电转换设备及缆线，适合经济发达、人口居住较集中的城市，具有频带宽、传输节目多的特点，但投资大、建设周期长，难以在山区、河流、沙漠地区实现。其核心设备包括视频服务设备、网络传输设备和信息终端（机顶盒），系统结构如图 8-29 所示，上行和下行信号均利用有线电视网。视频服务包括视频输出和控制，也包括系统的后台管理和节目录入，是系统的关键部分。视频服务端的主要配置包括视频服务器、播放控制服务器、视频编解码阵列、回传控制器、采编节目工作站等。

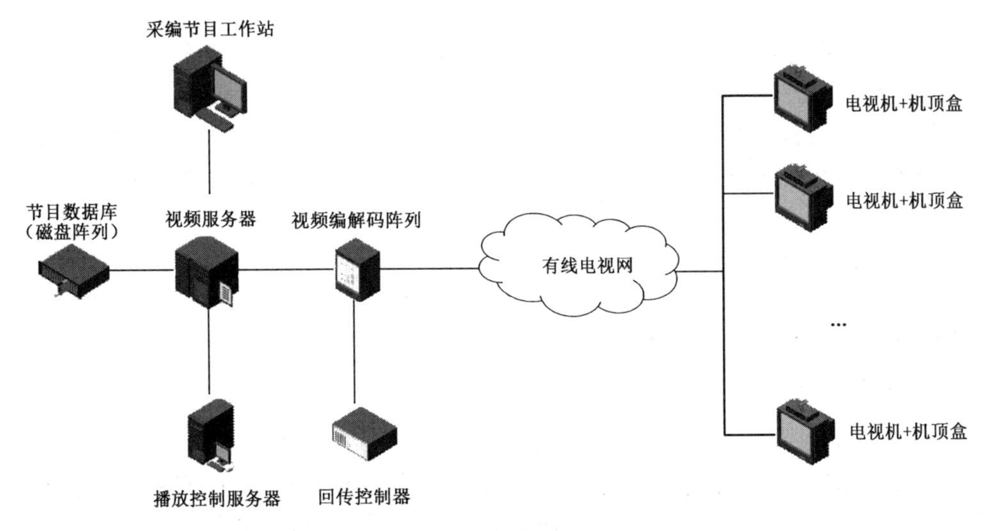

图 8-29　基于有线电视网的组网方式

根据目前有线电视网的情况，有模拟电视网、数字电视网和单向有线电视网点播三种实现方式。

（1）模拟电视网。网络环境为有线电视网和电话网，服务端配置视频服务器、视频解压设备和模拟电视调制设备，用户端使用模拟机顶盒。

这种实现方式是用户在家中用遥控器向模拟机顶盒发出命令，模拟机顶盒通过电话线将请求发送至视频服务器。视频服务器将请求观看的节目通过视频解压设备转换为模拟电视信号，通过模拟电视调制设备与普通的有线电视节目一起传输。客户端的机顶盒自动选取点播节目所在频道，使用户观看到点播的节目。

这种方式的优点是利用了现有的有线电视网和电话网，无须铺设新的线路，客户端的模拟机顶盒造价低廉。

（2）数字电视网。网络环境为双向闭路监控电视网，服务端配置为视频服务器、数字电视调制设备，用户端使用数字机顶盒。

这种实现方式其实是有线电视台的数字化方案。首先要对有线电视网进行双向改造，数字机顶盒接收的客户请求可以通过有线电视网上行到视频服务器，视频服务器将压缩的数字视频信号经过数字电视调制设备发送到有线电视网上，每个模拟频道可由多个数字视频流复用，数字机顶盒接收数字视频信号后进行实时解压并输出到电视机上。经过数字化改造的有线电视网还可以传输数据，实现上网、综合服务等功能。

这种方式的优点在于利用了现有的有线电视网，无须铺设新的线路，数字调制采用频道复用技术，可以在一个模拟频道上传输多路高品质的视频节目，可以满足很大的并发点播需求，并保证视频品质。采用 Cable Modem 技术则可以实现上网等功能。

（3）单向有线电视网。网络环境为单向有线电视网，采用实时视频点播及数字广播技术，在现有单向有线电视网中实现数字电视的接收和互动视频点播功能。无须为了实现上行通道而投入大量资金进行网络的双向改造，仅利用现有单向有线网，通过机顶盒装置实现互动点播的功能。

这种方式的优点在于改造成本低，具有更高的性能价格比和更大的商业价值。

2）基于计算机网

网络环境为高速计算机网，服务器端配置视频服务器、网络交换机，用户端使用 PC 或 PC 机顶盒接收点播的视频。

其视频点播工作过程是，用户在客户端的 PC 上启动播放请求，这个请求通过网络发出，由服务器的网卡接收，传送给服务器；通过请求验证后，服务器把节目库中可访问的节目名单提供给用户。

这种方案的优点在于完全数字化的传输，保证了音频、视频品质，很容易实现上网、计费等综合服务功能，而且功能强大。高速的网络带宽可以支持几百个用户的并发点播，计算机网络设备比有线电视数字化设备和调制等设备的价格低廉得多。

3）基于卫星电视网

卫星电视网主要由上行发射站、星载转发器、测控站和地面接收站四部分组成。

上行发射站把节目制作中心送来的信号加以处理，经过调制、上行变频和功率放大，通过定向天线向卫星发射上行 C 波段、Ku 波段信号；同时，接收卫星下行转发的微弱微波信号，检测转播质量。

星载转发器用于接收地面送来的上行微波信号并将其放大、变频、再放大后，发射到地面接收站，起空间中继站的作用。

地面接收站接收来自卫星的信号，经过低噪声放大、下行变频为中频信号，中频信号经过调频、解调后得到基带信号，分别送到视频还原和伴音解调设备，将还原的视频和伴音信号送到视频终端。

目前，我国卫星广播电视的现状是模拟电视和数字电视并存，C 波段卫星电视和 Ku 波段卫星电视并存，数字加密电视和数字非加密电视并存。发展基于更大功率的 Ku 波段卫星，开展直播卫星系统（DBS）和直播到户（DTH）业务，利用更小口径卫星接收天线，将卫星电视信息接收到用户终端。

4）基于无线电视网

利用无线电波传输视频、声音、数据等信号，分为模拟微波传输和数字微波传输。

（1）模拟微波传输。服务器端把信号直接通过微波发射机调制到微波信道上，通过天线发射出去，用户端接收微波信号，经微波接收机解调出视频信号。这种方式具有图像清晰、时延小、压缩损耗小、造价成本低，安装调试简单等特点。

（2）数字微波传输。服务器端须将视频编码压缩后通过数字微波信道调制，经天线发射出去，用户端通过天线接收信号，经微波解扩、视频解压缩，还原为模拟视频信号，也可以通过 PC 安装相应解码软件，由计算机负责视频信息解压缩。

3. 用户终端

1）电视机+机顶盒

通过机顶盒实现视频流接收、解码和管控等功能，利用电视机作为显示平台，使用户端通过模拟电视机观看数字电视节目。根据传输介质不同，机顶盒分为数字卫星机顶盒、数字地面机顶盒和有线电视机顶盒；根据功能划分，可以分为单向机顶盒、双向机顶盒和 IPTV 机顶盒。

机顶盒是连接电视机与外部信号源的设备，它可以将压缩数字信号转换成电视内容，并在电视机上呈现。信号可以来自有线电视、卫星天线、宽带网络或地面广播。接收的内容可以是模拟电视的图像声音，还可以是电子节目指南、Internet 网页、字幕等数据内容。

有线传输介质传输的信号质量较好，使得该类机顶盒可以支持几乎所有广播和交互式多媒体应用，如数字电视广播接收、电子节目指南、准视频点播、按次付费观看、软件在线升级、数据广播、Internet 接入、IP 电话和视频点播等，被业界广泛看好。

2）PC

通过计算机网络获取媒体信息，利用 PC 作为呈现平台，并配备视频解压、流控和相应的媒体播放器等软件，实现连续媒体播放、媒体流缓冲管理、音频与视频数据同步、网络中断与演播中断的协调等功能。

3）移动终端

通过移动通信网获取媒体信息，利用移动终端作为呈现平台，并配备视频解压、流量控制和相应的媒体播放器等软件，实现连续媒体播放、媒体流缓冲管理、音频与视频数据同步、网络中断与演播中断的协调等功能。

21 世纪是一个多元化的信息社会，随着全球 IPTV 设备的普及、可播放视频内容的丰富、具备 IP 连接功能的电子产品的更新，以及手机 TV 市场的持续增长，视频点播应用也将迎来高速增长期。

8.5 视频直播

本节讨论的视频直播业务，是指人们可以通过网络收看远端正在进行的现场视频实况，如赛事、会议、教学、手术等现场。其核心思想是，利用既有的网络条件实现对视频信号的实时传输，在远端实现流畅地收看。

市场需求和技术进步共同推进了视频直播业务的发展，使其成为运营商、设备制造商和内容提供商的关注焦点，目前，视频直播已成为发展速度最快而且越来越占据主要地位的媒体形式。

直播是互联网技术发展到一定阶段的产物，直播过程中的流畅度、用户观感和良好用户体验，对网络的时延、带宽和稳定性均有较高要求。随着 4K、8K、VR/AR 等超高清、交互性直播方式的发展，网络和设备性能将面临更大挑战。当前视频直播的网络有 4G 和互联网，但这两种方式均难以满足未来超高清视频直播的需求。

首先，当前的 4G 网络在带宽、时延、容量、可靠性等方面无法满足未来视频直播的需求。其次，现有高性能的直播网络依赖于固定互联网和 WiFi，移动性差，限制了直播行业的发展。由于网络的固定化，直播发布者被限制在家庭、公司等室内场景，不够灵活，同时观众也无法随时随地收看直播，需靠固定网络保证观看体验。综上，现有网络无法适应视频直播的发展趋势。

随着中国 5G 正式商用，5G 与直播行业的融合逐步展开，5G 的发展将给超高清视频直播带来强大的网络支撑。这主要体现在以下 4 个方面：

- 5G 传输速率将达到 100Mbps～1Gbps，从而解决高清视频直播中的卡顿问题。
- 5G 网络最大流量密度将达到 10Tbps/km^2，最大连接密度也将达到 100 万/km^2，是 4G 时期的 10 倍左右，可以保障用户在体育场、大型购物场所、交通枢纽等人员密集区域开展视频直播的需求。
- 5G 网络的高可靠性可大幅提升网络抗干扰能力，保障视频直播的稳定性；
- 5G 网络毫秒级的时延可以提供几乎实时的视频直播。

由此可见，5G 将打破现有视频直播面临的网络性能束缚，推进视频直播的发展。

8.5.1 应用特点

视频直播融合了图像、文字、声音等丰富元素，实时通过视频将现场真实生动、声形并茂、效果极佳的场景传播，能够营造出强烈的现场感，吸引眼球，达到印象深刻、记忆持久的传播效果。视频直播逐渐成为互联网的主流表达方式。现场直播完成后，还可以随时提供重播、点播等服务，有效扩展了直播的时间和空间效果，发挥直播内容的最大价值。

1．基本特征

视频直播要达到真实、直观、全面的宣传展示效果，起决定性作用的当属流媒体平台。视频直播大致分两类，一类是在互联网上提供电视信号的传输，例如，各类体育比赛和文艺活动的直播，原理是将电视（模拟）信号，转换为数字信号输入电脑，实时上传至网站供人们观看，相当于“网络电视”；另一类则是真正意义上的“网络直播”，在现场架设独立的信号采集设备（音频+视频）导入导播端（导播设备或平台），再通过网络上传至服务器，发布至互联网供人们观看。后者较前者的最大区别就在于直播的自主性、独立可控的音视频采集，与转播电视信号的单一收看不同，它可以为电视媒体难以直播的应用进行网络直播，如政务公开会议、群众听证会、法庭庭审直播、产品发布会、展会直播等应用场景。本章重点讨论的是后面这一类型的网络直播视频。

2．系统组成

视频直播系统主要由采集侧（主播端）、服务端、收看侧（播放端）三部分组成。系统架构如图 8-30 所示。

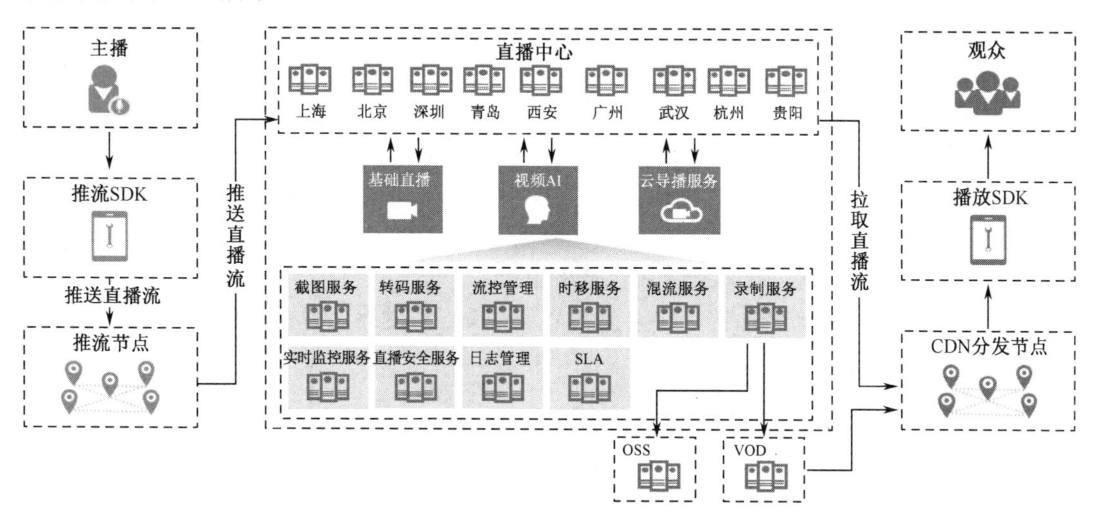

图 8-30　视频直播系统架构

（1）采集侧（主播端）。采集设备采集主播方直播内容后，通过推流 SDK 将直播流推送到推流节点，视频直播服务通过边缘推流的方式将直播流推送至直播中心服务端。采集侧是视频流产生的源头，需要进行一系列流程处理完成采集工作。第一，通过专业设备来采集视频数据；第二，将采集的视频进行处理，如水印、美颜和特效滤镜等；第三，将处理后的结果视频编码压缩成可观看可传输的视频流；第四，分发推流，将压缩后的视频流通过网络通道传输至服务端。

（2）收看侧（播放端）。负责从服务端接收视频给观众并呈现视频内容，具备的功能有两个层面。第一个层面是非常关键的性能指标需求，如秒开，在很多场景中都有这样的用户体验要求；对于一些重要内容的版权保护；为了达到更好的效果，还要配合服务端做智能解析，这在某些场景下是关键性需求。第二个层面是业务层面的功能，对于一个社交直播产品，观众希望能够实时看到主播推过来的视频流，并且和主播及其他观众互动，因此，可能包含一些像点赞、聊天和弹幕这样的功能，以及礼物这样的道具。

移动端的播放设备可以集成第三方提供的播放器 SDK 进行二次开发，满足观众不同的观看效果。

（3）服务端，负责收集主播端的视频推流，并将其放大后推送给所有观众端。除了这个核心功能，还满足运营级别的要求，比如，鉴权认证、视频连线、实时转码、多屏合一，以及云端录制存储等。另外，负责完成对主播端推流环节进行监控和智能调度等重要功能。

服务端主要提供直播流接入、分发、实时流媒体处理服务。视频流推送至直播中心后，可按需对视频流进行转码、时移、录制、截图等处理。处理后的视频流通过 CDN（内容分发网络）下发至观众的设备中。直播视频除了可以进行转码、截图等操作，还可以进行直播转点播的操作，将录制下来的视频转至点播系统中，可再进行点播播放和短视频云剪辑处理，方便直播与短视频内容生产和传播的联动。

3. 工作流程

视频直播业务是视频点播业务的拓展与延伸。在视频直播过程中，视频源前端摄像系统收集的视频信息经编码压缩处理后传递到视频服务设备，由视频直播服务系统将视频信息推送给指定用户，同时将视频信息复制、压缩到节目数据库中，并生成节目菜单，供网络用户随时点播。其工作流程如图 8-31 所示。

① 摄像系统将收集的视频信息传递给编码设备；

② 经编码压缩处理的信息传递给视频直播服务系统；

③ 视频直播服务系统将视频信息推送给指定用户，若推送给网上所有用户，则是视频广播方式；

④ 将视频信息复制、压缩到节目数据库中；

⑤ 向用户/节目名录库通告，请求更新节目菜单，供网络用户点播使用。

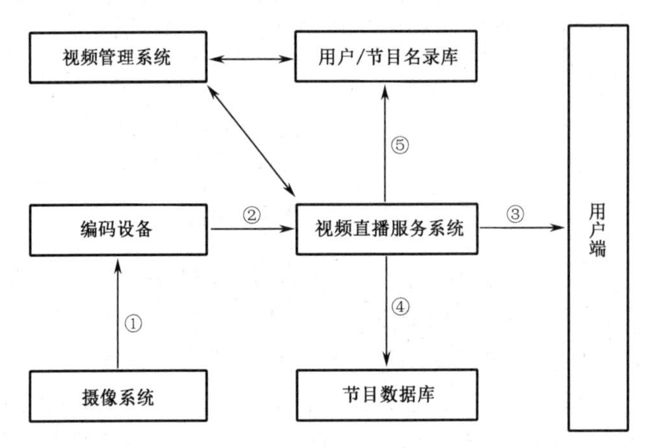

图 8-31　视频直播工作流程

8.5.2　实现方式

视频直播系统应用形式多样，基于主播角色，分为个人直播、公众媒体直播等直播方式；从实现技术角度，分为直传型直播、基于边缘计算的直播等方式；从视觉呈现效果角度，分为多视角、自由视角、自由缩放等直播方式。

1. 直传型直播

直传型直播网络架构利用常规通信网络对直播信号进行传输。图 8-32 给出了直传型直播系统架构，主要包括采集侧、网络、服务端和收看侧。

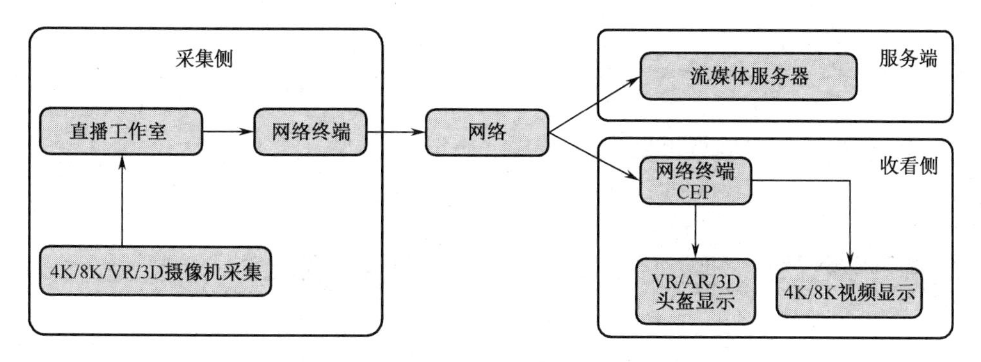

图 8-32　直传型直播系统架构

采集侧实现超高清视频信号的摄制、制作。其功能单元如下：

- 摄像机采集，包括视频录制及直播，提供高分辨率、自然视差及真正舒适的沉浸感，每个镜头可单独采集和输出高清画面。可采用 H.264、H.265 压缩格式。
- 直播工作室，支持摄像机与实时光流拼接，支持 H.264 和 H.265 编码格式。
- 网络终端，可支持带宽业务的接入能力，能为用户提供 WiFi 服务或直接为用户设备提供网络接入服务。

服务端主要通过流媒体服务器对视频进行处理，提供直播流接入、分发、实时流媒体处理服务。流媒体服务器支持高清直播和高清推流，支持 H.264 和 H.265 编码格式。

收看侧通过高清设备实现观众体验。将高清视频信号通过终端设备进行显示，直接为用户提供直播服务。

2．基于边缘计算的直播

基于边缘计算的直播系统架构将核心网部分功能下沉到边缘，从而降低传输时延并优化资源分配。图 8-33 给出了基于边缘计算的直播系统架构，主要包括采集侧、网络和收看侧。为了应对直播平台突发性的流量增长，收看侧还包括内容分发网络（Content Delivery Network，CDN）处理平台，该平台借助负载均衡系统将内容推送到接近用户的边缘节点，使用户就近获取资源，提升了用户的访问速度及访问的稳定性，是直播平台在内容传播层面的重要保障。

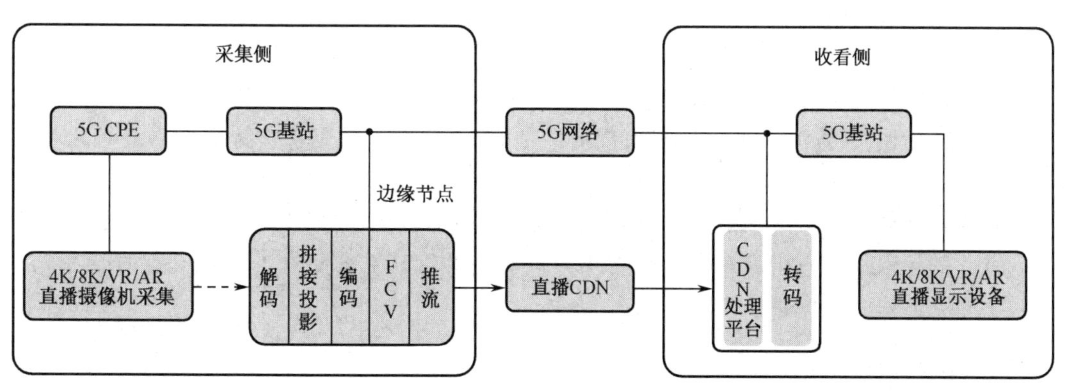

图 8-33　基于边缘计算的直播系统架构

8.5.3 典型应用场景

图 8-34 给出当前直播模式与 5G 直播模式应用场景的对比，图 8-35 给出 5G 媒体直播场景的视图。

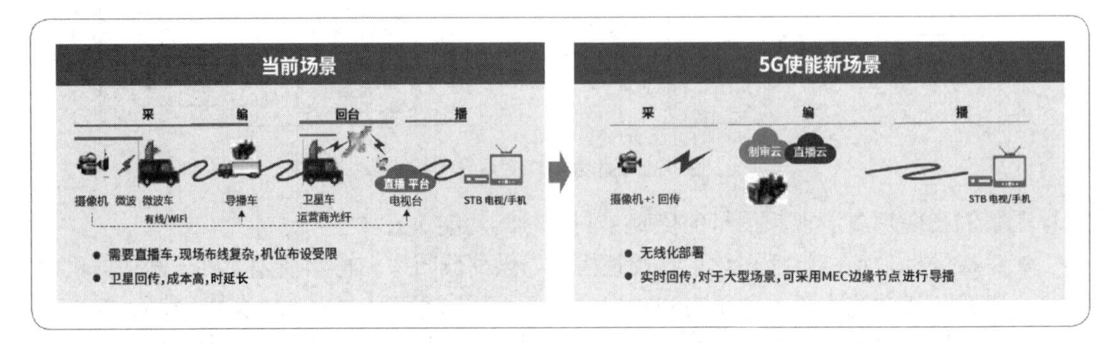

图 8-34　当前直播模式与 5G 直播模式应用场景的对比

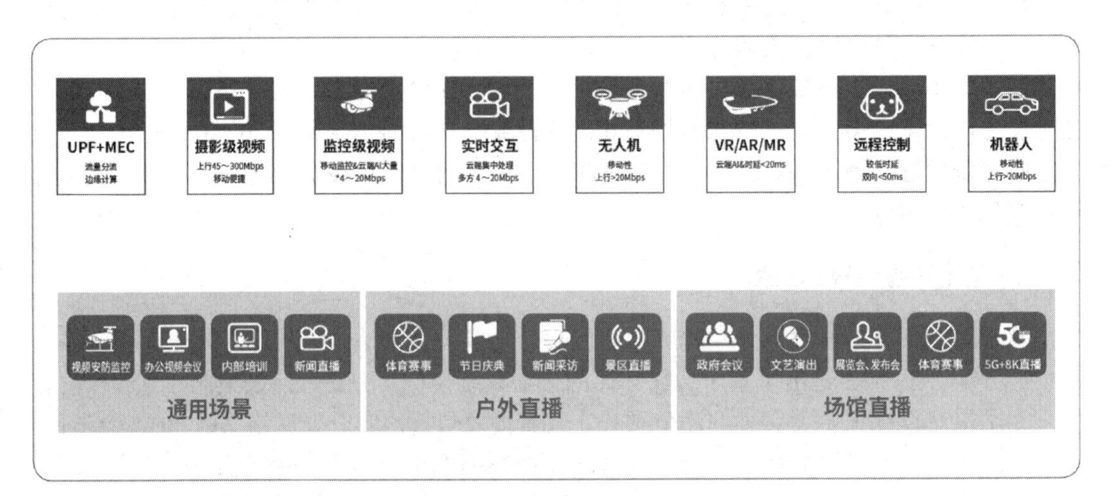

图 8-35　5G 媒体直播场景的视图

5G 技术的出现改变了直播模式，大幅降低成本，带来更多直播商机。体现在如下几个方面：

- 采播环节更高效，成本大幅降低。摄像机无线化，避免有线/微波对活动范围的限制（如 HDMI 连接最大活动范围是 10m）；省去租用微波车和聘请微波技术员的成本。
- 编辑环节大幅降低成本，创新商业模式。利用云制作方式，制作高效且节省导播车费用；节省卫星车及链路费用；可利用边缘计算（MEC）创建云化导播平台，提供新商业模式。

1．场馆直播

固定场馆直播由于场馆人员密集性高，现场观众众多造成直播网络超负荷，传输质量下降。利用 5G 网络微基站，大范围覆盖场馆内部，提供稳定高性能的传输网络。基于 5G

网络实现现场音视频快速处理，可以实现现场全景 VR 网络直播能力，增强现场感。图 8-36 给出直传型 5G 固定场馆直播方式的示意图，图 8-37 给出基于边缘计算的 5G 固定场馆直播方式。

图 8-36　5G 固定场馆直播方式：直传型

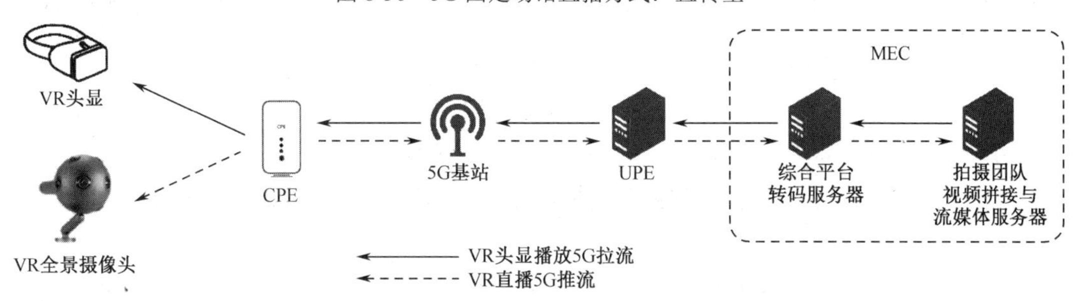

图 8-37　5G 固定场馆直播方式：基于边缘计算

固定场馆直播的场景需求如下：

- 场馆网络高负载。热门赛事、活动的现场参与观众较多，造成场馆内网络高负载，需要对当前网络进行技术升级。
- 场馆视频传输高带宽。4K 高清信号、多路直播信号需要大带宽的稳定网络传输，以满足 4K 画质现场直播的流畅性要求。
- 远程观众亲临感。热门赛事、活动等现场观众饱和，未入场观众希望增强活动观看体验。

部署方式 1：5G 网络覆盖，4K 高清摄像机利用 5G 高带宽网络回传信号，并将直播视频推送至直播平台进行现场直播。

部署方式 2：5G 网络覆盖，全景摄像机完成视频采集、拼接处理；通过连入 5G 网络的 CPE，将 4K 全景视频通过上行链路传输到推流服务器中；将视频流传输到 MEC 进行实时转码，拉流分路显示至屏幕。

2. 户外直播

户外直播受限于直播车高昂的价格、4G 带宽及单一的直播角度，直播现状急需改变。5G 移动直播结合无人机空中直播的方式可以很好地改变这一现状。5G 户外直播方式示意于图 8-38 中。

传统户外活动直播场景缺点如下：

- 卫星直播价格高。省级及以上电视台使用传统卫星直播价格非常高昂，专业设备庞杂；市级电视台转播车成本高，使用率低。
- 移动性、快捷性不能满足要求。突发事件的场所限制了大型直播设备的布放。快速搭建直播环境、实现移动直播这些优势推动了 5G 移动直播的发展。
- 直播角度单一，无法满足客户高画质的多角度观看；无法满足多用户在同一网络下同时观看。

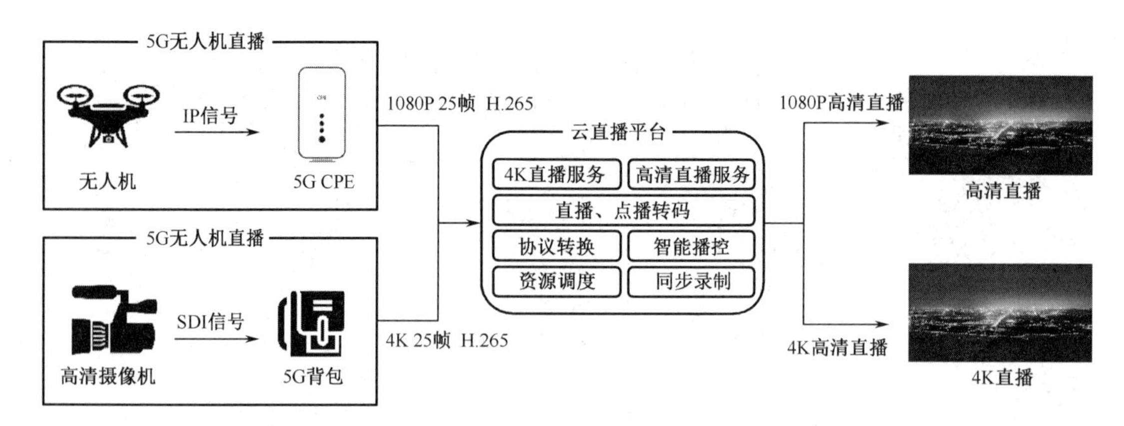

图 8-38　5G 户外直播方式

5G 移动的直播的优势包括：

- 背包成本低。5G 直播方案的成本远低于直播车+卫星直播的传统直播方式；5G 直播灵活便捷。
- 5G 直播方案灵活便捷。主播背上直播设备即可开始现场直播，不受场地限制，尤其遇到抗震救灾、突发新闻时，5G 直播优势很大。
- 5G 无人机多角度直播。5G+无人机可实现空中多角度的高清直播，丰富直播内容，为观众带来不一样的直播体验。

8.6　移动视频

本节讨论的移动视频业务，是指通过移动网络和移动终端为移动用户传送音视频内容的新型移动业务，为移动用户分享他们的经历和情感、获得信息和娱乐、与他人交流提供了新的通信方式和业务享受。移动终端和网络技术的不断发展，为移动视频业务的出现与推广提供了必要条件。

市场需求和技术进步共同推进了移动视频业务的发展，并成为移动运营商、设备制造商和内容提供商的关注焦点。3G IMS（IP Multimedia Subsystem，IP 多媒体子系统）和以 LTE（Long Term Evolution，长期演进）为代表的 4G 开创了无线通信与 IP 网络频融合的新时代，由此产生的移动视频业务必将成为移动通信市场新的增长点，真正使移动用户享受掌上无线视频的福利。

8.6.1　应用特点

移动视频通信是指在无线环境中提供的双向、实时的音频和视频传输，这种实时通信在技术上要求将端到端时延降到最低，特别是在多方参与的视频会议中，要求信息高效传递。在无线环境中，信息出错概率大，但使用通常的错误重传机制又会增加时延。因此，在移动视频通信中，对音频、视频编解码的纠错能力要求特别高，使用智能的错误恢复或错误隐蔽技术十分必要。

移动视频电话是点到点通信，视频会议要求两人或两人以上参与，是多方参与的对等通信。参与方涉及编码、传输、解释、解码等多个环节。首先，终端设备要对音频、视频信号进行编码，经过电路域复用或者分组域打包后，经由无线通信网传输到其他参与方，同时将对方传过来的音频、视频信号进行解复用或拆包、解码等，然后输出到音频和视频播放器中。当然，中间还有呼叫建立、协商等系统控制过程。

移动视频通信的基本原理示意图如图 8-39 所示。

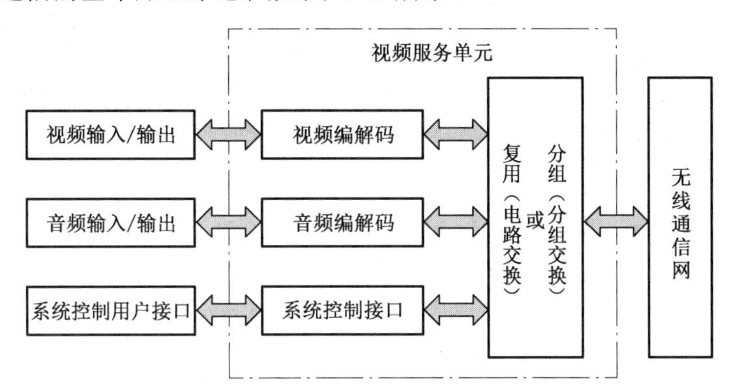

图 8-39　移动视频通信的基本原理示意图

在我国，目前的移动通信主要以 3G 移动通信、4G 移动通信和 5G 移动通信等技术为主。

1．基本特征

1）业务种类

移动视频业务种类繁多，对它们可采用多种方式划分子类。例如，按照通信实体划分，按照网络承载方式划分，按照业务内容划分，等等。

按照通信实体划分比较简单，可以分为终端到终端、终端到网络和网络到终端三种业务类型。

按照业务内容划分，主要包括移动视频电话会议、移动视频监控、移动视频消息、移动视频内容配送业务，以及移动视频游戏 5 种业务类型。

（1）移动视频电话会议，是使用图像和语音数据进行用户间实时交互的一项通信业务。在两个移动终端之间，或在移动终端和固定视频电话之间，实现视频和音频信号的双向实时流动。参与者多于两个，并且有一方使用移动终端进行视频通话的业务称为移动视频电话会议业务。

（2）移动视频监控。利用无线网络的高带宽，通过移动网络和移动、固定视频前端，实现远距离的移动视频监控。一般情况下，移动视频监控业务用于特定的工作，也可以用于生活，如用于儿童安全保护的移动监控系统。移动视频监控系统可以采用基于 IP 的视频编码设备，通过无线网络将视频信号传送到数据中心存储和显示。

（3）移动视频消息，是用户与用户间、用户与机器间进行非实时发送视频信息的一类通信业务，包括视频邮件（在纯文本邮件的基础上，增加了视频和音频的多媒体）和多媒体消息（MMS，可传递文本信息，还可以传递内容更为丰富的图像、音频、视频等数据信息）。

（4）移动视频内容配送业务，即让移动用户以流媒体或下载方式将视频信息传送到移动终端。流媒体方式是边下载边播放，下载方式是指全部视频信息下载完毕后再播放。

（5）移动视频游戏。基于 Java 和 Brew 技术等，手机终端可以从网络中下载游戏客户端软件，参与网络中的交互式网络游戏。

2）体制标准

移动视频系统采用 H.324M 标准体系结构，通过视频网关可实现与 H.323 和 SIP 体系标准的音视频互通。视频编码标准支持 H.263/MEPG-4，其中，H.263 作为视频编码强制基本标准，MPEG-4 作为推荐标准。音频编码标准支持 AMR/G.723.1，AMR 是音频编码强制标准，G.723.1 是可选编码标准。控制协议采用 H.245，多路音频和视频信号复用标准采用 H.223，数据协议采用 T.120。

3）相关概念

移动视频技术涉及的领域比较广泛，在研究移动视频技术之前，要搞清楚与之发展有关的几个问题。

（1）有线通信和无线通信。移动视频主要依靠无线传输。有线通信主要优点是资源是无限的，而无线通信受到严格的频率资源的限制，这是一个很重要的问题。视频通信需要一定带宽来保障信息的流畅传输，哪些信息适合移动视频、哪些不适合，要充分考虑清楚。最好的解决方式是无线通信与有线通信互补结合，利用有线通信部署服务端系统，无线通信作为系统末端延伸。

（2）移动通信和固定通信。固定通信的主要特点是工作时不移动、移动时不工作，而移动通信的特点是边移动边工作。目前，固定通信网和移动通信网都在发展视频业务，两个网在做相同的事情，同样涉及固定和移动融合的问题。利用固定通信部署服务端系统，利用移动通信作为用户端系统接入，是一种不错的选择。

（3）广播网和通信网。广播网传送业务一般是单向的，特点是从发送源端到接收目的端的带宽几乎相同，所有人共享一个信道，都可以收到广播信息。通信网的情况不同，它传送的业务是双向的，难以实现广播，可以利用组播技术替代广播技术，但这会浪费大量的资源和成本。广播网可以在直播信息的基础上增加时移信息、点播信息，实现两网优势互补、共存互赢，最终走向融合。

可以看出，移动视频技术将促使无线通信与有线通信、移动通信与固定通信、广播网与通信网逐步融合。

2. 系统组成

就视频系统本身而言，移动视频系统与固定视频系统没有实质性差别，主要区别在于网络承载、终端接入等方面，其组成主要包括运维管理层、视频服务层、网络传输层、终端接入层，如图 8-40 所示。

运维管理层与视频服务层设备交互，实现移动视频网络的统一控制、统一资源调度和管理，完成对移动视频业务流程的控制管理。它分为业务控制和业务管理两个子层，业务控制层实现对用户业务的控制，业务管理层实现运维管理，完成维护管理、数据管理、告警管理、安全管理、计费与话单管理、跟踪管理等。

视频服务层主要负责信令的接收与处理、媒体的转发与交换，在运维管理层的控制和管理下完成视频业务流解码和还原，以及对视频信息进行相应的处理和管理控制。它分为两个子层，视频交换层支持相应视频体系标准，完成视频解码等功能；业务服务层提供移动视频邮件、流媒体等功能，实现信息处理和管控。

网络传输层是指移动视频业务的承载网，分为三类：普通的移动网（4G、5G等），地面数字广播网，静止、中低轨数字卫星网。

终端接入层提供各类用户的移动视频终端接入，实现移动视频终端之间、移动视频终端到网络、网络到移动视频终端的视频采集和显示。终端有管理终端、移动视频终端之分。管理终端是指基于通用终端，通过相应管理软件，实现对系统的维护管理。移动视频终端应具有移动视频采集、编码、传输、解码、还原等功能。

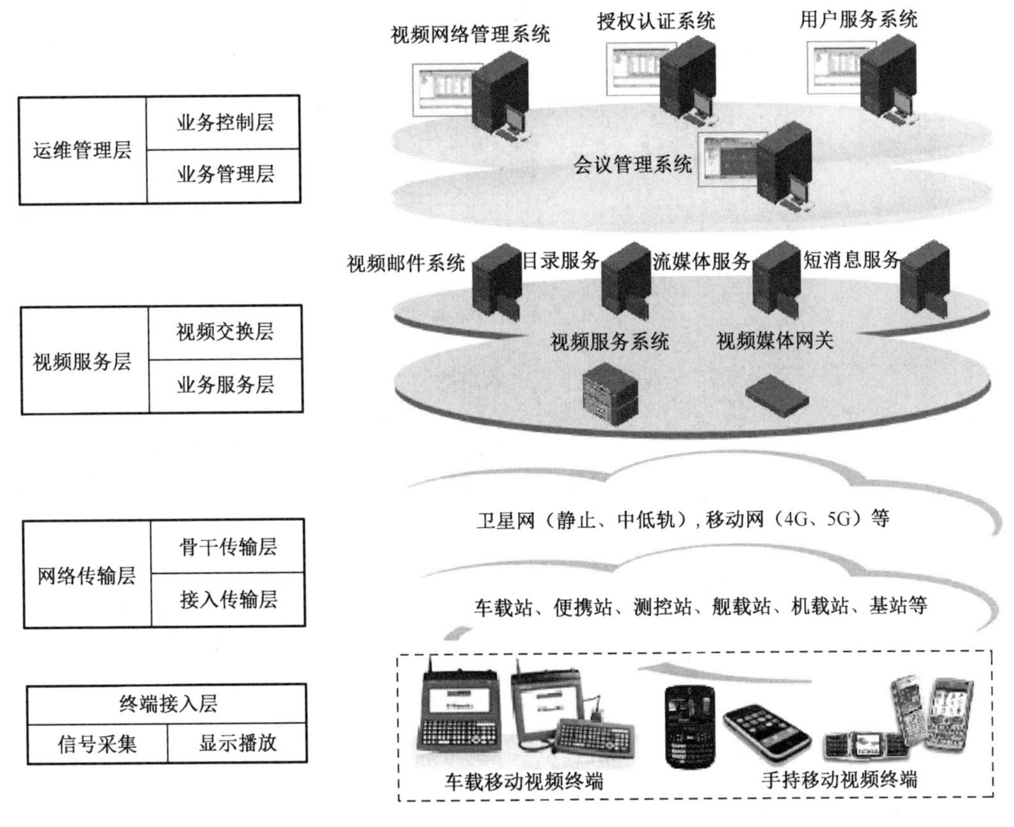

图 8-40　移动视频系统组成示意图

8.6.2　实现方式

1. 组网方式

移动视频系统应用形式多样，主要包括服务端、传输网络和接入终端三大环节。本节从传输网络和接入终端出发，谈谈如何实现移动视频终端之间、移动视频终端与固定视频终端的互通。

1）不同制式移动视频终端之间的互通

移动视频终端分为基于3G电路交换的3G-324M终端、基于分组交换的SIP视频终端、基于4G进化的分组交换的SIP视频终端、基于WiMAX的视频终端等。

实现不同制式移动视频终端之间互通的方法通常有两类，一类通过视频网关单元实现转换，如图 8-41 所示；另一类通过公共协议域如 IMS 实现交换，如图 8-42 所示。

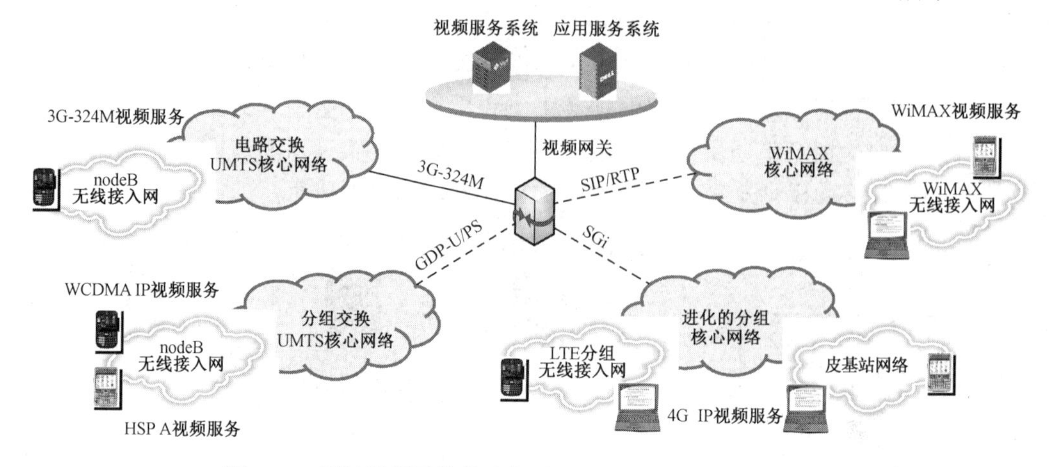

图 8-41　通过视频网关单元实现不同制式移动视频终端互通

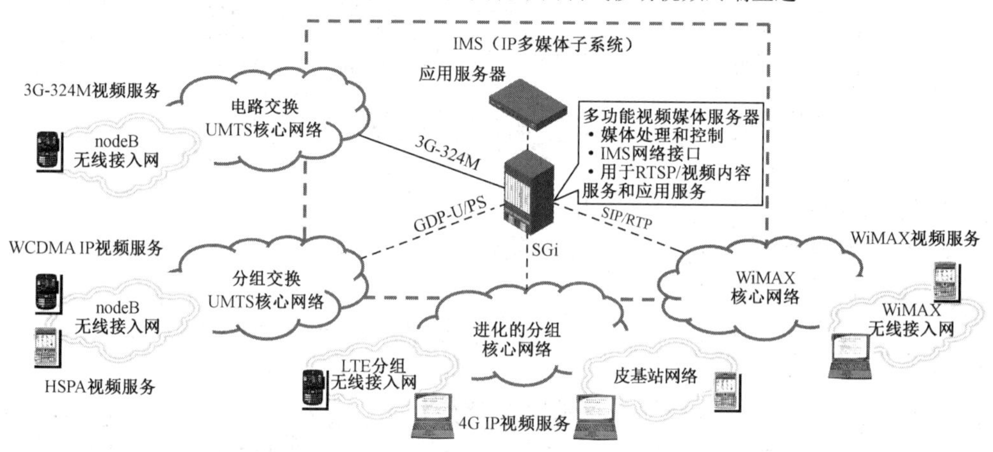

图 8-42　通过 IMS 实现不同制式移动视频终端互通

IP 多媒体子系统（IMS）主要是为在移动通信网络上运行 IP 业务提供统一的通信管理机制，它统一了各种应用之间的信令协议。IMS 以 SIP 面向移动用户，同时采用 SIP 与不同应用平台连接。IMS 在移动网络应用业务和移动用户之间提供了有效的平台和机制。

2）移动视频终端与固定视频终端之间的互通

移动视频终端与固定视频终端之间的互通同样有两类方式：一类方式通过视频网关单元实现互通，如图 8-43 所示；另一类方式通过 IMS 实现互通，如图 8-44 所示。

3）基于 SIP 融合的互通

近年来，由 IETF 提出的 SIP 多媒体通信观念和技术越来越多地受到重视，包括 3GPP 和 3GPP2 等标准组织，ITU-T SG16、ETSITIPON、IMTE 等组织都成立了与 SIP 相关的工作组。IP 技术的发展进步也已经具备了提供统一的、融合的和崭新多媒体通信平台的可能。随着 SIP 技术在支持 IP 的终端（PC、PDA、IP 电话）上的普及和在信息产业的广泛使用，SIP 技术在创新的多媒体通信中的重要地位日益稳固，以至于传统的电信业不得不接受 SIP 作为多媒体通信的模式。

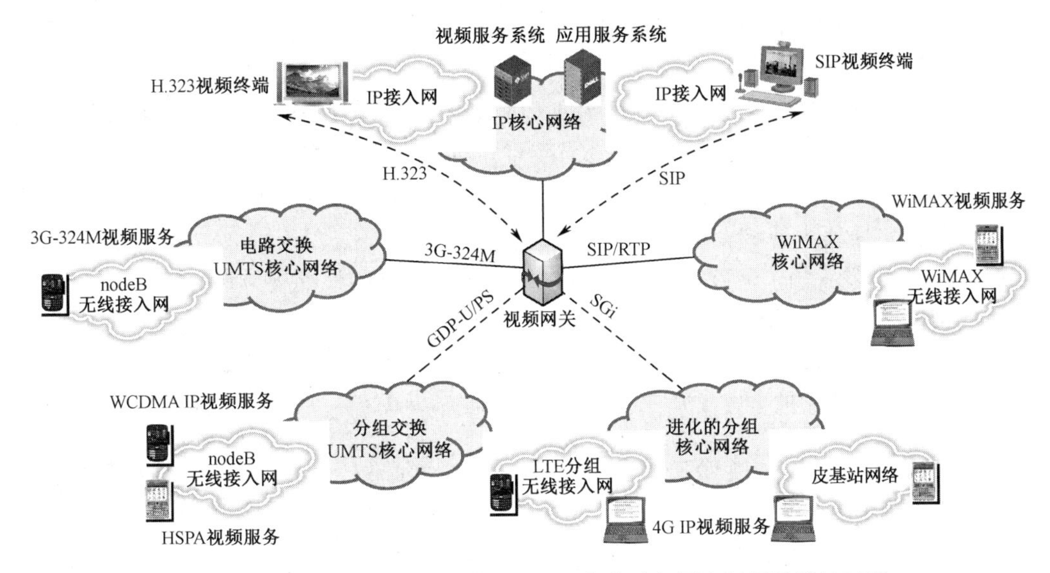

图 8-43 通过视频网关单元实现移动视频终端与固定视频终端的互通

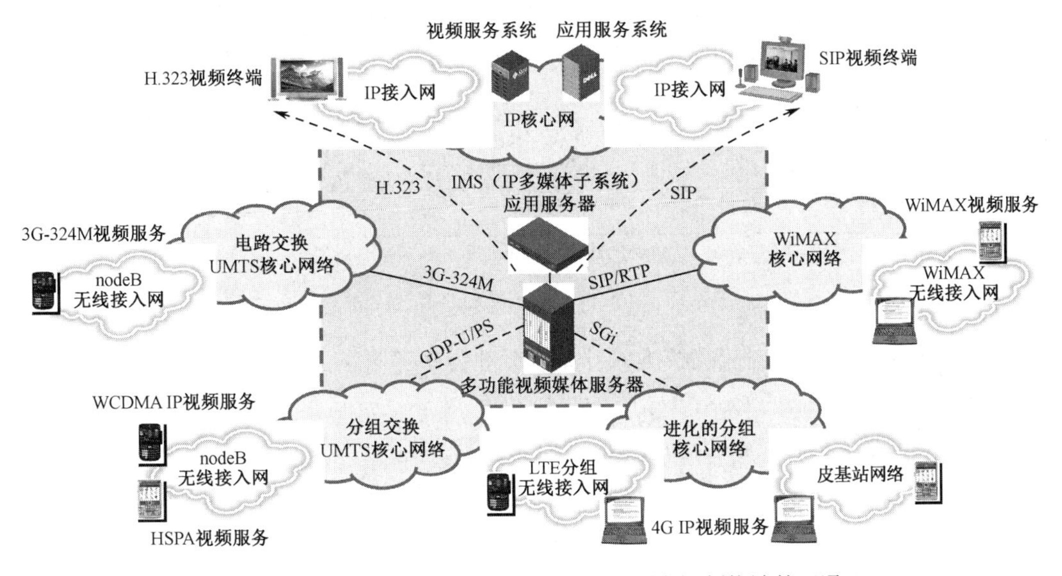

图 8-44 通过 IMS 实现移动视频终端与固定视频终端的互通

基于 SIP 的融合视频通信是指基于 IP 网络的开放架构建设 SIP 视频服务器，对 SIP 视频业务进行控制，用户不管是通过软交换网络还是通过移动通信的 IMS 网络，只要能够接入 SIP 视频服务器，就可以实现相互之间的 SIP 视频业务。它使系统结构趋于扁平化，使系统部署趋于简单集约化。在实现上主要有两种模式：点对点模式，服务器转发模式。

- 点对点模式。当参与视频通信的人数较少时，视频信息用点对点方式传递；当多人通信时，必须由正在通信的一方以邀请的方式来实现。这种服务仍然是针对个体需求的，无法胜任企业视频会议的需求。
- 服务器转发模式。当参与视频通信的人数较多时，需要在网络中构建视频服务器对视频信息进行转发和管理。

2. 实现要求

移动视频业务种类繁多，不同业务对承载网络带宽的需求差异很大。总体上看，带宽需求在几 kbps 到 2Mbps 之间，可以分为点到点（单播）、点到多点（多播）两类。点到点业务又分同步和异步两种方式。因此，运营商的网络需要满足各种用户的不同需求，为了使用户能够自由地使用各种业务，从长远看，需要具备电路域和分组域融合的业务提供能力。从图 8-45 可以看出，64kbps 的带宽就可以提供低质量的移动视频通信，384kbps 的带宽则可以提供较高质量的移动视频通信。

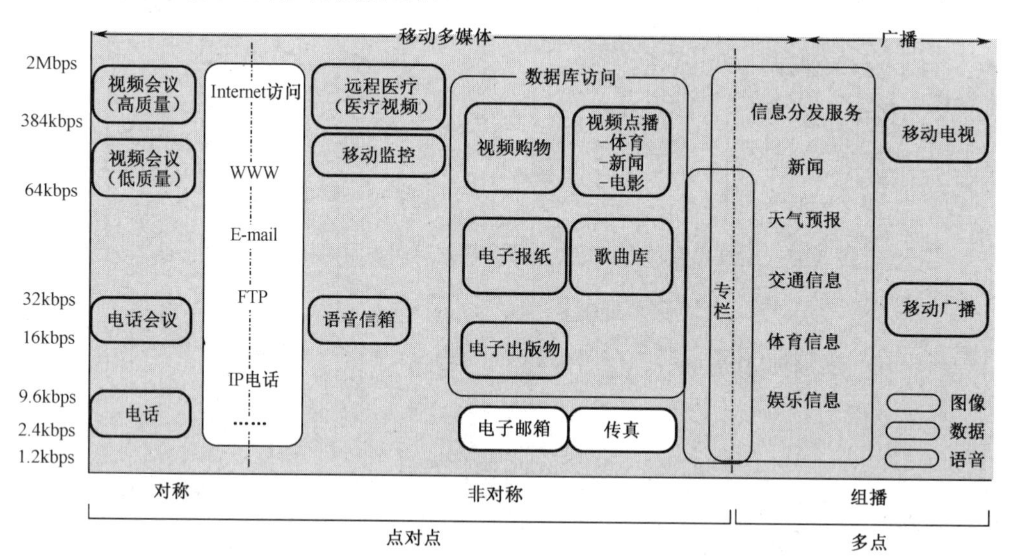

图 8-45 移动视频业务

本节重点研究有关 3G 相关标准对移动视频业务服务质量的要求。

（1）WCDMA 网络的 QoS 指标

3GPP 要求的无线网 QoS 指标主要有以下几项。

- 最大比特率（kbps）：指定用户能够得到的最大带宽。用令牌桶算法衡量用户流量，用户最大比特率等于令牌速率，最大 SDU 长度等于令牌桶长度。
- 保证比特率（kbps）：指定用户的突发数据量。对于令牌桶算法，令牌速率等于保证比特率，桶长等于最大 SDU 的 k 倍。在 R99 版本中定义 $k=1$，后续版本将可以通过信令指定比值，k 越大，说明网络能承受的突发数据量越大，网络消耗的资源（内存）越多。因此，WCDMA 可以根据该参数分配最小资源。R99 中该值小于 2048kbps。
- 最大 SDU 长度（八位组）：允许的最大 SDU，用于准入控制和流量整形。如果 PDP 类型为 PPP，最大 SDU 长度为 1502 字节，否则为 1500 字节。
- SDU 出错率：主要在 UTRAN 中用来配置协议、算法、错误探测等。
- 剩余误比特率：指传送的 SDU 中未检测出的比特误码率，如果没有检错机制，等同于 BER。
- 传送时延（ms）：在承载的生命周期内传送的所有 SDU 包，从源 SAP 点到目标

SAP 点的最大平均时延。该参数指明应用程序容忍的时延，UTRAN 用来设置传输格式和 ARQ 参数。

移动视频通信属于会话型业务，其基本特性是：保持时间同步和音调变化，使用会话模式（低时延/低抖动），传输时延由人类视觉/听觉的容忍度决定；其典型业务有语音、VoIP、视频会议等。其服务质量的总体要求如表 8-1 所示。

表 8-1　会话型性业务服务质量的总体要求

媒　体	应　用	对 称 程 度	数 据 库	关键性能参数和目标值		
				端到端单向时延	一次呼叫中的抖动	信息丢失
音频	会话语音	双向	4～25kbps	优选：<150ms 极限：<400ms	<1ms	<3% FER
视频	视频电话	双向	32～384kbps	优选：<150ms 极限：<400ms 口形同步：<100ms	—	<1% FER
数据	交互游戏	双向	<1KB	<250ms	不适用	0
	Telnet	双向（非对称）	<1KB	<250ms	不适用	0

3GPP 对音视频编码服务质量的要求列于表 8-2 中。

表 8-2　3GPP 对音视频编码服务质量的要求

项　目	AMR 语音编码净荷	MPEG-4 视频净荷
比特率	4.75～12.2kbps	24～128kbps（可变）
端到端时延	<100ms（帧长 20ms）	150～400ms，典型要求小于 200ms
误比特率（BER）	10^{-4}（Class 1bit）； 10^{-3}（Class 2bit）	10^{-6}（无明显降级） 10^{-5}（稍微降级） 10^{-4}（明显降级）
误帧率（FER）	<0.5%	待研究

（2）CDMA2000 网络的 QoS 指标

3GPP2 要求的无线网 QoS 指标主要有以下几项。

- 保证比特率（kbps）：一段时间内能够保证传送的比特率。
- 最大传送时延（ms）：对通信过程中所有传递的数据帧，95%的百分位区域内的最大传送时延。
- 可接受时延（ms）：业务可接受的时延值。
- 最大传送时延抖动（ms）：95%的百分位区域内的所有时延与平均时延的最大差值。
- 误帧率：数据帧在传输过程中丢失或错误的比例。
- 误比特率：传输数据中错误的比特率。

3GPP2 要求的视频会议业务能够支持电路承载和分组承载两种方式，具体要求如下。

- 系统。要求遵循国际标准，如 ITU-T H.324M/H.323、IETF RFC 2543 SIP 等，控制信息交换遵循 ITU-T H.245、H.225.0 等国际标准。
- 同步。要求维持音频流与视频流的同步，偏差小于 20ms。
- 吞吐量。支持 32kbps 或更高速率，如 128kbps、384kbps。
- 视频编码。要求支持 ISO MPEG-4 Visual 或 ITU-T H.263，BS 和 MS 之间会对一些选项参数进行优化。图像分辨率遵循国际标准，如 CIF 和 QCIF。
- 音频编码。除使用默认的 EVRC 编码外，还可以使用其他可选编码。
- 电路承载方式的复用。遵循国际标准，如 ITU-T H.223。
- 分组承载方式的打包。遵循国际标准，如 ITU-T H.225。
- 时延与时延抖动。端到端时延不超过 400ms。终端通过缓冲容忍 200ms 的时延抖动。
- 误码率。对于电路承载方式，端到端误比特率不超过 10^{-3}；对于分组承载方式，端到端误帧率不超过 10^{-2}。
- 参数动态调节。在通信过程中可动态调节的参数包括比特率、图像尺寸等。

8.7 网真

作为高端视频应用技术的网真（TelePresence，TP）这个称谓，一经出现就吸引了无数人的眼球。用“网”来表达“Tele”的含义，即依赖于网络超越遥远的时空；用“真”来反映“Presence”的含义，即呈现完美真实的体验。“网真”成为网络传递真实体验的术语名称。选择用“网”来表达“Tele”，尽管与 100 年前选择用“电”有所不同，但其核心含义和精神却是一致的。100 年前，能够跨越遥远时空距离所依赖的核心创新技术和象征时代意义的关键字当时是“电”，而 21 世纪的今天，超越时空距离的核心创新技术和象征时代意义的关键字就责无旁贷落地在了“网”这个字上。另外，电信业将文字信息的真实传送技术和应用称为“传真”。所以，作为独特、新颖、响亮和时尚的创新术语，经过多领域专业人士反复评审并征询业界专家意见，确定“网真”为 TelePresence 的中文术语。

人类历史上以“Tele”开头的发明，都具有划时代意义。

- Telegraph：1835 年出现的电报技术，为人类提供实时文字传递服务；
- Telephone：1860 年出现的电话技术，为人类提供实时语音传递服务；
- Television：1929 年出现的电视技术，为人类提供语音音视频传递服务；
- TelePresence：2006 年出现的网真技术，为人类提供现场感传递服务。

网真是网络再现真实、网络传送真实、网络实现真实，结合智能化 IP 网络，实现真实体验。

8.7.1 应用特点

网真是近几年出现的一种将视频通信和沟通体验融为一体的远程会议技术。综合集成网络、协同通信、超高清视频、空间 IP 音频、数字电影、灯光环境、人体工程等技术，实现了具有真人大小、超高清晰图像（1080p）、低时延、立体感的音频和特殊设计的环境，为人们工作生活各方面的交流创造了一种独特的、真实的、面对面沟通的体验，营造出一种“房间中的房间”式的会议场所，如图 8-46 所示。网真可以应用于行政会议、协同办公、远程医疗、远程教学、远程展示等领域，提高工作效率，提升社交体验。

图 8-46　网真会议场景

1．基本特征

（1）高清晰。专门设计的超高分辨率的摄像头群和超高分辨率的真人尺寸大小的显示屏。国际上现行高清视频的标准分辨率是 720p 和 1080i，网真的超高分辨率是比现行国际标准的高清分辨率还高一倍的 1080p 技术，是普通电视机分辨率的 10 倍，像素数高达数百兆。

（2）高压缩。网真采用基于 H.264 的视频编码标准，具有超高品质的实时双向编解码能力，进行超高清音频与视频处理、压缩和编码。通过技术处理，在保证超高品质和超低时延的情况下，达到压缩比 500 倍以上。

（3）高保真。网真的音响系统采用专门设计的超保真麦克风，先进的低延迟、宽频带的高级音频编码 AAC-LD 技术，实现多通道回声消除、GSM 静态消除和干扰过滤。

（4）高带宽。网真音频流与视频流特性要求需要高带宽的保障，通常音频与视频传输需要占用 2～12.5Mbps 的带宽，另外还需要一定的开销带宽。

（5）高可靠。由于网真采用高压缩比技术，需要高可靠网络性能作为保证，通常时延要求低于 150ms，时延抖动在 50ms 以内，误码率低于 0.05%。

2．系统组成

就视频系统本身而言，与传统视频系统没有实质性差异，主要区别在于网络承载、终端接入，其组成主要包括运维管理层、视频服务层、网络传输层、终端接入层，如图 8-47 所示。

运维管理层与视频服务层设备交互，实现视频系统的统一控制、统一资源调度和管理，完成对视频业务流程的控制管理。它分为业务控制和业务管理两个子层，业务控制层实现对用户业务的控制，主要是呼叫管理系统，负责受理会议发起。业务管理层实现运维管理，其中，网真管理系统负责管理网真，为可选单元；授权认证系统与目录服务系统配合，主要用于按需应用授权，为必选单元，但可结合已部署系统使用。

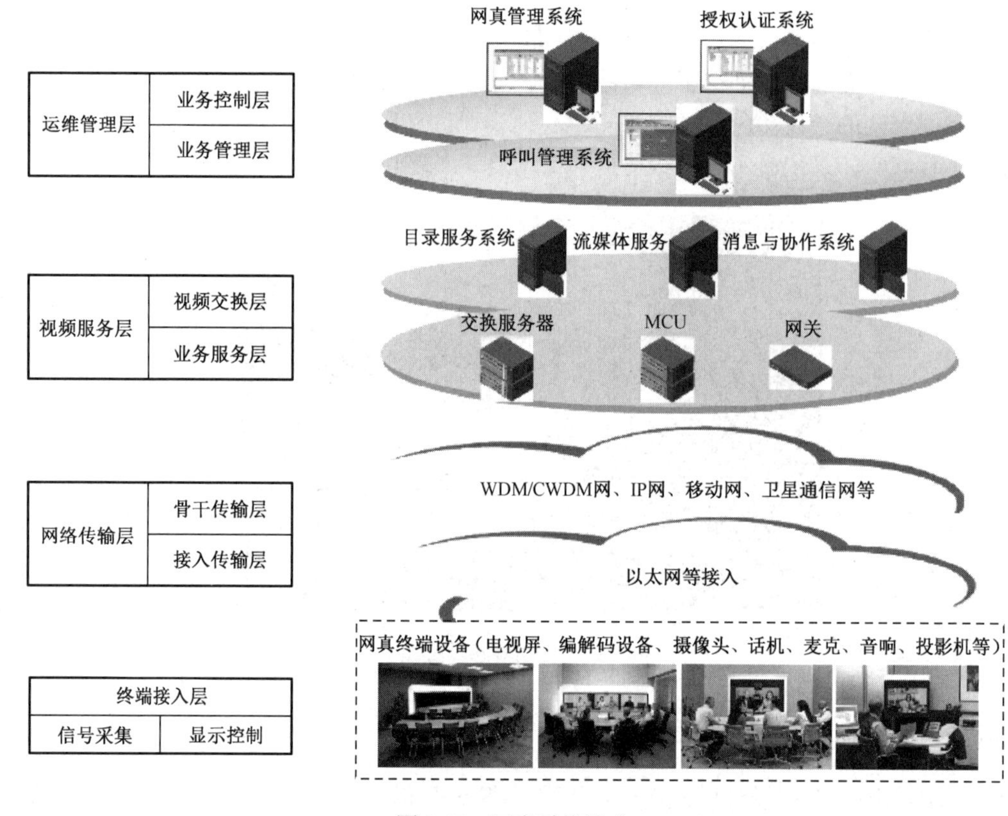

图 8-47　网真系统组成

视频服务层主要负责信令的接收与处理、媒体的转发与交换，在运维管理层的控制和管理下完成视频业务流解码和还原，以及视频信息的处理和管理控制。它分为两个子层，视频交换层负责会议预定，为可选单元；MCU 和网关主要用于与其他视频系统互通，为可选单元，支持 SIP 体系标准并可通过网关等系统兼容其他视频体系标准，完成视频解码等功能。业务服务层实现信息处理和管控，其中目录服务系统与授权认证系统配合应用，为必选单元，但可结合其他已部署系统使用。

网络传输层是指网真业务的承载网，它包括骨干传输层和接入/传输层，主要指大带宽、高可靠性、低时延无丢包的传输系统，如 WDM/CWDM 网、IP 网、移动网、卫星通信网络。

终端接入层提供各类场景用户的网真终端接入，实现网真终端视频采集和显示。终端包括管理终端、网真终端、编解码设备等。管理终端是指基于通用终端，通过相应管理软件实现对系统的维护管理。网真终端应具有视频采集、编码、传输、解码、还原等功能，此外包括镜头、支持 720p/1080p 的高清显示设备、麦克风、发起呼叫的话机、音响等。编解码设备应基于 H.264 视频编码标准，完成超高品质的实时双向编解码，进行超高清音频与视频处理、压缩和编码。

8.7.2　实现方式

1. 组网方式

网真系统应用形式多样，在组网过程中，主要包括服务端、传输网络和接入终端三大环节。其传输网络与传统视频系统没有太大差异，只是服务质量要求较高。本节重点从网真服务端和接入终端，谈谈如何实现网真终端之间、网真终端与传统视频会议终端互通。

（1）通过 IP 网络部署多点网真系统。当网真系统终端数量和规模有限时，建议采用集中式部署方式，通过有服务质量（QoS）保证的 IP 网络传输，实现多点网真系统的互通，如图 8-48 所示。当系统终端数量增多时，建议采用分布式部署方式，这与以往各类系统部署方式类似，这里就不详细展开了。

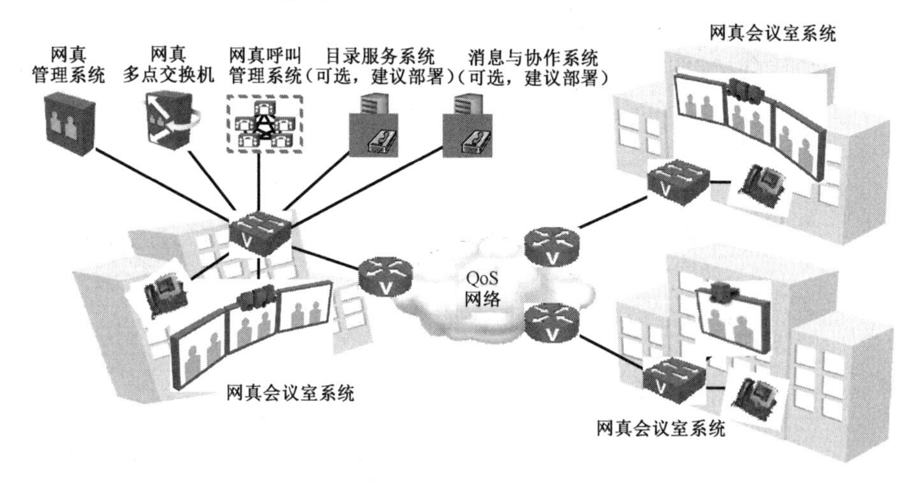

图 8-48 通过 IP 网络部署多点网真系统

（2）网真与其他视频会议系统混合组网。通过网真多点交换单元连接视频会议多点控制单元（MCU），实现与其他会议系统的集成，如图 8-49 和图 8-50 所示。会议视频编码为 H.264 标准，音频编码为 G.711 标准。

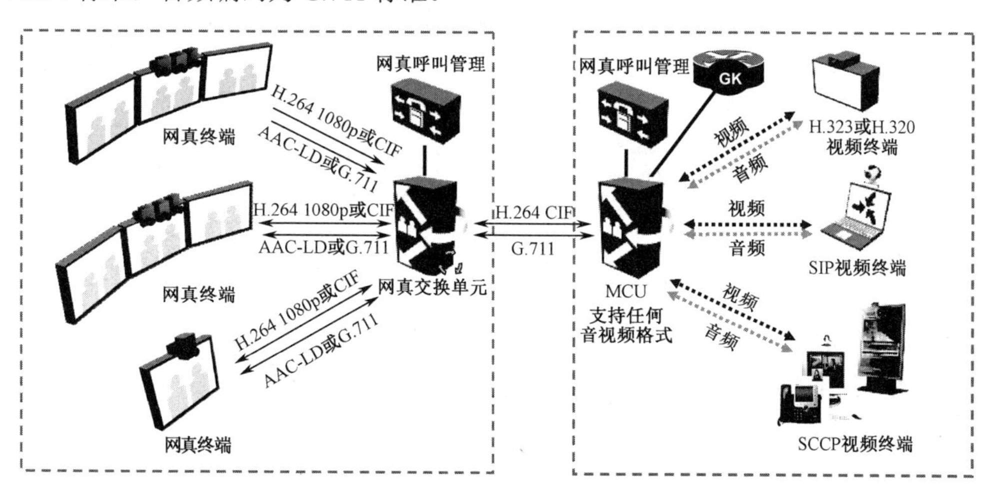

图 8-49 网真与其他视频会议系统混合组网示意图（1）

2. 实现要求

在讨论如何保障网真服务质量之前，首先分析网真流量特性和服务质量（QoS）要求。

（1）流量特性。根据表 8-1 可以看出，网真流量所需带宽通常在 2～12.5Mbps 之间，另外，还要根据呈现需求附加开销带宽。因此，网真信息传输需要优质高带宽保障。

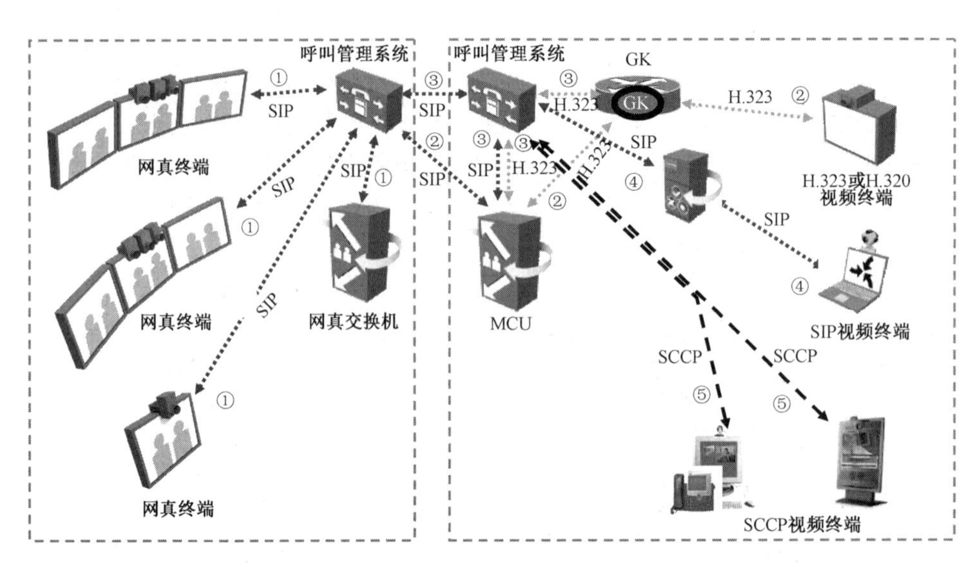

图 8-50 网真与其他视频会议系统混合组网示意图（2）

表 8-1 网真流量特性（单位：kbps）

项目		1080p			720p		
		最好	较好	一般	最好	较好	一般
单屏图像		4000	3500	3000	2250	1500	1000
单麦克话音		64	64	64	64	64	64
自动协作（5 帧/秒）视频通道		500	500	500	500	500	500
自动协作音频通道		64	64	64	64	64	64
单屏音视频	发送	4628	4128	3628	2878	2128	1628
	接收	4756	4256	3756	3006	2256	1756
附加开销的单屏音视频	发送	5554	4954	4354	3454	2554	1954
	接收	5707	5107	4507	3607	2707	2107
三屏音视频		12 756	11 256	9756	7506	5256	3756
附加开销的三屏音视频		15 307	13 507	11 707	9007	6307	4507

（2）服务质量要求。由于网真采用高压缩比技术，需要高可靠网络性能作为保证，通常时延要求低于 150ms，时延抖动在 50ms 以内，误码率低于 0.05%。它与传统视频会议系统在服务质量要求和实现上有很大区别，详见表 8-2。

表 8-2 网真与传统视频会议服务质量要求对比表

指标	视频会议	网真	说明
带宽	384kbps 或 768kbps	2～12.5Mbps	需要附加开销带宽
帧率	可变帧长 10～30fps	固定帧长 30fps	视频会议通过降低帧率来实现运动补偿； 网真无论何时何地都将保持 30fps 帧率
时延	400～450ms	150～200ms	视频会议不关注时延； 网真认为时延是用户真实感受的重要参数

续表

指　标	视频会议	网　真	说　明
时延抖动	30～50ms	50ms	视频会议通过部署大量的时延抖动缓存，来控制时延抖动，但随之带来时延；网真寻求一种在保持抖动缓存尽可能少的情况下，控制时延抖动的同时减少时延的办法
丢包率	1%	0.05%	网真比视频会议具有更高的压缩比，这意味着应具有更低丢包率

对于传统数据应用，网络端到端丢包率可以在 1%～2%范围内；对于 VoIP 应用，网络端到端丢包率应控制在 0.5%～1%；对媒体应用，特别是支持高分辨率媒体应用，网络端到端丢包率应控制在 0～0.05%。

3. 服务保证

通过前面的分析，我们了解了网真流量特性和服务质量（QoS）要求，接下来讨论如何实现服务质量（QoS）保证。

依据 RFC 4594 建议（详见 6.3 节中表 6-7），对网真业务实施 QoS 的区分服务，将其业务定义为高分辨率实时交互式视频应用类，第三层分类 PHB 为 CS4，DSCP 为 24，详见 RFC 2474。网络设备通过配置相应策略实现对网真业务服务质量（QoS）保证。

8.8　典型应用 1：远程教学

8.8.1　应用特点

远程教学可以依托网络视频会议系统，通过召开点对多点会议，利用视频双流功能，实时直播教员的课件和视频，收听、收看远程教室里学员的影像和声音，并可方便地获取网上丰富的电子教案、电子课件和教学素材等教学资源，还可以很方便地与分散在各个听课教室的学员通过音频、视频、电子白板等方式进行交流。作为学员，只须将视频终端加入这个会议即可接受远程教学培训，在收听、收看的同时随时提问，与教员交流问题，还可以实现接受教员单独辅导、与同学进行课题讨论、合作学习等多种学习方式。

远程教学主要应用于院校、医疗、科研等学术性极强的行业，是培养后备人才、提高专业水平的重要手段；教学对象范围扩大，不再受限于本地；教学地点随意，不再受限于场地，打破了传统时空界限，它使得更多的人可以加入授课专家的教学、讲座和技术研讨，最大限度地利用教育资源和发展教育功效。在知识更新快、信息爆炸的时代，远程教学无疑节省了人员、资金的消耗，降低了教学成本，教学模式也更加灵活方便、多样化。

1. 基本特征

远程教学建立在网络视频会议的基础上，利用双流功能实现讲课内容和教员视频的同步传送。网络与远程教学改变了以往传统教学单一的固定模式，突破了时间和空间上的限制，任何人无论身处何时何地，只要通过网络就能获得所需要的信息，具有交互性、时效性、自主性、共享性、广泛性，是视频会议的一种应用形式。

（1）交互性。在教学过程中，学员通过网络接收教员传来的教学信息，并将反馈信息及时传给教员，教员根据学员的反馈信息，对他们的学习做进一步的指导。通过网络，教员和学员可以及时地交换信息，这样，一方面有利于学员学习，另一方面有利于教师教学，使教和学互相促进，达到良好的教学效果。

（2）时效性。在远程教学中，学员通过网络接收教学信息既可以是实时的，也可以是非实时的。所谓实时的，就是指教学信息一旦上网就能被所有学员及时接收；所谓非实时的，就是指学员对教学信息的访问不局限于某个时间，在规定时间段内，对它都能进行自由、有效的访问。这非常有利于重复学习。这种实时和非实时结合的方式，一方面有利于学员及时地接收学习信息；另一方面，支持学员的重复学习，保证学习效果，因此带有很强的时效性。

（3）自主性。学员可以根据自己的实际情况，自主决定学习内容和进程，这样能很好地发挥学员的积极性和主动性。网络可以实现教学资源的共享，因此学员的个别化学习有很大的灵活性。

（4）共享性。对于学员来说，网络的共享性一方面使他们能够最大限度地占有教学信息，有利于开阔视野；另一方面，有利于学员正确地理解和整合教学信息，可将相关的教学信息进行对比、对照，取长补短，以促进学习。

（5）广泛性。远程教学利用网络扩大了应用范围，网络教学信息可被全网用户接收。它突破了时间和空间上的限制，任何学员无论身处何时何地，只要通过网络就能获得需要的信息。

2. 系统组成

远程教学系统主要包括运维管理层、视频服务层、网络传输层和终端接入层，如图 8-51 所示。

运维管理层分为业务管理和业务控制两个子层。业务管理层依托既有视频综合服务系统运维管理单元，实现视频管理；业务控制层结合远程教学业务特点和运用模式，构建远程教学管理系统。

视频服务层依托既有视频综合服务系统中的视频会议或视频点播等服务单元，实现远程教学视频服务。

网络传输层、终端接入层同视频会议相关部分，详见 8.1.2 节有关描述。

8.8.2 实现方式

在系统实现过程中，充分考虑已有视频综合服务系统的技术体制，在视频会议基础上，结合远程教学技术实际，选择实现方式。

1. 部署方式

依托视频会议系统构建远程教学应用，连接方式详见 8.1.2 节相关描述。根据远程教学应用服务系统规模大小，通常采用集中部署和分布部署方式。

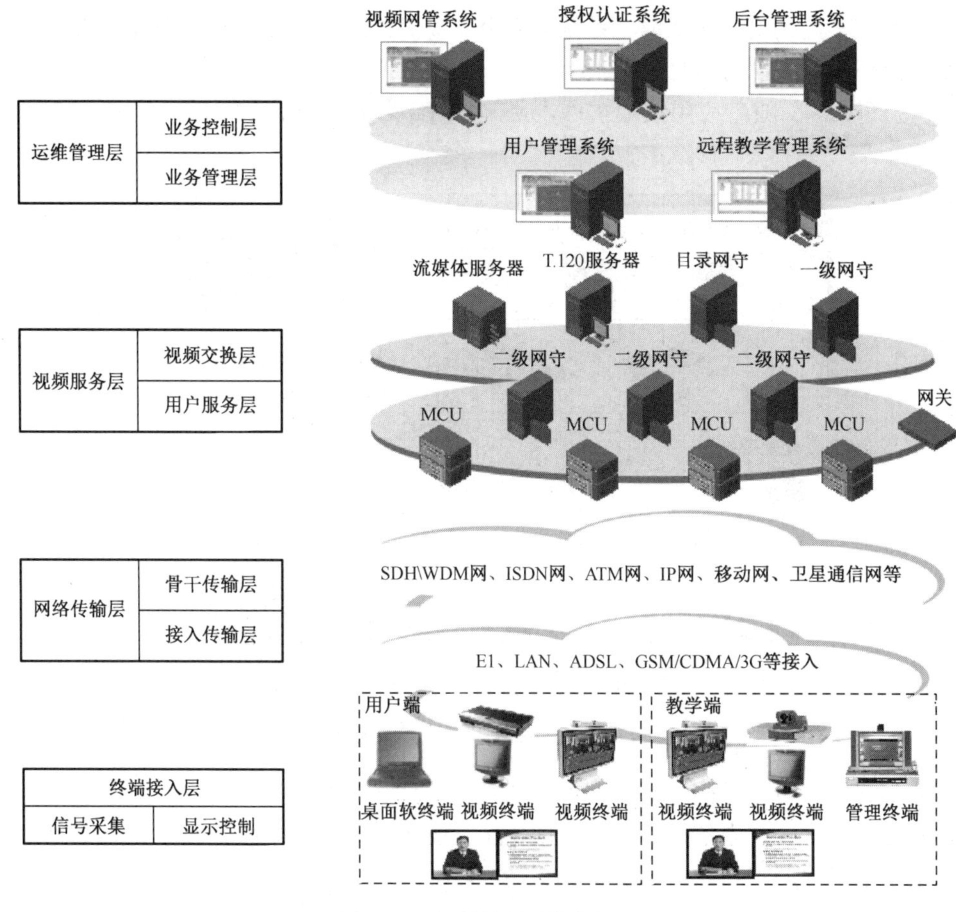

图 8-51　远程教学系统的组成

（1）集中部署。依托视频会议系统，在全网构建一套远程教学管理系统，便于管理维护，但不利于扩展及大规模应用，适用于系统的初建，如图 8-52 所示。

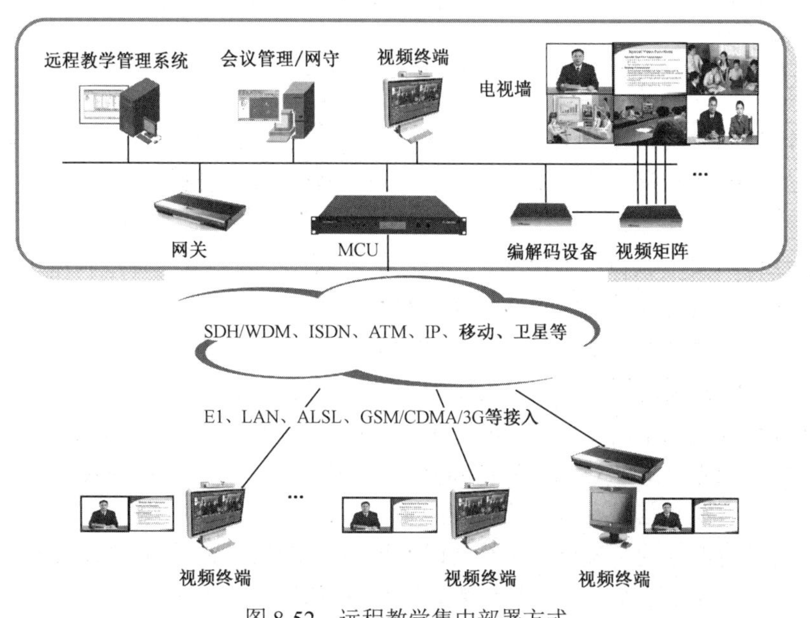

图 8-52　远程教学集中部署方式

在远程教学应用规模扩大时，系统可采用一套多台高性能服务器作为过渡期间的服务支撑平台，提高系统服务端性能。

（2）分布部署。随着应用规模扩展，应在全网部署多套远程教学管理系统，如图 8-53 所示。

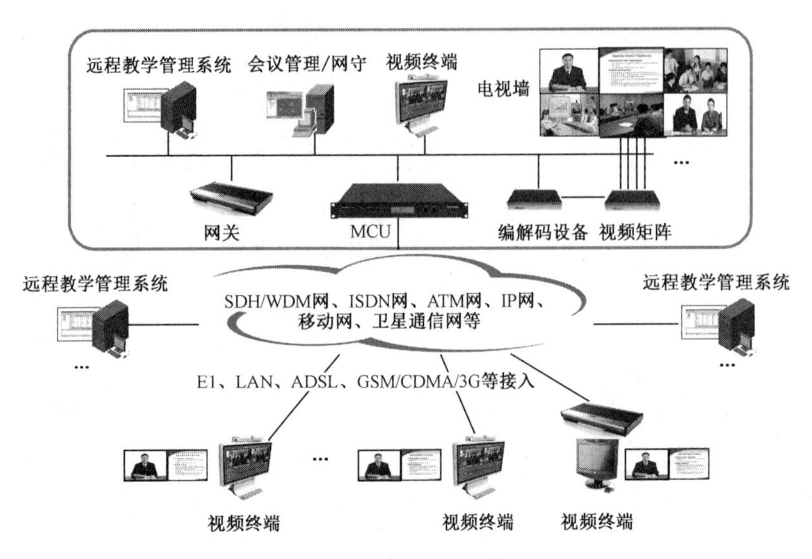

图 8-53　远程教学分布部署方式

具体部署策略可以是固定区域服务，也可以是全网动态服务方式，实现系统业务和网络负载分流。固定区域服务指根据用户预先注册所在区域的系统服务端提供相应服务；全网动态服务指根据用户每次申请服务所在区域，动态选择最优服务端提供服务。

2．应用方式

远程教学系统主要由课程授课、辅导答疑、讨论学习、在线考核等部分组成。其中，课程授课应包括实时和非实时课程授课；辅导答疑分为同步和异步指导；讨论学习分为专题讨论和合作学习。

1）课程授课

（1）实时授课模式。传统课堂教学模式是以教员为中心，教员讲，学员听，能够比较系统、全面地传授新知识，缺点是难以对学员因材施教。利用网络视频，采用实时授课模式的最大优点在于，突破了传统课堂对学员数和上课地点的限制。

实时授课模式要求教员和学员同时在场，但可以在不同地点上课，教员与学员之间可以进行对话交互，这与传统的课堂教学模式基本一样，对教员也没有特殊的要求，原有的教学设计方式也不用改变，教员在讲台上“言传身教”，在黑板上写板书，学员在周边听课。不同的是，听课提问形式采用“电子举手”，问题的交互是基于文本或语音的形式实现的；课堂的范围扩大了，可以通过网络延伸到世界各地。在实时授课模式中，除了要配备相应的多媒体设备（如投影仪、数字摄像机），还要求有较高的网络传输速率，系统软件要能够对音频、视频信息有较高的压缩能力。

（2）非实时授课模式。教员把传统的课程转为多媒体课程，即把教学要求、教学内容及相应习题、学习参考材料等编制成多媒体课程，存放在 Web 服务器上，供学员浏览学习。

学员在学习过程中碰到疑难问题时，可以随时向教员询问，教员再通过电子邮件等方式对学员的疑难问题给予解答。

非实时授课模式的优点在于，教学活动不受时间和地点限制，学员可以根据自己的喜好和实际情况决定学习时间、学习进度及选择学习课程，向教员请教问题。但是，教员与学员之间无法进行实时交互，要求学员具有较高的学习自觉性和主动性。而且，它要求教员熟悉基于 Web 的教学方式，能够设计、编制较高水平的多媒体课程，既要契合学员的需求特点，又要图文并茂、适合网络传输，并能接收学员的反馈信息，同时也要为学员提供与课程有关的信息资料。

2）辅导答疑

通过教学软件实现教员对学员的点对点的个别指导。辅导答疑分为同步指导和异步指导两种方式。

（1）同步指导：通过聊天、在线交谈软件进行基于文本的交谈，或通过 IP 电话进行语音交谈，达到指导学员的目的。同步指导方式的优点在于，学员向教员请教时能得到比较及时的讲解，实现面对面交流沟通。但是这种方式要求教员和学员同时在线，尤其对教员时间的要求比较高。教员一般通过电子邮件事先告知学员自己在线的时间段。

（2）异步指导：教员与学员之间用电子邮件进行通信，教员根据学员提出的问题进行有针对性的指导。异步指导方式的优点在于学员可以随时向教员请教，但缺点是不能马上得到教员的指导。

3）讨论学习

讨论学习模式是指多个学员在讨论支持系统的帮助下，利用网络视频提供双流、即时通信，实现文章讨论、实时发言、用户留言、电子邮件收发等多手段讨论交流的学习方式。

讨论学习可分为专题讨论和合作学习。专题讨论是指针对教员确定主题展开讨论，一般教员不参与讨论，而是充当主持人的角色，在学员讨论过程中监督学员的发言，保证学员的讨论符合教学目标的要求，防止讨论偏离当前的学习主题。优点在于它能提供学员之间讨论交流的机会，让学员在讨论的过程中运用所学知识，主动思考，从而提高学习效果，有效防止远程学员出现“独学无友”的不利情况。合作学习是指多个学员针对同一学习内容进行交互合作，以对教学内容有更深刻的理解和掌握。与自主学习相比，这种模式有利于培养学员之间的合作共事能力，有利于学员健康情感的形成，促进高级认知能力的发展，适合于在某个学习任务需要多个学员共同完成的情况下运用。在共同完成任务的过程中，学员发挥各自的特长，根据学习任务的需要进行分工，相互帮助、相互提示、相互讨论。

4）在线考核

在线考核是指依托系统在规定的时间完成的网络考核，考核分为专题考核和等级考核。专题考核是指对指定专题培训内容或科目进行的考核；等级考核是指由上级部门统一组织的全网专业等级考核。

8.9 典型应用 2：远程医疗

8.9.1 应用特点

远程医疗建立在网络视频会议的基础上，通过召开点对多点会议，利用视频双向交流功能，把现场专家会诊/手术视频和相关图文资料传送到异地，实现远程实时视频通信。随着医院信息化建设的发展，医院对视频应用的需求更加广泛，主要包括以检查诊断为目的的远程医疗诊断、以咨询会诊为目的的远程医疗会诊、以教学培训为目的的远程医疗教学、以家庭病床监护为目的的远程病床监护等。

1. 基本特征

远程医疗利用远程通信技术、全息影像技术、电子技术和计算机多媒体技术，发挥医学中心的医疗技术和设备优势，对医疗卫生条件较差或特殊环境提供远距离医学信息服务。旨在提高诊断与医疗水平、降低医疗开支，是满足广大群体人身健康保护急需的一项全新的医疗服务。

远程医疗是网络科技与医疗技术结合的产物，通常包括远程诊断、专家会诊、信息服务、在线检查和远程交流等主要部分。它以计算机和网络通信为基础，实现对医学资料和远程音频与视频信息的传输、存储及共享，具有以下特征：

（1）高清化。对音频与视频通信的实时性、可靠性、稳定性的要求较高，视频图像清晰度一般为 720p/1080i/1080p，分辨率最高可达 1920 像素×1080 像素，以便真实再现手术实景。

（2）全景化。单间手术室支持多路可视信号的同步组合录播，支持复合视频或分量、VGA、SDI 等各种信号接口，满足全景摄像机、内窥镜、生命监护仪等现场视频与各种专业医疗设备影像的同步采集、录制、直播协同工作要求。

（3）网络化。所有信息基于 IP 网传送，在网络可达的任何地点均可通过视频会议系统实现远程手术、远程专家会诊、远程诊断、远程医疗培训及远程会议等。

（4）硬件化。从前端的各种信号编码器到后端的多媒体录播服务器，均采用专用硬件设备，确保系统稳定可靠，易于维护管理。

2. 系统组成

远程医疗系统是依托网络视频会议系统实现的，其组成主要包括运维管理层、视频服务层、网络传输层和终端接入层，如图 8-54 所示。

运维管理层分为业务管理和业务控制两个子层。业务管理层依托现有视频综合服务系统运维管理单元，实现视频管理；业务控制层结合远程医疗业务特点和运用模式，构建远程医疗管理系统。

视频服务层依托现有视频综合服务系统视频服务单元，实现远程医疗视频服务。

网络承载层、终端接入层同视频会议相关部分，参见 8.1.2 节有关描述。

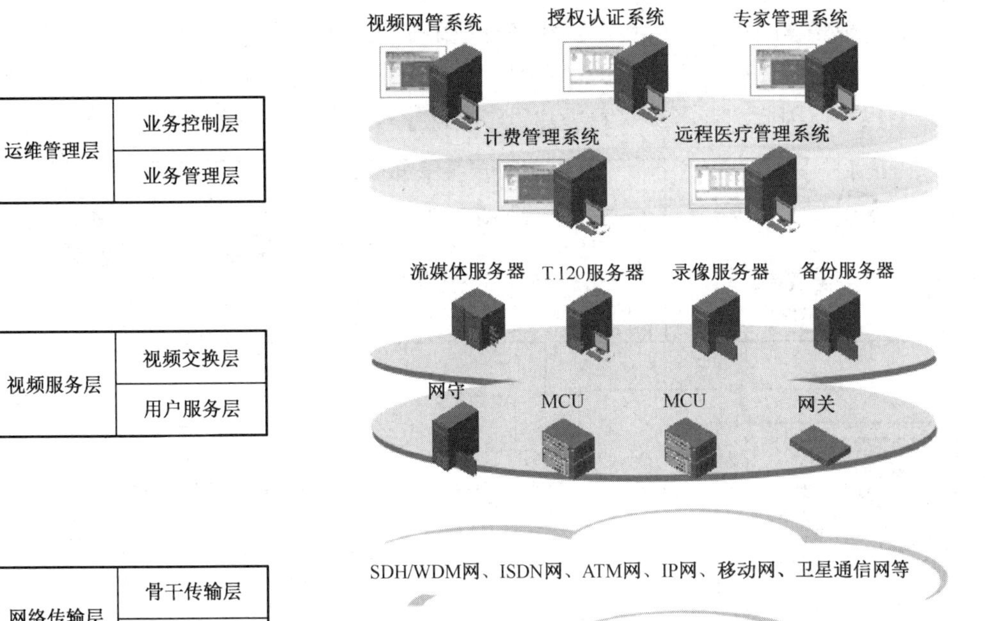

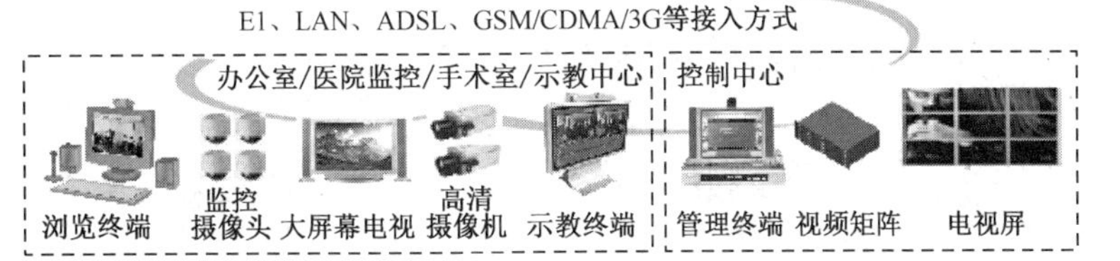

图 8-54 远程医疗系统组成

8.9.2 实现方式

在系统实现过程中，充分考虑已有视频综合服务系统的技术体制，在视频会议基础上，结合远程医疗技术，选择具体的实现方式。

1. 部署方式

依托视频会议系统构建远程医疗应用，如图 8-55 所示，连接方式详见 8.1.2 节相关描述。根据远程医疗应用服务系统规模大小，通常采用集中式部署和分布式部署方式。

（1）集中式部署。依托视频会议系统，在全网构建一套远程医疗服务系统，便于集中维护管理，但不利于大规模应用，适于系统初建。随着应用规模扩大，系统可采用多台服务器作为过渡期间的服务支撑，提高系统服务端性能。

（2）分布式部署。随着应用规模扩大，可在全网部署多套远程医疗服务系统，实现分区域系统应用。

2. 应用方式

1）手术示教

大型综合医院担负着培养各地中小医院医护人员的临床教学任务，实习医生、学员等的手术动手能力和经验是难以通过授课方式提高的，必须让实习医生经常参与手术过程，通常采用的就是现场学习的方法。由于现场条件的限制或手术设备的限制，操作空间窄、观摩人员人数受限、容易引起交叉感染，实习医生的现场学习效果不够理想，直接在手术室观摩的机会很少，因此，许多医院急需建设一套高水平的临床网络教学系统。

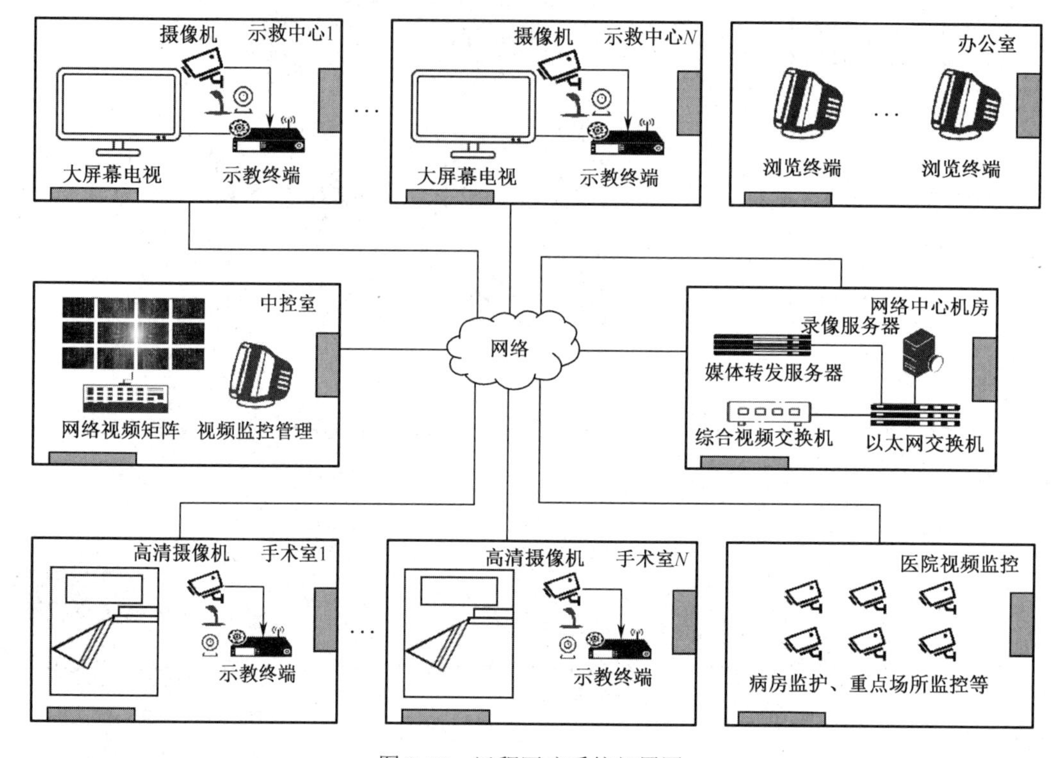

图 8-55 远程医疗系统部署图

手术示教如图 8-56 所示，它是能够提供手术过程的高清晰实时传输、远程教学的医疗视频应用系统，可以将手术室中的动态图像和声音，以高清晰数字编码方式传输到远端的示教室，实习医生、学员在示教室实时观摩手术室的手术过程，并可与手术室主刀医生实时进行音频、视频交流。多个示教室可同时观摩同一个手术室的手术情况，多个示教室的人员之间可就手术过程展开实时讨论，示教室厅通过大屏幕实时显示手术室高清画面，手术细节清晰呈现，或显示其他示教室画面，或显示手术室和示教室的多分屏组合画面，显示方式非常灵活。

手术示教可以将学习过程和医疗诊断现场分开，学员可以在独立的学习室中学习，同时与现场的医生进行沟通，这使得每个学员都能清楚地看到现场操作情况、医学诊断影像和诊治结果，避免一大群人拥挤在手术室中的现象，给手术医疗提供一个宽敞、清静的环境，也给年轻医生提供大量观摩专家手术的机会，为医院培养后备人才提供有力保障。

专家在办公室通过浏览软件不仅可实时收看手术过程，还可对前方手术室医生进行远程指导，专家可与主刀医生进行双向语音对讲。

2）远程专家会诊

医院经常会针对患者的疑难病情进行专家会诊，某医院内部医生难以解决的问题，可以利用远程医疗会诊系统联合多家医院的专家进行远程医疗会诊，如图 8-57 所示，各地方的专家既可看到患者的视频，也可看到患者的病历、影像资料等信息，专家们可以就患者状况展开多方音频、视频互动，以便提出更科学的诊断方法。

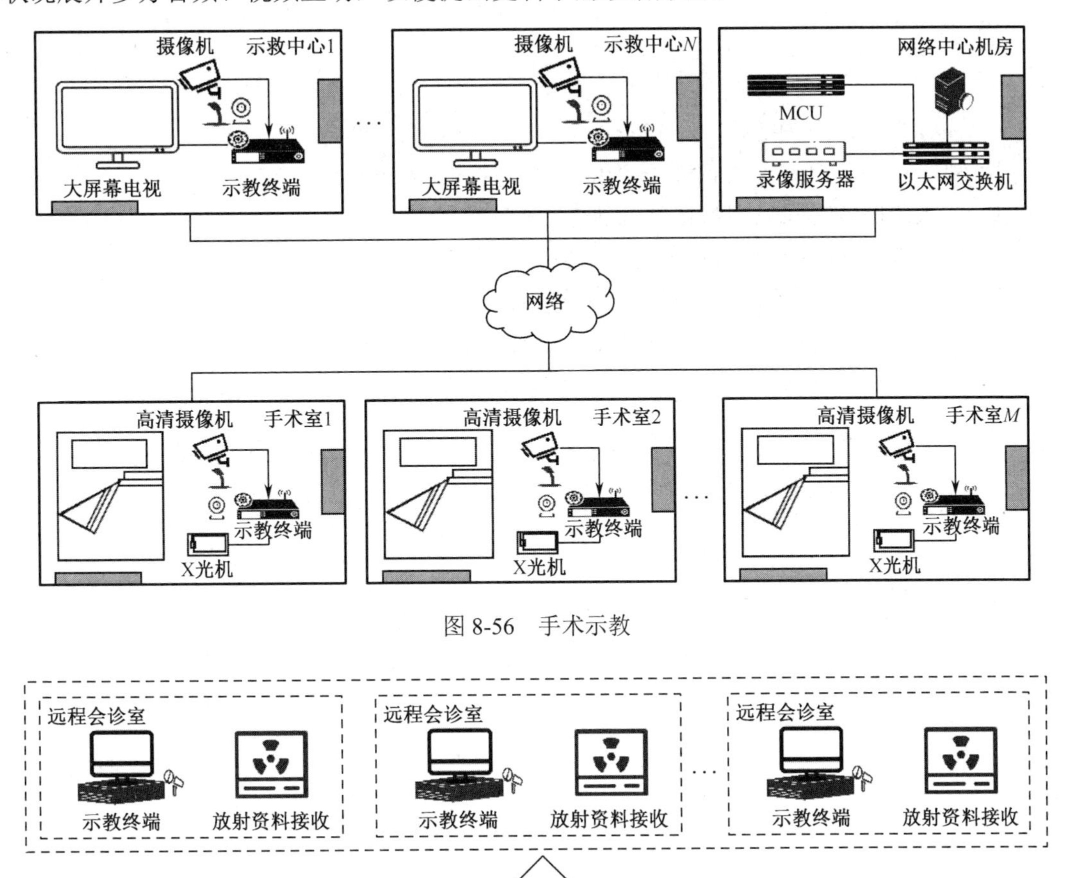

图 8-56　手术示教

图 8-57　远程专家会诊示意图

3）远程医疗诊断

各地医疗水平参差不齐，为了让医疗水平相对落后的地区也能享受到医疗水平发达地区的医疗服务，通过专家对医疗水平相对落后地区的患者进行远程诊断，专家可与患者进行双向音视频交流，同时，专家也可看到患者的病理资料等信息，专家可在线诊断，在线开处方。远程医疗对于医疗事业面临重大疫情防控、重大灾情人员抢救等有着重要的意义。

4）远程医院探视

病人与亲属由于病情、距离等原因不能直接探视，可利用本系统实现远程视频探视，避免交叉感染等影响，也能跨越时空限制、节约探望旅途的时间成本、金钱成本。

思考题

1. 视频会议、视频指挥有哪些应用特征？简述各系统组成。
2. 视频点播、视频直播有哪些应用特征？简述各系统组成。
3. 视频监控有哪些应用特征？部署方式有哪些？
4. 移动视频有哪些应用特征？简述其系统组成。
5. 网真有哪些应用特征？简述其系统组成。
6. 远程教学有哪些应用特征？简述其系统组成。
7. 远程医疗有哪些应用特征？简述其系统组成。

第9章 发展趋势

本章导读

随着人们对网络视频应用需求的多样化，5G 加速推进超高清视频技术与应用不断迭代发展。本章立足当前，简要介绍云视频技术、5G+超高清视频、全面交互型超高清视频和 AI+超高清视频技术，重点阐述未来以移动和高清为发展趋势的视频技术。

9.1 云视频技术

近年来，云计算在视频服务提质增效中发挥了重要作用，在智慧城市、智慧政务、电子商务、社交网络等新兴领域崛起的背后，以网络为载体的云计算扮演了重要角色。云时代的到来，宣告了以设备为中心的传统计算时代结束，取而代之的是以互联网远程分配计算任务为中心的云计算模式，代表着 IT 领域向集约化、规模化与专业化道路发展的趋势。云计算技术作为一种新的信息资源获取模式和信息服务提供模式，通过集约建设、按需租用的方式，有效实现面向全体网络用户的信息资源共享。

云视频发展并非一蹴而就，而是经历不断完善和丰富的渐进发展过程。早期以音视频为核心，经历了模拟、标清到高清、超清的发展，主要提供的是基础音视频能力。随着大数据、人工智能、云计算技术的广泛应用，从感知智能、多模态交互到认知智能、知识推理、自主决策，逐步迈向智能协作阶段。云视频发展概况如图 9-1 所示。

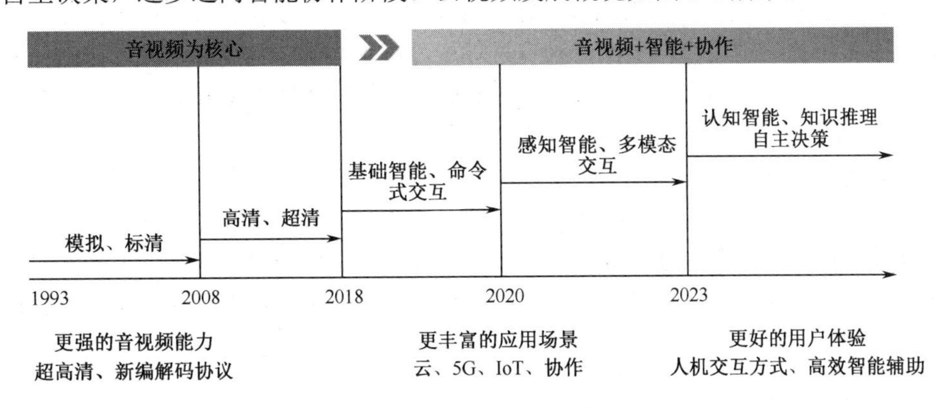

图 9-1 云视频发展概况

云视频已然成为数字化生活与办公必不可少的通信手段，将网络视频从办公逐渐延伸渗透到各行各业。与以往任何视频模式相比，可大幅提升用户体验，提高服务的智能性和执行的高效性。

9.1.1 应用特点

云视频是基于云计算技术提出的一种新型视频服务，是各类电视会议、声像传输、指挥调度、视频监控、移动通信视频等系统云化服务的统称。依托网络和云设施资源提供大规模高清视频源接入、海量视频数据存储以及智能视频应用等服务，其通信协议和媒体处理流程较以往技术没有任何区别，只是把 FPGA/DSP 功能改由 CPU 和 GPU 完成。通过云视频，我们能在任何地点、任何时间，使用任何终端享受网络视频，天涯如咫尺。

面对融合智能和服务赋能的发展趋势与挑战，网络视频利用云平台 IaaS 基础设施，整合视频资源、视频数据和视频业务，构建音视频编解码、汇聚接入、媒体传输、媒体共享、媒体存储等视频能力的 PaaS、SaaS 平台，实现视频资源高效融合、按需调度指挥和服务共享支撑。

1. 用户体验

云视频对于用户而言，无论是手机用户、PC 用户还是电视机顶盒用户，都可以按需依权获取统一的云端视频内容。从用户体验角度来看，云视频具备以下特点：

- 提供跨地域、跨多网统一视频服务，具有视频资源多网合一性。
- 提供自动适配媒体类型服务，具有用户终端媒体格式无限制性。
- 提供平台服务化媒体内容和简捷便利的获取方式，具有时空无限性。
- 提供弹性的媒体内容存储空间，具有较强扩展性。

2. 技术实现

1）云视频服务平台

早期云视频服务主要依托音视频 IP 化与云计算两大技术作为基础。其中，音视频的 IP 化使得传统视频系统基于以太网技术接入视频服务平台；云计算架构使得视频服务平台具有易管控和易伸缩的属性，支撑各种音视频资源统一接入、处理和管控。随着大数据、人工智能、云计算技术的应用，云视频正在从感知智能、多模态交互到认知智能、知识推理、自主决策跃进，逐步迈向智能协作广泛应用。

视频云的关键技术主要包括弹性扩展的超大规模分布存储、智能并行分布式处理、动态分布式实时转码、终端自动适配数据流类型、码流自适应调整等，并将其有机融合形成具有高度智能化的云视频网络服务群。通过将计算和存储资源进行统一组织和管理，形成一个共用资源池，并以服务形式为各类视频用户按需提供服务；应具备弹性可扩展存储能力和计算能力，为处理实时视频流提供可靠敏捷支撑。

2）视频编解码算法

云视频服务中最重要的是视频编解码算法，选取 FPGA/ASIC、CPU、CPU+GPU 不同架构进行视频编解码，其开发周期、编码质量、可扩展性、灵活性、云平台支持、编码内核等能力指标产生很大差异，不同架构性能对比如表 9-1 所示。

表 9-1　不同架构性能对比表

指　标	FPGA/ASIC 架构	CPU 架构	CPU+GPU 架构
开发周期	时间长，成本高	时间短，成本低	时间稍长，成本较高
编码质量	一般，在高码率下尚可，随着码率减小，画质明显下降	可以达到较高的画质，不论是高码率还是低码率	可以达到较高的画质，不论是高码率还是低码率
可扩展性	功能相对固定，一旦定型，基本不能再增加视频处理功能	随时可加、通过升级软件解决	随时可加，通过升级软件解决
灵活性	不够灵活，按照路数固定配置	CPU 有众多的型号可供选择	CPU 和 GPU 有众多的不同能力的型号可供选择，可配置较优的机型
云平台支持	不支持虚拟化	支持虚拟化	支持虚拟化
编码内核	通常集成现有的第三方编码芯片完成，芯片为了达到性能要求，通常是裁剪掉一些编码特性，尤其是对码率非常有帮助的高复杂度特性	方案多且灵活，更换成本低	方案多且灵活，更换成本低
IPTV 并发支持度	每款板卡能力固定，并发性高	并发性一般	并发性极高
多屏业务支持度	困难	支持，但并发性一般	支持，并发性很高
4K 超高清支持度	一般只提供编码功能，较难集成更多能力	算力不足以支撑实现高集成度的 4K 转码	可以实现高集成度的 4K 转码
远程维护	不支持	支持	支持

3）终端

云视频终端可以通过视频云提供多场景 SDK 或多形态 App，多场景 SDK 可以根据用户需求提供视频录制、数据协作、视频呼叫、视频会议、通信录等 API 开放能力，进行场景化封装；多形态 App 可以提供教育、培训、可视调度等 App 终端应用。

9.1.2　系统组成

云视频系统通常由基础设施、服务平台、业务应用、运维管理和安全防护等部分组成，其中各功能模块可根据需求进行优化组合。云视频系统技术架构如图 9-2 所示。

（1）基础设施层是云平台架构的基础，主要包括系统运行所需的各类计算、存储、网络和数据基础资源，以及基于虚拟化技术和云平台管理技术对各类资源进行虚化管理，并为上层各类软件提供跨平台和分布式资源池服务。此外，还包括现有 MCU 硬件设施。

（2）服务平台层是平台处理音视频数据的核心，包括媒体处理子层、信令控制子层和业务服务子层。其中，媒体处理子层为系统提供统一的媒体支撑能力；信令控制子层为系统提供统一的控制支撑能力；业务服务子层为应用系统提供统一的业务服务能力。

（3）业务应用层主要包括运行在各类终端或显示设备环境中的视频会议、视频指挥、视频监控等应用。

（4）安全防护负责云安全、数据安全、网络安全、系统安全、服务安全和应用安全等。

（5）运维管理负责资源管理、运行监控、配置管理、用户管理和故障管理等。

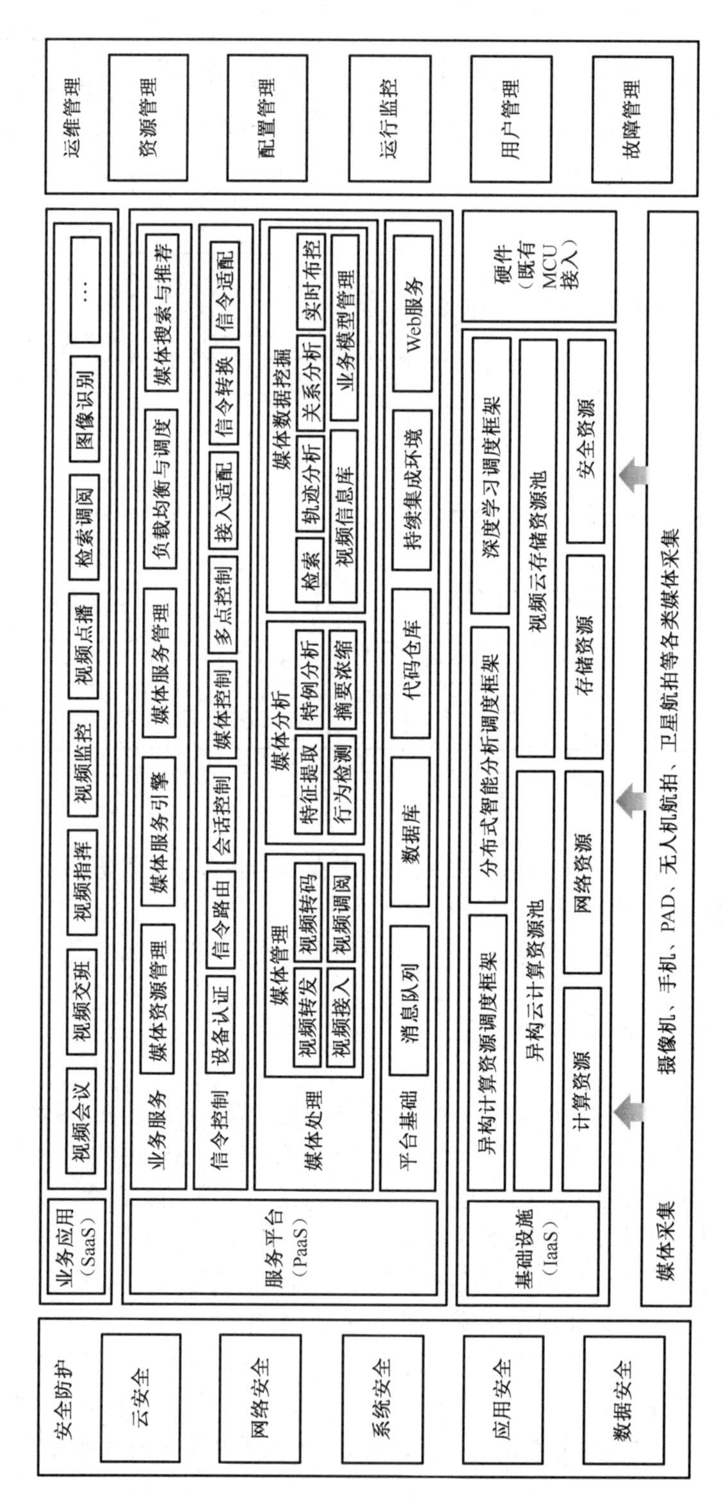

图9-2 云视频系统技术架构

9.1.3 实现方式

云视频在应用实现中体现出诸多优势，应用场景十分广泛。在实现方式上，云视频服务用户范围决定建设规模和服务架构，主要分为统一云管服务方式和多云业务协同方式两类。

1．统一云管服务方式

企业内部通过统一云管系统提供统建或自建视频资源服务能力。企业应充分保护已有建设投资，通过标准化设计，整合现有视频资源异构平台或设备，直接管理利用已建的标准视频资源，通过统一接入网关将非标准第三方设备接入。

- IPC 接入，将摄像机（GB/T 28181、ONVIF、主流厂家 SDK）接入，提供设备端智能。
- 异构平台接入，实现对非标设备接入、非标协议和平台的互联或级联，提供国标 GB/T 28181—2011 或国际标准 ONFIV 之间的转换。
- IT 设备利旧，把现有 IT 设备通过开源云平台插件进行资源云化，进而纳入统一资源云化管理，如图 9-3 所示。

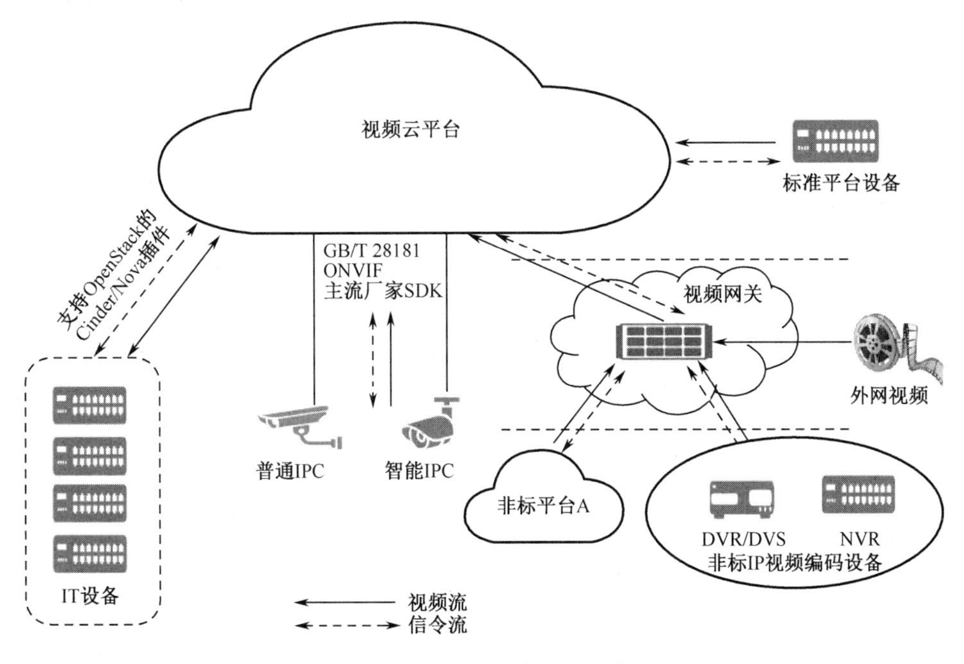

图 9-3 统一云管服务方式示意图

实现过程中，视频云可采用多级分布式部署，在总部统一部署云视频核心平台，总部与分支机构部署必要的媒体设备，采用级联方式形成资源池，终端可就近接入媒体设备，实现多级分布式、能力可扩展的云视频服务能力。

2．多云业务协同方式

当不同业务领域之间有云视频互通需求时，可借助公共云视频服务开展相关业务。业务领域私有云视频系统需要增加视频网关，同时需向公共云订阅会议服务，确保领域用户终端可加入公有云，实现领域内视频业务协同、跨领域视频业务协同。公共云视频平台应该采取广域通联、就近接入、按需服务设计理念，采用跨地域分布式、一体化管理架构，通过必要的安全防护措施和视频网关，提供与私有云的互联能力、视频服务能力（见图9-4）。

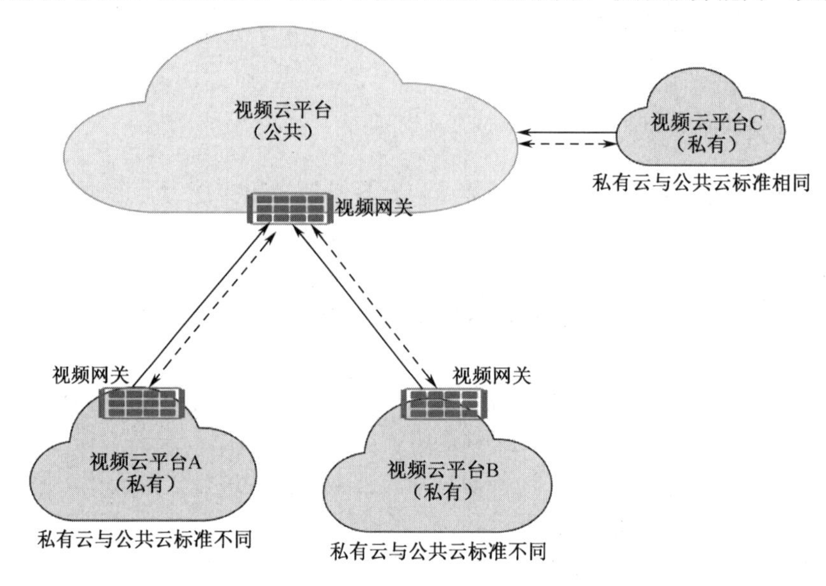

图9-4　多云业务协同方式示意图

9.2　5G+超高清视频

随着以5G为代表的新一代宽带网络时代到来，结合5G和超高清技术的应用创新，越来越受到社会、产业和用户的广泛关注。5G技术具备超大容量、超高带宽和超低时延等特性，是继3G、4G之后的新一代移动通信技术。超高清视频具备更高的空间/时间分辨率、更广的色域和更宽的动态范围，是继视频数字化、高清化之后的新一轮重大技术革新。

技术的代际提升通常带来产业层面的几何级变动和全新的场景模式，5G和超高清技术正在以直观可感的方式，给视频行业带来更高的生产效率、更高质量的供给和更好的体验。未来数年将是超高清产业与5G产业并行高速发展的机会窗，将诞生层出不穷的5G超高清应用新场景。

9.2.1　5G价值

5G将在视频采集回传、视频素材云端制作及超高清视频节目播出等环节助力超高清产业。

4K/8K摄像机通过编码推流设备，将原始视频流转换成IP数据流，通过5G CPE或集成5G模组的编码推流设备将视频数据转发给5G基站。在大型活动举行期间会产生数以万计的连接需求，以及大量高清摄像头或终端录屏的视频传输需求。具有超高网速、超低时延、超大连接三大特点的 5G 网络可以较好满足这些需求。基于 5G 模组的编码推流设备和摄像机背包设备可以为各种视频设备提供稳定的实时传输，同时，比传统的线缆传输更灵活，不受空间的限制，能满足更灵活的超高清视频回传需求。5G 基站通过核心网，把视频数据传送到视频播放、存储设备及分发端，并通过多种方式发送给视频显示终端。

在 5G+超高清视频直播的基础上，在超高清视频素材到达云端之后，在云端部署相应的视频制作软件，通过桌面应用、H5 页面等方式对视频素材进行云端的制作，然后通过 5G 网络进行内容分发，实现基于 5G 网络的超高清视频制作播放。

9.2.2 应用现状

2018 年，5G 的 R15 版本标准冻结发布，奠定了面向以超高清视频为主的 eMBB 业务的 5G 网络商用基础。在美国，Verizon 发布 5G 内容运营策略，成为电视及视频内容聚合方，为用户提供 YouTube 和 Apple TV 4K 服务。韩国 SKT、KT 等运营商基于在韩国平昌冬奥会上的 5G 试商用，在 2018 年底正式为用户提供 5G 视频类应用，包括同步观看、交互时间片段、360° 虚拟现实直播、全方位视觉等服务。超高清视频已成为全球主流电信运营商 5G 网络商用后的首批目标业务。

目前，5G 超高清已有部分成功行业应用，正加速逼近规模化应用临界点。随着 5G 网络发展，5G 技术下的 4K/8K 视频正成为未来的广播电视、大型赛事、演唱会、远程医疗、安防监控等领域的视频直播标准，已产生部分标杆型案例。主要分为三大类场景：增强型移动宽带（eMBB）、大规模机器类连接（mMTC）和低时延高可靠通信（uRLLC）。从标准制定和产业应用进度看，eMBB 场景目前最为成熟。因此，基于大带宽的视频业务，特别是超高清视频业务，将在 5G 发展初期迎来最好的发展机遇。5G+超高清视频多样化应用如图 9-5 所示。

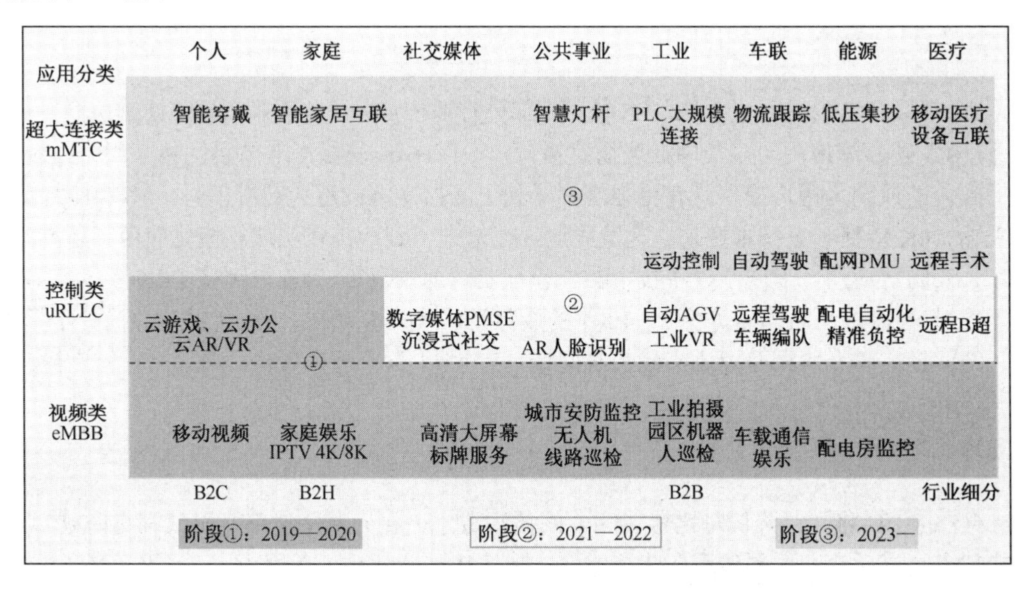

图 9-5　5G+超高清视频多样化应用

超高清新场景是对多类超高清场景的统称，包含 4K 及以上的超高清平面视频，VR

视频，云游戏，以及多视角、自由视角、自由缩放、AI 视频微博等丰富的业务形态。根据特点不同，超高清新场景大致可归结为三类。

- 全面交互型超高清视频。以自由视角、多视角、自由缩放、云 VR、云 AR、云游戏等为代表的超高清视频具有很强的交互性，可归结到此类中。
- AI 增强型超高清视频。以 5G+云+AI 等技术，对个人用户产生体验增值的超高清业务形态。例如，针对视频超分辨率的 AI 云超分、针对 VR 体验的 AI 2D 转 3D、AI 视频微博、AI 虚拟偶像等。
- 现有视频的超高清演进。以现有的视频业务为基础，在分辨率、动态范围、色域空间、帧率、采样等多维度增强演进而成的超高清视频。

9.2.3 面临挑战

5G+超高清产业链标准尚未打通。超高清视频产业的国内外标准尚未形成完整体系，现有标准主要集中在信源编解码、显示终端等领域，信道、接口、安全、应用等相关标准仍处于探讨阶段。

5G+超高清产业发展不均衡。我国产业各环节的发展相对不均衡，终端呈现领域实力较强，显示面板具备多家全球领先企业，网络传输能力也已初步具备，三大运营商相继推进 5G 网络建设，但内容制作及部分前端制作环节面临挑战较大，国内 4K 节目储备较少，且超高清摄录设备及关键元器件国产自主化尚显不足。重点行业应用虽已初现亮点，但各方投入意愿有差异，缺乏协同合作，推进步调不一致，放大了产业链短板效应。

5G+超高清内容供给不足。超高清内容制作成本高、设备投资大、投入产出比不高，且面临版权保护的风险，内容厂商生产意愿不强。厂商在前期推广 8K 超高清视频时无法从用户侧收取更多内容费用，导致在内容制作方面承担较大资金压力。

9.2.4 发展节奏

4K 视频将首先进入成熟期，5G 模组、部分行业应用及 8K 还需产业链持续协同发展。目前，5G 超高清应用更多集中在现场直播背包、5G+4K 转播车等节目回传应用中，现场直播回传的成熟为用户提供具有更强震撼感和更深层次沉浸感的观看体验。5G+4K 终端、云采编、4K 转播车等技术迎来高速发展期，在未来一到两年将实现规模化应用。超高清+医疗、安防等应用，受限于设备技术融合和行业内部规范等，4K 内窥镜、4K 手术室显示器、4K 监控器等产品仍需等待 2～10 年的成熟期。5G+8K 终端、8K 转播车等尚处于探索期，产业链完善及应用普及还需较长时间。

9.2.5 技术实现

5G eMBB 将大幅降低每比特（bit）的传输成本，提升网络速率、降低网络时延。5G 赋能超高清视频产业主要体现在 3 个方面：新连接、新架构、新服务。

（1）新连接让生产更高效

5G 应用于超高清回传，能够节省传统光纤与微波的部署时间，实现便捷的第一人称

“主播”视角拍摄功能；而速率高达 350Mbps 的“超级上行”则能够进一步满足超高清拍摄的回传需求。5G 将能够提供高达 1Gbps 的实际下行速率体验。用户不仅能够在大带宽的网络环境下畅享 4G 网络下无法流畅的高码率超高清，还能够在机场、车站、码头、体育场馆等传统“较拥塞的区域”，获得更好的上网体验。

（2）新架构让体验有保障

通过边缘计算和切片管理等 5G 全新架构，超高清视频处理、渲染和制作的时延有望降低至 10ms 以内；同时，切片技术能够极大满足专业媒体对超高清视频传送安全性的要求。

（3）新服务让生活更精彩

通过 5G 与云计算结合，提供 AI+云+超高分辨率、AI 超高清 Vlog、2D 转 3D，以及 AI 虚拟偶像等全新服务，可大幅降低超高清视频的制作门槛，让各类超高清业务的生成更为容易，种类更丰富。

9.3 全面交互型超高清视频

借助 5G、VR/AR、云计算、AI 等技术综合运用赋能，可以实现全面交互型超高清视频。其应用场景主要包括自由视角、全景视角、多视角、自由缩放、云游戏、云 VR、云 AR 等。

9.3.1 自由视角

自由视角是指以被拍摄物体/场景为中心，让体验者通过操控界面，从任意角度自由旋转观看被拍摄物体/场景的业务形态，让视频体验无死角。

1. 技术特点

自由视角可以充分发挥多角度、多细节、自由观看的特点，让用户从不同角度欣赏视频，增强参与感、交互感，摆脱对传统导播视角的依赖。自由视角在节目制作时，直播方利用多机位或环绕机位，向用户提供环绕整个场地的任意角度视频信息，用户可以用旋转切换的方式自由观看任何角度的内容。

传统现场赛事直播因角度、机位限制，或受导播意志左右，观众往往不能随心所欲地选择观看自己最喜欢的角度或细节。自由视角完美解决了这一难题，将自主选择权交还用户，让用户随心而动、以交互方式自由旋转，“转”哪看哪，尽情窥探舞台中央的“隐私”。自由视角还可以应用在特效场景的制作中，呈现定格环绕等特殊效果。

2. 应用实现

自由视角业务形态除了要引入环绕机位拍摄，还要有 5G 传输、超高清、云边计算、AI 处理等诸多技术的加持。自由视角技术实现示意于图 9-6 中。

（1）5G 传输：大带宽、低时延的 5G 网络环境，可赋能前端拍摄、现场预处理、媒体计算、视频业务平台及 CDN 分发、手机终端等自由视角解决方案的各个环节。

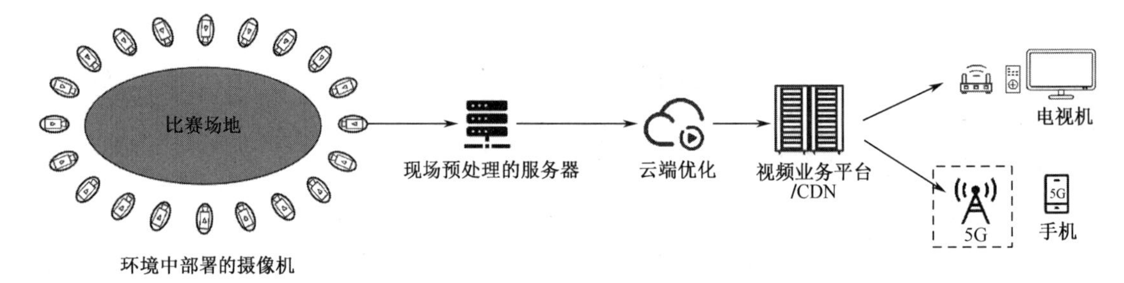

图 9-6　自由视角技术实现示意图

（2）环绕拍摄：为了全方位拍摄现场，让数十个甚至上百个摄像机位向用户呈现出围绕中心点平稳旋转的效果，需要每一个机位都精确对准舞台中心位置。使用智能自动的拍摄设备对焦，大幅缩短人工对焦时间，同时极大提升视角转动时的平稳度，让画面更精致。

（3）超高清技术：现场设备实现对多路视频内容进行时间同步处理，将多路视频间的时间进度误差缩小到毫秒级；再将每个摄像机拍摄的 4K 分辨率 50 帧的视频进行计算、拼接、渲染，结合三维重建、深度信息压缩，处理成可用于自由视角播放的视频流格式。

（4）云边计算：云+边缘设备结合 AI 媒体处理算法，将现场 IT 设备约 70%的计算能力迁移到云端。云、边计算平台不仅能够实现对来自现场的数十路视频流进行高效快速的处理，还基于 AI 媒体处理算法对多路摄像机画面进行虚拟倍增优化，为用户提供更为连贯的视频旋转切换体验。

（5）分发与展现：结合低时延、高带宽网络和敏捷高效及时的 CDN 服务，可提供自由视角播放请求、角度切换旋转响应的及时性、敏捷性，在 5G、光纤千兆位网络的保障下，手机终端和电视大屏都能够获得更为优质的体验。

9.3.2　全景视角

全景视角特指通过 VR 多目摄像机拍摄形成 360° 全景画面，用户通过电视机、手机等平面展示设备进行呈现，允许用户通过遥控器、触摸屏等操控界面，360° 观看全场景，获得超越平面屏幕的更广阔视野体验。

1. 技术特点

5G+360° 全屏是将 5G 传输和 VR/AR 技术有机结合的应用。360° VR/AR 是借助近眼现实、感知交互、渲染处理、网络传输和内容制作等新技术构建的跨越端、管、云的新业态，可让用户有亲临现场般的体验。360° 的 VR/AR 有非常广阔的应用价值，但 360° VR/AR 技术对整个通信过程的网络性能有较高要求，且网络性能直接关系到用户实际体验。例如，该技术需要低时延来避免用户体验中出现眩晕感，需要高带宽来支撑高清镜头采集的高清内容传输。5G 技术有着百兆级带宽、毫秒级时延，其正式商用为 360° VR/AR 的需求提供了有力保障，促进了 5G+360° 全屏的应用融合。

（1）VR/AR 终端：VR/AR 终端具有实时预测、内容呈现和空间感测的特性，可以实现用户的沉浸式体验。

（2）5G 传输网络：将 VR/AR 终端与云端网络进行连接，利用 5G 网络的大带宽（≥60Mbps）、低时延（≤18ms）、高可靠性保证 360° VR/AR 的传输质量。

（3）云端服务：是整个网络架构的核心部分，也是系统的基础支撑服务平台，主要功能是提供数据的存储和效果渲染，同时将渲染结果按照不同载体进行实时转码和分发。云端主要包含以下 6 个功能模块：

- 内容解码，用于对上传视频流进行解压缩。
- 内容推理，主要实现对上传视频流的分析。
- 渲染节点，按照任务安排及渲染策略要求进行渲染工作。
- 对象存储，实现接收和存储上传的数据和转码分发的数据。
- 内容编码，针对渲染完成的效果进行转码、压缩处理。
- 内容分发，将最终压缩后的数据按需分配到前端终端进行效果展示。

相较于普通视频场景，终端要支持全景视角，需要额外具备针对全景视频的渲染、交互能力。同时，4K 分辨率的全景视频片源要求机顶盒、手机具备 4K 视频的解码能力。

现网终端较少具备 8K 解码能力，如果全景视频片源的分辨率达到 8K，则需要借助 8K FOV 的技术来实现此功能。

为了在用户侧获得较好的展示效果，全景视频片源的分辨率应该在 4K 分辨率及以上。其数据量对网络承载能力具有较高的要求，通过 5G 网络或千兆位网络来承载能够更好地保障业务体验。

2. 应用实现

全景视角包括内容聚合、视频业务平台、终端展现等环节（见图 9-7）。

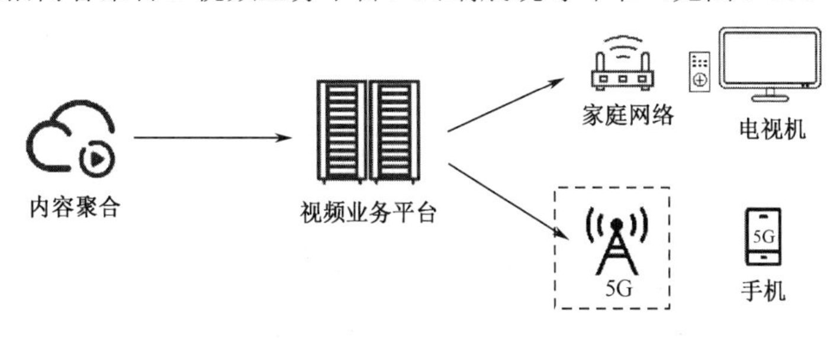

图 9-7 全景视角技术实现示意图

（1）内容聚合：全景视角的内容可以通过 VR 摄像机进行拍摄，所有的 VR 全景内容均可作为全景视角的内容来源。

（2）视频业务平台：视频业务平台要提供全景视角服务，需要具备 360° 视频的处理能力。

（3）终端展现：IPTV 机顶盒、手机等终端设备要具备全景视角视频的解码与渲染能力。具体而言，就是将全景视频的源片内容在终端侧重构为一个 360° 的“球体”，并将“球体”的部分画面自动适配电视机、手机屏幕的形式呈现出来。用户可通过操控界面自由“转动球体”，任意浏览“球体”上的各部分内容。由于该体验与通过 VR 终端观看全景视频类似，所以又称为“裸眼 VR”。

9.3.3 多视角

多视角是指节目播出时，通过向用户同时推送多个（通常为 4 个）独立的视角画面，让用户成为自己的导播，可以自行选择视角观看的业务形式。

1. 技术特点

传统节目制作中，内容制作者通常部署多个拍摄设备，以获得不同视角的画面效果。但节目向用户播出时展现的视角，是由导播或导演来做决定的。

多视角业务打破了传统规则，将多个视角同时推送给用户，由用户决定观看视角，从而让用户获得完全不同于传统观看方式的个性体验。

同时，多视角对传统的多机位拍摄方式改变不大，对终端也无过高要求，是一种成本相对可控、体验提升却非常明显的超高清视频业务场景，适用范围非常广泛。不过，多视角场景并非简单等同于传统的多个机位。只有每一个视角都根据用户体验来精心设计，才能释放出这个场景最大的价值。

2. 应用实现

举例而言，对于一场演唱会直播，如果只是简单地向用户推送“前”“后”“左”“右”等“不同方向”的视角，则未必能充分激起用户使用业务的兴趣。如果能够根据用户的不同兴趣，例如对钢琴的兴趣、对舞蹈的兴趣、对歌唱的兴趣、对追星的兴趣，设计出对用户有意义的视角，如钢琴视角、伴舞视角、歌手视角、明星视角等，则更容易让场景获得目标用户的喜爱。

多视角场景能够满足用户个性需求，前提是场景设计者对于用户需求的精准把握。多个机位拍摄出多个视角之后，统一注入视频业务平台/超高清 CDN 中，再由视频业务平台同时将多个视角推送用户侧，由用户根据个性兴趣进行选择（见图 9-8）。

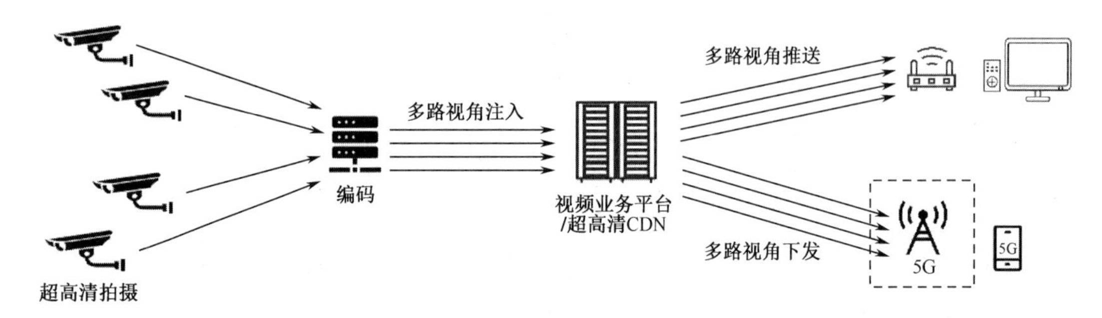

图 9-8　多视角技术实现示意图

值得注意的是，在推送多路流之后，向用户提供的不同视角即使有微小的不同步，都可能会影响用户体验。以演唱会为例，当歌手在进行演唱时，即使是 1～2s 的误差，都可能让用户在切换视角时明显感觉到歌曲歌词的“来回跳动”。因此，要保障多视角场景的用户体验，需要不同视角间的时间误差缩小到数帧级别。这需要在编码器、视频业务平台、CDN 及终端之间，建立一种视角同步机制，以保障用户体验。

9.3.4　自由缩放

人们对照片进行放大观看是一项常见的应用场景，它满足了人们对细节探寻的需求。而自由缩放则将图片的缩放场景延伸到了视频上，让人们能够像浏览图片细节一样，通过手动触摸、拖曳缩放等方式，对视频影像进行任意局部放大、移动观看位置等操作，个性化地浏览视频画面细节，随时获得特写镜头般的细节信息。

1．4K 助力技术应用

利用 4K 超高清视频技术，可确保用户放大局部后的画面细节仍能保持足够的清晰度。利用 5G 网络传输，可保障 4K 超高清视频高品质地下载到终端侧。未来，视觉影像体验的趋势是，用户更热衷于高品质的内容体验及更投入的参与和互动感受，他们可以通过自由缩放技术更好地实现这种体验。

（1）慢直播场景，依托超高清视频技术，观众可以在一个 4K 或 8K 的全景画面中，自己选择感兴趣的细节进行放大。如果增加多屏多视角互动技术，观众可以选择同场景中的不同内容，增强互动性体验，以主动获取的方式了解信息和参与事件。

（2）赛事直播场景，可以向观众传送覆盖整个球场的超高清画面，由观众自己选择视角并通过放大移动方式去获取比赛信息。

（3）电商带货直播，结合超高清视频直播技术与自由缩放技术，用一台超高清摄像机拍摄带货现场全景，可以让观众通过自由放大来观看主播的特写和货品的细节。这对平台、电商和买家都具有很强的吸引力。

2．5G 助力技术应用

自由缩放业务场景，实质上是超高清视频在移动终端上的呈现需求，其场景实现对终端有较高要求，在内容的聚合、业务的实现、终端的解码等流程上，均与超高清视频实现原理一致。不同的是，在终端的展现上，需具备根据用户的操控方式实现放大、缩小画面的能力。

从 5G 商用推广角度而言，在 5G 移动端呈现方面，要满足更大传输带宽需求的大数据量，超高清视频内容无疑是最好的载体。在 5G 移动端，利用触控和体感技术，获得用户对画面的关注点，进行实时画面放大、缩小、画中画显示等功能；利用图像引擎技术进行硬件加速，实现 3D 特效、转场动画等效果。同时，用户通过手动影像缩放和移动，可观看合理而有趣的内容，提升了互动性和参与度，展示了超高清内容极致清晰画面的局部表现力，能够更好发挥超高清影像在移动端的使用价值。5G 可助力用户自由缩放场景视频数据流畅传输。自由缩放技术实现原理示意于图 9-9 中。

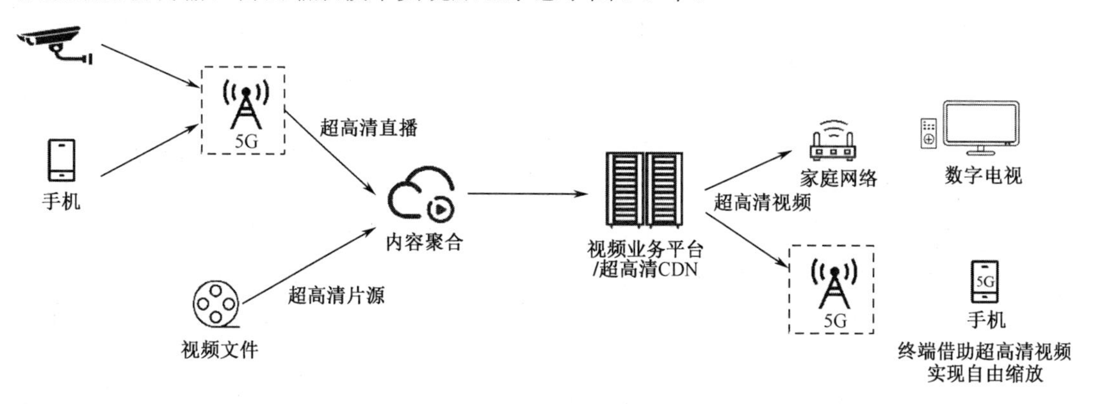

图 9-9　自由缩放技术实现原理示意图

9.3.5 云 VR

VR（Virtual Reality，虚拟现实）技术是一种可以创建和体验虚拟世界的计算机仿真系统，它利用超高清视频和计算机技术生成一种模拟环境，使用户沉浸到环境中，从现实生活中获取数据、产生电信号，并将其与各种输出设备结合，转化为能够让人们感受到的真切的现实世界，是虚拟世界的现实呈现。

VR 的发展可分为初级沉浸、部分沉浸、深度沉浸、完全沉浸等阶段，更高的发展阶段对传输带宽与时延要求更高，既要画质好，又要交互快，沉浸体验层次也更高。在画面质量方面，部分沉浸阶段带宽需求达百兆（Mbps），而 4G 用户速率难以满足，5G 用户速率是 4G 的 10 倍以上，能够支持百兆甚至千兆传输。在交互响应方面，从用户头动到相应画面完成显示的时间应控制在 20ms 以内，以避免因此产生的眩晕感。如果仅依靠终端的本地处理，将导致终端太复杂、价格太昂贵。相比之下，若将视觉计算放在云端，则能够显著降低终端复杂度，但会引入额外的网络传输时延。目前，4G 空口时延在几十毫秒，难以满足要求，而 5G 空口时延仅为 1ms，能够满足交互响应时延要求。

云 VR 则是将云计算、云渲染的理念与技术引入到 VR 业务应用中，借助高速稳定的网络，在云端进行 VR 超高清画面的渲染和处理，并对音视频等输出进行编码压缩后传输到用户终端设备，实现 VR 业务内容上云、渲染上云。

1. 技术特点

云 VR 技术能够大幅降低 VR 终端门槛，摆脱头盔线缆束缚，提升用户体验，让 VR 真正成为一种普惠业务，更快地走入千家万户。

云 VR 业务场景主要包括 VR 直播、巨幕影院、360° 全景视频、VR 游戏、VR 教育等早期应用场景，具有学习训练成本低、应用简单易操作等特点，已培养了一定规模的用户基础；另外，这些场景从采集、制作、分发到播放的端到端技术已趋于成熟，整体产业链条相对完备。具体优势如下：

（1）降低虚拟现实终端使用门槛。用户体验与终端成本的平衡是现阶段影响 VR 产业发展的关键问题。当前高品质的 PC VR 设备基于本地的计算处理，硬件配置套装价格居高不下，制约了 VR 的普及。5G 云 VR 通过将 VR 应用所需的内容处理与计算能力置于云端，可大幅降低终端购置成本和配置使用的繁复程度，保障 VR 业务的流畅性、沉浸感、无绳化，有望加速推动 VR 规模化应用。

（2）优化虚拟现实内容生产环境。内容匮乏是虚拟现实产业发展初期的主要问题，如何尽快缩短“有车无油”的发展阶段成为当前要务。在终端本地处理的情况下，VR 内容需要不断适配各类不同规格的硬件设备，而在 5G 云 VR 的架构下，VR 内容处理与计算能力驻留在云端，更易于便捷适配各类差异化的 VR 硬件设备。同时，针对高昂的虚拟现实内容制作成本，5G 云 VR 有助于实施更严格的内容版权保护措施，遏制内容盗版，保护 VR 产业的可持续发展。

（3）摆脱用户线缆束缚，行动自由。传统专业头显（头戴式显示设备）使用时需要线缆与计算机连接，在一定程度上限制了用户的行动自由。云 VR 一体机，可以通过 5G 强大高效的无线传输能力进行连接，摆脱了线缆的束缚，让体验中的用户行动更加自由。

（4）提升用户随时随地的业务体验。通过大带宽、低时延的 5G 网络，用户可在有信号覆盖的地方随时接入 VR 平台，体验到 VR 业务。

2．发展节奏

预计未来五年，5G 云 VR 将变得更轻便、更沉浸、更智能。VR 终端将摆脱线缆束缚，同时在重量、外形上会更接近人们日常生活中佩戴的眼镜，未来有望做到质量 100g 以下。借助 5G 高带宽、低时延的通信特性，内容与特定终端解耦加速生态形成，规模化应用试点开始落地。依赖硬件性能的视觉计算任务将由处理能力更强的云端完成，进而推动视频画质与互动性的持续进阶，给人们带来身临其境的沉浸体验。此外，虚拟现实将成为智能化的人机交互界面，通过加载图像识别、语音识别与追踪定位等人工智能技术，给人们生产生活带来巨大助力。

结合潜在价值、现有体验及技术发展趋势，5G 云 VR 应用场景将逐渐成熟。在应用节奏方面，基于 5G 的云 VR 巨幕影院、云 VR 直播、云 VR 360°视频已处于应用成熟期，5G 普及后即可规模化应用。基于 5G 的云 VR 游戏、云 VR 教育、云 VR 电竞馆、云 VR 营销正处于高速发展期，其市场价值逐渐扩大，未来 1～2 年将成为主流；处于市场启动期的云 VR K 歌/音乐、云 VR 健身，由于产品起步较晚、应用场景尚不成熟，在未来 2～3 年将有较快的增长预期。VR/AR+垂直行业应用及云 VR 社交目前处于探索期，有巨大的市场潜力，将随着 5G 网络覆盖的完善而逐渐发展。

3．技术实现

利用 5G 网络丰富 VR 内容包括三个层面的意思。第一层，通过 2D 转 3D 技术，快速获得 3D 内容，构成海量的内容基础；第二层，通过融入社交功能的 VR 游戏、VR 教育，为业务提供更容易获取收益的机会；第三层，通过常态化的 VR 直播，培养用户观看习惯，提升用户的业务黏性。

在云 VR 实现机制上，云 VR 将 VR 应用的计算、渲染迁移到云端，通过网络回传 VR 终端侧的控制指令并传至云端实时显示视频，降低对 VR 终端侧的性能要求。实现云 VR 关键在于云服务平台能力和网络传输能力。

（1）云服务平台能力。实现对 VR 应用/游戏的实时渲染，需要云平台具有较强大的计算能力。目前，云端平台中，X86、ARM 两种架构体系均有成熟应用案例。由于 VR 应用/游戏通常基于 ARM 架构体系进行编写，运行应用不需进行额外的指令转换，可节省系统开销。

（2）网络传输能力。为实现 VR 网络传输能力，需要关注用户体验效果和视觉体验效果两个指标。理想的用户体验效果，通常要求 MTP 时延（Motion-To-Photons latency）小于或等于 20ms。利用 5G 网络可为云 VR 的传输提供 MTP 时延小于或等于 1ms 的可靠保障。MTP 时延是指从用户做出动作到 VR 屏幕上显示画面的时间差，是衡量 VR 体验的关键指标。要实现清晰的视觉体验效果，通常片源需要具备 8K 以上分辨率，传输速率通常达到 80～120Mbps。利用 5G 网络，可为云 VR 提供下行传输速率大于或等于 1Gbps 的高效保障。

9.3.6 云 AR

云 AR（Augmented Reality）是一种基于 AI 和云的技术，它利用云端强大的算力进行机器视觉处理，实现对现实世界的理解，并将相应的数字图像、视频、3D 模型等元素融合于真实世界的图像之中，最终达到帮助人们解决现实问题、提升生活趣味的目的。

1. 技术特点和应用场景

云 AR 可广泛应用于生活、娱乐、零售、导航、工业、医疗、安防、警务等各种个人场景或商业场景。如手机使用者通过云 AR 技术实现逼真场景导航；将自己跳舞的身影与正在跳舞的明星叠加在一起，形成一段有新意的手机视频；女士们可在一个大屏幕前尝试更换不同的数字衣服式样；学生可以通过能够识别书本内容的手持设备获得“点读”的学习体验；工业人员可以通过一部 AR 眼镜获得工业机械上各个零部件的特性描述，并与异地的“师傅”进行实时交流；警务人员可以通过 AR 眼镜识别是否有非法人员闯入。

AR 眼镜、普通手机、配备摄像头的电视都可以作为 AR 终端，业务覆盖广，发展潜力大。在商业模式层面，云 AR 具有广阔的商业应用场景：

- 教育领域，提供图片识别及多人协同功能，作为新的内容消费模式和行业补充方案。
- 文创领域，提供图片识别及定位交互功能，作为内容赋能方式，增加新的消费点，降低更新成本。
- 电商领域，提供虚拟产品体验，以及全新的 AR 直播模式，有效提升用户购物体验及购买决策效率。
- 公共服务领域，提供图片识别及人工智能交互功能，作为公共信息传递的新载体。
- 安防领域，提供深度面部识别及云端服务功能，提升安防效率。
- 娱乐领域，提供面部识别、肢体识别等功能，提供新的内容消费点及流量增量。
- 广告领域，通过图片识别，为商户营销诉求提供新的流量来源。
- 工业制造领域，在操作、培训、巡检和工作流管理方面，提供新的技术手段，提升工作效率。

2. 5G 助力技术应用

5G 技术的发展，开启了从互联网到构建虚拟世界的阶段演进。从手机终端普及程度和技术角度看，AR 的发展已经具备爆发条件，可以产生深远的经济和社会效益。云 AR 技术实现示于图 9-10 中。

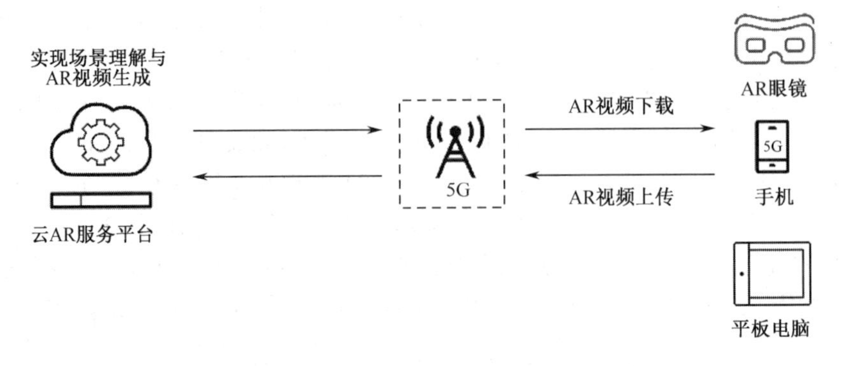

图 9-10　云 AR 技术实现示意图

在较简单的 AR 应用中，通常 AR 终端本身即可实现对现实世界的采样，并在终端侧完成智能处理与影像合成。但在更多的实际场景中，由于对场景的理解需要更为强大的计算能力和海量的数据库支持，以及与真实世界进行更复杂的渲染处理，因此，AR 终端通常需要与云平台服务器进行云端协同工作，以实现更强大的功能。

5G 支撑 AR 终端随时随地实现与云端交互的能力。5G 网络不仅有超过 1Gbps 的下行带宽，也具备 100Mbps（NSA 模式）至 200Mbps（SA 模式）的上行带宽，如果引入“超级上行”技术，5G 上行带宽将进一步提升至 350Mbps 左右，能够较好地解决 AR 视频上传瓶颈问题。同时，5G 空口时延小于 1ms，能够很好地保障云端间的及时响应。

9.4 AI+超高清视频

9.4.1 AI 云超分

AI 云超分是指在云服务上部署实现超分辨率技术，依托云端服务强大的计算能力、AI 算法以及 5G 技术的大带宽、低时延传输能力，缓解用户侧的计算压力，快速、高效提升视频分辨率达到超高清，为用户提供像素密度更高、细节信息更丰富、画质更细腻的视频，提升用户的视频体验。

1. AI 云超分重要作用

AI 云超分除了可以对普通平面视频进行超分，还能提升 VR 全景视频的分辨率，是视频领域的一项专用技术，是科学研究和工程应用的重点，具有广泛的使用价值。

（1）提升用户视频体验。超分辨率不仅提升视频分辨率，也极大提高图像清晰度。一方面，超高清视频能够大幅增加用户观看视野，获得更好的临场感。另一方面，用户在终端上，能够以交互的方式任意放大局部细节，特别是针对比赛直播场景，用户可以根据自己的意愿放大某一球员或某一场景，满足个性化观看需求。

（2）焕发经典老片新生。很多胶片时代的经典影片数字化后，不但噪声点大，清晰度也无法满足新时代的观看需求。超分技术能够实现降噪、提升分辨率、重新着色，让经典老片依然能够为大众所喜爱。

（3）促进设备更新换代。针对当前超高清视频内容匮乏问题，云超分技术能够将部分高清视频向上变换，从而扩充媒体库，提升超高清视频生产效率。日益增长的用户体验需求，将增加超高清终端设备的需求，促进显示面板及编解码芯片等终端器件的技术突破和开发创新。产业链的完善及市场收益，也将刺激内容生产商制作更加丰富的超高清内容。

（4）带动网络加速发展。云超分涉及超高清视频的处理、传输与分发等，需要更高的码率、更多的网络流量、更大的存储空间，对大带宽和低时延的要求非常高，能有效带动 5G 业务的发展。同时，云超分对于高效内容分发平台及智能边缘计算节点有较大需求，也将带动 CDN 行业的升级和发展。

（5）成为内容付费增长点。随着产业链逐步完善、用户消费意愿不断提升，云超分带来的超高清内容及交互应用将成为新的内容付费点，在点播、直播场景中均可匹配用户需求，提供多样化的个性套餐，提高平台的 ARPU（Average Revenue Per User，每用户平均收入）值。

2．5G 助力实时 AI 云超分实现

AI 云超分业务的实现，除了基于 AI 的超分辨率技术，还得益于 5G 传输、编解码、云边计算、CDN 等诸多技术的加持。AI 云超分服务技术实现示于图 9-11 中。

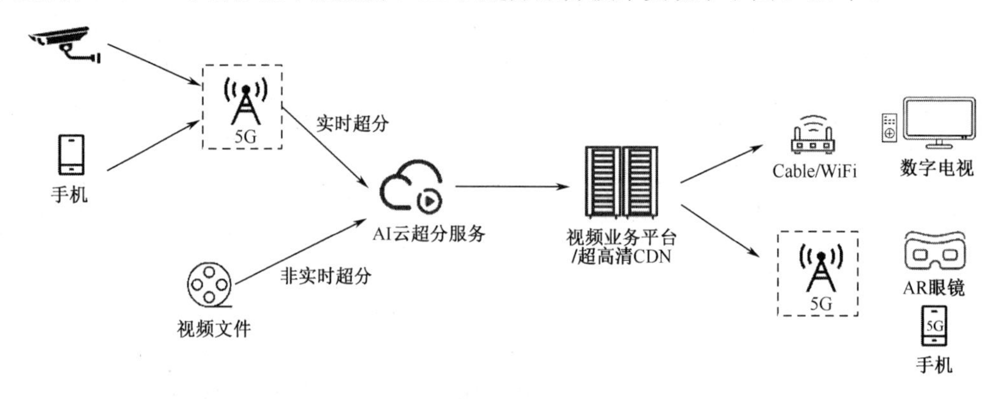

图 9-11　AI 云超分服务技术实现示意图

（1）超分辨率技术。图像超分辨率就是将低分辨率的图像通过一定的算法提升到高分辨率。基于 AI 的超分辨率技术运用人工智能算法在大数据的驱动下学习低分辨率、高分辨率图像间的映射关系，同时能够随着数据量的增大及 AI 算法的迭代更新而持续提升性能。目前，视频媒体行业都在向超高清视频阶段过渡，与高清、标清视频相比，超高清视频可以带来更丰富的图像细节、更生动的显示画面。超分辨率技术可以将具有庞大资源的标清、高清视频提升成超高清视频，为视频媒体带来新的活力。此外，在直播等实时传输的业务中，超分辨率技术还可以降低媒体制作端的成本压力。

（2）5G 传输。5G 具有大带宽、低时延特性，可赋能媒体制作、终端请求、云端服务、视频服务平台、CDN 分发、手机终端等云超分服务的各个环节。

（3）编解码技术。超高清视频更高的分辨率给网络传输带来更多的压力，在相同压缩率下产生的服务成本也更高。相比于 AVS/H.264 等编码技术，AVS2/H.265 可以在有限的带宽下传输更高质量的网络视频，新一代标准也同时支持 4K 和 8K 超高清视频。新一代压缩标准 AV3/VVC/H.266 也在不断完善与商业化中，这些视频压缩技术将进一步节约网络带宽，减轻网络的传输压力。

（4）云边计算。用户终端设备的计算能力很难支持基于 AI 的超分辨率技术，而云+边缘设备所拥有的强大计算能力，可以将大部分的计算服务迁移到云端。云端计算平台不仅能够实现对来自媒体库的视频媒体的超高清分辨率提升，还能对视频的编解码进行优化，为用户提供更加流畅清晰的视频体验。

（5）调度与分发。结合低时延、高带宽的 5G 网络和敏捷高效及时的 CDN 服务，可及时响应视频显示终端的任务请求，选择合适的边缘节点进行视频超分、编解码优化等任务，并将处理后的高质量视频及时发送到用户端。

9.4.2　AI 2D 转 3D

AI 2D 转 3D 是指在二维（2D）影像的基础上，利用 AI（人工智能）技术，制作生成三维（3D）影像的过程。

1. 技术特点

传统的 2D 转 3D 制作通常由人工来完成合成背景、修改特效、人物抠图等环节，并通过景深来重建各图像间的关系。这需要大量人力进行逐帧重建、修正、补图等，并极易因个体认知差异而导致返工。AI 2D 转 3D 借鉴了 AI 技术，能够实现视频内容从 2D 格式到 3D 格式的自动、实时转换，显著降低内容制作人工与时间成本。

在相当长一段时间，受限于播放设备与用户良好体验，3D 内容展示的主要场地是线下电影院。这也造成了存量 3D 内容相对匮乏的现状。随着 VR 的兴起，其特有的双眼独立显示机制，能够让 3D 格式的内容获得极佳的显示效果，3D 内容再次迎来应用机会。在这种情况下，能够通过自动转换快速生成 3D 内容的 AI 2D 转 3D 技术迎来了发展的舞台。

借助 AI 2D 转 3D，不仅可以将存量的海量 2D 内容转换为 3D 片库，还能让用户得到现有直播节目的 3D 体验。

2. 技术实现

目前，我国三大电信运营商的云 VR 平台均引入了通过 AI 2D 转 3D 技术生成的 3D 内容，成为 5G 网络下 VR 业务的重要场景之一。基于云的 AI 2D 转 3D 技术实现示意于图 9-12 中。AI 2D 转 3D 实现视频自动转换流程主要包含样本训练与内容转换两个关键环节。

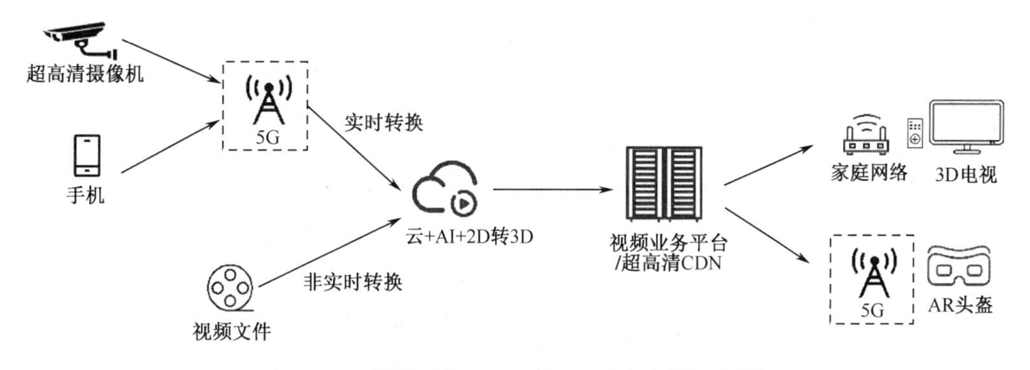

图 9-12　基于云的 AI 2D 转 3D 技术实现示意图

（1）样本训练。在对目标内容进行转换之前，需要让 AI 系统进行一定数量的样本训练。训练目的在于让 AI 系统建立不同场景 2D 画面与 3D 景深的对应关系。相较于通过图像处理算法实现的 2D 转 3D 方案，基于样本训练的 AI 技术能够处理更多 2D 场景，具备更好的适应性。

（2）内容转换。当 AI 2D 转 3D 系统运行于云平台时，借助云的弹性资源分配机制与海量算力，能够实现对算力有较高需求的海量 2D 内容转换和实时 2D 内容转换。前者可用于 2D 片源库的整体性转换，后者则可应用于直播转换。

9.4.3　AI 视频博客

视频博客即 Video Blog，简称 Vlog，通常是指一段个人创作的记录性或叙事性的日常生活相关视频。内容常为旅游、烹饪、就餐、逛街、购物、设备使用、生活趣事等生活场景。AI 视频博客则是利用智能拍摄、5G 回传、AI 剪辑，创作生成个性化高清短视频游记或视频博客。

1．应用场景

景区、游乐园、网红地标等场馆方经常利用在热门地点或特定机位部署的高清智能监控、摄像机等作为智能拍摄设备，全工作时间段地采集和上传视频。用户上传自己的头像照片后，云端利用 AI 自动识别、筛选和剪辑用户相关的精彩视频，生成短视频供用户下载。

AI 视频博客可在用户无法自行录制视频的情况下，为用户自动生成参与游玩、活动等视频，既满足了用户留下珍贵回忆的需求，又无须额外聘用摄影师，因而是一项应用广泛、性价比高的业务。

AI 视频博客在景区、游乐园、马拉松赛事等场景中，为用户提供个性化的照片拍摄和下载服务已经是一种成熟的商业场景。在短视频社交中，AI 视频博客在 5G、云和 AI 的支持下，将传统的照片形式扩展到了短视频形式，带来新的业务价值，并与短视频营销的社交属性、传播属性完美结合，让主办方借助用户社交分享形成免费社交营销和传播裂变，在吸引更多消费者的同时有机会衍生出更多的商业运营场景。

2．技术实现

AI 视频博客通过 5G 将智能拍摄采集的视频上传到云端，并对视频进行预处理，根据用户上传的人脸照片进行智能识别、筛选、拼接，生成个性化视频博客，供用户下载，主要包含采集侧、AI Vlog 云服务、Vlog 分发三个关键环节。图 9-13 给出 AI 视频博客（Vlog）技术实现的示意图。

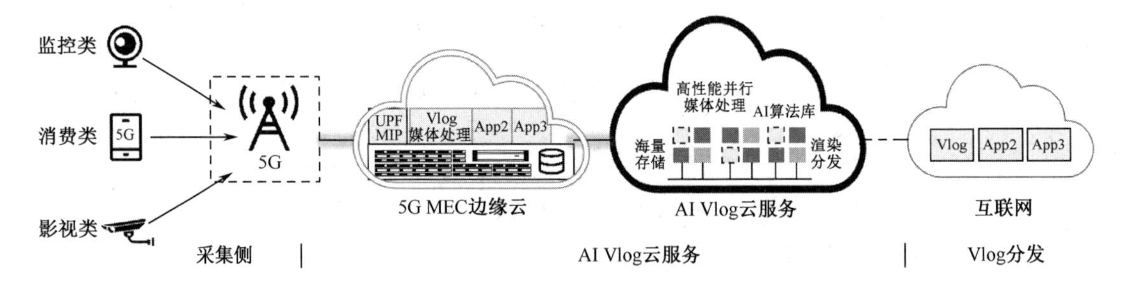

图 9-13　AI 视频博客（Vlog）技术实现示意图

（1）采集侧

AI 视频博客的视频来源场景多样，可来自监控视频（场馆部署的 AI 高清监控设备）、消费电子产品拍摄视频（GoPro、无人机、手机等）、影视视频（支持过山车等场景部署的高速拍摄场景；马拉松、骑行等比赛场景的移动拍摄）等。为了 AI 视频博客的视频更有趣、更有纪念意义和留存价值，主办方通常会选择趣味性强、方便拍摄的景点设置不同的打卡点组合。

（2）AI 视频博客云服务

AI 视频博客云服务分为边缘云和中心云两部分。由于景区、乐园等场馆通常都是人流密集场景，因此需要 5G MEC 边缘云实现就近服务，以提升效率、降低时延。边缘云部署在场馆 MEC 边缘云上的视频博客 AI 应用，对采集侧上传的视频进行切片、预加工等媒体处理。

中心云包括智能识别、精彩筛选拼接、智能特效等。智能识别利用精准人脸识别、遮挡物识别、情景识别、号码牌识别等 AI 算法，提升不同场景下的辨识正确率；精彩筛选拼接主要是筛选精彩片段，优选正面、明亮、关键场景片段和预置的乐园片头片尾等素材拼接。智能特效是对过山车、马拉松到达终点时等精彩瞬间进行慢放，对走路等转场场景快放，附加模板、文字和配乐。

（3）AI 视频博客分发

用户使用、操作、下载 AI 视频博客的入口和 UI。

- 入口：扫描二维码进入应用主页，上传当前照片，完成识别、浏览、下载、分享、修改、更换模板、配乐、支付等操作。
- 形式：H5 页面、场馆 App 集成、独立 App、微信小程序等，提供 SDK 接口。
- 社交分发：微信朋友圈等社交分享，抖音/快手等短视频一键上传分享。

9.4.4 AI 虚拟偶像

虚拟偶像一词诞生于 20 世纪 90 年代末，狭义上指在动漫或漫画作品中的虚拟世界以偶像为职业的角色，现在被广义指代为在互联网等虚拟场景或现实场景中进行活动的无真实本体的架空形象，包含虚拟歌手、虚拟主播、虚拟博主、虚拟演员、虚拟客服等数字人形态。

AI 虚拟偶像是结合人工智能技术催生的事物，使得曾经只存在于二维动漫/漫画中的纸片人具有丰富的形态与功能，从而活跃于各个娱乐媒介与场景，并逐渐挤占养成系偶像、主播、网红等赛道中人类的生存空间。

1. AI 虚拟偶像连接现实世界和虚拟世界

传统虚拟偶像一般通过人工 3D 建模、手动动画，其表情很难做到丰富自然，成本非常高，没法做直播。非人工智能的算法虽然能实现自动，但效果太差，达不到“虚拟偶像首先要是一个人”的视觉感受。随着 AI 技术的发展，新一代 AI 虚拟偶像已经能够达到媲美真人的程度，能够精准捕捉面部和动作等数据，呈现写实级的效果。

虚拟偶像 IP（知识产权）化的盈利变现方式多。只要需要人出面的地方，就可以使用虚拟角色，而虚拟偶像相比物理上的真人有很多优势：形象可以针对需求定制，不老不死不生病，不会离职不会犯错。IP 可以在法律上完全属于企业，尤其是只有数字虚拟偶像才能自如地在数字世界里做各种活动。

所以，当前各行各业对虚拟偶像的关注程度日益提升，不同平台都开始打造属于自己的虚拟偶像 IP，并通过商业策划与包装，吸引更多的受众群体成为粉丝。可以发现，大多虚拟偶像 IP 化之后，便可以利用粉丝经济变现，包括直播、卖货、代言、广告、演出、客服等多种模式。

5G 时代开启真正虚拟偶像元年。伴随 5G 时代的来临和 VR、人工智能技术的完善，虚拟偶像的人物丰富程度和互动能力将更强。随着 5G 商用的不断推进，在 5G 覆盖的条件下实现异地联网，不同虚拟角色在同一数字世界里实时交互，解决虚拟艺人地域、行程等局限因素。随着超高清视频、4K/8K 视频的发展，虚拟角色的形象也将更加清晰逼真，虚拟偶像与观众的互通也可以做到逼真且实时。

每个用户都可以自主制作一个与众不同的虚拟偶像，让自己成为其在现实世界中的“代理人”，软件产品则成为连接虚拟世界与物理世界的入口。人们可以在虚拟世界中通过虚拟角色进行沟通，互加好友，共同参与一场游戏、一起工作、一起学习等，真正进入数字生态生活。

2. 技术实现

通过面部捕捉、动作捕捉、人脸识别、三维人脸重建、表情建模等计算机视觉技术，对人脸表情动作进行特征学习和建模，生成写实级别的人物形象；通过 AI 语音识别、语言合成等技术生成与人类似的听说能力；通过 AI 语义、多轮对话等技术模拟人对应的理解能力。虚拟偶像系统由以下三个模块组成，如图 9-14 所示。

- （人物）原型设定模式。根据需求进行原型设定，基于原型设定要求的性格、年龄、性别、背景等，用人工智能技术生成人物的长相、身材、发型、服装、表情特点、音色等。
- 合成显示模式。离线制作和实时直播的虚拟偶像最终呈现给观众/用户的方式，可以是普通数码设备观看图片视频的方式，也可以是通过 VR/AR 等 3D 设备在数字虚拟空间观看、交互、工作、社交的方式。
- 智能交互（驱动）模块。主要是通过人工智能算法捕捉表演者或直接生成虚拟偶像最重要的语音、表情、口型、动作等内容。

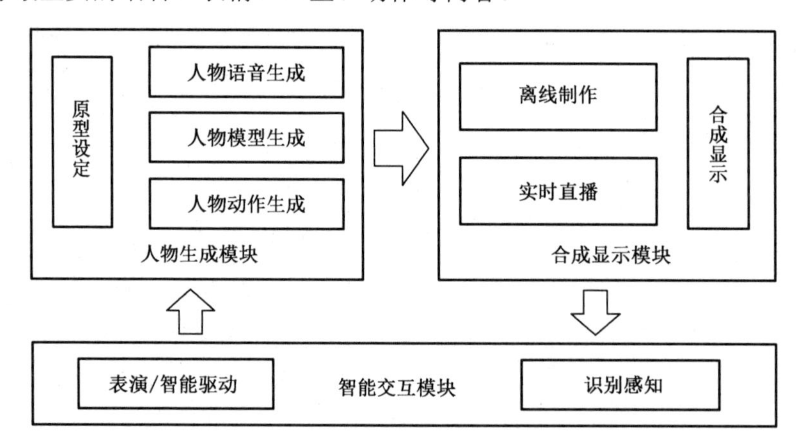

图 9-14　AI 虚拟偶像系统功能图

通过 5G 网络的大带宽上下行能力和高性能云服务平台，可实现用户 DIY 的虚拟偶像生成。让用户通过云端提供的服务，实时获得由自身形象演变而来的卡通虚拟人物。5G+AI 虚拟偶像技术实现示意于图 9-15 中。

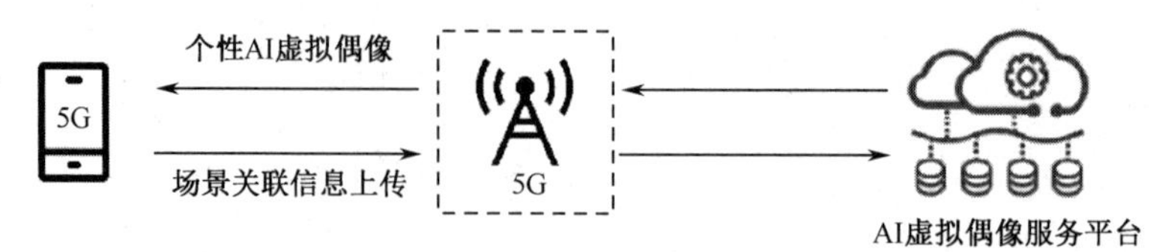

图 9-15　5G+AI 虚拟偶像技术实现示意图

思考题

1．云视频有哪些应用特征？简述各系统的组成和实现方式。
2．5G 在高清视频领域的作用价值是什么？典型应用场景有哪些？
3．AI 在高清视频领域的作用价值是什么？典型应用场景有哪些？

参 考 文 献

[1] 解放军总参通信部. 中国军事百科全书军事通信技术分册. 北京：军事科学出版社，1990.

[2] 周绍荣，等. 无线电通信组织运用. 北京：解放军出版社，2004.

[3] 杜鹉，时和平. 视频会议系统技术浅析. 北京：军事谊文出版社，2005.

[4] 詹青龙，等. 网络视频技术及应用. 西安：西安电子科技大学出版社，2004.

[5] 童志鹏. 综合电子信息系统. 北京：国防工业出版社，2008.

[6] 中国军事通信百科全书编审委员会. 中国军事通信百科全书. 北京：中国大百科全书出版社，2009.

[7] 唐雄燕，庞韶敏. 软交换网络：技术与应用实践. 北京：电子工业出版社，2005.

[8] 许永明，谢质文，欧阳春. IPTV：技术与应用实践. 北京：电子工业出版社，2006.

[9] 金纯，齐岩松，于鸿洋，陈前斌. IPTV 及其解决方案. 北京：国防工业出版社，2006.

[10] 张江山，鲁平. 视频会议系统及其应用. 北京：北京邮电大学出版社，2001.

[11] 梅玉平，等. 3G 与固定视频业务的融合. 北京：人民邮电出版社，2005.

[12] 传媒行业：超高清视频标准系列专题研究报告（华西证券），2020.

[13] 中国信息通信研究院. 5G 应用创新发展白皮书，2019.

[14] 国家广播电视总局科技司. 5G 高新视频——互动视频技术白皮书（2020），2020.

[15] 国家广播电视总局科技司. 5G 高新视频——沉浸式视频技术白皮书（2020），2020.

[16] 国家广播电视总局科技司. 5G 高新视频——VR 视频技术白皮书（2020），2020.

[17] 国家广播电视总局科技司. 5G 高新视频——云游戏技术白皮书（2020），2020.

[18] JTC1/SC29/WG11. Vision, Applications and Requirements for High-Performance Video Coding，MPEG Document N11096，January 2010.

[19] ITU-T Recommendation G.321. Application of H.320 visual telephone systems and terminals to B-ISDN environments. 1996，Geneva.

[20] ITU-T Recommendation G.703. Physical/Electrical Characteristics of Hierarchical Digital Interface. 1996，Geneva.

[21] ITU-T Recommendation G.722. 7kH audio-coding within 64kbps. 1993，Geneva.

[22] ITU-T Recommendation G.723.1. Dual rate speech coder for multimedia communications transmitting at 5.3 and 6.3kbps. 1996，Geneva.

[23] ITU-T Recommendation G.728. Coding of speech at 16kbps using low-delay code excited linear prediction. 1992，Geneva.

[24] ITU-T Recommendation H.221. Frame structure for a 64 to 1920kbps channel in audiovisual teleservices. 1995，Geneva.

[25] ITU-T Recommendation H.222.1. Multimedia multiplex and synchronization for audiovisual cmmunication in ATM environments. 1996，Geneva.

[26] ITU-T Recommendation H.223. Multiplexing protocol for low bit rate multimedia communication. 1996， Geneva.

[27] ITU-T Recommendation H.320. Frame-synchronous control and indication signals for audiovisual systems. 1995， Geneva.

[28] ITU-T Recommendation H.231. Multipoint control units for audio visual systems using digital channels up to 2Mbps. 1993， Geneva.

[29] ITU-T Recommendation H.233. Confidentiality system for audio visual services. 1995， Geneva.

[30] ITU-T Recommendation H.234. Encryption key management and authentication system for audio visual services. 1994， Geneva.

[31] ITU-T Recommendation H.242. System for establishing communication between audio visual terminals using digital channels up to 2Mbps. 1993， Geneva.

[32] ITU-T Recommendation H.242. System for establishing communication between audio visual terminals digital channels 2Mbps. 1993， Geneva.

[33] ITU-T Recommendation H.243. Procedure for establishing communication between three or more audio visual terminals using digital channels to 2Mbps. 1993， Genevae.

[34] ITU-T Recommendation H.244. Synchronization aggregation of multiple 64 or 56 kbps. 1995， Geneva.

[35] ITU-T Recommendation H.245. Control protocol for multimedia communication. 1996， Geneva.

[36] ITU-T Recommendation H.261. Video codec for audio visual services at 64 kbps. 1993， Geneva.

[37] ITU-T Recommendation H.262. Information technology generic coding of moving picture and associated audio information： video. 1995， Geneva.

[38] ITU-T Recommendation H.263. Video coding for low bit rate communication. 1996， Geneva.

[39] ITU-T Recommendation H.263+. Video coding for how bit rate communication. 1998， Geneva.

[40] ITU-T RecommendatiOil H.281. A far end camera control protocol for video conferences using H.224. 1994， Geneva.

[41] ITU-T Recommendation H.310. Broadband audiovisual communication systems and terminals. 1996， Geneva.

[42] ITU-T Recommendation H.320. Narrow-band visual telephone system and terminal equipment. 1993， Geneva.

[43] ITU-T Recommendation H.321. Adaptation of H.320 visual telephone terminals to environments. 1996， Geneva.

[44] ITU-T Recommendation H.322. Visual telephone systems and terminal equipment off local area networks which provide a non-guaranteed quality of services. 1996， Geneva.

[45] ITU-T Recommendation H.323 V2. Packed based multimedia communications systerns. 1998， Geneva.

[46] ITU-T Recommendation H.323 V4. Packed based multimedia communications systems. 2000，Geneva.

[47] ITU-T Recommendation H.323. Multiplexing protocol for low bit rate multimedia communication. 1996，Geneva.

[48] ITU-T Recommendation H.323. Visual telephone systems and terminal equipment off local area networks which provide a non-guaranteed quality of services. 1996，Geneva.

[49] ITU-T Recommendation H.324. Terminal for low bit rate multimedia communication. 1996，Geneva.

[50] ITU-T Recommendation H.331. Broadcasting type audio visual multipoint systems and terminal equipment. 1993，Geneva.

[51] JEPG（ISO/IEC 10918-1）. Digital compression and coding of continuous-tone still picture. 1991，Geneva.

[52] MPEG-1（ISO/IEC 11172-2）. Coding of moving pictures and associated audio for digital storage media at up to 1.5Mbps. 1992.

[53] MPEG-2（ISO/IEC 13818-2）. Generic coding of moving pictures and associated audio. 1993.

[54] MPEG-4（ISO/IEC 14496）. Coding of audio-visual objects. 1998.

[55] MPEG-7 Requirements Group. MPEG-7 Evaluation Process Document. ISO/ MPEG N2463. October，1998.

[56] VCEG-AL96. Draft Requirements for Next Generation Video Coding. July，2009.

[57] VCEG-AM91. Joint Call for Proposals on Video Compression Technology. 22 Janvuary 2010.